# 資源天然物化学
## Chemistry of Organic Natural Resources

秋久 俊博・小池 一男
木島 孝夫・羽野 芳生
堀田　清・増田 和夫
宮澤 三雄・安川　憲

著

共立出版株式会社

## 編集

| | |
|---|---|
| 日本大学理工学部 | 秋久　俊博 |
| 東邦大学薬学部 | 小池　一男 |

## 執筆者 (50音順)

| | |
|---|---|
| 日本大学理工学部 | 秋久　俊博 |
| 東邦大学薬学部 | 小池　一男 |
| 千葉科学大学 | 木島　孝夫 |
| 東邦大学薬学部 | 羽野　芳生 |
| 北海道医療大学薬学部 | 堀田　　清 |
| 昭和薬科大学 | 増田　和夫 |
| 近畿大学理工学部 | 宮澤　三雄 |
| 日本大学薬学部 | 安川　　憲 |

# まえがき

　自然からの贈り物である天然有機化合物（天然物）は時には複雑で，芸術的な美しい構造をわれわれの前に現してくれる．未知の天然物の結晶がフラスコの中で成長してゆくのを眺めるのは，とてもワクワクする．ましてやX線結晶解析のように化学構造を直接的に解いてゆくときなど，コンピュータのディスプレイに構造が浮かび上がるまでの期待と緊張感は言い表せないものがある．一方，核磁気共鳴スペクトルや質量スペクトルの解析に集中していて，いつのまにか夜明けを迎えていた経験を持つ方々も多いと思う．ゼルチュルナーが結晶としてモルヒネを分離したのは1806年である．これがきっかけとなって，植物資源からの有効成分を天然物という純粋な形で利用する道が開かれた．以来，すでに2世紀が経過し，近年におけるコンピュータ技術の進歩に伴い，物理化学的手法としての最新の機器や新しい分離・分析法が次々と導入され，天然物化学の研究方法は大きく変貌してきている．

　天然物化学は理学，薬学および農学にまたがる広い学問領域であるが，今や生体や生命現象と密接にかかわる学問として，分子レベルからの生命科学研究に対して最も直接的な役割を果たしている．21世紀の天然物化学は，限りある天然資源を有効に利用するために，生体機能解明に役立ち，ヒトの健康の維持や疾病の治療，さらには医薬や農薬などの新薬開発につながる新規な生物活性天然物の創出に方向性を見いだして行くべきである．

　本書は，有機化学の基礎科目をすでに履修している理系（理学，薬学，農学，工学，食品学，栄養学など）の大学高学年次，あるいは大学院学生を対象とした天然物化学の教科書として，それぞれの研究分野で現在活躍中の執筆陣が，天然物化学を学ぶ上で必須の内容を最新の研究成果も取り入れて執筆を行い，1冊にまとめた．本書は16章で構成されている．1章から5章は総論を述べたものであり，内容は天然物化学の歴史，天然物の分離・精製，単離された化合物の構造決定，天然物の構造理解のための立体化学，および天然物の生合成である．6章から12章は天然物各論であり，天然物を生合成経路の分類に従って構成した．さらに，13章から16章では天然物を生物活性の観点から記述した．その生物活性も，すでに医薬や農薬として利用されている化合物から，ヒトの日常の健康保持に有用とされている化合物，化学生態学的に重要な化合物，さらには，ある種のスクリーニング試験で見いだされた化合物まで，広範囲にわたったものであるが，今後の応用発展の一つの指針として含めたものである．本書では，各章の内容にかかわるトピック的な事項をコラムとして随所に取り入れ，一服の清涼剤として興味ある話題を提供した．また，本書の内容理解の一助として，巻末に演習問題と解答を記載した．天然物化学にかかわる参考書は本書末尾に掲げたが，さらに関心をお持ちの方はそれらを参照されたい．

　本書が，21世紀のサイエンスを拓いていこうとする若い方々に，少しでもお役に立てば幸いである．最後に，本書の出版にあたってお世話になった共立出版の岩下孝男氏，黒木昭雄氏に深く謝意を表する．

平成14年10月

執筆者一同

# 目　次

1章　序論―資源天然物化学の役割 ……………………………………………………1
2章　抽出，分離および精製 ………………………………………………………………5
　　2.1　材　料　5
　　2.2　抽　出　5
　　2.3　分離・精製　5
　　2.4　カラムクロマトグラフィーの種類　6
　　2.5　薄層クロマトグラフィー　7
　　2.6　高速液体クロマトグラフィー　7
　　2.7　ガスクロマトグラフィー　8
　　2.8　光学異性体の分離　8
　　　　参考文献　8

3章　構造決定 ……………………………………………………………………………9
　　3.1　構造決定例：強心配糖体 Asperoside の構造解析　9
　　3.2　絶対立体配置の決定　17
　　3.3　おわりに　24
　　　　参考文献　24

4章　立体化学 ……………………………………………………………………………25
　　4.1　有機化合物における異性体　25
　　4.2　構造異性体　25
　　4.3　立体異性体　26
　　4.4　分子の立体表現のしかた　26
　　4.5　キラリティーと鏡像異性体　27
　　4.6　立体配置　28
　　4.7　複数のキラル中心を持つ分子：ジアステレオマー　30
　　4.8　シス―トランス異性体　31
　　4.9　ビシクロ化合物の異性体　32
　　4.10　立体配座　32
　　4.11　キラリティーと生物活性　37
　　　　参考文献　38

5章　生合成 ………………………………………………………………………………39
　　5.1　一次代謝産物と二次代謝産物　39
　　5.2　一次代謝産物の生合成　40

5.3 代表的な二次代謝産物の生合成　*46*
5.4 一次代謝と二次代謝の相互関係　*49*
　　参考文献　*50*

## 6章　糖　質 ································································· 51
6.1 単糖類　*51*
6.2 デオキシ糖とウロン酸　*59*
6.3 アミノ糖　*60*
6.4 糖アルコール（鎖状多価アルコール）　*60*
6.5 シクリトール（環状多価アルコール）　*61*
6.6 少糖類（オリゴ糖類）　*61*
6.7 多糖類　*63*
6.8 複合糖質　*66*
6.9 配糖体（グリコシド）　*66*
6.10 抗腫瘍多糖　*67*
　　参考文献　*68*

## 7章　脂　質 ································································· 69
7.1 単純脂質　*69*
7.2 複合脂質　*73*
7.3 油脂の脂肪酸組成　*75*
7.4 油脂と脂肪酸の機能　*77*
7.5 アラキドン酸カスケード代謝物　*80*
　　参考文献　*84*

## 8章　テルペノイド ··························································· 85
8.1 モノテルペン　*85*
8.2 セスキテルペン　*89*
8.3 ジテルペン　*94*
8.4 セスタテルペン　*100*
8.5 トリテルペン　*100*
8.6 トリテルペン系サポニン　*107*
8.7 カロテノイド（テトラテルペン）およびビタミンA　*109*
　　参考文献　*111*

## 9章　ステロイド ····························································· 112
9.1 ステロイドの構造　*112*
9.2 ステロール　*112*

  9.3 胆汁酸　*116*
  9.4 動物ステロイドホルモン　*116*
  9.5 植物プレグナン　*117*
  9.6 ブラシノステロイド　*118*
  9.7 強心ステロイド　*118*
  9.8 ステロイドサポニン　*120*
  9.9 昆虫変態ホルモン　*122*
  9.10 ウィタノライド　*123*
    参考文献　*123*

## 10 章　芳香族化合物　124

  10.1 フェニルプロパノイド　*124*
  10.2 クマリン　*126*
  10.3 リグナン　*128*
  10.4 リグニン　*132*
  10.5 アントラキノン　*132*
  10.6 ナフトキノン　*134*
  10.7 フラボノイド　*135*
  10.8 タンニン　*142*
  10.9 その他の芳香族化合物　*145*
  10.10 カンナビノイド　*146*
  10.11 トコフェロールとコトコトリエノール　*147*
    参考文献　*147*

## 11 章　アミノ酸とペプチド　148

  11.1 アミノ酸　*148*
  11.2 ペプチド　*153*

## 12 章　アルカロイド　156

  12.1 オルニチン由来のトロパンアルカロイド　*157*
  12.2 リジン由来アルカロイド　*160*
  12.3 ニコチン酸由来アルカロイド（ピリジンアルカロイド）　*163*
  12.4 フェニルアラニンおよびチロシン由来のアルカロイド　*164*
  12.5 チロシンとセコロガニンから生合成されるアルカロイド　*172*
  12.6 トリプトファン由来のアルカロイド　*173*
  12.7 トリプトファンとセコロガニン由来のアルカロイド　*175*
  12.8 アントラニル酸が生合成に関与するアルカロイド　*182*
  12.9 プリン誘導体　*182*

## vi 目次

    12.10 シュードアルカロイド（偽アルカロイド） *183*
    12.11 モノテルペンアルカロイド *183*
    12.12 セスキテルペンアルカロイド *184*
    12.13 ジテルペンアルカロイド *184*
    12.14 ステロイドアルカロイド *186*
        参考文献 *189*

### 13章　生物活性物質 ······*190*

    13.1 抗ウイルス剤 *191*
    13.2 抗原虫・フィラリア・マラリア剤 *191*
    13.3 抗悪性腫瘍剤 *192*
    13.4 免疫賦活剤 *195*
    13.5 免疫抑制剤 *195*
    13.6 抗真菌物質 *197*
    13.7 コレステロール合成阻害剤 *197*
    13.8 植物エストロゲン *197*
    13.9 生物毒 *198*
    13.10 マイコトキシン *201*
    13.11 発がん促進物質 *203*
        参考文献 *206*

### 14章　生物間相互作用物質 ······*207*

    14.1 生物間で相互作用をする化学物質 *207*
    14.2 昆虫の防御物質 *208*
    14.3 植物ホルモン *209*
    14.4 植物の昆虫変態ホルモン *211*
    14.5 植物の殺虫物質 *212*
    14.6 植物の摂食阻害物質 *214*
    14.7 植物の微生物に対する活性物質（フィトアレキシン） *215*
    14.8 植物病原菌の生産する毒素 *217*
        参考文献 *219*

### 15章　食品の機能成分 ······*220*

    15.1 機能性食品―特定保健用食品 *220*
    15.2 発がん予防物質・抗変異原性物質 *221*
    15.3 高血圧予防・降圧物質 *228*
    15.4 抗アレルギー性物質 *229*
    15.5 血栓形成抑制・血栓溶解物質 *232*

15.6 糖尿病・経口血糖降下剤　*234*
15.7 肥満抑制・体脂肪蓄積抑制　*236*
　　参考文献　*236*

# 16 章　エッセンシャルオイル（精油）と香料 …………………… *237*

16.1 においの化学　*237*
16.2 においの分類と表現　*238*
16.3 においと化学構造　*238*
16.4 天然香料とエッセンシャルオイル　*241*
16.5 香料の用途　*244*
16.6 アロマテラピーとアロマコロジー　*244*
　　参考文献　*247*

**コラム**
- 緩和時間と病気の診断　*23*
- 常磁性異方性効果と反磁性異方性効果　*24*
- 生合成経路はどう調べる？　*50*
- 糖の王冠　*65*
- 電子伝達系とATP合成　*68*
- 二次代謝産物の生合成過程とくすり　*68*
- CLA（共役リノール酸）のダイエット機能　*79*
- おじさんのにおいはノネナール　*80*
- シソ科はモノテルペンの宝庫　*89*
- 苦味と甘味は紙一重　*108*
- 植物ステロールは血清コレステロール低下効果を持つ　*115*
- 血圧上昇抑制効果を持つ γ-アミノ酪酸（GABA）　*152*
- 緑茶のうま味成分テアニンの生理作用　*153*
- コアラとユーカリの化学生態学　*155*
- なぜ蝶はアルカロイドを食べるか？　*189*
- 第三の免疫抑制剤　*196*
- アオコ毒素　*201*
- ファイヤーアント（*Solenopsis* spp.）の毒　*213*
- 植物の防衛情報伝達　*215*
- マルチカロテンはがんを予防できるか？　*227*
- アーユルヴェーダとジャムウ　*247*
- 108歳まで生きよう！　*247*
- コーヒー焙煎香気ピラジンの魅力　*247*
- サケ，マスの回遊はにおいの記憶　*247*

演習問題・解答 …………………………………………………………248
一般的参考書 ……………………………………………………………258
索　引 ……………………………………………………………………259

# 1

## 序論-資源天然物化学の役割

　動植物は美しい色や良い香りで人や虫を引きつけているが，時には逆に悪臭で他を追いやっていることもある。これらの色や香りの正体が何であるか，自然の謎への挑戦が天然物化学（Natural Products Chemistry）の研究の始まりの要因となっている。一方，古くから病気の治療に用いられてきた動植物や微生物起源の薬剤の有効成分を明らかにしたいということも天然物化学の始まりの糸口となっている。続いて，これらの成分を人工的に作ろうとして合成化学が起こったわけであるが，医薬品，農薬，その他の化学工業の発展は天然物化学に負うところが多い。

　天然物化学は，『生物（天然資源）が生産する有機化合物（天然物）の分離，化学構造の解明（構造決定），化学合成，生合成および生物活性を調べ，その成果を人類の幸福と繁栄に役立てる』ことを主目的とした，理学，薬学，医学，農学そして工学にまたがる広い学問領域である。

　ここで天然物化学の歴史を振り返ってみると，近代の天然物化学は18世紀後半にヨーロッパで始まったといえる。スウェーデンの化学者シェーレ（C. W. Scheele, 1742-1786）は植物などから有機酸類を分離し，結晶として取り出した。酒石酸（ブドウ），リンゴ酸（リンゴ），クエン酸（レモン），乳酸（牛乳）などの天然物が抽出，分離され天然物化学の扉が開かれた。19世紀に入りドイツの薬剤師ゼルチュルナー（F. W. Sertürner, 1783-1841）は，1806年にケシの乳液を固めて乾燥した阿片（アヘン）から塩基性物質を結晶として単離し，モルヒネ（morphine）と名付けた。これは鎮痛剤モルヒネの発見という功績だけでなく，薬用植物の持つ効き目の本体が化学物質であることを明らかにし，薬の化学的研究に大きく道を開いた点で，近代薬学の始まりを告げるものであった。モルヒネの化学的な全合成はそれから1世紀半後の1955年にゲーツ（M. Gates）らにより完結したが，緩和ケアの疼痛治療になくてはならないモルヒネは今でもケシを原料としている。このモルヒネの単離を契機として天然物の成分研究が盛んとなり，ホミカからストリキニーネ（strychnine）（1817），キナ皮からキニーネ（quinine）（1820），コカからコカイン（cocaine）（1860），そして日本の長井長義（1845-1929）により生薬の麻黄からエフェドリン（ephedrine）（1887）が単離された。

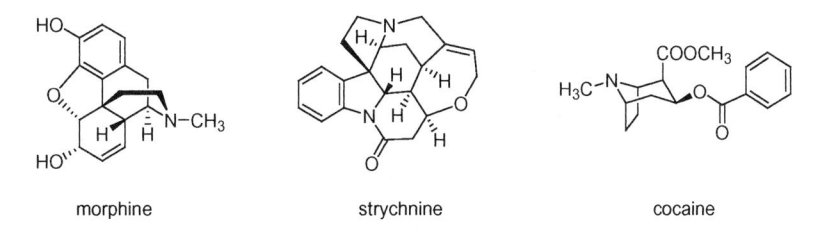

morphine　　　　　strychnine　　　　　cocaine

　パストゥール（L. Pasteur, 1822-1895）は有機化合物に光学異性という概念を誕生させた。彼は，ブドウ酒醸造中の酒樽の中にできる結晶，酒石酸に興味を持ち，ラセミ体の酒石酸を左旋性と右旋性の酒石酸の結晶に光学分割に成功し，これ以降有機化学における光学異性と立体化学の問題は大きなテー

マになった。

　20世紀に入り，生物学と医学とが開花した。その出発点となったのが1902年に高峰譲吉（1854-1928）による副腎皮質ホルモンであるアドレナリン（adrenaline）の発見である。これは内分泌物質であるホルモンが結晶として単離された最初の出来事であった。後の1927年に，シュミット（C. F. Schmitt）らはエフェドリンがアドレナリンと構造が類似していることに注目して，エフェドリンにもアドレナリンと同じような気管支拡張作用がないかを調べた。その結果，エフェドリンに顕著な気管支拡張作用が確認され，今日，麻黄の有効成分であるエフェドリンは，臨床において喘息の治療薬として使われている。

ephedrine　　　　　adrenaline

　さらにホルモンの研究は，動物組織におけるコレステロール（cholesterol）や胆汁酸の構造解析に展開した。20世紀前半までの有機化合物の構造決定は，経験的知識と物質を比較する困難なものであった。目的物質を大量に抽出，分離，精製し結晶性物質とし，元素分析により分子式を決定した。次いで酸化，還元，脱水素などの化学反応を駆使して得られた生成物を，すでに構造が明らかとなった化合物と比較して構造を決定するものであった。最終的に全合成によって構造が確定する方法がとられていた。

　このような中，ウィーラント（H. Wieland, 1877-1957）はコレステロールについて，一方，ウィンダウス（A. Windaus, 1876-1959）は胆汁酸について構造解析に取り組んだ。これらの化合物が4個の環状と側鎖構造からなることを明らかにし，ウィーラントはコレステロール，ウィンダウスは胆汁酸の最終構造を提出した。これは副腎皮質のステロイドホルモンの構造研究へ発展し，抗炎症性ステロイドが医薬品として開発された。そして性ホルモンの構造研究へと進み，1931年，ドイツのブーテナント（A. F. J. Butenandt, 1903-1995）は男子尿からアンドロステロンを単離し，その構造を推定した。さらに，ルジチカ（L. S. Ruzicka, 1887-1976）によりコレステロールから全合成されてその構造が決定された。一方，1935年に，ラクエル（E. Laqueur）は男性ホルモン作用を示すテストステロン（testosterone）を単離し，ブーテナントとルジチカにより合成されその構造が決定された。ブーテナントはその後も活発な研究を展開して，日本から50万匹のカイコを購入して昆虫の性誘引物質（フェロモンの一種）であるボンビコール（bombykol）を単離（エステル体として12 mg）し，構造解明と合成を完成させた。ブーテナントにより最初に報告されたのが1939年であり，化学合成によって化学構造が確定したのが1962年である。この研究は昆虫フェロモンの最初の研究であり，その後の多くの

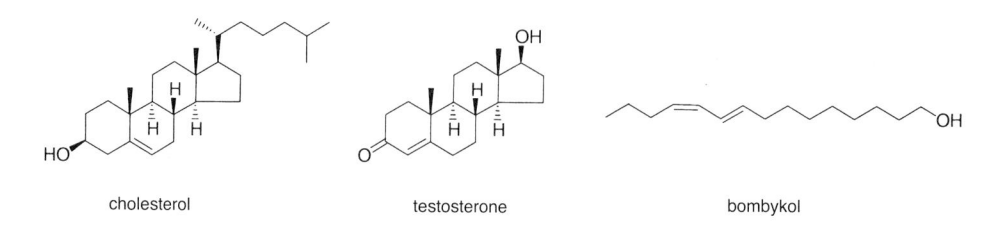

cholesterol　　　　　testosterone　　　　　bombykol

人々の研究によりフェロモンは性誘引，集合，道しるべ，警報，階級分化（社会性昆虫，ミツバチ，シロアリ等）などの重要な情報伝達の役割を昆虫の生活のなかで果たしていることが明らかとなった。

20世紀の後半になると，紫外線および赤外線吸収スペクトル，さらに質量スペクトル，核磁気共鳴スペクトルなどの分光学的方法による物質のスペクトルを比較する構造研究へと変革を遂げた。結晶性化合物の場合には，最終的にX線結晶解析によって構造決定が行われている。先のボンビコールの構造研究にもこれらの分析機器が威力を発揮している。また，有機化合物の分離分析においても，カラムクロマトグラフ法，ガスクロマトグラフ法，高速液体クロマトグラフ法などが急速に進歩した。このために有機化合物の構造決定はそのスピードを増し，正確度が高められた。このように20世紀の前半と後半とでは天然物化学にかかわる技術は一変した。

今日の天然物化学は，天然資源から新しい医薬品素材，機能性素材やそのシーズ探しの点で先端的な役割を担っており，かつての単なる化学構造研究から脱皮して，生命現象にかかわる機能性物質の解析，生理現象発現におけるそれらの物質の機能解明など，分子・細胞レベルでライフサイエンスに深くかかわっている。主だった研究を紹介すると，フグ毒であるテトロドトキシン（tetrodotoxin）によるナトリウムチャネルの機能解明，臓器移植の際に使われ，筑波山近郊の土壌中の放線菌から得られた免疫抑制剤FK506によるT細胞の活性化機構の解明，北米産イチイから見いだされた抗腫瘍薬タキソール（taxol）の全合成，さらにサンゴ礁周辺の魚介類を食べて起きるシガテラ中毒の原因物質シガトキシン（ciguatoxin）の構造解明と全合成の完成などがある。このように天然物を利用して生命の謎を解明する研究が活発になるにつれて，現在では天然物化学の黎明期にみられたような個人の業績というよりは，チーム（組織）で新たな化合物を発見し，構造解明，全合成，さらには機能解明へと，研究の進め方も大きく変革してきている。

表1.1 天然物化学における主だった発見, 分離, 全合成

| 西暦 | 天然物化学関係事項* |
|---|---|
| 1769〜 | 酒石酸, クエン酸, 乳酸, グリセリン等の分離 (Scheele) |
| 1806 | アヘンよりモルヒネ (Sertürner) |
| 1817 | ホミカよりストリキニーネ (Pelletier, Caventou) |
| 1820 | キナ皮よりキニーネ (Pelletier, Caventou) |
| 1828 | 尿素合成 (Wöhler), タバコよりニコチンの分離 (Posselt, Reimann) |
| 1834 | 石炭タールよりアニリン, キノリン, ピロール, フェノールの分離 (Mitscherlich) |
| 1848 | 酒石酸の光学分割 (Pasteur) |
| 1857 | 炭素の四価説後にベンゼンの構造式 (Kekule) |
| 1860 | コカよりコカイン (Niemann) |
| 1870 | インジゴの合成 (Baeyer) |
| 1887 | マオウよりエフェドリン (長井長義) |
| 1901 | アドレナリンの結晶化 (高峰譲吉) |
| 1910 | オリザニン発見 (鈴木梅太郎), サルバルサンによる梅毒の治療 (Ehrich, 秦佐八郎) |
| 1928 | ペニシリンを発見し抗生物質の端緒を開く (Fleming) |
| 1944 | 結核菌に対して最も強力な抗生物質ストレプトマイシンを発見 (Waksman) |
| 1955 | インシュリンの構造解明 (Sanger) |
| 1964 | フグ毒テトロドトキシンの構造解明 (平田義正, 津田恭介, Woodward) |
| 1972 | ビタミン $B_{12}$ の全合成 (Woodward) |
| 1982 | イワスナギンチャクの毒パリトキシンの構造解明 (平田義正) |
| 1984 | 免疫抑制剤 FK 506 構造解明 (藤沢薬品) |
| 1993 | 抗腫瘍活性を有するタキソールの全合成 (Holton, Nicolaou) |
| 1996 | 魚毒シガトキシンの構造解明 (村田道雄) |

*( )内は発見者あるいは研究代表者を記載した。

表1.2 生理活性を持つ主な植物二次代謝産物**

| 化合物群 | 化合物の概数 | 植物界における分布 | 生理活性 |
|---|---|---|---|
| 窒素化合物 | | | |
| アルカロイド | 10,000 | 被子植物中, 特に根, 葉, 果実に広く分布 | 多くは毒性, 苦味がある |
| アミン | 100 | 被子植物中, 特に花に広く分布 | 多くは不快臭を持ち, 幻覚性を示すものもある |
| アミノ酸 (非タンパク質性) | 400 | 比較的広範囲に分布し, 特にマメ科種子に多い | 多くは有毒で苦味がある |
| 青酸配糖体 | 40 | 散在しており, 特に果実や葉に存在 | 有毒 (青酸) |
| グルコシノレート | 80 | アブラナ科および他の10の植物科 | 辛味および苦味 (イソチオシアネート) |
| テルペノイド | | | |
| モノテルペン | 1,000 | 精油中に広範囲に分布 | 芳香性 |
| セスキテルペンラクトン | 3,000 | 主にキク科。他の被子植物にも存在が知られている | 多少の苦味と毒性を持ち, アレルギー性あり |
| ジテルペン | 2,000 | 広範囲に分布し, 特にラテックスや樹脂に存在 | 多少毒性あり |
| サポニン | 600 | 70以上の植物科に分布 | 溶血性 |
| リモノイド | 100 | 主にミカン科, センダン科, ニガキ科に分布 | 苦味 |
| ククルビタシン | 50 | 主としてウリ科に存在 | 苦味があり有毒 |
| カルデノライド | 150 | キョウチクトウ科, ガガイモ科, ゴマノハグサ科に特に普遍的 | 着色物質 |
| フェノール類 | | | |
| フェノール | 200 | 葉の成分として普遍的であるが, 他の組織にも存在 | 抗菌性 |
| フラボノイド | 4,000 | 被子植物, 裸子植物, シダ類に一般的 | しばしば着色している |
| キノン | 800 | 広範囲に分布, 特にクロウメモドキ科 | 着色物質 |
| その他 | | | |
| ポリアセチレン | 650 | 主にキク科, セリ科に存在 | 多少の毒性を持つ |

**J.B. Harborne, "Introduction to Ecological Biochemistry", 4th ed., Academic Press (1993) より改変。

# 2

## 抽出，分離および精製

　天然物をプローブ（探索子）として，生物の示す複雑な生命現象を解明するためには，生理活性を持つ成分（化合物）の単離，精製が重要なキーポイントとなる。天然資源から目的物質を単離，精製できれば，構造決定，生理活性の解明，さらには化学合成へと研究を発展させることができる。天然物化学の研究は抽出（extraction），分離（separation），精製（purification）により材料（material）からの目的物質の単離に始まる。

### 2.1　材　料

　動植物あるいは微生物の成分研究に際しては，その材料の基原が明確でなければ研究を再現することはできない。すなわち，生物種の学名，採集の時期，場所，使用した器官，部位を明記し，研究に使用した試料の一部を標本として保存する必要がある。また，採集から抽出に至るまでの調製，保存の段階で，成分が空気，温度，光，酵素などにより二次的変化を受け人工物（artifact）を作ることもあるので，これらに対する配慮が必要である。

### 2.2　抽　出

　抽出に用いる溶媒は研究材料が新鮮品か乾燥品かにより制約されるが，目的物質をよく溶かし，濃縮操作が容易なものを第一に選択する。"Like dissolves like"といわれるように，抽出溶媒には目的成分と近似した極性のものを選ぶ。一般に，テルペノイド，ステロイドなどの脂環式化合物，芳香族化合物などは比較的極性が低く脂溶性であり，糖，配糖体，アミノ酸などは極性が高く水溶性である。脂質，テルペノイドやステロールなど低極性物質のみを目的として抽出を行う場合は，低極性溶媒を用いたほうが高純度に抽出できる。しかし，一般に高極性の溶媒ほどさまざまな化合物を溶解する能力が高いので，低極性成分，高極性成分の両成分の抽出をする場合は安価，さらに濃縮操作の容易なメタノールで抽出を行うことが多い。近年，実験室的および工業的な規模で炭酸ガスを溶媒とした超臨界抽出法も行われており，これは熱や空気に対して不安定な化合物の抽出には優れた方法である。

### 2.3　分離・精製

　抽出された粗エキスは通常数多くの成分の混合物であり，目的物質の分離，精製には沈殿法（分別沈殿，再結晶），分別蒸留，昇華，分配（向流分配，液滴向流分配）法などが従来から用いられている。現在では，一般的にはクロマトグラフィー（chromatography）を応用して分離してから，再結晶など

で精製が行われている。クロマトグラフィーは固定相(stationary phase)とこれに接して移動する移動相（mobile phase）との両相間における各物質の吸着，分配，イオン平衡，浸透などの差異を応用した分離法である。移動相が液体の液体クロマトグラフィー（liquid chromatography；LC)と，移動相が気体のガスクロマトグラフィー（gas chromatography；GC)とに分類できる。高極性の固定相に対する物質の親和性はその極性に比例するので，移動相を低極性のものから順次高極性のものに変えていくと低極性の物質から順次溶出され，これを順相（normal phase）クロマトグラフィーと呼ぶ。一方，低極性の固定相の場合は，移動相は高極性から順次低極性のものに変えて溶出させる。この場合は高極性のものから順次溶出され，これを逆相（reversed phase)クロマトグラフィーと呼ぶ。一般に固定相が固体であるものは吸着型，液体である場合は分配型である。

## 2.4 カラムクロマトグラフィーの種類

カラムクロマトグラフィーは比較的大量の試料の分離に用いられる。分離しようとする化合物の性質によって，充塡剤および溶媒を選択する必要がある。この分離法には吸着，分配，イオン交換ならびにゲル浸透クロマトグラフィーなどが知られている。

### 2.4.1 吸着クロマトグラフィー（Adsorption Chromatography）

最も一般的な分離方法で，試料に存在する官能基と分子の大きさ（大きくなると吸着力が増す）により試料の吸着力が決まるので，適当な溶出力を持つ溶媒を選択する。一般に溶離液（移動相）には混合溶媒系を用い，溶出力の強さ（極性）を小さなものから大きなものへ順次変化させる。充塡剤は種類が多く，特にシリカゲルは順相系の充塡剤として多くの化合物の分離に用いられている。シリカゲルやアルミナを充塡剤として用いる場合，それらの含まれる水分量により吸着能をコントロールできる。ポーラスポリマーには親水性と疎水性のものがあるが，特に疎水性のポリスチレンゲル（例えばAmberlite XAD, Diaion-HP 20）は逆相系の充塡剤として配糖体の分離に好適である。化学結合型シリカゲルはシリカゲル表面のシラノール基（SiOH）の水酸基をオクタデシル（octadecyl）基で置換したODS型（$Si-C_{18}H_{37}$, $C_{18}$）など多種が市販され，最近多用されている。

### 2.4.2 分配クロマトグラフィー（Partition Chromatography）

互いに混ざり合わない2種の液体を振り混ぜたのち静置すると二層に分かれるが，これに溶質（試料）が存在すると，溶質は2種類の溶媒に対する親和性（分配比）に従って分配されるので，一方の溶媒を不活性な担体表面に固定し，もう一方の溶媒を上から流下させ，試料の分配比の違いによる移動速度の差に応じて試料を分離する方法である。

### 2.4.3 イオン交換クロマトグラフィー（Ion Exchange Chromatography）

この方法はイオン性物質と固定相中のイオン交換基間の静電的相互作用の差を利用するものであり，交換樹脂は基材としてスチレン樹脂など高分子のマトリックスを使用しているので，吸着または分子ふるいの性質も併せ持っている。固定相に用いるイオン交換樹脂は合成スチレン樹脂，フェノール樹脂あるいはセルロース，デキストランなどの高分子に$-SO_3H$, $-COOH$, $-NH_2$, $-N(C_2H_5)_2$などのイオン

交換基を導入したもので,強酸性,弱酸性,強塩基性,弱塩基性のものがある。移動相には種々のpHあるいはイオン強度の緩衝液が用いられる。一般に,アミノ酸,ペプチド,タンパク質,核酸,抗生物質,アルカロイド,水溶性カルボン酸,フェノールなどのイオン性物質の分離に応用される。

### 2.4.4　ゲル浸透クロマトグラフィー（Gel Permeation Chromatography；GPC）

分子ふるい（molecular sieve）クロマトグラフィー,ゲル濾過（gel filtration）クロマトグラフィーとも呼ばれる。網目構造を持つゲルを担体に用いて,分子の大きさが網目より小さくなるほど網目構造の中まで入り込みやすく,カラムを通過する速度が遅くなることを利用し,物質を大きさにより分離精製する方法である。担体は使用可能な溶媒によって水系（Sephadex Gなど）,有機溶媒系（Bio-Beads SXなど）,両用（Sephadex LHなど）がある。これらは架橋度によって各種の孔径（ポアサイズ,数十nm～数千nm）のものがあり,適用範囲は物質の分子量で表されている。分子量が近似した大きい分子量のものの分離には孔径の大きいものを,小さい分子量のものの分離には小径のものを用いる。物質の分子量の対数と保持容量との間には負の相関（直線性）があるので,分子量の大きいものから順次溶出される。ペプチド,タンパク質などの精製や分子量の測定に広く用いられる。温和な条件で分離が行えるので,生体関連物質の分離に有効な手段である。Sephadex LH-20は,フェノール類,カルボン酸に対して吸着性を示すので,GPCとしてよりは,むしろ吸着クロマトグラフィーとして用いられる。

## 2.5　薄層クロマトグラフィー（Thin Layer Chromatography；TLC）

ガラス板,アルミ板あるいはプラスチック板の上に,固定相としてシリカゲル,アルミナ,セルロース,けいそう土,ポリアミド,あるいはODSなどの化学修飾型シリカゲル（逆相型）を塗布したプレートを用いるクロマトグラフィーである。展開時間が短く,固定相や呈色試薬の選択が自由にできる利点があり,有機化合物の分離分析のための最も簡便な方法として日常的に使用されている。

## 2.6　高速液体クロマトグラフィー　（High Performance Liquid Chromatography；HPLC）

HPLCは通常のカラムクロマトグラフィーより微細（3～5μm）で粒度のそろった充填剤を用い,高圧ポンプを用いて高分離能と分析時間の短縮を図ったものである。充填剤も吸着,分配,イオン交換,ゲル浸透などがあり,あらゆる物質の分析が可能で微量分析,定性,定量分析,純度検定に広く用いられている。現実的な研究においては,HPLCは天然物質の最終的分離・精製法となっている。HPLC充填剤には逆相分配型が最も繁用され,シリカゲルのシラノールにオクタデシル基（ODS；$C_{18}$）を導入したものが一般的である。この際,シリカゲル上に化学修飾されずに残るシラノール基もかなり存在するので,純粋に逆相系という訳ではない。また,化学結合の安定性から使用可能なpHは2～9程度である。残存するシラノール基をエンドキャップしたものなども市販されている。検出器（detector）には,紫外,可視光線の吸収および蛍光を利用したものや,多目的の示差屈折（refractive index；RI）計などがあり,最近では多波長検出器（photodiode-array）が分析用によく用いられている。

## 2.7 ガスクロマトグラフィー（Gas Chromatography；GC）

移動相に気体を用いるクロマトグラフィーの総称で，分離能，分析感度とも優れた方法である。固定相が固体の吸着型（gas-solid chromatography；GSC）と液体の分配型（gas-liquid chromatography；GLC)の2種がある。移動相の気体（carrier gas）には He，$N_2$，Ar などが用いられる。化学的に不活性な気体を用いるのは，カラムが 300℃ほどまでに上昇することがあるので，試料成分が反応しないためである。装置には試料の注入，気化を兼ねたインジェクター（injector），カラム温度を一定温度に保つための恒温槽，および検出器が備えられている。ガスクロマトグラフィーには不揮発性または熱に不安定な物質は不適応である。しかし，糖類などのアセチル化やトリメチルシリル化，脂肪酸のメチルエステル化などのように，安定な揮発性の誘導体とすることにより，利用範囲を広げることが可能である。

## 2.8 光学異性体の分離

ラセミ体を光学分割して光学的に純粋なそれぞれの鏡像体を得ることは，医薬品のみならず，生理活性物質を対象とする研究において，キラル中心を持つ物質を扱う場合，避けて通ることのできない重要な問題である。光学分割の方法としては，化学的光学分割法として優先結晶法，ジアステレマー法，ラセミ化と異性化晶出法，包接化合物法があり，一方，酵素による選択的分割法やクロマトグラフィーによる光学分割法などもある。

HPLC，TLC，GC などのクロマトグラフィーによる光学分割法は，物質の高度な分割，精製法としてきわめて広く応用されている。

なかでも HPLC 用のキラル固定相は種類も多く，広範な鏡像異性体の分割に適応できる。また分析と分取の両方が行える点でも便利である。最近では簡便な光学純度の決定法としても利用されている。

### 参考文献

1) 後藤俊夫, 芝 哲夫, 松浦輝男監修, "有機化学実験のてびき1. 物質取扱法と分離精製法", 化学同人, 1988.
2) 日本化学会編, "季刊化学総説 6. 光学異性体の分離", 学会出版センター, 1989.
3) 梅沢喜夫, 澤田嗣郎, 中村 洋監修, "最新の分離・精製・検出法", エヌ・ティー・エス, 1997.
4) K.Hostettmann, M.Hostettmann, A.Marston, "分取クロマトグラフィーの実際", 東京化学同人, 1990.
5) 松下 至, "液体クロマトグラフィー100のテクニック", 技報堂出版, 1997.
6) 波多野博行, 花井俊彦, "実験高速液体クロマトグラフィー", 化学同人, 1988.
7) 中村 洋監修, "クロマトグラフィー分離法", 廣川書店, 2001.

# 3

# 構造決定

　薬用植物や微生物など天然物から医薬品となりうる可能性を持った化合物が分離されたとき，そのような化合物の化学構造がどのようなかたちをしているかを知りたいと思うのは当然であるし，また，構造決定は天然物化学のだいご味でもある．有機化合物の化学構造を直接"目で見る"ことはまだ不可能であるから，その化合物の構造に関する情報を化学的な方法や物理的方法を使って引き出し，それらの断片的な情報から，最後は互いが矛盾しないような化学構造を"ジグソーパズルのように"組み立てなければならない．化学的方法には骨格や官能基に特有な呈色反応や化学分解による方法があげられるが，後者の場合は多量の試料を要するので微量なものへの適用は困難である．化学的方法が"破壊的"分析法であるのに対し，物理的な方法は"非破壊的"分析法であるものが多く，天然から得た'貴重で，なおかつ微量な試料'を対象とする場合には理想的な方法である．物理的な検出方法を利用して得られる情報とそれに対応する代表的な分析法を列記する．
　① 電子に関する情報：紫外－可視吸収スペクトル，電子スピン共鳴スペクトルなど
　② 原子間結合に関する情報：赤外吸収スペクトル，ラマンスペクトルなど
　③ 原子に関する情報：核磁気共鳴スペクトル，原子吸光など
　④ 化学組成，分子質量に関する情報：元素分析，質量スペクトル
　⑤ キラリティーに関する情報：旋光度，旋光分散，円二色性スペクトル
　通常，これらは機器分析として総称されるが，他に結晶中の原子配列を解析するX線結晶構造解析法もある．X線による方法はコンピュータ解析により"化学構造を見る"ことができる分析法である．化学構造の決定に際して最も汎用されている (1) 紫外・可視吸収スペクトル，(2) 赤外線吸収スペクトル，(3) 質量スペクトル，(4) 核磁気共鳴スペクトルについてはすぐれた成書があるので，ここでは化学構造の決定法の実例をあげるにとどめた．天然物にはキラル炭素が骨格を構築していることが多い，その絶対立体配置の決定法についてもふれることにする．

## 3.1　構造決定例：強心配糖体 Asperoside の構造解析

### (1)　質量スペクトル

　asperoside は *Streblus asper* Lour. の地下部から得られるカルデノライド強心配糖体であり，図3.1には asperoside の FAB (Fast Atom Bombardment)-MS スペクトルを示した．スペクトルの見方は，どの装置でも共通であり，縦軸はイオン強度（イオンの相対的な存在率を%で表したもの），横軸はイオン質量をイオンの持つ電荷で割ったもの ($m/z$) である．図のスペクトルにおいて，分子質量に関するイオンとしてプロトン化分子イオン（$MH^+$：$m/z$ 565）のほか Na，K が付加したイオン［それぞれ $(M+Na)^+$：$m/z$ 587，$(M+K)^+$：$m/z$ 603］も観測される．また，フラグメントイオンが $m/z$ 547

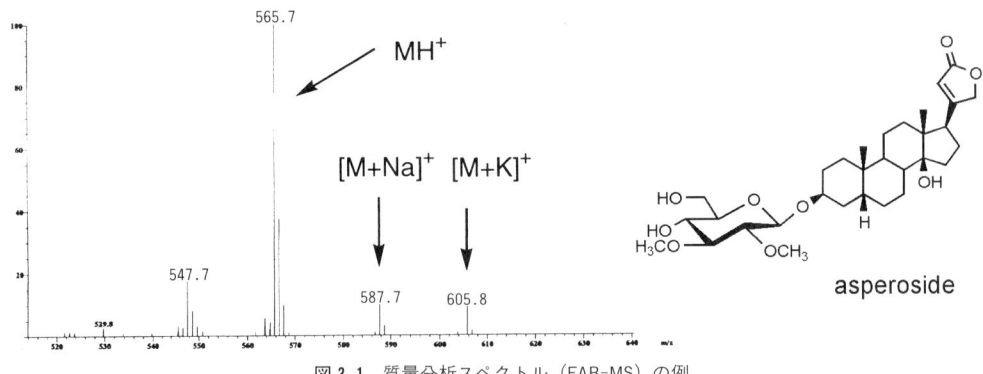

図 3.1 質量分析スペクトル (FAB-MS) の例

に観測されるが，このイオンは分子イオンからちょうど水 ($H_2O$) が 1 分子とれた質量数に相当するから (脱水ピークという)，分子に水酸基があることが推定できる。

(2) $^1$H-NMR と $^{13}$C-NMR スペクトル

asperoside の $^1$H-NMR と $^{13}$C-NMR スペクトル (溶媒：重メタノール $CD_3OD$) を図 3.2 と図 3.3 にそれぞれ示した。$^1$H-NMR スペクトルにおけるプロトンシグナルはおよそ 1 ppm から 6 ppm の範囲にわたって観測されている。ただし，4.53 ppm と 4.81 ppm に比較的大きく幅広いシグナルが観測されるが，これらは溶媒 ($CD_3OD$) 中に含まれる水 ($H_2O$ と HDO) 由来である。この化合物の分子式は $C_{31}H_{48}O_9$ であり，特徴的なシグナルを拾っていくと 0.88，0.95，3.57，3.60 ppm にいずれも 3 H 分のシグナルが一重線 (シングレット) で観測される。これらはメチル基由来のシグナルであり，その化学シフト値からより低磁場側の 2 本はメトキシル基であることがわかる。1.2 ppm から 2.2 ppm 付近にかけてシグナルの重なりが激しいが，2.8 ppm から 6 ppm の範囲に出現するシグナルは比較的分離がよい。また，その領域でスピン-スピン相互作用が明確なシグナルがいくつか存在するので，プロトン-プロトン間のつながりを解析することにより部分構造を明らかにすることが可能である。表 3.1 には観測されたプロトンシグナルをまとめた。

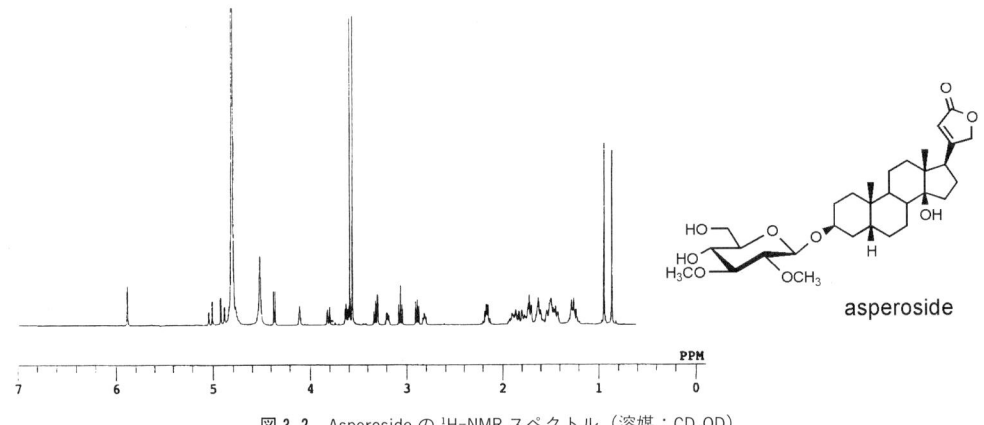

図 3.2 Asperoside の $^1$H-NMR スペクトル (溶媒：$CD_3OD$)

一方，$^{13}$C-NMR スペクトルは炭素核に関する情報を提供してくれる。$^{13}$C 核を対象とした場合は，$^1$H 核 (0〜15 ppm) に比べて，その観測範囲は広い (0〜250 ppm) ので，各炭素シグナルの分離がよいことが特徴である。ただし，$^{13}$C 核の天然存在率が約 1 % であることから，$^1$H-NMR スペクトルに

## 3.1 構造決定例：強心配糖体 Asperoside の構造解析

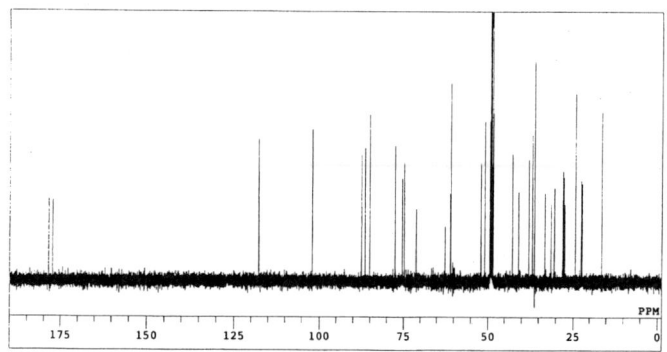

図 3.3 Asperoside の $^{13}$C-NMR スペクトル（BCM）（溶媒：CD$_3$OD）

表 3.1 Asperoside の NMR データ（溶媒：CD$_3$OD）

| C No. | $^1$H | $^{13}$C | DEPT |
|---|---|---|---|
| C-1 | 1.4〜1.55 (2H, m) | 31.5 | CH$_2$ |
| C-2 | 1.6〜1.7 (2H, m) | 27.6 | CH$_2$ |
| C-3 | 4.11 (1H, br s) | 74.8 | CH |
| C-4 | 1.5〜1.6 (1H, m), 1.8 (1H, m) | 30.5 | CH$_2$ |
| C-5 | 1.7〜1.75 (1H, m) | 38.0 | CH |
| C-6 | 1.25〜1.3 (1H, m), 1.9 (1H, m) | 27.9 | CH$_2$ |
| C-7 | 1.25〜1.3 (1H, m), 1.75〜1.8 (1H, m) | 22.6 | CH$_2$ |
| C-8 | 1.6〜1.65 (1H, m) | 42.7 | CH |
| C-9 | 1.75 (1H, m) | 37.0 | CH |
| C-10 | | 36.3 | C |
| C-11 | 1.2〜1.3 (1H, m), 1.4〜1.5 (1H, m) | 22.4 | CH$_2$ |
| C-12 | 1.45〜1.55 (2H, m) | 41.0 | CH$_2$ |
| C-13 | | 51.1 | C |
| C-14 | | 86.5 | C |
| C-15 | 1.7〜1.75 (1H, m), 2.15〜2.2 (1H, m) | 33.4 | CH$_2$ |
| C-16 | 2.15〜2.2 (1H, m), 1.85〜1.95 (1H, m) | 28.1 | CH$_2$ |
| C-17 | 2.83 (1H, dd, $J$ = 6.0, 8.7 Hz) | 52.2 | CH |
| C-18 | 0.95 (3H, s) | 24.4 | CH$_3$ |
| C-19 | 0.88 (3H, s) | 16.4 | CH$_3$ |
| C-20 | | 178.5 | C |
| C-21 | 4.91 (1H, dd, $J$ = 1.5, 18.3 Hz)<br>5.03 (1H, dd, $J$ = 1.4, 18.3 Hz) | 75.4 | CH$_2$ |
| C-22 | 5.89 (1H, br t, $J$ = 1.4 Hz) | 117.8 | CH |
| C-23 | | 177.3 | C |
| G-1 | 4.37 (1H, d, $J$ = 7.8 Hz) | 102.1 | CH |
| G-2 | 2.90 (1H, dd, $J$ = 7.8, 9.1 Hz) | 85.2 | CH |
| G-3 | 3.07 (1H, t, $J$ = 9.1 Hz) | 87.6 | CH |
| G-4 | 3.32 (1H, dd, $J$ = 9.1, 10.1 Hz) | 71.3 | CH |
| G-5 | 3.20 (1H, ddd, $J$ = 2.3, 5.7, 10.1 Hz) | 77.6 | CH |
| G-6 | 3.63 (1H, dd, $J$ = 5.7, 11.9 Hz)<br>3.81 (1H, dd, $J$ = 2.3, 11.9 Hz) | 62.7 | CH$_2$ |
| G-2-OCH$_3$ | 3.57 (3H, s) | 61.0 | CH$_3$ |
| G-3-OCH$_3$ | 3.60 (3H, s) | 61.2 | CH$_3$ |

比べ，シグナル－ノイズ（S/N）比は悪い。$^{13}$C-NMR スペクトルは，実際には $^1$H 核とのスピン－スピン相互作用が存在するので，化合物内のすべての $^1$H 核を飽和させた状態で測定する（Broadband Complete Decoupling：BCM，図3.3）。この測定ではすべての炭素シグナルは一重線となり，炭素数の決定が可能である。asperoside の場合は計 31 本のシグナルが観測されることから炭素数 31 の化合物であることがわかる（表3.1）。また，$^{13}$C-NMR スペクトルの場合も化学シフト値から，カルボニル炭素とかカルビノール炭素など官能基の推定が可能である。また，BCM スペクトルでは 1 級から 4 級までの炭素の帰属は不可能であるが，$^1$H 核との相互作用を取り入れた測定（Off-resonance あるいは SFORD スペクトル）を行えばそれらの帰属は可能であるし，DEPT（Distortionless Enhancement Polarization Transfer）法と呼ばれる測定によっても同様な情報が得られる。表3.1 には，asperoside の各炭素シグナルの化学シフト値と DEPT 法によって求めた 1 級から 4 級までの帰属をまとめてある。DEPT 法により，asperoside は $CH_3$ が 4 個，$CH_2$ が 11 個，CH が 11 個，C（4 級炭素）が 5 個から構成されていることがわかる。

### (3) $^1$H-$^1$HCOSY スペクトル

そこで，構造を明らかにしていく過程では，上に述べた $^1$H-NMR スペクトルにおける $^1$H－$^1$H 間のつながり，あるいは $^1$H－$^{13}$C 間のつながりを解析していく操作が必要である。$^1$H－$^1$H 間のつながりは二重共鳴（デカップリング）による方法あるいは二次元 $^1$H-$^1$HCOSY（Correlation Spectroscopy）により求めることができるが，後者の方がより一般的に用いられている。$^1$H-$^1$HCOSY では互いにカップリングするプロトンは交差ピーク（あるいは相関ピーク）として現れるので視覚的に判定できる。図 3.4 は asperoside の $^1$H-$^1$HCOSY スペクトルについて，2.5〜4.5 ppm の範囲を拡大したものである（対角線上に出現するピークは対角ピークと呼ばれる）。いま，4.37 ppm（d, $J = 7.8$ Hz）のプロトンシグナルに注目した場合，同プロトンは 2.90 ppm（dd, $J = 7.8$, 9.1 Hz）のシグナルと交差ピークを示していることから，結合定数 $J = 7.8$ Hz で互いにカップリングしていることがわかる。

同時に 2.90 ppm のシグナルは 3.07 ppm（t, $J = 9.1$ Hz）のシグナルと交差ピークを示し，さらに 3.07 ppm のシグナルは 3.32 ppm のシグナルと交差ピークを示しており，さらに進めていくと，3.32 ppm のシグナルは 3.20 ppm のシグナルと，3.20 ppm のシグナルは 3.63 ppm と 3.81 ppm のシグナルと交差ピークを示しているのがわかる。図 3.4 に示した範囲において交差ピークを示すシグナルは以上である。すなわち，それらの交差ピークの情報と化学シフト値から，図 3.5 に示した部分構造を導くことができる。また，各シグナルのスピン－スピン結合定数から相対立体化学に関する情報も得られる。特にプロトンが隣接位にある vicinal の関係にある場合，二面角を考察することによりシス配位であるか，トランス配位であるかを明らかにすることが可能である。図 3.5 に示した 4.37 ppm から 3.20 ppm までの各プロトン間の結合定数（$J = 8$ Hz から 10 Hz）はすべて互いにトランス配位であると同時にそれらのプロトンが axial 配位であることも示唆している。このように立体化学に関する情報も考えると，図 3.4 に示した領域において，部分構造としてグルコース構造が推定できる。このようにして，$^1$H-$^1$HCOSY スペクトルからある程度の部分構造を導くことができる。

### (4) HMQC スペクトル

一方，$^1$H－$^{13}$C 間のつながりは，直接結合している $^1$H－$^{13}$C 相互作用を検出する測定法と遠隔スピン－スピン相互作用（$^2J_{CH}$ あるいは $^3J_{CH}$）を検出する測定法がある。いずれも二次元 NMR 法であるが，前者の測定法として $^{13}$C-$^1$HCOSY（単に CHCOSY）法と HMQC（Hetero-nuclear Multiple

## 3.1 構造決定例：強心配糖体 Asperoside の構造解析

Quantum Coherence）法がある。CHCOSY 法では $^{13}$C 核を対象として検出するが，HMQC 法では $^1$H 核を対象に検出する。天然存在率を考えた場合，$^{13}$C 核が約1％であるのに対し，$^1$H 核はほぼ100％の存在率なので，検出感度は HMQC 法が高く，それゆえ微量の試料を扱う場合は有利な方法である。図 3.6 には asperoside の HMQC スペクトルの一部を示した。

スペクトルの見方は基本的に HHCOSY と同じであり，直接結合している $^1$H-$^{13}$C について横軸のプロトンシグナルと縦軸の炭素シグナルとの間に相関ピークが現れる。asperoside のプロトンシグナ

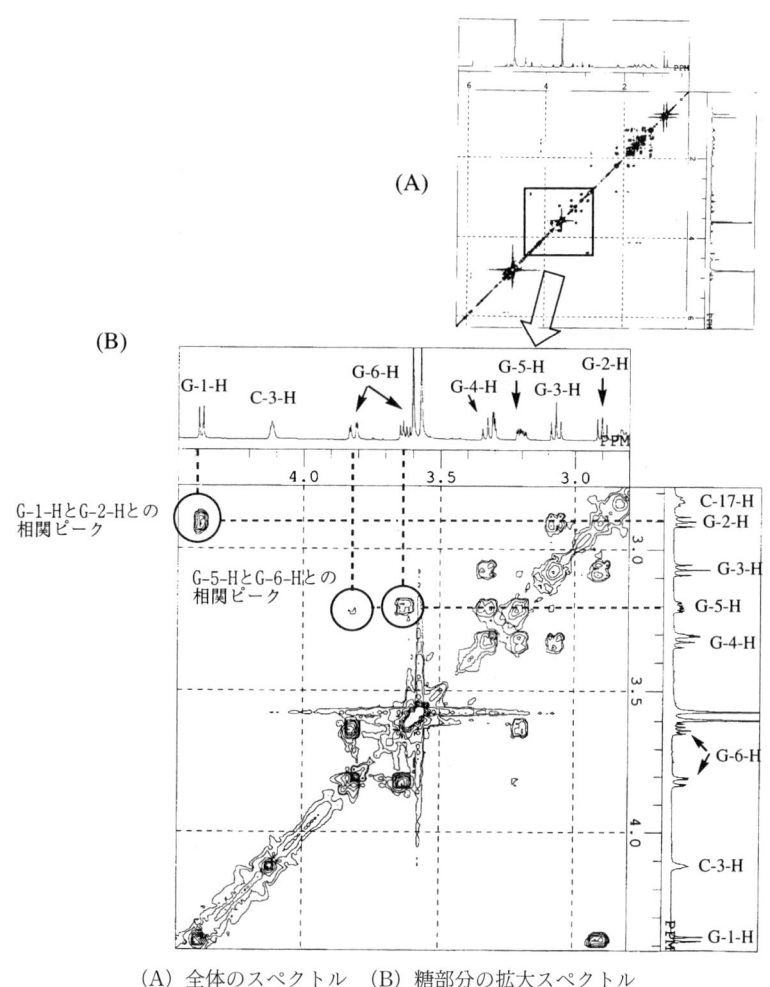

（A）全体のスペクトル　（B）糖部分の拡大スペクトル
図 3.4　Asperoside の $^1$H-$^1$HCOSY スペクトル

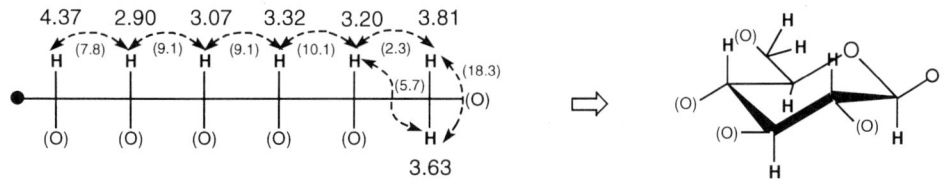

図 3.5　$^1$H-$^1$HCOSY スペクトルより得られた部分構造。（　）内は結合定数（Hz）

ルと炭素シグナルとの対応を解析した結果を表3.1にまとめてある。その結果，グルコース構造を構成していると考えられる一連のプロトンのうち，4.37 ppm のプロトンが結合する炭素の化学シフト値は102.1 ppm であり，糖のアノマー炭素に特徴的な値であった。このように HMQC あるいは CHCOSY スペクトルはプロトンシグナルと炭素シグナルの帰属を行える点で有効な方法であるが構造解析としての情報量は少ない。

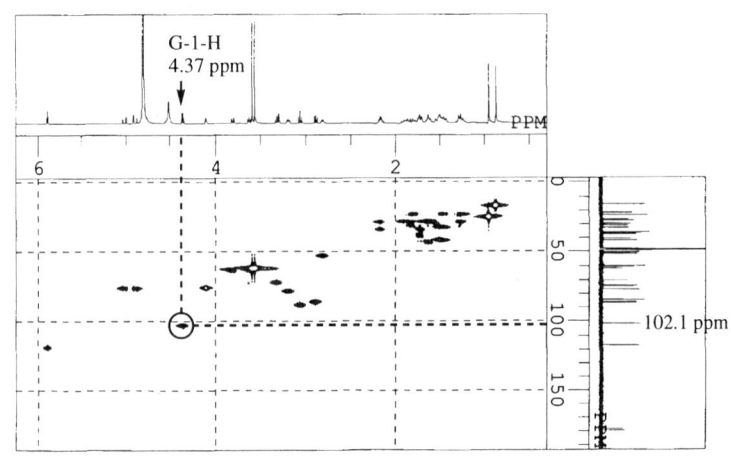

図3.6　Asperoside の HMQC スペクトル

### (5)　HMBC スペクトル

NMR スペクトルを用いた構造解析の中で最も有効な情報を与えてくれるのが上に述べた遠隔スピン－スピン相互作用を検出する測定法である。この方法は2結合（**C**-X-**H**：$^2J_{CH}$）あるいは3結合（**C**-C-X-**H**：$^3J_{CH}$）隔てた $^1H-^{13}C$ 相互作用を検出するので，注目するシグナル周辺の構造を明らかにすることができる。この方法でも $^{13}C$ 核を対象とする COLOC（Correlated Spectroscopy for Long-Range Coupling）法と $^1H$ 核を対象に検出する HMBC（Hetero-nuclear Multiple Bond Connectivity）法の2つの方法がある。図3.7(a) は asperoside の HMBC スペクトルを示したが，相関ピークが多数観測されており，情報量の多いことがわかる。また，図3.7(b) はグルコース構造領域を拡大したものである。

いま，グルコース構造の 2.90 ppm に観測される2位のプロトンシグナルに注目した場合，同シグナルは 61.0 ppm，87.6 ppm，102.1 ppm の各炭素シグナルと相関している。これらの炭素シグナルは HMQC スペクトルよりそれぞれメトキシ炭素，グルコース構造の G-3 位および G-1 位の炭素であることが明らかになっている。それら G-1 位，G-2 位，G-3 位のつながりについては $^1H-^1H$COSY からすでに明らかになってはいるが，ここではじめて G-2 位にメトキシル基が結合していることが示されたことになる。また，3.57 ppm のメトキシプロトンが 85.2 ppm の炭素シグナルと相関を示しているが，このシグナルは HMQC スペクトルよりグルコース構造の G-2 位の炭素に帰属されていることから矛盾はない。さらに，G-3 位のプロトンに帰属されている 3.07 ppm のシグナルに注目すると，61.2 ppm，71.3 ppm，77.6 ppm，85.2 ppm の各炭素シグナルに相関を示している。61.2 ppm 炭素シグナルはメトキシ炭素であり，ここでも G-3 位にメトキシル基が結合していることが明らかになった。このことは 3.60 ppm のメトキシプロトンが3位の炭素シグナルに帰属されている 87.6 ppm の炭素シグナ

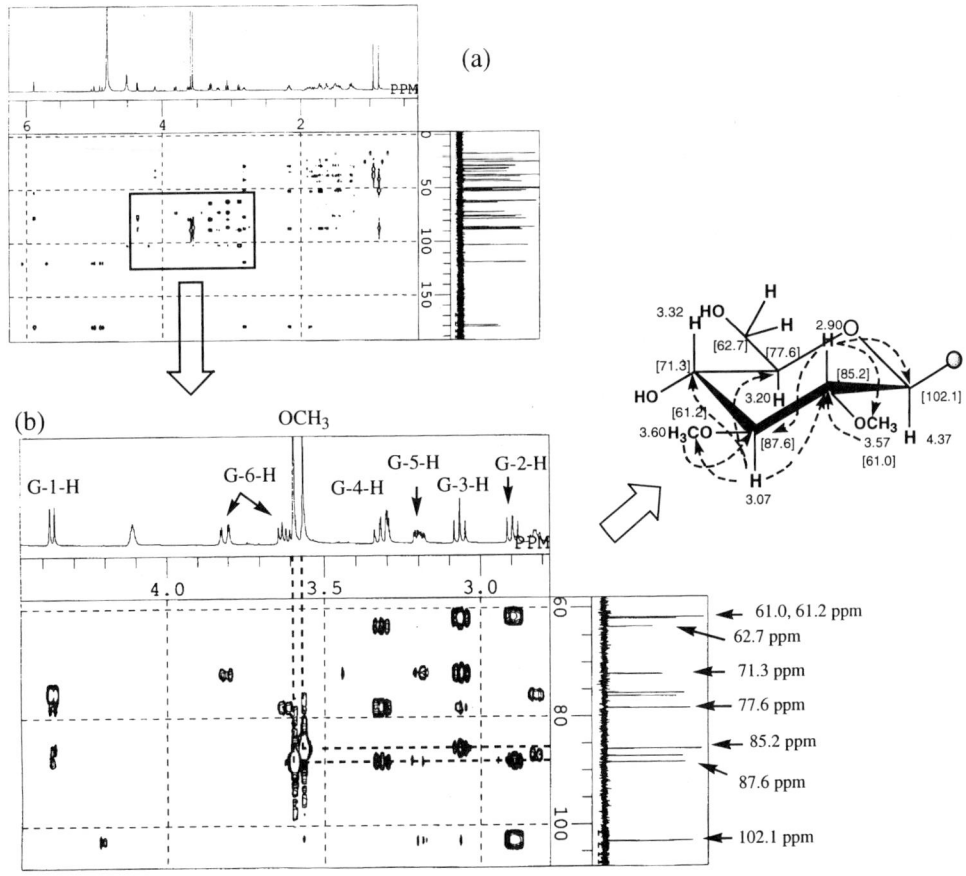

図 3.7　Asperoside の HMBC スペクトルと糖部分の主要な HMBC 相関

ルに相関を示すことから支持される。残りの 71.3 ppm, 77.6 ppm, 85.2 ppm の炭素シグナルはおのおの G-4, G-5, G-2 の炭素に帰属されている。このように, 1つのプロトンシグナルに注目し, それがどの炭素シグナルと 2 結合 (C–C–H：$^2J_{CH}$) あるいは 3 結合 (C–C–C–H：$^3J_{CH}$) 隔てた相関を示しているかを組み合わせていくことにより, asperoside の構造中に 2, 3-ジメトキシ-グルコース構造を持つことがわかる。ただし, 相関が $^2J_{CH}$ に基づくものなのか, あるいは $^3J_{CH}$ に基づくものなのかの判断は難しく, 他の相関と矛盾のないように構造を組み立てていくしかない。しかし, メトキシプロトンからの相関は確実に $^3J_{CH}$ に基づくものである。また, この遠隔スピン-スピン相互作用を検出する方法が優れている点は 4 級炭素の帰属が可能なところである。DEPT 法あるいは HMQC 法から 4 級炭素を割り出せても, それらが分子中のどの位置に帰属されるかまでは決定できない。asperoside の 5 個の 4 級炭素はおのおの 36.3 ppm, 52.2 ppm, 86.5 ppm, 177.3 ppm および 178.5 ppm に観測される (表 3.1)。これら 4 級炭素に相関を示す分離のよいプロトンシグナルをスペクトル上検索すると, 0.95 ppm のメチルプロトンと 1.7～1.75 ppm のメチンプロトンが 36.3 ppm の炭素シグナルに, 0.88 ppm のメチルプロトンと 2.83 ppm のメチンプロトンが 52.2, 86.5 ppm の炭素シグナルに, 5.89 ppm のビニルプロトン, 5.03 および 4.91 ppm のメチレンプロトンが 178.5 ppm の炭素シグナルに, 5.89 ppm のビニルプロトンと 5.03, 4.91 ppm のメチレンプロトンが 177.3 ppm の炭素シグナルに相関を

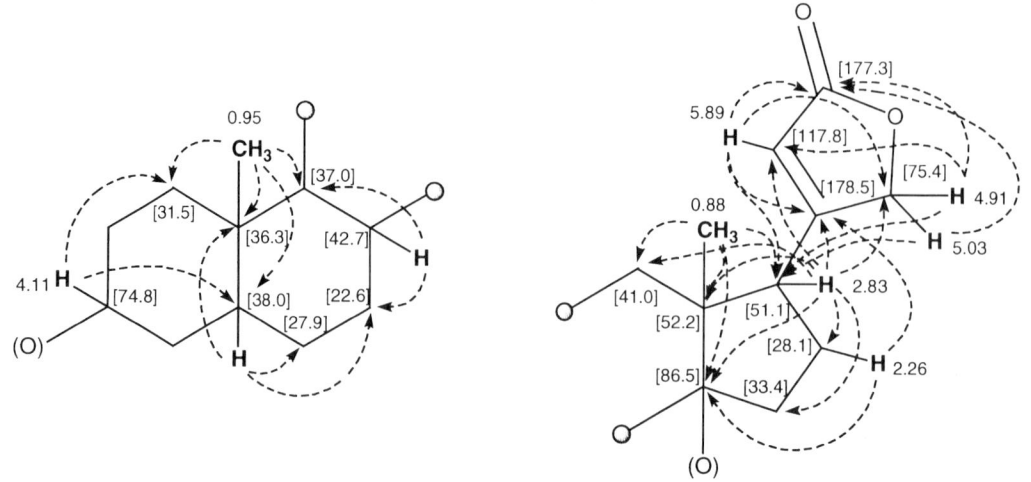

図 3.8 アグリコン部分の主要な HMBC 相関

示していることが示された。また，これらの各プロトンシグナルが示す他の炭素シグナルとの相関も検討することにより図 3.8 に示す 2 つの部分構造が推定された。2,3-デヒドロ-γ-ラクトン環構造はIR スペクトルにおいて観測される 1730 cm$^{-1}$ のカルボニル伸縮振動および UV スペクトルにおける 230 nm の極大吸収から推定した。以上の HMBC スペクトルから導き出した部分構造および分子式（$C_{31}H_{48}O_9$）も組み合わせると，asperoside はジギトキシゲニンの骨格を持っていることがわかる。さらに糖のアノマープロトン（G-1 H：4.37 ppm）は 74.8 ppm の炭素シグナルと HMBC 相関を示すことから，アグリコン（ジギトキシゲニン）の 3 位に 2, 3-ジメトキシ-グルコピラノースが β 結合（アノマープロトンの結合定数から判断できる）した構造と推定できる。

(6) NOESY スペクトル

残された問題は立体化学に関する情報である。グルコース構造のように，連続したスピン系がある場合はプロトン間の結合定数から相対的な立体配位を求めることができるが，互いに孤立したスピン系同士の空間的な立体配位は別な方法によって求めなければならない。核オーバーハウザー効果（Nuclear Overhauser Effect：NOE）と呼ばれる測定法はそのような系の空間的立体配位を求める上で有効な方法である。原理は成書に譲るが，空間的におよそ 3～4Å 以内の距離において，同じ空間配位であるときに NOE 効果が観測される。また，この方法を二次元化した NOESY スペクトルと呼ばれる測定も，$^1H$-$^1H$COSY 同様，交差ピークの有無により視覚的に判定できる。図 3.9 には asperoside のNOESY スペクトルから得られたデータを示した。図に示す NOE 相関から，asperoside の相対立体配置も含めた構造が結論できた。NMR スペクトルから得られる立体情報は相対的なものであることに注意しなくてはならない。このようにして，NMR データから得られる情報量は多く，構造推定に決定的な役割を果たしている。

一方，$^1H$-$^{13}C$ 間の相互作用の検出法から有機化合物の炭素骨格を求めるよりは，むしろ $^{13}C$-$^{13}C$ 間のスピン-スピン相互作用を検出したほうがより効率的と考えられるが，上にも述べたように，$^{13}C$ 核の天然存在率はおよそ 1% であるので，隣接する炭素が同時に $^{13}C$ 核である確率は非常に少ない。それゆえ，通常の測定では $^{13}C$-$^{13}C$ 間の相互作用は観測できないが，試料濃度を極端に高くすることに

より観測可能である。以上，NMR スペクトルを用いた構造決定について実例を挙げて述べたが，分子量が 100 程度のものからタンパクなど数十万にも及ぶ化合物の構造決定において NMR スペクトルは威力を発揮している。

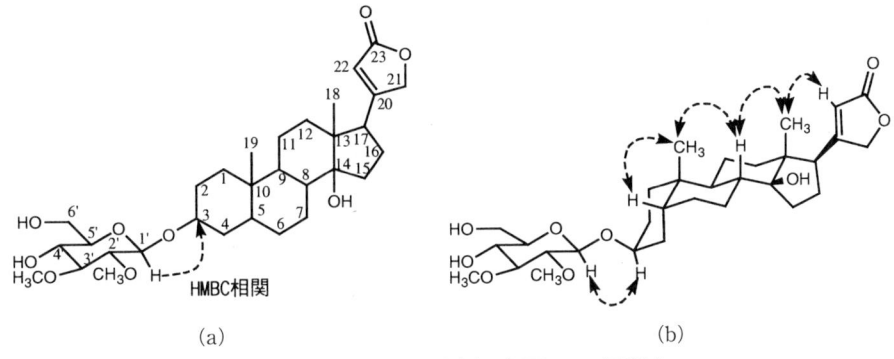

図 3.9 Asperoside の構造(a)と主要な NOE 相関(b)

## 3.2 絶対立体配置（Absolute Configuration）の決定

### 3.2.1 はじめに

生体が作りだす天然の有機化合物はキラリティーを持つものが多い。タンパク質を構成する L-アミノ酸や D-グルコースなどの糖類はその典型的な例である。分子にキラル中心があると旋光性を持つようになる。旋光性とは直線偏光の偏光面を左右のいずれかに回転させる能力のことであり，通常 NaD 線（λ 589 nm）の直線偏光を用いた比旋光度 $[\alpha]_D$ の値をキラリティーの物性値として表す。互いに鏡像体の関係にある化合物の場合は正負まったく逆の旋光度を示す。このように，旋光性を持つものを一般に光学活性物質と呼んでおり，前節で述べた asperoside もその1つである。しかし，旋光度の値から光学活性物質の絶対立体化学を明らかにすることは現在のところ不可能であり，別な方法に頼らざるをえない。ここでは，絶対立体配置の決定法として考案された信頼性のあるいくつかの方法について述べる。

### 3.2.2 オクタント則

オクタント則は旋光分散（ORD：Optical Rotatory Dispersion）で観測される異常分散曲線（Cotton 効果という）から経験的に絶対立体配座を決定する方法である。対象とする化合物は基本的にステロイドあるいは二環性の化合物で分子内にケトン基を持つことである。ORD スペクトルは波長の変化に伴う旋光度の変化を観測するものであり，特別な要因がない場合は波長が短くなるにつれ旋光度の絶対値は（正負いずれの場合も）単純に大きくなる。これを単純分散曲線

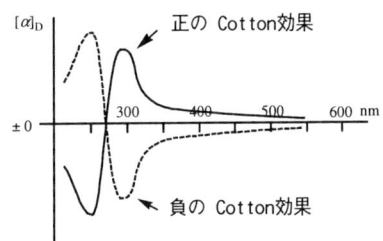

図 3.10 ORD 曲線における Cotton 効果

というが，もしキラル中心の近傍に発色団が存在する場合，その発色団の極大吸収波長領域において旋光度が正から負（あるいは負から正）への急激な変化が現れることがある（図 3.10）。

この異常分散曲線を Cotton 効果といい，長波長側から短波長側に正から負への変化を正の Cotton

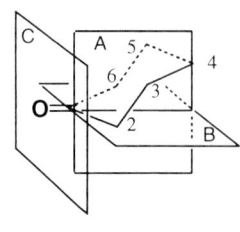 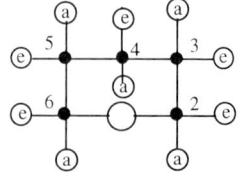 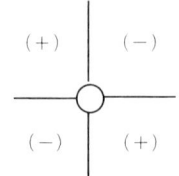

(a) オクタント空間　　　(b) 後方オクタント　　　(c) Cotton 効果の符号

**図 3.11　オクタント則の基本ルール**

効果，その逆は負の Cotton 効果と呼ぶ。オクタント則はこの Cotton 効果の符号から立体配座を決める方法であり，以下にその概要を述べる。

オクタント則の基本はシクロヘキサノン環であり，カルボニル発色団による Cotton 効果を観測する。いま，シクロヘキサノン環がいす形の配座をとっていて，図 3.11 (a) のように A 面，B 面，C 面で区切るとする。A 面はカルボニル炭素と 4 位の炭素を含み，シクロヘキサノン環を鉛直方向にちょうど半分に区切った面を考える。B 面はカルボニル炭素，2 位および 3 位の炭素を含む面であり，A 面と垂直な関係にある。C 面はカルボニル基の酸素を含む面であり，A，B の両面に対して垂直の関係にある。このようにシクロヘキサノン環を A，B，C 面で区切ると合計 8 つの空間（オクタント）に分画できる。いま，カルボニル基を手前中心に置いて眺めたときに図 3.11 (b) に示す投影図が描けるが，この投影図はカルボニル酸素よりも後方にある 4 つの空間を映し出したものである（後方オクタントという）。次に各炭素の置換基について axial 配位と equatorial 配位を考えたとき，オクタント則では次のルールを適用する。

① カルボニル基に隣接する 2 位，6 位の equatorial 置換基および 4 位の axial 置換基と equatorial 置換基は Cotton 効果に影響を及ぼさない。

② カルボニル基を原点にとり，原点に対して右上の置換基（3 位の axial 置換基と equatorial 置換基）と左下の置換基（6 位の axial 置換基）は負の Cotton 効果を誘起する。

③ カルボニル基を原点にとり，原点に対して左上の置換基（5 位の axial 置換基と equatorial 置換基）と右下の置換基（2 位の axial 置換基）は正の Cotton 効果を誘起する。

④ カルボニル酸素を含む C 面よりさらに手前側（後方オクタントに対して前方オクタントという）に置換基が存在する場合は上記①，②の Cotton 効果の符号は逆になる。

⑤ Cotton 効果の大きさは，カルボニル発色団に対してより近い置換基に影響される。言いかえれば，距離的に離れると Cotton 効果は小さくなる。

上記①，②，③について X，Y 軸座標で Cotton 効果の符号を表したものが図 3.11 (c) である。①のルールは X，Y 軸上の境界にある置換基は Cotton 効果には影響がないことを意味しており，②，③のルールはカルボニル炭素を原点にとり，X，Y 軸座標で区切られた 4 つの空間における置換基の存在位置と Cotton 効果の符号との関係を示していることがわかる。

実際に (+)-*trans*-10-methyldecalin-2-one を考察してみよう。この化合物は正の Cotton 効果を示す。いま，この化合物の 2 つの鏡像体を考えて，後方オクタントの投影図を作成すると図 3.12 (a)，(b) のようになる。キラル中心は 9 位と 10 位であるが，10 位のメチル基は Y 軸上に存在するので①のルールが適用されて Cotton 効果には影響を与えない。したがって，9 位に位置する置換基がどの空

3.2 絶対立体配置（Absolute Configuration）の決定

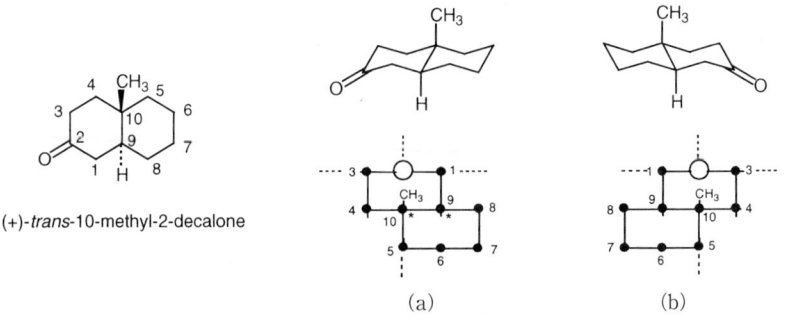

図 3.12 （+）-*trans*-10-methyl-2-decalone の鏡像体の立体配座とオクタント投影図

間に存在するかを考えればよい。図 3.12（a）の立体化学であると 9 位に置換する 8 位, 7 位は Cotton 効果の符号が正の領域にあり，図 3.12（b）の立体化学であると，それらは負の領域にあることがわかる。この化合物は正の Cotton 効果を示すので，その絶対立体配座は図 3.12（a）であると考察でき，実際にこの結論は正しい。

このようにして，オクタント則はケトン基を有する飽和環状化合物の絶対立体配座を決定する方法としてステロイド化合物をはじめ複雑な化合物に広く応用されている。現在では，ORD よりは円二色性（Circular Dichroism：CD）スペクトルを用いてオクタント則を適用する例が多い。

### 3.2.3 CD 励起子キラリティー法

励起子とはある 1 つの系内で近い空間領域に同一の発色団が 2 個存在するとき，光の吸収により 2 つの発色団間で励起状態が非局在化した状態をいう。励起子状態では，2 つの発色団の励起状態が相互作用を起こし（励起子相互作用），2 つのエネルギー準位に分裂する（Davydov 分裂という）。この結果，UV スペクトル上，これらの発色団はそのエネルギー差に相当する波長差（$\Delta\lambda$）の位置に 2 つの極大吸収を示す（図 3.13）。さらに，これらの発色団がキラル位置に結合している場合は励起子間でキラリティーを生じる。このキラリティーの方向は 2 つの発色団の電気遷移モーメント間のねじれに依存しており，CD スペクトル上，分裂型 Cotton 曲線として現れる。2 つの電気遷移モーメント間のねじれが'右ねじれ'の場合，長波長側が正の Cotton 曲線，短波長側が負の Cotton 曲線を示す'正の分裂型 Cotton 曲線'，'左ねじれ'の場合は逆の'負の分裂型 Cotton 曲線'として現れる（図 3.14）。CD 励起子キラリティー法はそのような励起子相互作用によるキラリティーを CD スペクトルにより検出し絶対立体配置を決定する方法である。ここでは，発色団として強い $\pi \to \pi^*$ 遷移を持つベンゾイル基を利用した「ジベンゾエート法」について述べる。ベンゾイル発色団はベンゼン環とカルボニル基との間で電荷移動型の電気遷移モーメントを持つ。

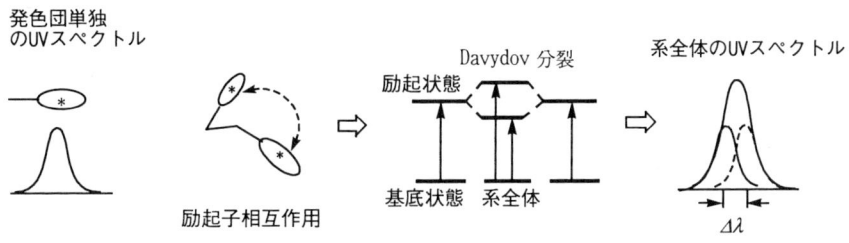

図 3.13 2 つの発色団間の励起子相互作用と UV スペクトル

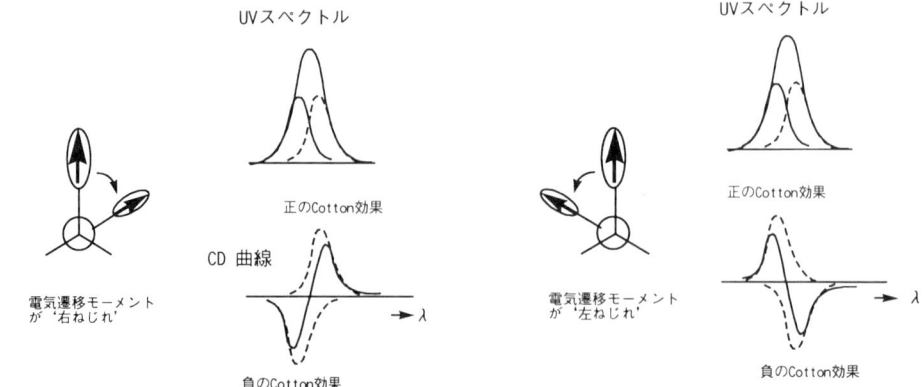

図 3.14 キラルの場における励起子相互作用と Cotton 曲線

　図3.15は1,2-ジオール系化合物にジベンゾエート法を適用する例を示したものである。例えば，図に示すように，1-carboxylic acid-3,4-dihydroxy-1-cyclohexene のジオール部分の絶対立体配置を決めようとする場合，最初にジベンゾイルエステルを調製する。ベンゾイル基として$p$-ブロム体，$p$-$N,N$-ジメチルアミノ体を用いる場合が多いが，それぞれ極大吸収値が異なるので，もとの化合物のUV吸収スペクトルも考慮し，CDスペクトルにおいて分裂型Cotton曲線が判別できるようなものを選んだほうがよい。次に，調製したジベンゾイルエステルの，特にジオール部分の相対立体配置をNMRスペクトル等により決めておく必要がある。この相対立体配置は電気遷移モーメントのねじれを予測あるいは検証する上で大事な要素となる。また，CD励起子キラリティー法においてベンゾイル発色団の電気遷移モーメントとアルコールのC-O結合軸は平行であることが必須の前提条件である。

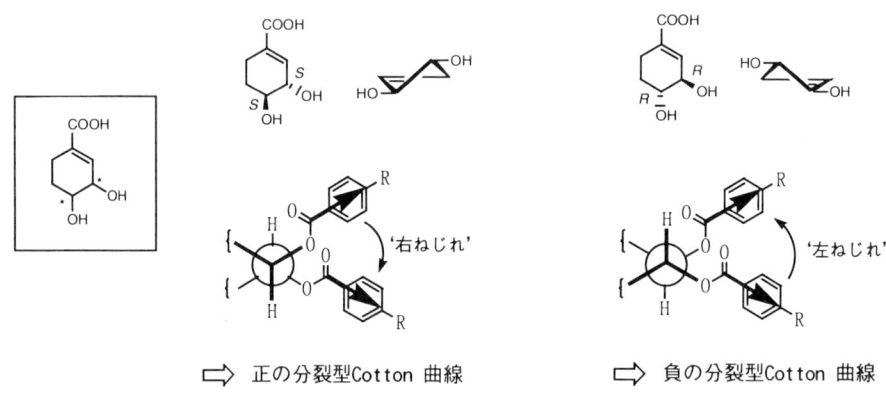

図 3.15　ジベンゾエート法による決定法

　いま，その前提条件をふまえ，ジベンゾイルエステルの相対立体配置が図3.15に示すように描けるとき，両鏡像体においてベンゾイル発色団の電気遷移モーメント間のねじれが互いに正反対であることがわかる。左右のねじれの方向は1つの発色団を手前に置いてNewman投影したとき，手前の発色団が置換するアルコールのC-O軸に対して後方の発色団が置換するアルコールのC-O軸が右手側にある場合は'右ねじれ'であり，左手側にある場合は'左ねじれ'である。右ねじれの場合は正の分裂型

Cotton 曲線が，左ねじれである場合は負の分裂型 Cotton 曲線が予測できる．実際に CD スペクトルを測定して正の分裂型 Cotton 曲線を得た場合は 3 $S$，4 $S$ の絶対立体配置であることを明らかにすることができる．このようにしてジオール系化合物の絶対立体配置の決定に際しジベンゾエート法は信頼性のある結果を与える．ジベンゾエート法では同一の発色団間のキラリティーを観測するが，励起子キラリティー法は基本的に励起子間のキラルな相互作用を観測するので同一の発色団である必要はなく，例えば分子内に存在している電気遷移モーメントが明確な発色団と新たに導入したベンゾイル発色団間の励起子キラリティーを利用して絶対配置を決定しても信頼性のある結果が得られる．そのような場合は，既存の発色団の極大吸収と一致するようなベンゾイル基を選び，明瞭な分裂型 Cotton 曲線を得るような工夫が必要である．2 つの発色団の極大吸収値の差が大きくなればなるほど，また発色団間の空間的距離が大きくなればなるほど分裂型 Cotton 曲線の強度は小さくなる．ただし，後者の問題に関しては，発色団を選択することによってある程度の解決が可能である．このようにして，CD 励起子キラリティー法は信頼性のある絶対立体配置の決定法として広く応用されている．ただし例外として，複雑で込み入った分子に導入したベンゾイルエステルが立体障害により C–O 軸と電気遷移モーメントの平行がずれる場合があることに注意する必要がある．

### 3.2.4 NMR スペクトルによる決定法

前節で述べたように NMR スペクトルは有機化合物の構造決定に際し多くの情報を提供する．ここでは NMR スペクトルを用いた絶対立体配置の決定法について述べる．

#### (1) Mosher 法

Mosher らによって考案されたキラル 2 級アルコールあるいは 1 級アミンの絶対構造決定法である．キラル 2 級アルコールあるいは 1 級アミンを持つ化合物をラセミ混合物のまま（+）-MTPA（$\alpha$-methoxy-$\alpha$-trifluoromethylphenyl acetate）エステルに導くと 2 つのジアステレオマーが得られる．それを混合物の状態で NMR スペクトルを測定すると，アルコール側のプロトンの化学シフト値についてある一定の現象が見いだされる．エステルの立体配座に関して，MTPA のカルボニル酸素と CF$_3$ 基およびアルコール側のカルビノールプロトンをエクリプスの位置に置いたとき，MTPA のベンゼン環と同一の空間配位を持つアルコール側のプロトンシグナルは，両ジアステレオマー間で比較したとき，より高磁場側で観測される（図 3.16(a)）．これは，MTPA のベンゼン環の環電流による反磁性異方性効果がもたらす現象である．さらに，この現象は，今度は光学活性アルコールの（+）-MTPA および（−）-MTPA のエステルの両ジアステレオマーにおいても同様である（図 3.16(b)）．その結果，（+）-MTPA エステルおよび（−）-MTPA エステルの $^1$H-NMR 化学シフト値について，いずれかのエステルからもう一方のエステルの値を差し引くと，その差（$\Delta\delta$）が負（$\Delta\delta<0$）になるプロトン群と正（$\Delta\delta>0$）になるプロトン群とに区別される．例えば，図 3.16 (b) に示すように，（+）-MTPA エス

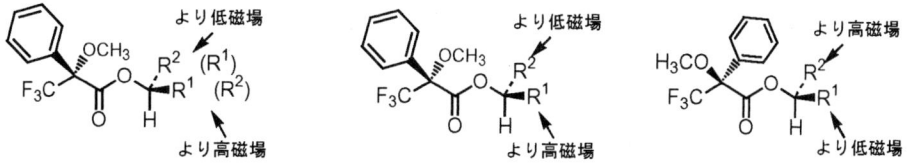

(a)（+）-MTPA エステルの磁気異方性　(b)（+）-および（−）-MTPA エステルの磁気異方性

**図 3.16**　MTPA エステルの磁気異方性効果

テルの R¹ に属するプロトン群はベンゼン環の反磁性異方性効果により (−)-MTPA エステルのものに比べて高磁場側に観測されるから, (+)-MTPA エステルから (−)-MTPA エステルを差し引いた場合には R¹ のプロトン群は一様に負の値 ($\Delta\delta<0$) になる。また R² のプロトン群はその逆の挙動を示すので一様に正の値 ($\Delta\delta>0$) になる。このようにして, $\Delta\delta<0$ のプロトン群, $\Delta\delta>0$ のプロトン群に分類したときにカルビノール炭素の絶対配置を明らかにすることができる。改良 Mosher 法では $\Delta\delta$ を $\delta_{(-)MTPA} - \delta_{(+)MTPA}$ より求め, 図 3.17 に示すようにカルビノールプロトンを下側, MTPA を上側にしたとき, $\Delta\delta<0$ のプロトン群を左側に, $\Delta\delta>0$ のプロトン群を右側に置くことによりキラル 2 級アルコールの絶対立体配置を決定する。この方法は MTPA のベンゼン環の反磁性異方性効果に依存するので, ベンゼン環からの空間的距離が大きくなればなるほど $\Delta\delta$ の絶対値は小さくなる。そこで, 最近では反磁性異方性効果がベンゼン環よりも大きい置換基 (例えばナフタレン) を利用して信頼性を高める工夫がなされている ($\Delta\delta$ の絶対値が大きければ信頼性が増す)。また, 上にも述べたように, Mosher 法はエステルの立体配座に前提条件を必要とするが, この方法でも, 複雑で込み入った分子に適用する場合, 立体障害により必要な立体配座を取れない場合があるので注意を要する。

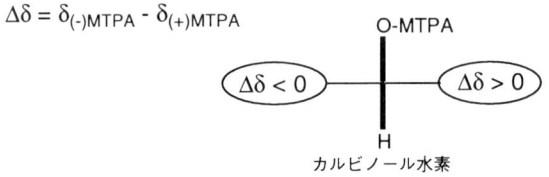

図 3.17 改良 Mosher 法による不斉 2 級アルコールの絶対配置決定法

## (2) フコフラノサイド法

この方法はキラル 2 級アルコールと 3 級アルコールの絶対配置を明らかにする方法である。基本的に Mosher 法と同じだが, MTPA のようなエナンチオメトリックな置換基としてフコフラノースを導入する。フコフラノースは MTPA のベンゼン環のように反磁性異方性効果を持たないが, NMR 溶媒として用いるピリジンの常磁性異方性効果をフコフラノースを介して利用する。このピリジンの常磁性異方性効果は pyridine-induced shift (P-シフト) と呼ばれ, 水酸基などにピリジンが配位することにより, 水酸基に対して geminal, gauche-vicinal, および 1,3-synperiplaner の関係にあるプロトンが大きな低磁場シフトを受ける。通常 P-シフトの値はピリジン溶媒中における化学シフト値とクロロホルム溶媒中における化学シフト値との差 ($\Delta\delta=\delta_P-\delta_C$) で表し, その大きさは水酸基が 1 個の場合には 0.3 ppm 程度であるが, 複数の水酸基が存在する場合はその差は増幅される。フコフラノースをキラル 2 級アルコールに導入すると, フコフラノースに配位するピリジン (水酸基だけではなく糖のエーテル酸素とも双極子−双極子相互作用を起こす) のアルコール側に対する常磁性異方性効果に偏りを生じる。結果的に Mosher 法同様, フコフラノースのアノメリック水素とアルコール側のカルビノール水素

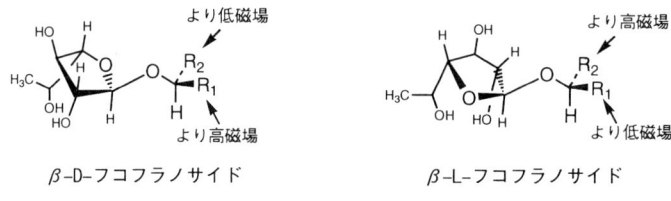

図 3.18 D- および L- フコフラノサイドの不均一な P-シフト

## 3.2 絶対立体配置（Absolute Configuration）の決定

をエクリプス（eclips, 重なり）の配座に置くと, フコフラノースのエーテル酸素側と同一空間にあるプロトン群が大きなP-シフトを受ける（図3.18）。

このように, この方法においてもMosher法同様に配座について必要条件があるものの, 配座の条件をアノメリック水素とアルコール側のカルビノール水素とのNOE実験により確認できる点が特徴である。絶対立体配置の決定法はキラルアルコールをおのおのL-フコフラノサイドおよびD-フコフラノサイドに誘導し, 両ジアステレオマーのそれぞれのP-シフト（$\Delta\delta_L$および$\Delta\delta_D$）を求め, その上で両者のP-シフトの差を見る。フコフラノサイド法では$\Delta\delta_L - \Delta\delta_D$（$\Delta\Delta\delta$）の値を基準にし, アルコールのカルビノール水素を下側, フコース側を上側にしたとき左側の空間には$\Delta\Delta\delta < 0$のプロトン群が, 右側の空間には$\Delta\Delta\delta > 0$のプロトン群が位置するようにして絶対配置を明らかにする（図3.19）。また, P-シフトの差$\Delta\Delta\delta = \Delta\delta_L - \Delta\delta_D = [(\delta_P)_L - (\delta_C)_L] - [(\delta_P)_D - (\delta_C)_D] = [(\delta_P)_L - (\delta_P)_D] - [(\delta_C)_L - (\delta_C)_D]$と書けるが, 第二項のクロロホルム溶媒における差は第一項のピリジン溶媒中での差に比べると十分小さいので, ピリジン溶媒中での化学シフト差のみを使っても有効である。このようにして, Mosher法がNMRにおける反磁性異方性効果を利用しているのに対し, フコフラノサイド法では常磁性異方性効果を利用した決定法であることが理解できる。また, この方法ではキラル3級アルコールの絶対配置も明らかにすることができるが, 3級アルコールへのフコフラノースの導入に若干の困難さが伴う。また, カルビノール水素が存在しないためにNOE実験を利用した配座の確認ができない問題点もあるが, いくつかの例では有効に活用されている。この方法のもう1つの特徴は$^{13}$C-NMRスペクトルにおけるグリコシデーションシフトを観測することにより絶対立体配置を決定できる点である。詳細は参考文献を参照されたい。

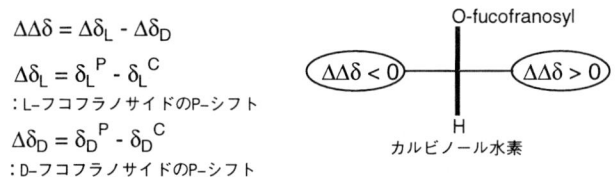

**図3.19** フコフラノサイド法によるキラル2級アルコールの絶対配置決定法

以上, 有機化合物分子の絶対立体化学を知る代表的な方法を述べてきた。これらの方法以外に最も有効な方法はX線結晶構造解析の重原子法であるが詳細は成書に譲りたい。絶対立体配置は右手系か左手系かのいずれかであって, 結果の正誤は常に半分の確率である。少なくも1つの方法で得られた結果を別な方法でも試みて再現性をみたほうがより確実である。

---

**コラム　　　　　　　　　緩和時間と病気の診断**

高エネルギー状態の核スピンが低エネルギー状態にもどるまでの緩和時間は核スピンを取り囲んでいる環境によって変わりうる。ところで, ヒトの体の約70％は水であり, 各組織中にまんべんなく水分子は存在する。水分子も$^1$H核を持つから, 核磁気共鳴現象は可能であるし, 一定の緩和時間を持つ。ところが, 正常な組織中に存在する水分子と病変組織に存在する水分子の緩和時間が異なっていることが発見されて以来, この水分子の緩和時間の違いを利用して病変部位の特定が可能になった。ある範囲の緩和時間に対してコンピュータによって色分け, 画像処理をする。このMRI（Magnetic Resonance Imaging）画像診断と呼ばれる診断法は従来のX線を使った診断法に比べて被爆の心配もなく, 安全な診断装置として活躍している。

> **コラム**　　　　　　　　　　常磁性異方性効果と反磁性異方性効果
>
> 　電流がコイル状の銅線中を流れると磁場がフレミングの左手の法則に従い発生する。電磁石を想像するとよい。有機化合物分子において共役した π 電子系の化合物では，非局在化した π 電子は電流が発生するような挙動を示す。特にベンゼン環のような芳香族化合物では，π 電子は芳香環を形成する骨格に沿ってあたかもコイルの中を電子が移動するかのような振る舞いをする。その結果，その電流（環電流と呼ぶ）が原因で磁場が発生する。このような局所磁場は近傍にあるプロトンや炭素原子に影響を与え化学シフトを生じる原因の 1 つともなっている。影響の与え方に 2 通りあり，より低磁場側にシフトさせる効果を常磁性異方性効果，より高磁場側にシフトさせる効果を反磁性異方性効果と呼んでいる。ベンゼン環やピリジン環では，環の面に垂直な空間において反磁性異方性効果を，同一平面空間内で常磁性異方性効果を引き起こす。ベンゼン環のプロトンが通常の二重結合よりもより低磁場で観測されるのはそれが理由である。

## 3.3　おわりに

　今まで述べてきた構造解析に関する方法以外にも，構造情報に関して有用なデータを供給してくれるものはたくさんある。構造決定に際し「どういう情報が必要か」を考えた上で，「どういう機器分析が必要か」を決めることにより実験をスムーズに進めることができるので，ほかのいろいろな機器分析についても知っておくことが大切である。

### 参考文献

1) 日本化学会編 "実験化学講座（第 4 版）：第 5 巻 NMR, 第 6 巻分光 I, 第 7 巻分光 II", 丸善, 1990.
2) R.M.Silverstein ほか著, 荒木 峻ほか訳, "有機化合物のスペクトルによる同定法（第 5 版）", 東京化学同人, 1996.
3) J.R.Dyer 著, 柿沢 寛訳, "有機化合物への吸収スペクトルの応用", 東京化学同人, 1985.
4) 泉 美治ほか監修, "機器分析のてびき（第 2 版）", 化学同人, 1996.
5) 後藤俊夫ほか監修, "有機化学実験のてびき", 化学同人, 1989.
6) 原田宣之, 中西香爾, "円二色性スペクトル―有機立体化学への応用―", 東京化学同人, 1982.
7) 安藤喬志, 宗宮 創, "これならわかる NMR", 化学同人, 1999.
8) 中西香爾編, "チャートで見る超電導 FT-NMR", 講談社, 1991.
9) M.Kobayashi, *Tetrahedron*, **53** (17) 5973-5994, 1997.

# 4 立体化学

　立体化学（stereochemistry）は，これまでは天然有機分子の三次元的な構造，すなわち立体構造を明らかにして，分子の構造と物性や化学反応性との関係を明らかにする化学であった。地球上のすべての生命はL型のアミノ酸とD型の糖という片方の鏡像異性体だけを用いるホモキラルな世界を形成している。そして，生命科学の進歩により医薬品，生体関連物質をはじめとする生理活性物質を受け入れる生物の薬物受容体が，光学活性（キラル）な生物活性物質の鏡像異性体をまったく異なった分子として認識していることが明らかとなった。さらに生体内では酵素が非常に高い立体選択性で，光学不活性（アキラル）な物質をキラルな物質へと巧みに変換している。このような生体と生理活性物質の相互作用を説明するためにも立体化学を理解することは重要である。

## 4.1　有機化合物における異性体

　分子式が同じでも分子の形や物理的あるいは化学的性質が異なる化合物を互いに異性体（isomer）と呼び，異性体は分子の構造が異なる構造異性体（constitutional isomer）と分子の立体構造が異なる立体異性体（stereoisomer）とに大別される。また，それらはさらにいくつかの異性体に分類される（図4.1）。

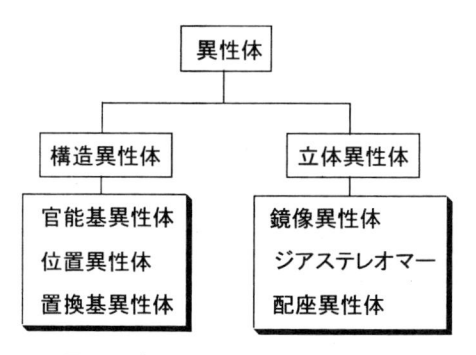

```
                    異性体
                   ／     ＼
             構造異性体    立体異性体
            ┌─────┐  ┌─────┐
            │官能基異性体 │  │鏡像異性体   │
            │位置異性体  │  │ジアステレオマー│
            │置換基異性体 │  │配座異性体   │
            └─────┘  └─────┘
```

**図4.1　有機化合物における異性体の分類**

## 4.2　構造異性体

　構造異性体は原子の結合順序や，不飽和結合の位置の違いなどで生じる異性体で，沸点，融点などの性質が異なってくる。

(1)　**炭素骨格の違いによる骨格異性体（Skeletal Isomer）**
　　【例1】　分子式 $C_4H_{10}$

$$CH_3-CH_2-CH_2-CH_3 \qquad CH_3-\underset{\underset{CH_3}{|}}{\overset{\overset{CH_3}{|}}{C}}H-CH_3$$

ブタン（沸点 −0.5℃）　　　イソブタン（沸点 −12℃)

(2) 官能基の位置の違いによる位置異性体（Positional Isomer）

【例2】 分子式 $C_8H_{10}$

| $o$−キシレン | $m$−キシレン | $p$−キシレン |
|---|---|---|
| 融点　−25℃ | −48℃ | 13℃ |
| 沸点　144℃ | 139℃ | 138℃ |

(3) 官能基の種類の違いによる官能基異性体（Functional Isomer）

【例3】 分子式 $C_2H_6O$

$$CH_3-CH_2-O-H \qquad\qquad CH_3-O-CH_3$$

エタノール（沸点 78℃）　　　ジメチルエーテル（沸点 −25℃）

## 4.3 立体異性体

立体異性体とは，同じ分子式を持ち，分子を構成する原子間相互の結合順序も同じであるが，原子の空間的（三次元的）な配列の異なる異性体をいう。立体異性体は，さらに配置異性体（configurational isomer）と配座異性体（conformational isomer）とに大別することができる。

はじめにエタン分子を例に，立体異性体を理解する上で分子の表現法を解説する。

## 4.4 分子の立体表現のしかた

教科書やノートのような紙面は二次元の表面であるから，そこに書かれた三次元の有機分子の立体的な関係を理解しやすく表現するために分子模型や投影図などの種々の工夫がなされている。

### 1) 分子模型による立体構造の表し方

a. 骨格模型（frame work model）

　分子を構成する原子の結合距離，結合角，二面角を求めるのに適している。

b. 棒球型模型（ball-and-stick model）

　球（原子）と棒（結合手）でつないでいく最も手軽で分子の立体的関係が理解しやすい模型である。

c. 空間充填型模型（space-filling model）

　分子の結合距離と原子の大きさを実際と比例して組み立てられているため，分子全体の原子あるいは原子団の混みぐあいや分子全体の外形をよく表現している。

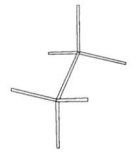

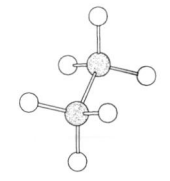

a. 骨格模型　　　b. 棒球型模型　　　c. 空間充填型模型

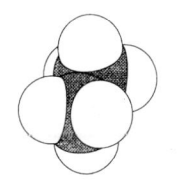

2） 投影式などによる立体構造の表し方
a. 破線－くさび式（wedge formula）
最も普通の表現法で，実線のくさびは紙面の上方（手前側）に伸びた結合を示し，破線のくさびは紙面の下方（後ろ側）に伸びた結合を示す。実線は面内にある結合を示す。
b. 木挽（きびき）台投影図（saw-horse projection）
すべての結合は実線で表され，角度の表現によって三次元図をつくる。
c. ニューマン投影式（Newman projection）
木挽台投影図の一方の炭素から反対側の炭素を見通した図。前方の炭素原子は中心の点で表され，後方の炭素原子は円で表される。
d. フィッシャー投影式（Fischer projection）
四面体炭素を2本の交差する線で表す。水平方向の結合は紙面より手前，上下方向は紙面より後ろ側にあるように示す。糖やアミノ酸などの構造を示すのに用いられる。

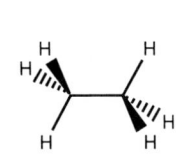

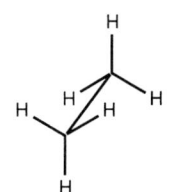

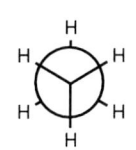

a. 破線―くさび式　　　b. 木挽台投影図　　　c. ニューマン投影式　　　c. フィッシャー投影式

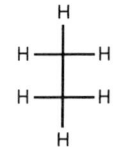

## 4.5 キラリティーと鏡像異性体

　有機分子の骨格の中心となる炭素原子が持つ多くの特徴の中で，最も注目すべき点は正四面体構造といえる。これに4個の異なる原子または原子団（置換基）が置換した炭素原子がキラル炭素（chiral carbon）または不斉炭素（asymmetric carbon）である。これは，図4.2に示した乳酸のように，その鏡像（mirror image）を互いに重ね合わせることができない一対の2つの分子が存在しうることになり，元の分子に対して鏡像関係にある他方の分子を鏡像異性体（enantiomer）という。鏡像異性体相互の関係は左手と右手の関係に対応しているので，互いに対掌体（antipode）の関係にあるといわれ，どのような分子模型を組み立ててみても鏡像関係にある両者は一致することはない。このような分子をキラル（chiral）な分子といい，この特徴をキラリティー（chirality）という。そしてキラル炭素の位置する場所をキラル中心（chiral center）あるいは不斉中心（asymmetric center）という。

このような鏡像異性体の溶液に平面偏光を入射させると，通過後の平面偏光を一方は左に，他方は右に同じ角度だけ回転させる性質（旋光性）がある。偏向面を右（時計回り）に回転させる場合は右旋性（*dextro* rotary）といい（＋）の符号で表し，左（反時計回り）に回転させる場合は左旋性（*levo* rotary）といい（－）の符号で表す。このような旋光性を示す光学活性（optical active）な性質を持つ化合物を光学活性体（optical active compound）という。そして分子がキラルであることは，すなわち鏡像異性体を持ち，光学活性であることになる。さらに，（＋）および（－）の鏡像異性体どうしを等量混合したものは，もはや偏向面を左右いずれも回転させることはなく光学不活性（optical inactive）である。このような（＋）と（－）の鏡像異性体の等量混合物はラセミ体（racemate）と呼ばれ，互いに旋光性を打ち消し合うので光学活性を示さなくなる。ラセミ体は化合物名の前に（±）を付けて表示する。一方，分子がアキラル（achiral）ということは鏡像異性体を持たずに光学不活性ということである。

注）（＋）と（－）をそれぞれ右旋性（*d*），左旋性（*l*）と表現することもある。したがって（±）のラセミ体は *dl* となる。

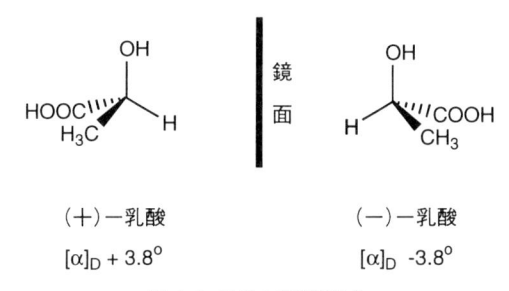

（＋）－乳酸
$[\alpha]_D$ +3.8°

（－）－乳酸
$[\alpha]_D$ -3.8°

図 4.2　乳酸の鏡像異性体

## 4.6　立体配置

鏡像異性体は互いに重ね合わすことができないが，一方の鏡像異性体のキラル中心（キラル炭素）の回りの原子間の距離は，鏡像関係にある他方の鏡像異性体でも同じである。これらの 2 つの鏡像異性体は旋光度以外の物理的性質（融点，沸点，溶解度）が同一であり，化学的反応性もほとんど同じである。これらの鏡像異性体は，キラル中心に結合している原子または原子団の三次元的（空間的）な配列の違い，すなわち立体配置（configuration）の違いによる互いに重なり合わない鏡像関係にある分子（鏡像異性体）は反対の配置を持つことになる。この鏡像異性体どうしの配置を区別して表したものを絶対立体配置（absolute configuration）という。一方，すでに絶対配置が決定している基準化合物のキラル中心の立体配置と比較して，相対的に立体配置を定めたものを相対立体配置（relative configuration）という。

### 4.6.1　R－S 表示法

キラル化合物の立体配置は *R*，*S* 表示法〔Chan-Ingold-Prelog（カーン-インゴールド-プレローグ）の順位則〕で表現されるのが一般的であるが，互いに類似した構造を持つ立体異性体が多い糖質，アミノ酸については，その簡便性から D，L 表示法が今日でも繁用されている。

R, S 表示法は次の手順によって行う。①キラル炭素についている原子あるいは置換基に Chan-Ingold-Prelog（CIP）の順位則に従って 1 番→4 番の順位をつける。②順位のいちばん低い原子あるいは置換基を奥において手前から残った原子あるいは置換基を眺める。③順位の高い方からたどったとき，1 番→2 番→3 番が右回り（時計回り）ならばキラル炭素は R 配置（R-configuration：R は，右を意味するラテン語 *rectus* に由来する）であるといい，その異性体は R 体と呼ばれる。一方，左回りならばキラル炭素は S 配置（S-configuration：S は，左を意味するラテン語 *sinister* に由来する）となり，その異性体は S 体である。

＜Chan-Ingold-Prelog（CIP）の順位則＞
① キラル炭素に直接結合している 4 個の原子（置換基が原子であればそれ自身，原子団であればキラル炭素に結合している原子）を比べて，原子番号が大きいほうの順位が上で，原子番号が減少する順に優先順位をつける。
　　例） I＞Br＞Cl＞F＞S＞O＞N＞C＞H
② 原子番号が同じときは，質量数の大きいほうを優先する。
③ キラル炭素に直接結合している原子で優先順位が決まらないときは，2 番目に結合している原子を比較する。差がでない場合には，さらに 3 番目，4 番目の原子で比較する。
　　例） $OCH_3$＞OH＞$N(CH_3)_2$＞$NHCH_3$＞$NH_2$＞$C(CH_3)_3$＞
　　　　 $CH(CH_3)_2$＞$CH_2CH_2CH_3$＞$CH_2CH_3$＞$CH_3$＞H
④ 多重結合を持つときには，同じ原子が結合の数だけついているものとする。
　　例） C＝O は O－C－O，C＝C は C－C－C，C＝N は N－C－N

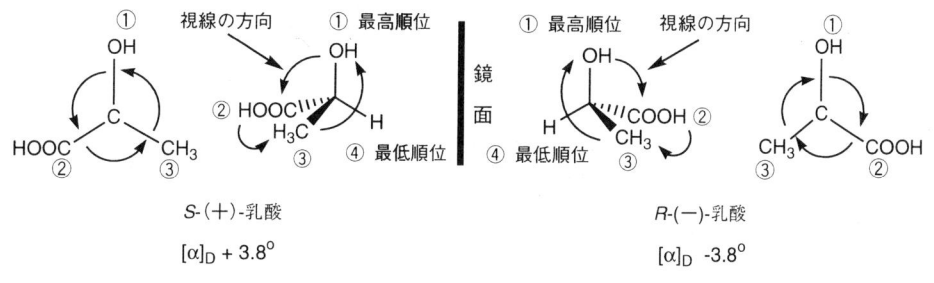

図 4.3　乳酸の R, S 表示例

これまで述べてきた（＋）と（－）の鏡像異性体における（＋）や（－）の符号は，原子や原子団（置換基）の三次元的な立体配置を規定しているのではなく，立体構造と比旋光度の符号とを関係づけているのに過ぎない。したがって，比旋光度の（＋，－）の符号と絶対立体配置の（R, S）表示とはまったく無関係であることに注意する。

## 4.6.2　Fischer 投影式

フィッシャー（Emil Fischer）により提案された投影式（または投影図，Fischer projection）で，キラル炭素の回りの原子あるいは原子団の立体配置を平面に投影する方法である。
　Fischer 投影式では 2 つの直線の交差した点がキラル中心である。キラル炭素の左右に伸びている横の線は原子あるいは原子団が紙面の手前に突き出た結合を表し，縦の線はそれらが紙面の後方を向いた

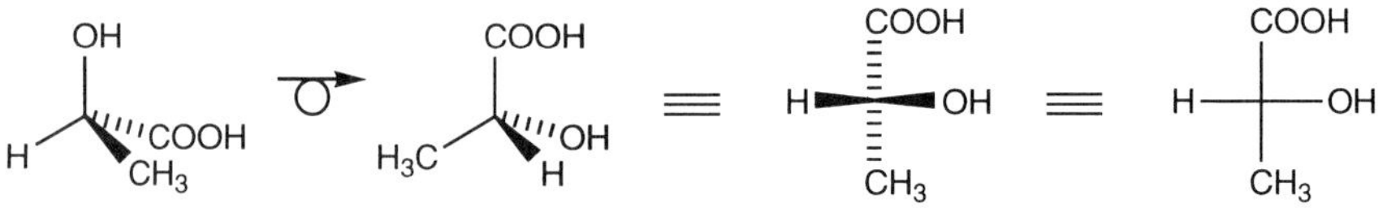

(R)-(−)-乳酸の破線-くさび表示    (R)-(−)-乳酸の Fisher 投影式

図 4.4　乳酸の Fischer 投影式

結合を意味している。この投影式は特に糖，アミノ酸の表示法として繁用されている。

このFischer投影式を使うときには，式の回転に注意しなければならない。すなわち，投影式を 180° 回転すると同じ配置のままで変わらないが，90°あるいは 270°回転させたものは元の分子と同じ化合物を示さず，鏡像異性体の投影式を与える。これは投影式の左右の結合は紙面から手前へ，上下の結合は紙面から後方へ出ているという定義によるためで，それぞれの結合を入れ替えることで元の分子の鏡像異性体の立体配置へ反転することによる。

## 4.7　複数のキラル中心を持つ分子：ジアステレオマー

多くの天然有機化合物は複数のキラル中心を持っている。おのおののキラル中心が $R$ か $S$ の配置を持つので，互いに立体異性体の関係にある多くの構造を取りうる。1つのキラル中心が増加するごとに可能な立体異性体の数は2倍になる。したがって，$n$ 個のキラル中心が存在すると最大 $2^n$ 個の立体異性体が存在できる。

2個のキラル中心を持つエフェドリン（ephedrine）[(1$R$, 2$S$)-2-methylamino-1-phenyl-1-propanol]を例にとると，$2^2=4$ で4種類の立体異性体がみられ，その絶対配置の組合せは (1$R$, 2$S$), (1$S$, 2$R$), (1$S$, 2$S$), (1$R$, 2$R$) である（図4.5）。これらのうち，(1$R$, 2$S$) と (1$S$, 2$R$) および (1$R$, 2$R$) と (1$S$, 2$S$) は互いに鏡像異性体の関係にあるが，(1$R$, 2$S$) と (1$S$, 2$R$) とは (1$R$, 2$R$) と (1$S$, 2$S$) との鏡像異性体の関係にない。これらのように互いに鏡像異性体の関係にない立体異性体をジアステレオマー（diastereomer）あるいはジアステレオ異性体（diastereoisomer）という。旋光度の符号を別にすれば鏡像異性体ではすべての物理的・化学的性質（融点，沸点など）は等しいが，ジアステレオマーどうしでは物理的および化学的な性質は異なる。

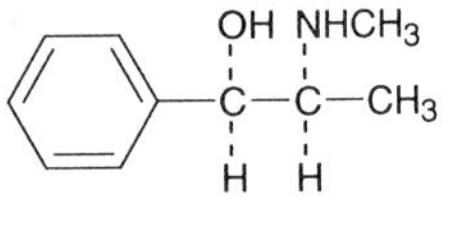

(−)-ephedrine

1892年長井長義は漢薬麻黄からアルカロイド成分であるエフェドリン（ephedrine）を発見した。麻黄の基原はマオウ *Ephedra sinica*（マオウ科 Epheraceae）で，天然の（−）-ephedrine は 1$R$, 2$S$ の絶対配置を持ち，臨床で気管支拡張剤として使用されている。

酒石酸（tartaric acid）はぶどう酒醸造の産物で，2個の水酸基を持つジカルボン酸である。分子内に2つのキラル中心が存在するので4種類の立体異性体が考えられる。このうち (2$R$, 3$R$) 体と (2$S$, 3$S$) 体は互いに鏡像異性体の関係にあるが，(2$R$, 3$S$) 体と (2$S$, 3$R$) 体は一見すると鏡像異性体の関係に見えるが，一方の構造を180°回転させると互いに重ね合わせることができる。したがって (2$R$, 3$S$) 体と (2$S$, 3$R$) 体とは鏡像異性体ではなく同一化合物であり，旋光性を示さない光学不活性な酒石酸はメソ酒石酸と呼ばれる（図4.6）。

4.8 シス-トランス異性体

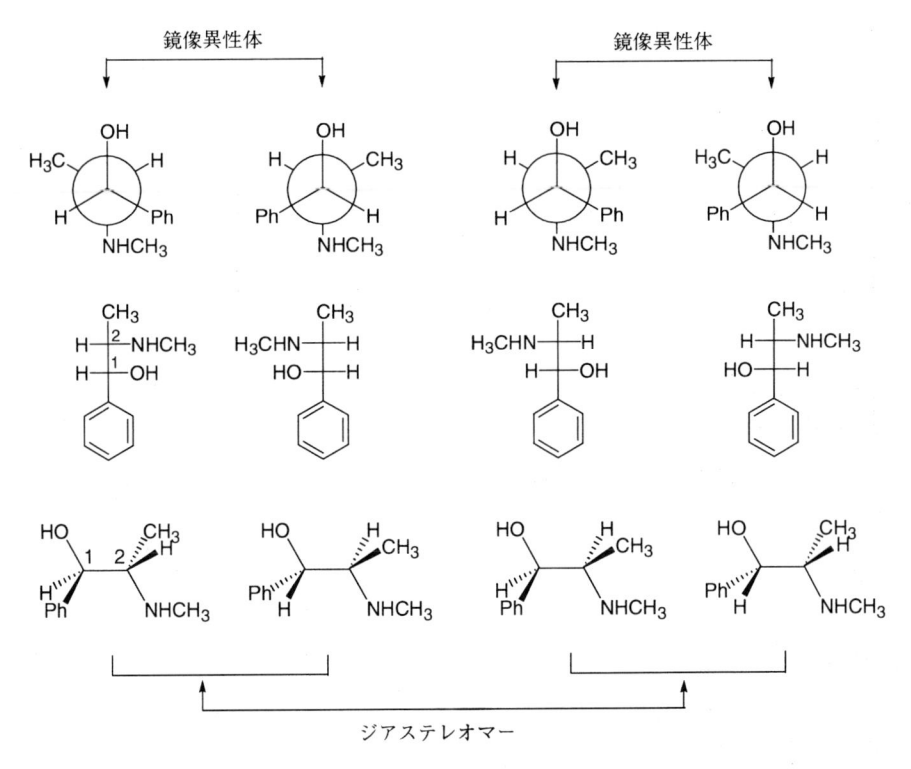

(1R,2S)-(-)ephedrine　　(1S,2R)-(+)-ephedrine　　(1R,2R)-(-)-pseudoephedrine　　(1S,2S)-(+)-pseudoephedrine

図4.5　エフェドリンの立体異性体

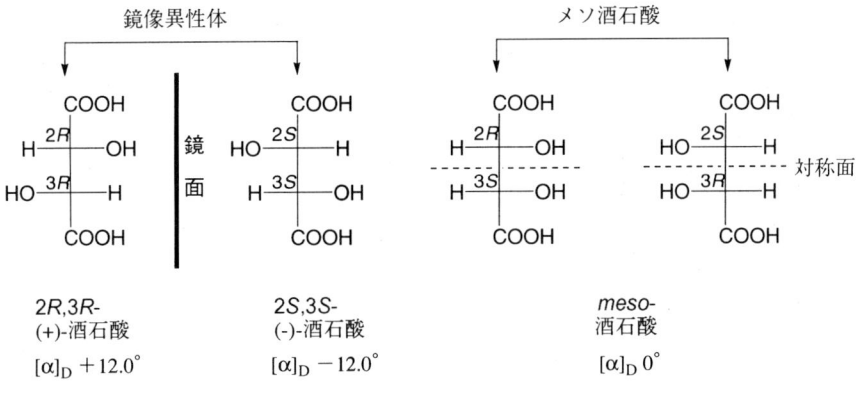

2R,3R-　　　　　2S,3S-　　　　　meso-
(+)-酒石酸　　　(-)-酒石酸　　　酒石酸
$[\alpha]_D$ +12.0°　$[\alpha]_D$ −12.0°　$[\alpha]_D$ 0°

図4.6　酒石酸の立体異性体

このように2つ以上のキラル中心を持ちながら，分子内に対称面を持つために分子自体が旋光性を失った立体異性体をメソ体（*meso*-form）という。

## 4.8　シス-トランス異性体

単結合は自由に回転しているが，二重結合では回転が阻害されている。そのため二重結合のまわりの原子や置換基の配列が異なるとシス-トランス異性体が生ずる。例えばマレイン酸（maleic acid）と

フマル酸（fumaric acid）では，相対配置を区別するために両端のカルボキシル基が同じ側にあるものをシス体（*cis*-form），また反対側にあるものをトランス体（*trans*-form）という。しかし，化合物名の中で二重結合の配置を示す場合の立体表記には$E-Z$表記を用いる。

例にあげた2つのジカルボン酸である二置換アルケンでは，置換基が同じ側に位置するか反対側に位置するかによって，シス-トランスの定義は明確であるが，三置換以上のアルケンでは，その定義があいまいとなる。そこで$R-S$表示規則に従って二重結合のそれぞれの炭素に結合している置換基に優先順位をつけ，順位の高い置換基が同じ側にあるものを$Z$体（ドイツ語の zusammen，一緒），反対側にあるものを$E$体（ドイツ語の entgegen，反対）で表示する。

この表示法によるとマレイン酸は$Z$体となり，フマル酸は$E$体である。

マレイン酸
maleic acid
[*cis* (*Z*)]

フマル酸
fumaric acid
[*trans* (*E*)]

(*Z*)-2-メチル-2-ブテン酸
(*Z*)-2-methyl-2-butenoic acid

(*E*)-2-メチル-2-ブテン酸
(*E*)-2-methyl-2-butenoic acid

## 4.9 ビシクロ化合物の異性体

一般的な架橋構造をとる縮環分子であるビシクロ化合物では，構造によって規制される度合いが大きいので，キラル中心の数から予想されるよりも少ない立体異性体しか存在できないことがある。クスノキの成分である（＋）-カンファー（ショウノウ，camphor）を例にとれば，ビシクロ環であるノルボルナン骨格は架橋構造をとり，橋頭位（bridge head）に2つのキラル炭素があるため，この1つの立体配置が決まればもう1つのキラル炭素の立体配置は自動的に決まる。したがってビシクロ環の橋頭位のキラル炭素2つは実質1つと見なせるため，2つの立体異性体しか存在しない。残る立体異性体は架橋構造のため組み上げることができない。

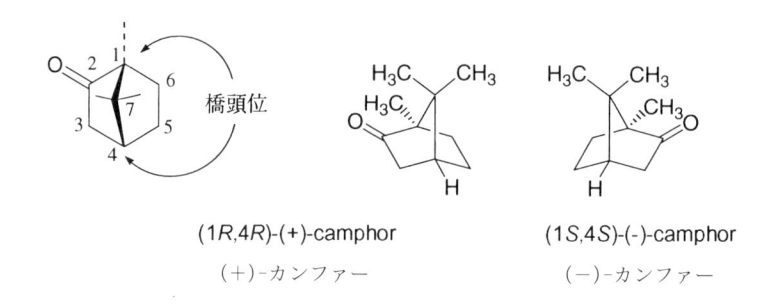

(1*R*,4*R*)-(+)-camphor
（＋）-カンファー

(1*S*,4*S*)-(-)-camphor
（－）-カンファー

## 4.10 立体配座

立体配座（conformation）は立体配置に比べて分子のより動的な状態を理解するのに重要である。分子のある単結合を軸にして，この結合で結ばれている両端の原子団を回転させると，各原子団の相対

的な空間（三次元）における配列が変化して，分子全体の形が変わってくる。このように容易に分子の空間的配置が変化し相互変換できるものを配座異性体（コンフォマー conformer, conformational isomer）という。これは単結合のまわりの回転によるもので，結合の開裂，再結合，配置の反転を伴うことはない。立体配座が異なる場合は普通それらの相互変換が著しく起こっているので分離することはできない。

### 4.10.1 エタンとブタンの立体配座

エタン分子（$CH_3-CH_3$）のC-C結合を回転すると連続的に変化する無数の配座ができる。2つの炭素原子に結合している水素原子を1つずつ選び，H-C-C-Hの4原子のなすねじれ角 $\theta$（torsion angle）の変化に伴う分子のポテンシャルエネルギーの変化を図示したのが図4.7である。ポテンシャルエネルギー曲線上のすべての点が分子の配座と対応しており，$\theta=60°$，$180°$，$300°$のエネルギー極小点に相当する配座をねじれ形配座（staggered conformation）といい，$\theta=0°$，$120°$，$240°$のエネルギー極大点に相当する配座を重なり形配座（eclipsed conformation）という。エタンの場合のねじれ形配座と重なり形配座のエネルギー障壁は約 $12\,kJ\,mol^{-1}$ と低く，室温では非常に速く相互変換している。

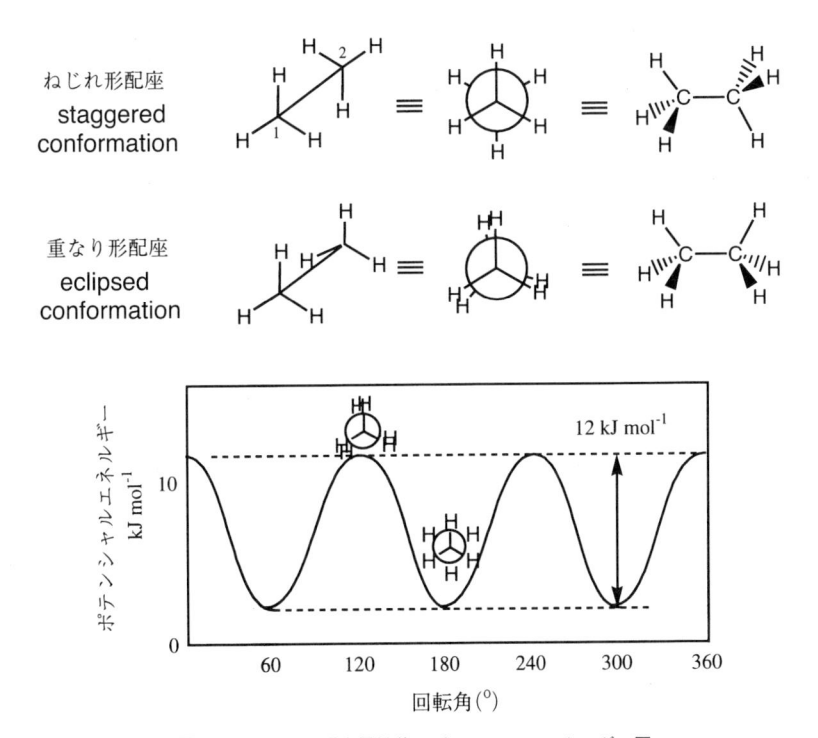

図4.7 エタンの配座異性体とポテンシャルエネルギー図

一方，ブタン（$CH_3CH_2CH_2CH_3$）では重なり形が3種類とねじれ形が3種類存在し，ねじれ形配座のうちメチル基どうしが近いほうをゴーシュ形（gauche）配座，他方をアンチ（anti）配座と呼ぶ。ねじれ角が $\theta=60°$ と $300°$のゴーシュ配座は $\theta=180°$ のアンチ配座よりもメチル基どうしの立体反発により $3.5\,kJ\,mol^{-1}$ とややエネルギーが高くなっている。重なり形配座においても同様に，ねじれ角 $\theta=0°$ と $360°$ のメチル基どうしが重なった配座が最も高いエネルギーを有している。

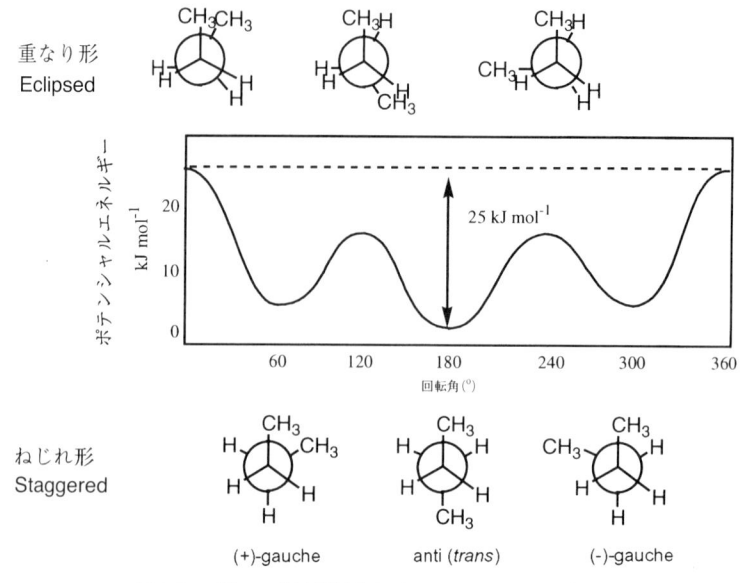

**図4.8** ブタンの配座異性体とポテンシャルエネルギー図

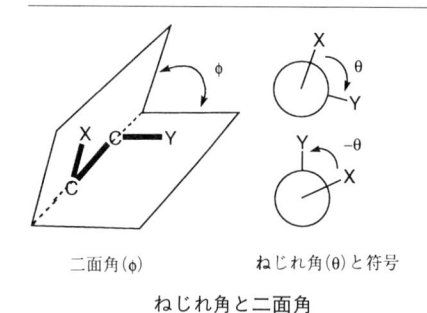

**ねじれ角と二面角**

コンフォメーションの局所的な記述にはねじれ角（torsion angle, $\theta$ で表す）を用いるのが便利。ねじれ角は X が Y に重なるように回転させるために必要な回転角として定義される。この回転が時計回りのときねじれ角は正（〜+180°），反時計回りのとき負（〜−180°）の値を持つ。二面角（dihedral angle, $\phi$ で表示）は，X–C–C が決める面と C–C–Y が決める面がつくる角と定義される。二面角にははっきりした正負の値が定義されていないのがねじれ角と対照的である。

### 4.10.2 シクロヘキサンの立体配座

炭素数が4以上になるとシクロアルカンはすべて非平面構造となり，折れ曲がり配座をとる。これは折れ曲がり配座をとることにより隣接した水素どうしの重なりが減少するためである。シクロヘキサンはシクロアルカンの中でも自然界に最も広く存在しており，重要な医薬品をはじめとして多くの化合物がシクロヘキサン環を分子中に含んでいる。

シクロヘキサン（cyclohexane, $C_6H_{12}$）を平面構造と仮定した場合には C–C–C 角は120°になるが，シクロヘキサンの炭素はすべて sp³ 混成をしているので，C–C–C 角は理想的には四面体角109.5°となるはずである。このひずみのためにシクロヘキサンの安定な配座は平面構造ではなく，エネルギー的に最も安定ないす形（chair form）配座をとっている。この配座における C–C–C 角は111.5°で四面体角に近く，隣接する6組の C–C 結合の周りの配置はねじれ形（ゴーシュ形）配座をとっている。

いす形配座のシクロヘキサンの12個の水素原子は，その立体的配向から2種類に分類することができる。すなわち6員環の平均的な平面に対して，上下方向に出ているアキシアル水素（axial hydro-

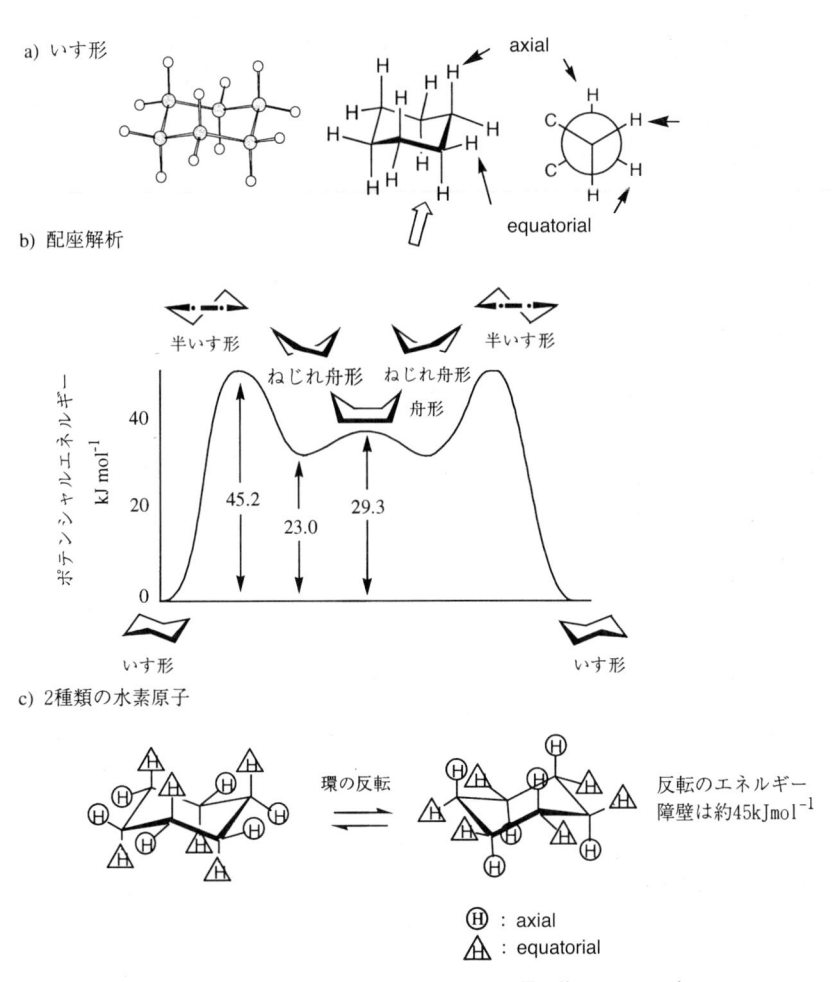

図 4.9 シクロヘキサンの配座異性体

gen) とほぼ水平方向に出ているエクアトリアル水素 (equatorial hydrogen) である。これらの 2 種類の水素は環反転 (ring inversion)（フリッピング, flipping）と呼ばれる配座変換過程（いす形配座⇄いす形配座）によってその配向が入れ替わる（図 4.13）。シクロヘキサンの環反転の遷移状態は，舟形 (boat form) 配座か，ねじれ舟形 (twist-boat) に近いものであり，そのエネルギー障壁は 45.2 kJmol$^{-1}$ 程度であることから，この反転は非常に速く室温では 2 つのいす形配座の 1：1 平衡混合物になっている。

## 4.10.3 メチルシクロヘキサンの立体配座

シクロヘキサンの水素の 1 つを水素よりもかさ高い置換基に置き換えると，いす形⇄いす形の平衡に偏りが生じるようになる。これをメチルシクロヘキサンを例にして考えれば，メチル基は equatorial 位と axial 位を速やかに相互変換しているが，エネルギー的にはメチル基が equatorial 配座の方がはるかに優先の配座である。これは axial 位にあるメチル基と同じ側にある 2 つの axial 水素との距離が接近しているため，これらの間に立体的な反発が生じている。平衡状態におけるメチルシクロヘキサンにおいては 95 % の配座は equatorial 配座である。

このようなaxial置換基の効果は，相互作用する基との位置関係から1,3-diaxial相互作用（1,3-diaxial interaction）という。その結果，メチル基をはじめとするほとんどの置換基は，この種の1,3-diaxial相互作用が最小であるequatorial位にあるほうがエネルギー的に有利である。

1,3-diaxial相互作用
があるので不安定 　　　5:95　　　1,3-diaxial相互作用
　　　　　　　　　　　　　　　　　がないので安定

メントール（menthol）はシソ科のハッカ（*Mentha arvensis* var. *piperascens*）などの精油成分で，左旋性 $[\alpha]_D -51.0°$ を示し，一般的には *l*-menthol または（−）-menthol と呼ばれる。

メントールは分子中に3個のキラル炭素を持っているので，$2^3=8$ 個の立体異性体が考えられる。すなわち4種類の異性体と，それに対応する鏡像異性体である。天然型の（−）-メントールの絶対立体配置は（1*R*, 3*R*, 4*S*）で示される。（−）-メントールの基本骨格であるシクロヘキサン環が，エネルギー的に安定ないす形配座をとるとき，メチル基，水酸基およびイソプロピル基の3つの置換基すべてがエクアトリアル配置であることがわかる。残る立体異性体では，3つの置換基のいずれかがaxial配置になるので，1,3-diaxial相互作用により不安定な配座をとることになる。

*l*-menthol
(1*R*, 3*R*, 4*S*)

isomenthol
(1*S*, 3*R*, 4*S*)

neomenthol
(1*R*, 3*S*, 4*S*)

neoisomenthol
(1*S*, 3*S*, 4*S*)

### 4.10.4　多環状分子の立体配座

2つ以上のシクロアルカンが縮環（fused ring）してできるデカリン（decaline）のような多環状分子も天然化合物に多くみられる。デカリンは図4.10のように，2つのシクロヘキサン環が2つの炭素原子（橋頭位の炭素，C1とC6）と1つのC−C結合を共有して縮合しているので，環がトランスに

縮環しているかシスに縮環しているかで，2つの立体異性体が存在する。しかしながら，トランス (*trans*)-デカリンとシス (*cis*)-デカリン間には，シクロヘキサンにみられたような環反転によって相互変換できない。

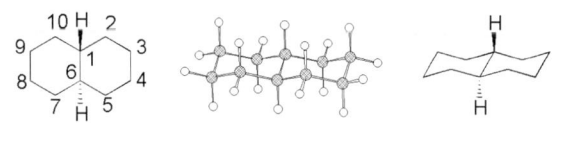

*trans*-decalin

*cis*-decalin

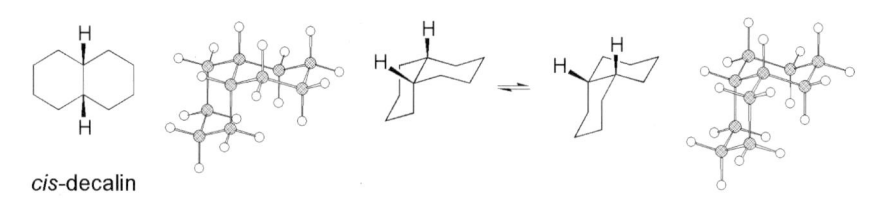

図 4.10　デカリンの立体配座

注）α（アルファ）結合，β（ベータ）結合，ξ（クサイ）結合
　環状構造の分子の立体配置を示すとき，置換基が環平面の下向きに出ていれば α 配置，上向きに出ていれば β 配置と呼ばれる。このような α 結合と β 結合は破線と実線とで区別して表す。また，置換基の立体配置が不明な場合は波線を用いて示し，これを ξ 結合と呼ぶ。

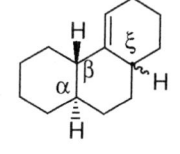

## 4.11　キラリティーと生物活性

　実像と鏡像が重なり合わない化合物がキラルである。生物の細胞を構成する成分であるアミノ酸，タンパク質，脂質，糖質は程度の差はあるがすべてキラルである。したがって生物活性の発現はほとんどの場合，生体高分子である受容体（リセプター）と 天然物質（リガンド）との相互作用に基づいており，リガンドの立体化学（キラリティー）が異なると分子の形も大きく変化するので，分子の絶対配置は生物活性にも大きな影響を与える。例えば，昆布の旨味物質である L-グルタミン酸ナトリウム [monosodium L-glutamic acid（MSG）] は，一方は旨味があるのに対して，その鏡像体は無味である。また（+）-カルボン（carvone）はキャラウェイの香りを，他方はスペアミントの香りを有する。そして神経難病であるパーキンソン病の治療薬として知られているアミノ酸の L-ドーパ（L-DOPA；3-hydroxy-L-tyrosine）は，その鏡像体間で生理作用の劇的な差を認める。L-ドーパは中枢神経系に強力な活性を示すが，その鏡像体である D-ドーパはヒトに対して生理作用を示さない。これらは立体化学の重要性がわかる例であるが、生体はキラルな場であるため、キラルな天然物質は光学異性体間で薬理作用，毒性，代謝などに大きな差がみられる。

## 参考文献

1) S.R.Buxton, S.M.Robbers 著, 小倉克之, 川井正雄訳, "基礎有機立体化学", 化学同人, 2000.
2) 山本嘉則編, "有機化学 基礎の基礎", 化学同人, 1997.
3) 原 昭二, 古賀憲司, 首藤紘一編, "モレキュラー・キラリティー" 化学増刊 123, 化学同人, 1993.
4) 平山健三, 平山和雄, "有機化学・生化学命名法下（改訂第2版）", 南江堂, 1989.
5) 泉 美治, 田井 晰, 楠本正一, "有機化学講座 8. 有機立体化学", 丸善, 1984.
6) 丸山和博, 大久保正夫, "有機化学講座 7. 有機構造", 丸善, 1983.
7) V.Prelog, G.Helmachen, *Angew. Chem., Int. Ed. Engl.*, **21**, 567, 1982.
8) R.S.Cahn, C.K.Ingold, V.Prelog, *Angew. Chem., Int. Ed. Engl.*, **5**, 385, 1966.

# 5

## 生合成

　天然からはさまざまな生理活性を示す複雑な構造を持った有機化合物が分離される例が多く，化学合成が困難であると予想される化合物はしばしば合成化学者の興味を引き，合成研究の標的分子となる場合が多い。そのような化学合成が困難な化合物を生体内ではどのように合成しているのであろうか。生体由来の化合物の生合成過程を明らかにすることは，生物学的な進化の過程を推測することが可能になるばかりではなく，バイオテクノロジーを利用した有用物質の大量生産を人為的に行うことが可能になる点でも魅力的である。

## 5.1　一次代謝産物と二次代謝産物

　すべての"生物"は生きるためのエネルギーを自分自身で獲得しなければならず，それゆえ生体内では，糖質，タンパク質（アミノ酸），核酸，脂質などの代謝が営まれている。したがって，それらの化合物群は生物にとって必須のものであり「一次代謝産物」（primary metabolites）と呼ばれる。一方，ほとんどの生物は一次代謝産物以外に種独特の化合物を産生する。それらの化合物は生命を維持する上で必須のものではないことから「二次代謝産物」（secondary metabolites）と呼ばれる。通常，天然物化学で扱う化合物は二次代謝産物であることが多く，テルペノイド，ステロイド，芳香族化合物，アルカロイドなどがその例である。二次代謝産物は一次代謝系で生じる比較的分子量の小さい化合物から作られるから，生物種独特の代謝産物といっても，基本的な骨格を作る過程は種を問わず共通している場合が多い。したがって，多種多様な化合物も生合成経路の枠組みの中で分類・整理されている。ここでは二次代謝産物の産生に一次代謝系がどのようにかかわっているかを概説する。具体的な二次代謝産物の経路については各論を参照されたい。

　細菌など細胞構造が比較的単純な原核生物や，小器官を有し複雑な細胞構造を持つ動物，植物などの真核生物を問わず，糖質，タンパク質（アミノ酸），核酸，脂質などの物質代謝はほぼ共通に行われる基本的な営みであり，生命と増殖を維持する上で必須のものである。これら一次代謝系を構成する物質の代謝経路は決しておのおのが独立したものではなく，高度に相互作用し，また相互依存している。また，種によっては，自分自身で作り出すことのできない必須の物質やその合成原料を外界から取り入れて，一次代謝系に組み込む能力を進化の過程で獲得している。二次代謝産物は一次代謝系で生じるピルビン酸（pyruvic acid）やアミノ酸など比較的小さい分子からいくつもの行程を経て生合成される。これらの一次代謝系で生じる代謝中間体から二次代謝産物への過程がおのおのの生物種に独特のものであって，多種多様な構造を持った特徴的な化合物が作られる要因である。

## 5.2 一次代謝産物の生合成

### 5.2.1 糖質代謝

　一次代謝系のなかで，糖質代謝，とりわけグルコース代謝は生体で起こる化学反応に必要なエネルギーや不可欠な分子を供給する上で最も重要な代謝経路である。光合成生物（植物や一部の細菌）では，太陽エネルギーを利用して二酸化炭素（$CO_2$）と水（$H_2O$）からグルコースを合成する。さらに，この糖分子はその後の代謝反応で生体に不可欠な分子へと変換される（図5.1）。すなわち，光合成で作られるグルコース分子は生体で必要な分子の炭素源となっている。

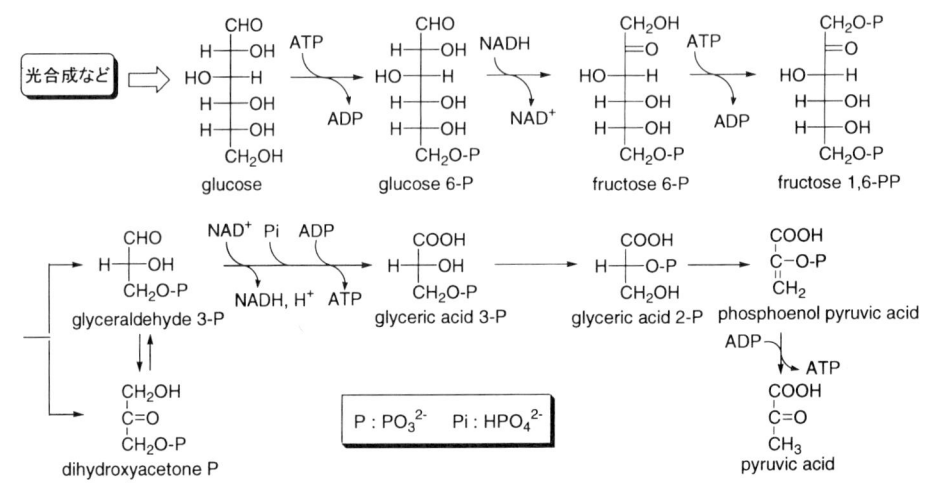

図5.1　グルコース解糖経路

　グルコース代謝のもう1つの大きな特徴は，生体内の化学反応で使われるエネルギーの供給源となっていることであり，解糖（glycolysis）と呼ばれる一連の酸化反応がこれを担う経路の1つである。解糖経路では，好気的条件においてグルコース1分子から2分子のピルビン酸が生成し，差し引き8分子のアデノシン三リン酸（adenosine triphosphate；ATP）が生成する。詳細は成書に譲るが，このATP分子が種々の生体反応に必要なエネルギー源として働いている。実際にグルコース代謝は光合成によって生成したグルコース分子や貯蔵されている多糖類（デンプンやグリコーゲン）から，加水分解によって得られるグルコース分子のリン酸化反応より始まる。この過程では，リン酸化酵素グルコキナーゼの働きにより，ATPからグルコース分子6位へのリン酸エステル化反応が起こり，グルコース6-リン酸エステルを生じる。このようにリン酸化された化合物群は高エネルギーリン酸化化合物と呼ばれ，後述するように，一次代謝系，二次代謝系を問わず，代謝反応を効率よく進行させる際にきわめて重要な中間体として働く。このようにして生じたグルコース 6-リン酸は2分子の三炭糖，ジヒドロキシアセトンリン酸とグリセルアルデヒド 3-リン酸に分解され，最終的に2分子のピルビン酸を生じる（図5.1）。

　続いて，糖分解の第二の過程は解糖経路によって生じたピルビン酸の代謝であり，酸素が自由に得られる好気的代謝の場合，酸化反応（脱炭酸反応）によりアセチルCoAを生じる。この過程では補酵素A（coenzyme A；CoA）への共有結合と酸素分子への電子伝達過程が含まれ，総計3分子のATP

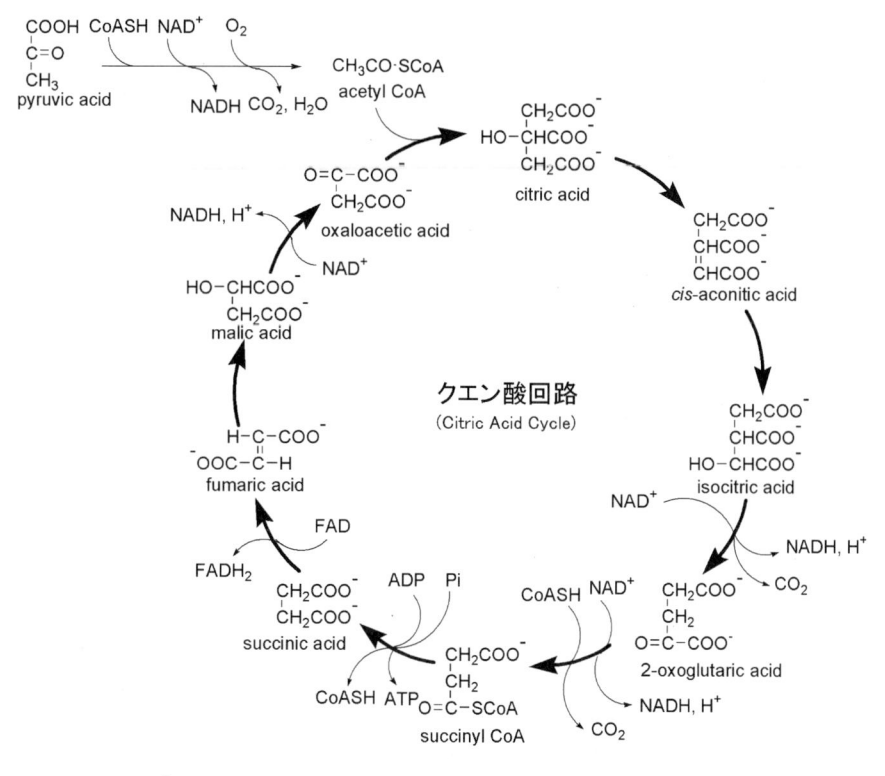

## 5.2 一次代謝産物の生合成

図 5.2 ピルビン酸からアセチル CoA の生成とクエン酸回路

が生産される。また，この過程で生じるアセチル CoA は細胞膜を構成する脂肪酸やステロイドを合成する際の最小単位の基質となる一方で，真核細胞の場合，ミトコンドリアのクエン酸回路（citric acid cycle）［Krebs 回路あるいはトリカルボン酸（TCA）回路］ に取り込まれ酸化を受ける。ただし，直接の酸化反応ではなく，アセチル CoA はより大きい分子に変換された後，酸化的脱炭酸を含む経路に組み込まれ，最終的に $CO_2$ と $H_2O$ にまで分解される（図5.2）。この回路の出発はアセチル CoA とオキサロ酢酸（oxaloacetic acid）との縮合反応によって生じるクエン酸（citric acid）である。クエン酸からオキサロ酢酸まで計 8 個の基質から構成される同回路は，途中のイソクエン酸（isocitric acid）→ $\alpha$-ケトグルタル酸（$\alpha$-ketoglutaric acid）→サクシニル CoA（succinyl CoA）の行程で連続した 2 回の脱炭酸過程が存在する。クエン酸に変換されたアセチル CoA がこの回路の周回を重ねることで，アセチル基のメチル炭素がカルボン酸にまで酸化され，この行程で最終的に $CO_2$ として脱離していく。また，$\alpha$-ケトグルタル酸やオキサロ酢酸などの $\alpha$-ケト酸は生体に必須のアミノ酸の合成原料であり，同回路がアミノ酸合成に関与する機能もつかさどっている。さらに，この回路のもう 1 つの重要な機能は，クエン酸からオキサロ酢酸までの行程で電子伝達系と連動し計 12 分子の ATP を産生できることである。ここでグルコース代謝における ATP 生産についてまとめると，グルコース 1 分子の酸化について，ピルビン酸までの解糖経路により 8 分子の ATP（グルコース→2×ピルビン酸），好気的条件にてピルビン酸 2 分子から 2 分子のアセチル CoA への変換により 6 分子の ATP，クエン酸回路において 2 分子のアセチル CoA の酸化により計 24 分子の ATP が産生され，総計 38 分子の ATP が化学エ

ネルギー源として供給される。

　このようにして，グルコース代謝は化学エネルギーの供給に大きな働きをしていると同時に，中間の代謝物は生体に必要な有機化合物の合成原料を供給する場でもある。$\alpha$-ケト酸のピルビン酸，オキサロ酢酸，$\alpha$-ケトグルタル酸はアラニン，アスパラギン酸，グルタミン酸の各アミノ酸に容易に変換されるし，アセチルCoAは脂肪酸，コレステロールなどのステロイド生合成になくてはならない基質となっている。また，一次代謝系のアミノ酸代謝あるいは脂肪酸代謝においても，最終酸化生成物としてアセチルCoAを生成し，最終的にクエン酸回路に取り込まれる。また，それらの代謝経路中間体を通してグルコース分子を再生する経路（糖新生；gluconeogenesis）もあり，さまざまな一次代謝経路が相互に密接に連関し，秩序ある細胞機能が保たれている。

## 5.2.2 ペントースリン酸回路

　グルコース代謝経路として，もう1つ重要な働きを持つものがペントースリン酸回路である（図5.3）。この経路はグルコース代謝の主経路ではないが，生体維持に必要な有機化合物の供給に大きな役割を果たしている。この経路についての詳細も成書に譲るが，グルコース6-リン酸の酸化により6-ホスホグルコノラクトン，続く水和反応により6-ホスホグルコン酸の生成過程が初期の段階である（図5.3）。この6-ホスホグルコン酸の不可逆的な脱炭酸反応によって炭素数5のリブロース5-リン酸に変換されるが，この5炭糖（pentose）がこの経路の重要な中間体と考えてよい。この中間体から，リボース5-リン酸，キシルロース5-リン酸，グリセルアルデヒド3-リン酸，エリスロース4-リン酸，セドヘプチュロース7-リン酸，フルクトース6-リン酸の各リン酸化糖へと異性化するが，この反応は複雑な機構を伴っている。実際には，これら各リン酸化糖の間で炭素数2〜3個からなる部分の転移反応が酵素の働きにより行われる。この回路の最終行程は，フルクトース6-リン酸のグルコース6-リン酸への異性化で終わる。また，この経路が化学量論的に成立するには，途中の脱炭酸過程を考慮して，6分子のグルコース6-リン酸から5分子のグルコース6-リン酸が再生すると考えればよいが，再生された5分子のグルコース6-リン酸は，元のグルコース6-リン酸ではなく，途中の転移反応を経て再構成されたものである。この経路の大きな役割は，上にも述べたように，生体維持に必要な化合物の供給で

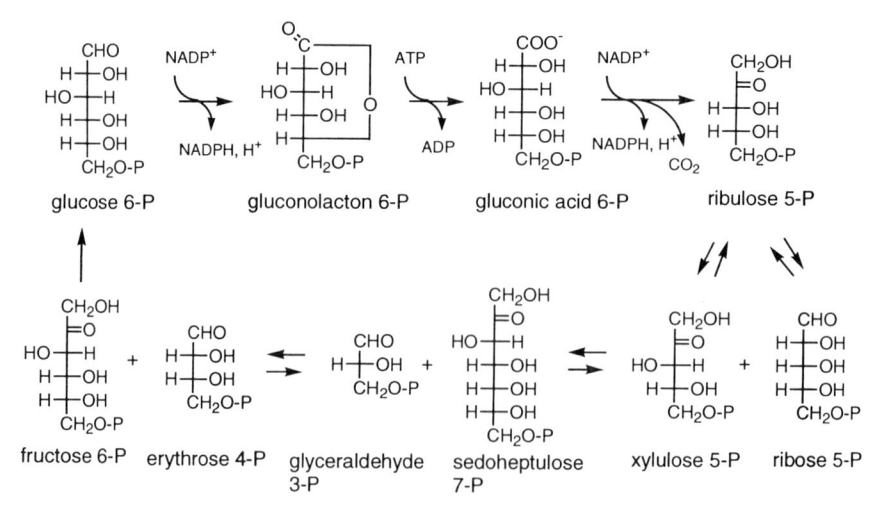

図5.3　ペントースリン酸回路の概略

## 5.2 一次代謝産物の生合成

ある。リボース 5-リン酸は核酸の RNA およびヌクレオチド系補酵素の構成糖として供給されるし，リブロース 5-リン酸のリン酸化で生成するリブロース 1,5-二リン酸は，光合成を行う植物にとって，$CO_2$ の固定で主要な役割を果たす。また，エリスロース 4-リン酸，セドヘプチュロース 7-リン酸は，芳香族アミノ酸生成にかかわる「シキミ酸経路」の出発原料である。このように，ペントースリン酸回路はグルコース代謝としては主経路ではないものの，一次代謝系だけでなく，二次代謝系への炭素源供給としての役割を持っている。

以上，糖質代謝の代表的な例について述べてきたが，上記 2 つの代謝経路は生物細胞で最も頻繁に見られる経路である。これら以外にも，細菌などでは独特のグルコース代謝系を持っている場合もあるが，いずれにしても，グルコース代謝が生体を維持するための必要な化学エネルギーや分子を作り出す上で重要な役割を担っている。次項では，一次代謝系について脂肪酸代謝を述べるにとどめ，アミノ酸代謝やタンパク代謝については他の成書を参照されたい。

### 5.2.3 脂肪酸代謝

糖質代謝の項で述べたように，ピルビン酸の脱炭酸反応によって生じるアセチル CoA は細胞膜構成成分としてなくてはならない脂肪酸の最小単位の生合成基質である。飽和脂肪酸の生合成はアセチル CoA と，アセチル CoA の炭酸化によって生じるマロニル CoA（malonyl CoA）との縮合反応により開始される（図5.4）。この場合，両基質とも脂肪酸合成のための酵素タンパク（acyl carrier protein；ACP）に結合しており，マロニル基の脱炭酸反応に伴った縮合反応によりアセトアセチル ACP が生成する。このものは続いて，還元，脱水，さらに二重結合の還元を受け，飽和脂肪酸合成の最初のステップが終了する。ここで生成したアシル ACP はマロニル ACP との反応により，さらに炭素数が 2 個増加したものへと変換されていく。このような過程を数回繰り返すことによって飽和脂肪酸の合成が行われており，アセチル CoA が出発の基質，マロニル CoA が炭素鎖延長ための基質となっていることがわかる。結果的に $C_2$ 単位の重合ともみなすことができるので，天然の脂肪酸は偶数個の炭素数から成り立っている。また，脂肪酸を合成とはまったく逆の反応によって酸化的に分解する $\beta$ －酸化と呼ばれる代謝経路があり，最終的にアセチル CoA を生じる（図7.5も参照）。

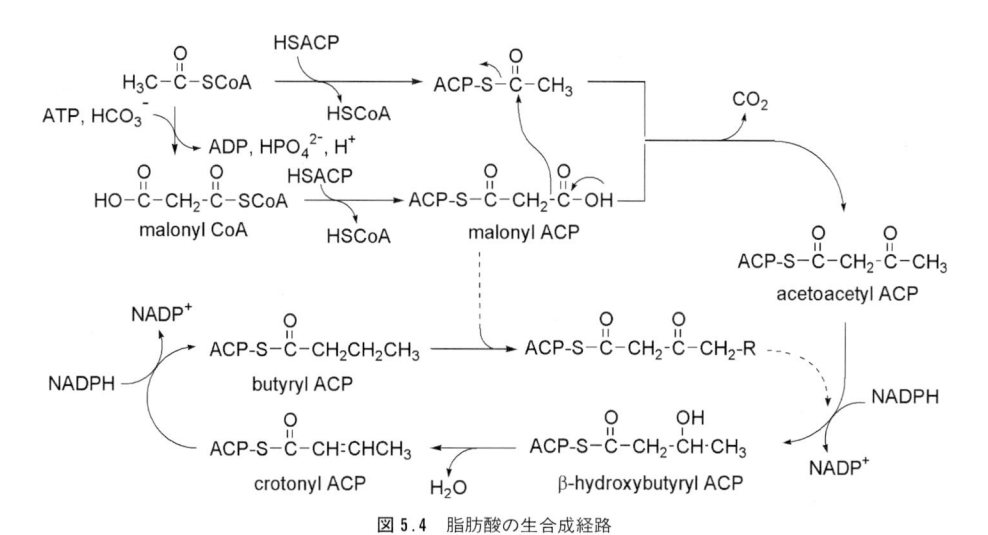

**図 5.4** 脂肪酸の生合成経路

また，脂肪酸合成経路とは異なるが，アセチルCoAの炭酸化によって生じるマロニルCoAは「酢酸-マロン酸経路」として知られる芳香族化合物の生合成にもかかわっている。この経路はフラボノイドを産生する高等植物やポリケチド化合物を産生する微生物などに見られ，動物では存在しない。

### 5.2.4 高エネルギーリン酸化化合物

糖質の項で述べたように，例えばグルコース代謝の最初の過程はグルコース分子のリン酸化である。この過程ではグルコースの6位の水酸基がATP分子からのリン酸化エステル化反応を受ける。この後，グルコース 6-リン酸は一連の代謝過程に移行していくが，生体ではなぜこのようなリン酸化化合物を利用するのであろうか。

自発的に起こる反応の自由エネルギー変化 $\Delta G$ は負の値になり，エネルギーが放出される必要がある。もし $\Delta G$ が正の値なら反応は不利であり，自発的には起こらない。エネルギー的に不利な反応が起こるために通常みられることは，エネルギー的に有利な反応と"共役"することであり，その結果2つの反応の全体としての自由エネルギー変化が有利となる。グルコースのリン酸化によるグルコース 6-リン酸および水の生成は，食物として摂取した糖質の解糖における重要な段階であるが，グルコースの無機リン酸（$HPO_4^{2-}$；Pi）との反応は，$\Delta G^0 = +13.8$ kJ/mol とエネルギー的に不利であるため自発的には起こらない。

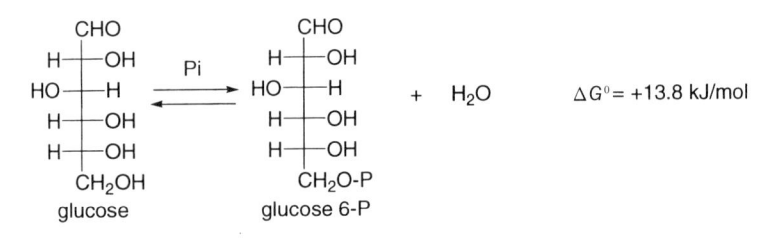

$$\text{glucose} + \text{Pi} \rightleftharpoons \text{glucose 6-P} + H_2O \quad \Delta G^0 = +13.8 \text{ kJ/mol}$$

しかし，ATPが存在するとグルコースはエネルギー的に有利な反応を起こし，グルコース 6-リン酸とアデノシン二リン酸（adenosine diphosphate；ADP）を生成する。この全体の効果はPiがグルコースとATPと反応した後に副生成物として生じた水と反応したかのように作用し，組合せの反応が約 16.7 kJ/mol 有利となる。すなわち，ATPの加水分解反応で得られるエネルギーを利用してグルコースのリン酸化を行っているのである。これらを式で表すと次のようになる。したがって，ATPがグルコースのリン酸化反応を"推進"することになる。

$$\text{glucose} + \text{Pi}(HPO_4^{2-}) \longrightarrow \text{glucose 6-P} + H_2O \quad \Delta G^0 = +13.8 \text{ kJ/mol} \quad ①$$
$$\text{ATP} + H_2O \longrightarrow \text{ADP} + \text{Pi} + H^+ \quad \Delta G^0 = -30.5 \text{ kJ/mol} \quad ②$$
$$\text{glucose} + \text{ATP} \longrightarrow \text{glucose 6-P} + \text{ADP} + H^+ \quad \Delta G^0 = -16.7 \text{ kJ/mol} \quad ③$$

また，③式では，グルコースのリン酸化にATPが関与してADPを生じることを表すが，その逆反応において，グルコース 6-リン酸の脱リン酸化反応ではATPが再生することもいっているのである。このようにして，ATPが②式の反応を通して化学エネルギーの供給に大きな役割を果たしており，しかも重要なことはATPが生体における化学エネルギーを必要とするどの代謝過程にも直接関与できることである。リン酸化された化合物が脱リン酸化反応によって次の代謝中間体や最終生成物になる過程では，同じように脱リン酸化で得られるエネルギーを利用している。また，代謝中間体の中には二リン酸の形で存在している場合も多いが［例えば，イソプレン生合成のイソペンテニル二リン酸（IPP）な

ど〕，これは次の代謝過程で起こりうる化学反応に対して一リン酸化合物よりもおよそ2倍のエネルギーを使うことを意味しているのである。これらのことがリン酸化された化合物を高エネルギー化合物と呼んでいる理由である。

ATP分子は上に述べたように化学エネルギー獲得の手段としてリン酸の授受に関与するが，生体には，他にも水素イオン，アセチル基，カルボキシル基などの授受に関与する化合物群が存在しており，反応にかかわる酵素に結合して活性を発揮するので補酵素と呼ばれている。次項では，代表的な補酵素の働きについて概説する。

### 5.2.5 補酵素

前項で述べたように，ATPはリン酸基の供与体であり，リン酸化酵素キナーゼと共同する補酵素（coenzyme）の1つである。このように補酵素は酵素と共役して，生合成中間体や最終生成物を作り出す際に重要な役割をしている。例えば，ニコチンアミドアデニンジヌクレオチド（nicotinamide adenine dinucleotide；NAD）はヒドリドイオン（$H^-$；hydride ion），ビオチン（biotin）はカルボキシル基，ピリドキサールリン酸（pyridoxal phosphate）はアミノ基，補酵素A（CoA）はアセチル基をはじめとするアシル基の転移にかかわる補酵素である。動物細胞では補酵素はほとんど合成できないので，前駆体としてビタミン類を不可欠な栄養素として摂取している。表5.1は，代表的な補酵素と関与する転移基についてまとめたものである。補酵素の構造と反応機構など詳細は成書を参照されたい。

表5.1 いろいろな補酵素と転移基の関係

| 補酵素 | 関与する転移基 |
| --- | --- |
| adenosine triphosphate（ATP） | リン酸基 |
| nicotinamide adenine dinucleotide（NAD，NADH） | 水素と電子（hydride ion） |
| coenzyme A（CoA） | アセチル基（アシル基） |
| pyridoxal phosphate（PLP） | アミノ基 |
| biotin（vitamin H；coenzyme R） | カルボキシル基 |
| tetrahydrofolic acid（THF） | メチル基などの炭素数1の原子団 |
| vitamin $B_{12}$（$VB_{12}$） | メチル基 |
| $S$-adenosylmethionine（SAM） | メチル基 |

### 5.2.6 酵 素

生体内で起こる有機化学反応を実験室のフラスコ内で再現しようとしても，ほとんど進行しないか，進行したとしても速度はきわめて遅いだろう。これは生体において反応を効率よく進めるための生物学的触媒"酵素（enzyme）"が存在するからである。しかも，酵素はある1つの反応過程かあるいは密接に関係した一群の反応にのみ関与する特異性を持っている。

酵素はタンパク質分子であり，アミノ酸からのみ構成される単純タンパク質として触媒活性を持つものや非アミノ酸部分を含む複合タンパク質として機能を発揮するものがある。後者のタイプの非アミノ酸部分を補酵素（あるいは補欠分子）と呼び，前項で述べたように反応において重要な役割を担っている。

一般に酵素はその役割に応じて主に以下の6つのグループに分類されている。

表 5.2 酵素の分類と触媒する反応型

| 主 | 副 | 触媒する反応型 |
| --- | --- | --- |
| 酸化還元酵素<br>(oxido-reductase) | 脱水素酵素 (dehydrogenase)<br>酸化酵素 (oxidase)<br>還元酵素 (reductase) | $H_2$ の除去による二重結合の導入<br>酸化（チトクローム P-450 など）<br>還元 |
| 転移酵素<br>(transferase) | リン酸化酵素 (kinase)<br>メチル基転移酵素 (methyltransferase)<br>アミノ基転移酵素 (aminotransferase) | リン酸基の転移<br>メチル酸基の転移<br>アミノ酸基の転移 |
| 加水分解酵素<br>(hydrolase) | 脂質加水分解酵素 (lipase)<br>リン酸エステル加水分解酵素 (phosphatase)<br>タンパク質分解酵素 (protease) | エステル基の加水分解<br>リン酸エステル基の加水分解<br>アミド基の加水分解 |
| 異性化酵素<br>(isomerase) | エピメラーゼ (epimerase) | キラル中心の異性化 |
| 合成酵素<br>(ligase) | カルボキシラーゼ (carboxylase)<br>シンテターゼ (synthetase) | $CO_2$ の付加<br>新しい結合の形成 |
| 除去付加酵素<br>(lyase) | 脱炭酸酵素 (decarboxylase)<br>脱水酵素 (dehydrase) | $CO_2$ の除去<br>$H_2O$ の除去 |

上に挙げた酵素の例はほんの一部であり，生体内では多種多様の酵素が働いている。また，酵素は活性化する物質，あるいは抑制する物質と結合すると触媒能が変化する。これをアロステリック効果 (allosteric effect) と呼んでいるが，生体内で正常に産生される代謝物質がこの効果に関与している場合がある。生体は細胞内でアロステリック効果を持つ物質の濃度によって代謝活性の調節をして恒常性を保っているのである。詳細は成書を参照されたい。

## 5.3 代表的な二次代謝産物の生合成

前章までに，一次代謝系の役割について述べたが，いくつかの代謝中間体が二次代謝産物の出発原料となることも合わせて記載した。ここでは二次代謝産物の生合成経路として分類・整理されているものについて概説し，具体的な二次代謝産物の生合成については各論を参照されたい。

### 5.3.1 イソプレン化合物の生合成

イソプレン化合物（モノ，セスキ，ジ，セスタ，トリの各テルペノイド，ステロイド，カロテノイド）は炭素数5個のイソプレン（$C_5$）単位から生合成される化合物群である。基本単位のイソプレンはイソペンテニル二リン酸（IPP）が生合成前駆体である。現在，IPP は「メバロン酸経路」あるいは「1-デオキシキシルロース経路（非メバロン酸経路）」のいずれかの経路によって生合成されることが明らかになっている。名称の由来はいずれも重要中間体にちなんでいる。

**1) メバロン酸経路**

一次代謝系の解糖経路より生じるアセチル CoA が関与する。3分子のアセチル CoA から数行程の反応によりメバロン酸 (mevalonic acid；MVA) が生じ，リン酸化後 (MVAPP)，脱炭酸反応

によりIPPが生合成される（図5.5(a)）。

### 2) 1-デオキシキシルロース経路（非メバロン酸経路）

解糖経路で生じるピルビン酸とグリセルアルデヒド 3-リン酸との縮合により生じる1-デオキシキシルロースを中間体としている。1-デオキシキシルロースの分子内転位反応によって生じるトリオール化合物からIPPが生合成される。この経路は最近見いだされたもので，トリオール化合物からIPPまでの詳細な過程はまだわかっていない（図5.5(b)）。

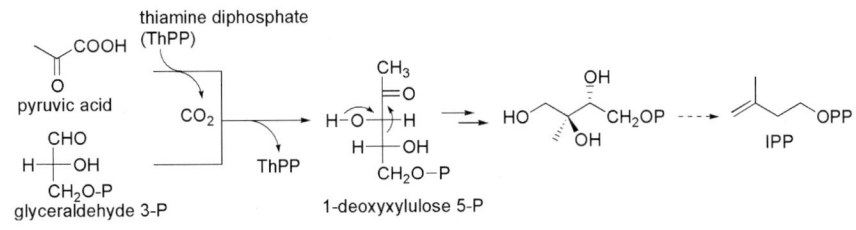

図5.5 イソプレン単位(IPP)の生合成

いろいろなイソプレン化合物のうち，上記2つのいずれの生合成経路をたどっているかの明確な結論は得られていないが，ほとんどのトリテルペノイドやステロイドは「メバロン酸経路」由来である。一方，「1-デオキシキシルロース経路（非メバロン酸経路）」由来とする報告例はモノテルペンやジテルペンにおいて多いが，中には両方の経路を併用しているとの報告例もある。

### 5.3.2 芳香族化合物の生合成

芳香族化合物は高等植物や細菌などの微生物の二次代謝産物であり，動物では，エストラジオールなどのステロイド系代謝物を除いては合成できない。ヒトでは必須の芳香族アミノ酸のL-フェニルアラニンは食物から摂取されるべき化合物である。芳香族化合物の生合成経路には「酢酸－マロン酸経路」と「シキミ酸経路」の2つの経路が知られている。

### 1) 酢酸－マロン酸経路

解糖経路から生じるアセチルCoAとその炭酸化反応により生じるマロニルCoAが，カルボニル基の還元を受けずに脂肪酸合成経路のような炭素鎖延長反応を行い，中間体としてポリケトン体を与える経路である（図5.6）。ポリケトン体は活性メチレンが存在するために，カルボニル基と分子内でaldol型あるいはClaisen型の反応を起こし，容易に芳香環が形成される。このような化合物群をポリケチド化合物という。ポリケチド中間体のケトン基は1つおきに並んでいるので，芳香環化したときには水酸基の形で互いにメタ位になるのが特徴である。植物ではフラボノイドなどの生合成，細菌などの微生物ではテトラサイクリン系化合物などの生合成に利用されている。

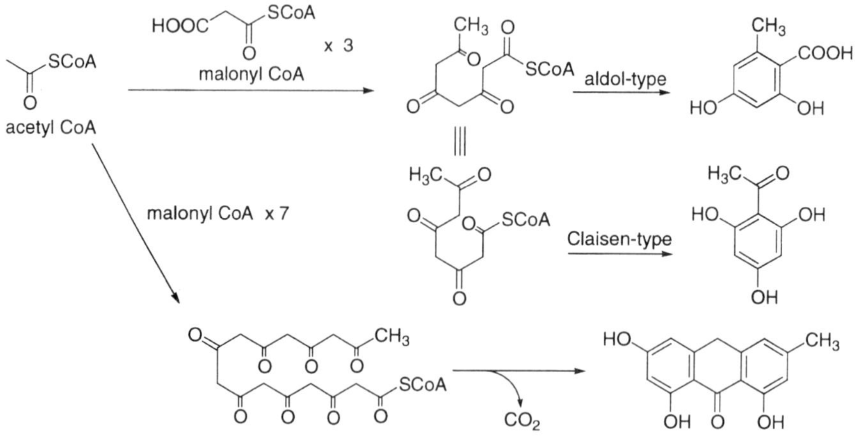

図 5.6　ポリケチド化合物の生合成経路

## 2） シキミ酸経路

解糖経路から生じるホスホエノールピルビン酸 (phosphoenol pyruvic acid) とペントースリン酸回路で生じるエリスロース 4-リン酸との縮合反応を経て生合成されるシキミ酸を経由する経路である（図 5.7）。シキミ酸にもう 1 分子のピルビン酸が導入された後，分子内 Claisen 転位反応によりプレフェン酸（prephenic acid）が生成し，酸化的脱炭酸反応により芳香環が形成される。この芳香環の形成反応において，2 種類の経路が存在しており，1 つは脱炭酸反応に伴った脱水反応が進行してフェニルピルビン酸（phenylpyruvic acid）を与える経路，もう一方は 5 位の水酸基がケトン基に酸化された後，脱炭酸反応に伴ったエノール化が起こり p-ヒドロキシフェニルピル

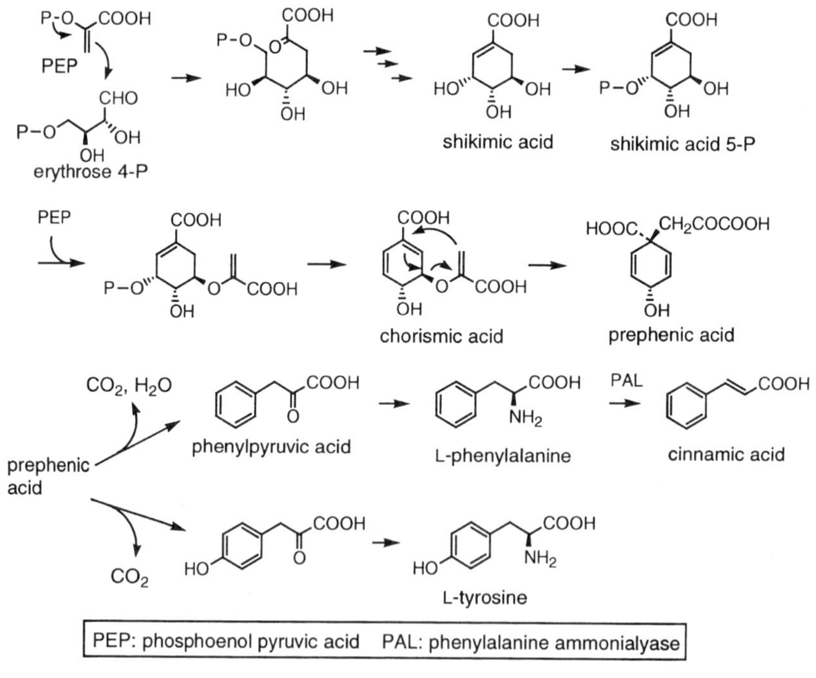

図 5.7　シキミ酸経路の概略

ビン酸（$p$-hydroxyphenylpyruvic acid）を与える経路である（図5.8）。次いで，これら2つの芳香族中間体はアミノ基転移反応を受け，芳香族アミノ酸のL-フェニルアラニンおよびL-チロシンに変換される。このようにシキミ酸を起源とする生合成経路は芳香族アミノ酸の主要な供給源となっている。L-チロシンは水酸化を受けてドーパミン（dopamine），エピネフリン（epinephrine）などに代謝されていく。またL-フェニルアラニンは酵素フェニルアラニンアンモニアリアーゼ（phenylalanine ammonialyase；PAL）の働きにより脱アミノ化が起こりフェニルプロパノイド（$C_6$-$C_3$）の原料となるケイヒ酸（cinnamic acid）が生合成される。さらに酸化酵素チトクローム P-450（Cyt. P-450）によるパラ位での水酸化反応により$p$-クマール酸（$p$-coumaric acid）が生成するが，この水酸化反応ではパラ位（4位）の水素が1,2-ヒドリド転位（NIHシフトともいう）を起こす（図5.8）。$p$-クマール酸はクマリン類やフラボノイドなどの生合成前駆体として重要な基質となっている。このように，L-チロシン由来の芳香族化合物とL-フェニルアラニン由来の芳香族化合物においてパラ位の水酸基の起源は異なっている。また，哺乳動物ではL-フェニルアラニンの水酸化反応によりL-チロシンへの変換経路が存在するが（この水酸化酵素の欠損はフェニルケトン尿症を引き起こす），高等植物などでは存在しない。微生物，高等植物では芳香族アミノ酸はインドールアルカロイド，キノリン系アルカロイドなどの芳香族アルカロイドの重要な生合成前駆体ともなっている。

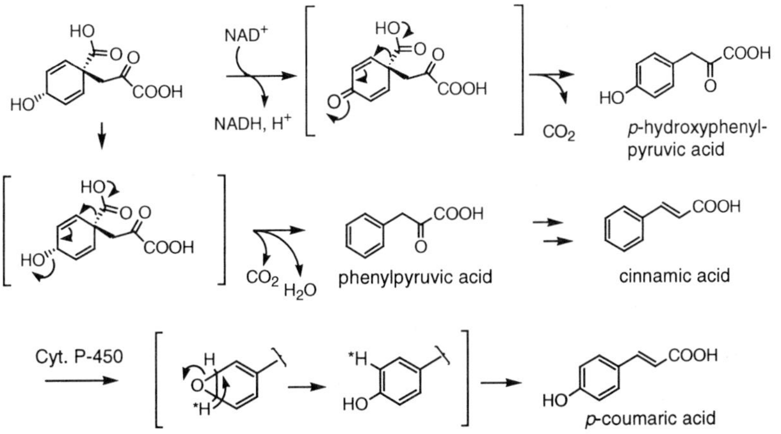

図5.8 フェノール性水酸基の由来

## 5.4 一次代謝と二次代謝の相互関係

以上，主要な一次代謝系と代表的な二次代謝産物の生合成経路について述べてきた。その概要を図5.9にまとめたが，図中の経路はほんの一例に過ぎず，それら以外の代謝経路あるいは生合成経路も多数存在している。しかし，最初に述べたように，二次代謝産物の合成出発基質は一次代謝系で産生される化合物であり，そこから酵素が関与するいくつかの有機化学反応を経て生合成されることに変わりはない。最近では，骨格の生合成経路よりは，むしろ酵素学的あるいは遺伝子学的なアプローチから生合成研究が進められており，生物種の保存も視野に入れた展開がなされている。

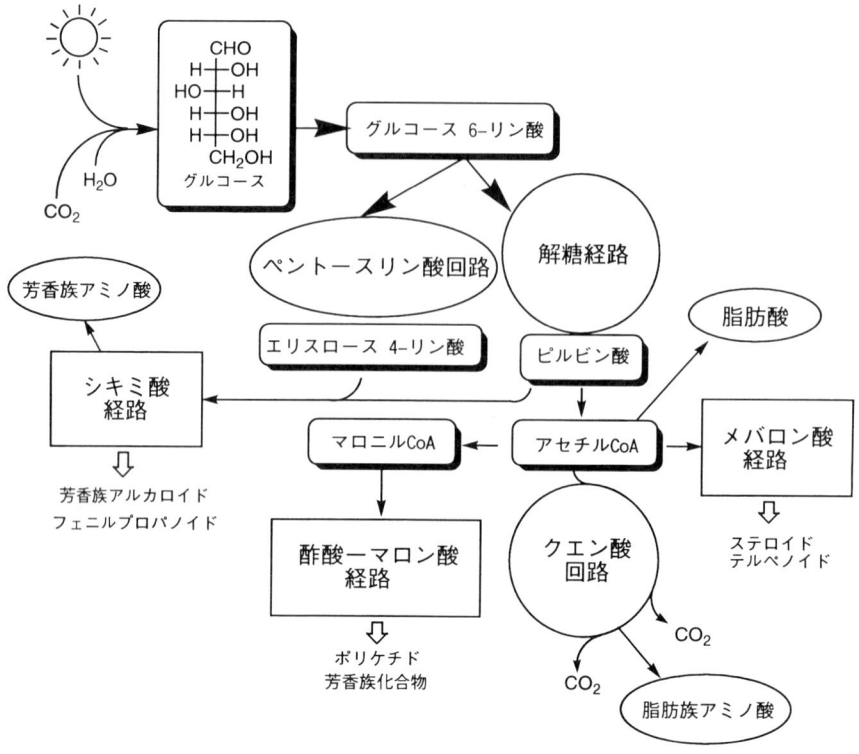

図 5.9　一次代謝と二次代謝の相互関係

> **コラム**　　　　　　生合成経路はどう調べる？
>
> 　目的とする二次代謝産物の生合成経路を調べるには，想定される生合成前駆体のある一定の位置を $^{14}C$ や $^{3}H$ などの放射性同位元素あるいは $^{13}C$ や $^{2}H$ などの安定同位元素で標識したもの（標識化合物）を生体に与える方法（標識化実験）が一般的に行われている．目的化合物のどの位置が標識されたかを，前者の放射性元素を用いた場合には分解反応によって，後者の元素を用いた場合は NMR スペクトルによって分析する．前駆体として一次代謝系の化合物を用いた場合，骨格の形成過程を推測できるなど，生合成の初期の過程を調べるのに有用であるし，また，関連の二次代謝系の化合物を用いた場合には，二次代謝化合物間の相互関係を明らかにすることができる．

## 参考文献

1) 上代淑人監訳，"ハーパー・生化学"原書 25 版, 丸善, 2001.
2) P.M.Dewick, "Medicinal Natural Products. A Biosynthetic Approach", John Wiley & Sons, Chichester, 1997.
3) K.B.G.Torssell 著, 野副重男, 三川　潮訳, "天然物化学", 講談社, 1984.
4) P.Manito, "Biosynthesis of Natural Products", Ellis Horwood, Chichester, 1981.
5) 柴田承二, 山崎幹夫, "植物成分の生合成", 東京化学同人, 1970.

# 6

## 糖　質

　糖質（glucide あるいは saccharide）は生体の最も基本的なエネルギー源として重要であるばかりでなく，細胞構造維持のための構成成分，さらには第二次代謝産物の起源である．糖質はポリヒドロキシアルデヒドまたはポリヒドロキシケトンおよびそれらの誘導体と定義され，炭水化物（carbohydrate）とも呼ばれる．これは糖質の多くが一般式 $C_m(H_2O)_n$ を持ち，あたかも炭素の水和物のように表されることに由来している．糖質の基本的な単位を単糖類（monosaccharides）といい，2個以上の単糖が脱水縮合して生じた糖をオリゴ糖類（oligosaccharides）という．その重合度により二糖類，三糖類などに分類され，通常は十糖類以上のものを多糖類（polysaccharides）という．さらに，オリゴ糖や多糖がタンパク質や脂質などと結合した複合糖質（complex carbohydrate）がある．糖タンパクの糖鎖は，細胞間の認識や接着，ウイルスや細菌が感染するときの宿主認識，細胞の分化など，生物機能の担い手として重要な役割を果たしている．

### 6.1　単糖類

　単糖類は構成する炭素原子の数に従ってトリオース（三炭糖, triose），テトロース（四炭糖, tetrose），ペントース（五炭糖, pentose），ヘキソース（六炭糖, hexose）などに分類される．またこれらにアルデヒド基を持つものをアルドース（aldose），ケトン基を持つものをケトース（ketose）という．これら2通りの分類法を組合せすることにより，単糖類の分子中の炭素数と官能基種を一度に表すことができる．例えば5個の炭素原子を含むアルドースはアルドペントース（aldopentose），6個の炭素原子を含むケトースはケトヘキソース（ketohexose）と呼ばれる．

```
     CHO           CH2OH         CHO          CH2OH
   H-C-OH          C=O         H-C-OH         C=O
    CH2OH         CH2OH       HO-C-H         HO-C-H
                              H-C-OH         H-C-OH
                              H-C-OH         H-C-OH
                               CH2OH         CH2OH

 glyceraldehyde  dihydroxyacetone  glucose      fructose
 （アルドトリオース）（ケトトリオース） （アルドヘキソース）（ケトヘキソース）
```

#### 6.1.1　単糖類の立体配置：Fischer 投影式

　最も簡単な単糖はグリセルアルデヒド（glyceraldehyde）とジヒドロキシアセトン（dihydroxyacetone）である．これら2種類の化合物のうち，グリセルアルデヒドはC2がキラル炭素であるため

2個の鏡像異性体が存在する。このグリセルアルデヒドの $R$-$(+)$ および $S$-$(-)$ の鏡像異性体は，それぞれの $R$, $S$ の代わりに D, L で表わされる。

　単糖分子の立体構造を Fischer 投影式で表したときに，慣例でカルボニル基の方を上に描くようになっている。そしてアルデヒド基やケトン基などのカルボニル原子団から最も離れたキラル炭素が D-$(+)$-グリセルアルデヒドと同じ絶対配置を持つ糖は D 系列，そのキラル炭素が逆の絶対配置を持つ糖は L 系列と呼ばれる。D, L 表記は旋光性の符号とは無関係であり，普通よりも小さな字体の大文字を用いる。

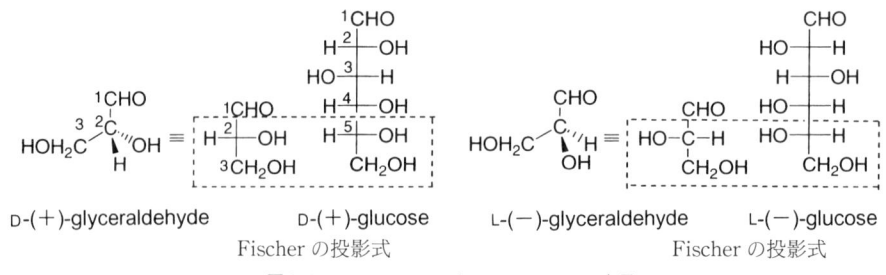

図 6.1　glyceraldehyde と glucose の D, L 表示

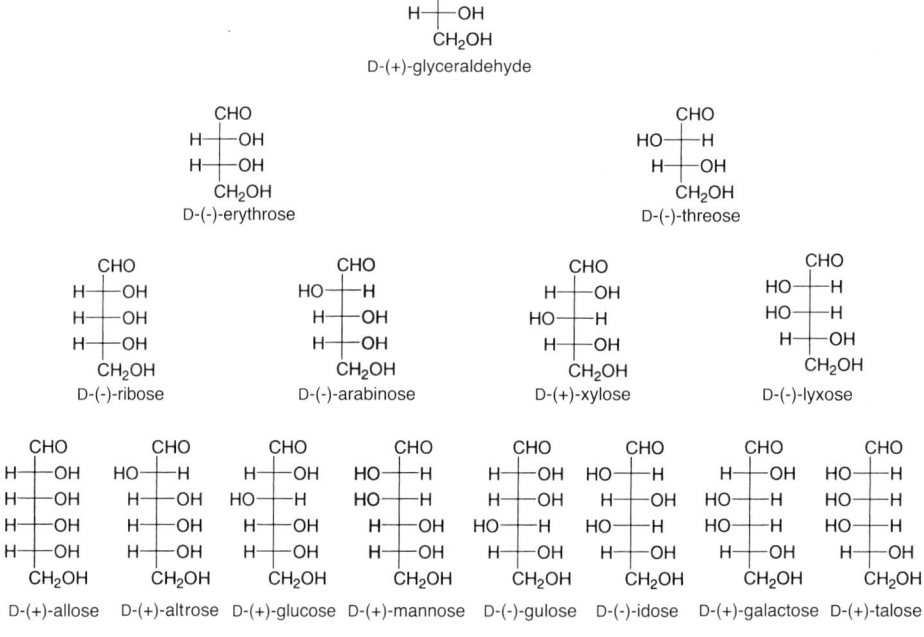

図 6.2　D-アルドース系列の糖（アルドヘキソースまで）の構造

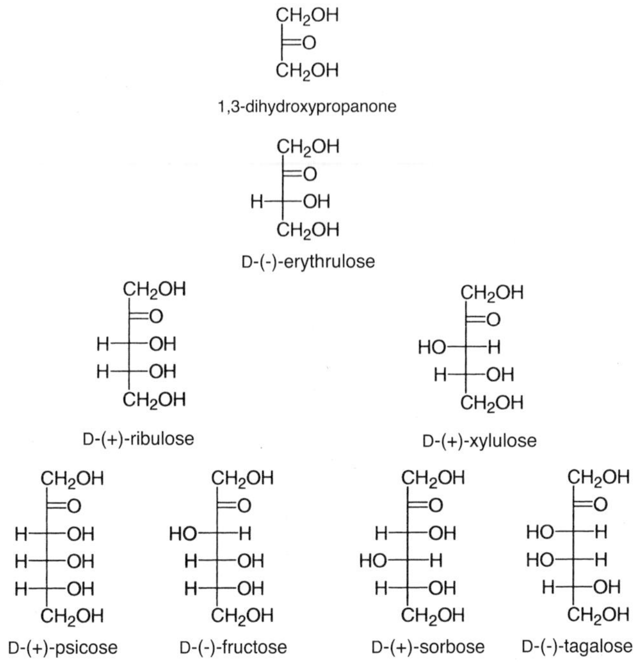
1,3-dihydroxypropanone
D-(-)-erythrulose
D-(+)-ribulose
D-(+)-xylulose
D-(+)-psicose
D-(-)-fructose
D-(+)-sorbose
D-(-)-tagalose

**図 6.3** D-ケトース系列の糖（ケトヘキソースまで）の構造

### 6.1.2 単糖類の環状構造

これまで，単糖の構造を Fischer 投影式によって表記してきた。破線－くさび形で表記した構造のほうがより実際に近いが，Fischer 投影式を正しく破線－くさび形表記に変換するには注意が必要である。Fischer 投影式では分子が全重なり形の立体配座を表しているので，全重なり形の破線－くさび形構造に書き直すことができる（図 6.4）。分子モデルなどを使って構造を組み立てると，全重なり形構造が環状に近い形をしていることが理解できる。元の Fischer 投影式で炭素鎖の右側にある官能基は，破線－くさび形表記では紙面の向こう側に配置される。さらに全重なり形配座の破線－くさび形構造の内部の炭素原子を 1 つおきに回転させることにより全ねじれ形配座となる。

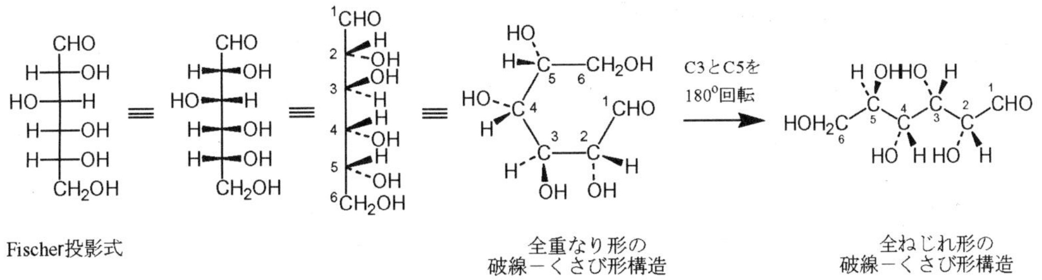
C3とC5を
180°回転
Fischer投影式
全重なり形の
破線－くさび形構造
全ねじれ形の
破線－くさび形構造

**図 6.4** D-(+)-グルコースの Fischer 投影式ならびに破線－くさび形構造

単糖類は分子内にアルデヒド基（あるいはケト基）と水酸基を持つため，分子内求核的付加反応でヘミアセタール（hemiacetal）結合を生成し環状構造をとる。六員環構造の単糖は，環状構造が似ている六員環エーテルのピラン（pyran）にちなんでピラノース（pyranose）と呼ばれる。また五員環構造の糖はフラン（furan）にちなんでフラノース（furanose）と呼ばれる。

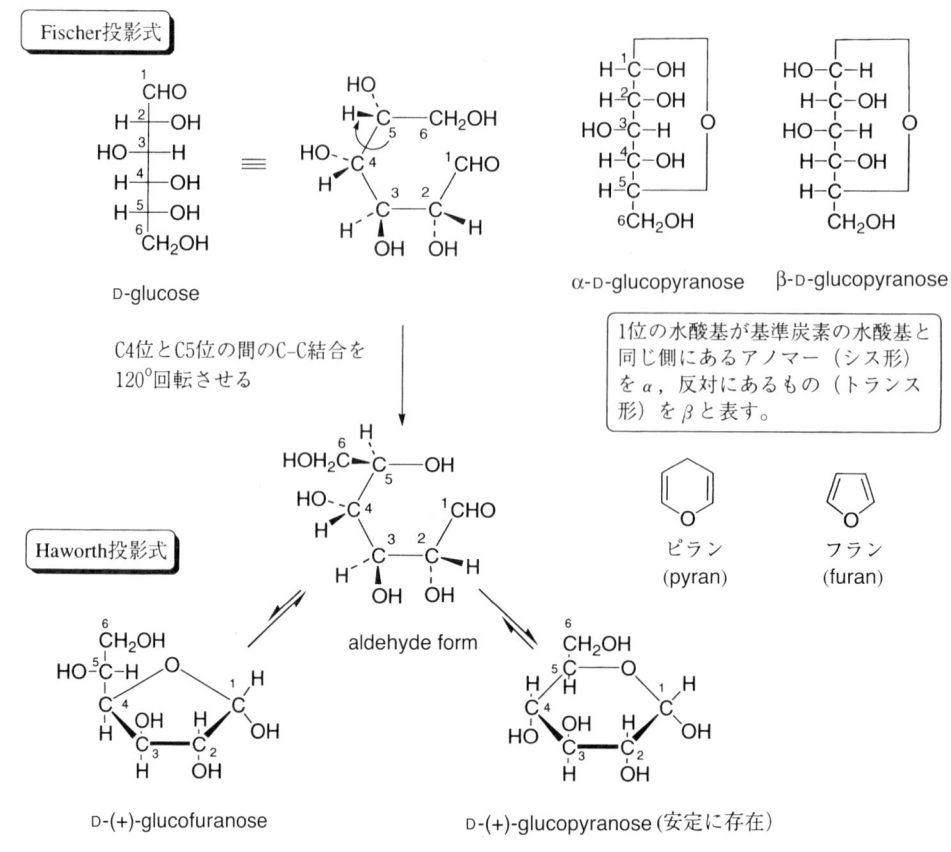

図 6.5　D-glucose の鎖状構造と環状構造

　単糖が分子内で反応して環状ヘミアセタールを形成するとき，カルボニル基は新しいキラル中心となりアノマー炭素 (anomeric carbon) と呼ばれ，それに結合したOH，Hをそれぞれアノマー水酸基 (anomeric hydroxyl group)，アノマー水素 (anomeric proton) と呼ぶ。アノマー水酸基はヘミアセタール型の水酸基としての性質を示し比較的反応性に富み，アルコール性水酸基とは性質を異にする。おもにピラノース形で存在するグルコースとは対照的に，フルクトースはフルクトピラノースとフルクトフラノースの両方の形がすばやく相互変換して68：32の平衡混合物として存在する。

## 6.1.3　Haworth 投影式

　Haworth（ハース）投影式（Haworth projection）は糖分子の構造を表示するために考案された式で，環状化合物の置換基の立体配置を示すのに用いられる。環状エーテルを平面にして五角形または六角形として線表示によって書き表し，アノマー炭素を右に，エーテル酸素を上方にとる。光学異性は，環の構成炭素原子に結合している置換基の上下によって表される（図6.5）。環の炭素原子に直接結合している水素原子は省略されることが多い。置換基の立体配置を知るのにはわかりやすい表示法であるが，実際の構造からは極度にゆがめられていて立体配座についての情報は含まれていない。

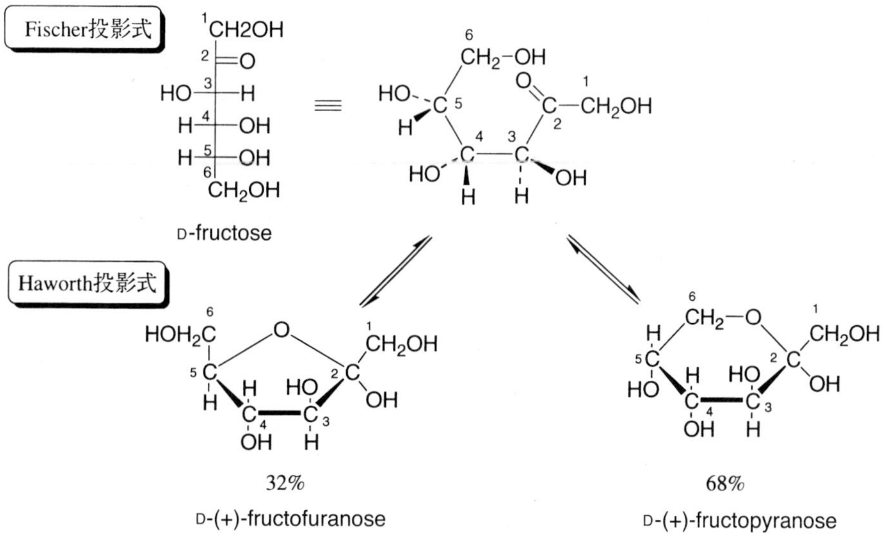

D-fructose

D-(+)-fructofuranose 32%

D-(+)-fructopyranose 68%

図 6.6　D-fructose の鎖状構造と環状構造

## 6.1.4 Mills 式

　Mills 式は環状化合物では一般的な表示法であるが，環を紙面上に置いて，置換基への結合を破線または実線で示すことで配置を記述する。環状アセタールやラクトンなど他の環が存在するとき，あるいは糖でない化合物を含む合成経路などの記述に便利である。

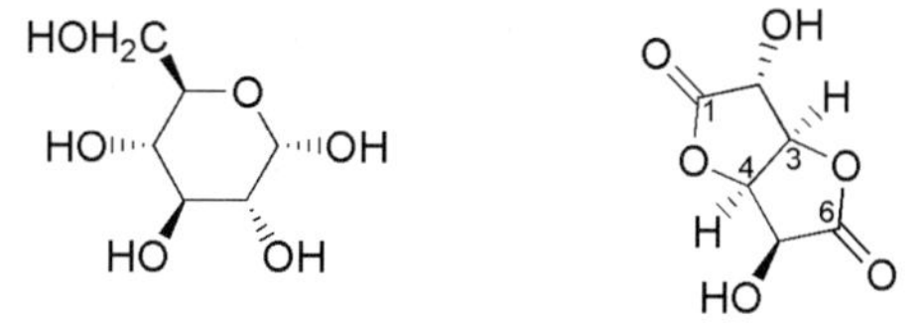

a-D-(+)-glucopyranose　　D-glucaro-1,4:6,3-dilactone

## 6.1.5 アノマー配置 (Anomeric Configuration)

　単糖の環状構造ではアノマー炭素のまわりの立体配置だけが異なる立体異性体は，アノマー (anomer) として知られ2つのアノマー配置が可能である。しかし，アノマー位の立体配置を正しく表記するためには，何を基準とするのかを知らなければならないが，Fischer 投影式のキラル炭素原子で位置番号の最も大きい炭素が基準となる。この基準炭素の立体配置とアノマー炭素の立体配置が同じなら，すなわち新しい C1-OH と基準炭素 C5-O-結合が同じ側にある場合を $\alpha$-アノマー，反対側にあるものは $\beta$-アノマーと定める（図 6.5）。環状構造の Fischer 投影式から Haworth 投影式へ変換した D-ピラノース形では，アノマー水酸基が上方を向いているものを $\beta$ で表し，アノマー水酸基が下方を向いているものを $\alpha$ で表す。図 6.7 には $\alpha$-D-glucopyranose を例として環状単糖の命名法を示した。

α-D-glucopyranose
- 糖であることを示す語尾
- 環の形，大きさを示す
- C-1のアノマー炭素を除いた他のキラル炭素の立体配置を示す
- D/L表示法に基づく絶対配置
- アノマーOHの立体配置

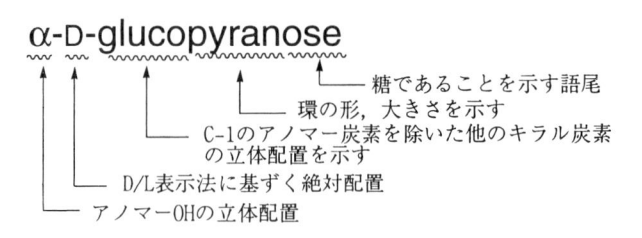

図 6.7 環状単糖の命名法

### 6.1.6 環状構造の立体配座

フラノース環やピラノース環の立体配座 (conformation) はシクロペンタンやシクロヘキサンのそれとほぼ同じである。シクロヘキサン環が舟形 (boat form) よりも安定ないす形配座 (chair form) で存在しているように，ピラノース環もいす形配座をとっている。ピラノース環にはさらに2つのいす形配座が考えられる。これらのうち，上から見て1位から5位の炭素が右廻りになるように置いたとき，4位の炭素が上がり1位の炭素（アノマー炭素）が下がっている配座を $^4C_1$ 型（またはC1型），4位の炭素が下がり1位の炭素が上がっている配座を $^1C_4$ 型（または1C型）と呼ぶ。D-グルコピラノースでは $^4C_1$ 型が優位配座 (preferred conformation) である。なお，環状ヘミアセタール構造の α-アノマー (α-anomer) はC1のOHがC5のCH$_2$OH置換基に対して反対側 (trans) にあり，一方，β-アノマー (β-anomer) はC1のOHとC5のCH$_2$OH置換基が同じ側 (cis) にある。これらは，D-グルコースではそれぞれ α-D-グルコピラノースおよび β-D-グルコピラノースと命名される。

$^4C_1$型(優先)　　　　$^1C_4$型　　　　　　　　$^4C_1$型(優先)　　　　$^1C_4$型
α-D-(+)-glucopyranose　　　　　　　　　　β-D-(+)-glucopyranose

注) $^4C_1$ の意味：$C$ はいす形 (chair)，上付の4はC4が参照面の上にあること，下付きの1はC1が参照面の下にあることを示す。参照面はC2，C3，C5，O5のなす面である。

### 6.1.7 変旋光（Mutarotation）

すでに述べたがD-グルコピラノースには α-アノマーと β-アノマーの2つの型があり変旋光を起こす。変旋光は α，β両アノマーが水溶液中でアルドース（またはケトース）形を介して平衡関係にあることによる。この現象は糖類および末端アノマーOH（還元末端）が保護されていない小糖類などすべてに見られる。例えば α-D-glucopyranose $\{[\alpha]_D +112°(H_2O)\}$ と β-D-glucopyranose $\{[\alpha]_D +19°(H_2O)\}$ をそれぞれ水に溶解して放置すると両者ともその旋光度が徐々に変化し，最終的に同一の旋光度 $\{[\alpha]_D +52.7°(H_2O)\}$ を示す。糖の種類によってはフラノース形も関与する場合があり，これは複合変旋光と呼ばれる。溶液中での平衡は溶媒の種類，pHなどにより影響を受ける。

D-(+)-glucose ≡ 平衡状態において $[\alpha]_D +52.7°$

α-D-(+)-glucopyranose 36%
$[\alpha]_D +112°$

β-D-(+)-glucopyranose 64%
$[\alpha]_D +19°$

## 6.1.8 アルドースとケトースの還元性

アルドースやケトースは,アルカリ溶液中で銅（II）イオン（深青色）によって酸化され,酸化銅(I)（赤色）の沈殿を生成する（Fehling反応,Benedict反応）ほか,銀イオンによっても酸化され銀鏡を生じる（Tollens反応）。これらの反応は,遊離のヘミアセタール性水酸基またはこれに相当するカルボニル基を持つ化合物に特有な反応であり,これらの化合物は $Cu^{2+}$ や $Ag^+$ に対して還元剤として働くことから還元糖（reducing sugar）と呼ばれる。酸化されやすいアルデヒド基を持つアルドースばかりでなく,一般にケトン化合物はこれらの試薬を還元しないが,ケトースも酸化される。これは,ケトースが $\alpha$-ヒドロキシケトン構造を持っており,アルカリ溶液中で次のような平衡反応によってエンジオール互変異性体（enediol tautomer）であるアルドースに変化するために還元性を示すためである。

R—C—CH$_2$ ⇌ R—C=CH ⇌ R—CH—CH
    ‖   |          |   |       |    ‖
    O   OH        OH  OH      OH   O

## 6.1.9 主な単糖類

(1) 5炭糖（ペントース,Pentose）

1) L-アラビノース（L-Arabinose）
   アラビアゴムなどの多糖類および種々の配糖体を形成,L系列天然単糖の少ない例の１つ。

2) D-キシロース（D-Xylose）
   配糖体,多糖類の構成糖として広く分布する。

3) D-リボース（D-Ribose）
   リボ核酸（RNA）や補酵素リボフラビンの構成糖。

4) 2-デオキシ-D-リボース（2-Deoxy-D-ribose）

デオキシリボ核酸（DNA）の構成糖。

これらのペントースが単糖として存在するときは，どれもが主にピラノースになっているが，RNA や DNA の糖部分を形成しているときには β-フラノースになっている。

α-L-arabinose    β-D-xylose

β-D-ribose    2-deoxy-β-D-ribose

(2) 6炭糖（ヘキソース，Hexose）

1) D-グルコース（D-Glucose；ブドウ糖 Dextrose）

自然界に最も広くかつ多く存在する糖。デンプンの加水分解によって得られる。

2) D-マンノース（D-Mannose）

コンニャク，ヤマイモの多糖類マンナン（mannan）の構成糖。

3) D-ガラクトース（D-Galactose）

乳糖（lactose），寒天などの構成糖。乳児が乳汁中の乳糖の分解で生じるガラクトースを代謝できない場合，ガラクトース血症になる。

4) D-フルクトース（D-Fructose；果糖 Levulose）

C2 位にカルボニル基を有する D-arabino-hexulose で，糖類の中で最も甘いため甘味料としての需要が多い。単糖およびショ糖の構成糖として植物に広く分布している。多糖イヌリンの構成糖。

β-D-glucose    β-D-mannose

β-D-galactose    β-D-fructose

## 6.2 デオキシ糖とウロン酸

単糖の水酸基が水素で置換された糖をデオキシ糖（deoxy sugar）という。配糖体や抗生物質の構成糖によく見られる。また単糖のアルデヒド基から最も遠い $CH_2OH$ が COOH へ酸化された一連の化合物をウロン酸と呼ぶ。ウロン酸は植物ゴム質，ペクチン（pectin），植物配糖体，細菌多糖体や，ヘパリン（heparin）などの構成糖として，また，生体内での抱合体として重要である。

(1) デオキシ糖（Deoxy Sugar）

1) D-キノボース（D-Quinovose, 6-Deoxy-D-glucose）
   キナ皮，サポニン配糖体の構成糖。

2) L-フコース（L-Fucose）
   海藻（フコイジン），天然ゴム（トラガントゴム）など多糖や糖タンパク質の構成糖，D型，L型ともに天然に存在。

3) L-ラムノース（L-Rhamnose）
   D-glucose とともに配糖体の構成糖として広く分布，D型，L型ともに天然に存在。

(2) ウロン酸（Uronic Acid）

1) D-グルクロン酸（D-Glucuronic Acid）
   植物粘液質物，ムコ多糖類の酸性糖成分，多くのステロイド配糖体の構成糖，甘草 glycyrrhizin の配糖体を形成。

2) D-ガラクトロン酸（D-Galacturonic Acid）
   ペクチン，植物粘液，ゴム質，細菌多糖の構成糖。

3) L-アスコルビン酸（L-Ascorbic Acid, ビタミンC）
   植物，動物に広く存在，柑橘類に多い。酸化防止剤，壊血病予防などに重要。

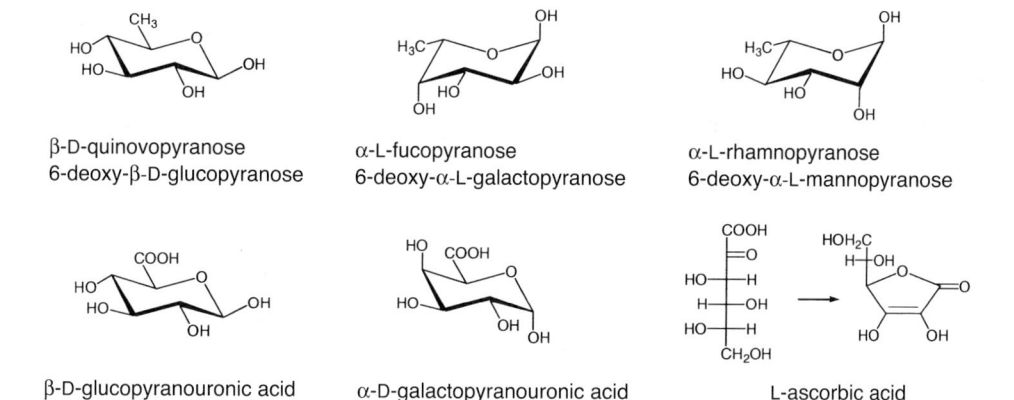

β-D-quinovopyranose
6-deoxy-β-D-glucopyranose

α-L-fucopyranose
6-deoxy-α-L-galactopyranose

α-L-rhamnopyranose
6-deoxy-α-L-mannopyranose

β-D-glucopyranouronic acid

α-D-galactopyranouronic acid

L-ascorbic acid

## 6.3 アミノ糖（Aminosugar）

糖の水酸基がアミノ基と置換した糖をアミノ糖という。通常の生体成分としては2-アミノヘキソースが多いが，抗生物質には3-，4-，6-アミノ糖も多い。

1) D-グルコサミン（D-Glucosamine, 2-Amino-2-deoxy-D-glucose）
   ムコ多糖類，糖タンパク質の主要構成糖，ステロイド配糖体やエビ，カニの甲殻の多糖キチンなどを形成して動物に広く存在

2) D-ガラクトサミン（D-Galactosamine, 2-Amino-2-deoxy-D-galctose）
   ムコ多糖類，糖タンパク質の主要構成糖，軟骨のコンドロイチン硫酸から精製されコンドロサミンとも呼ばれる。

3) シアル酸（Sialic Acid）
   シアル酸はD-ノイラミン酸（D-neuraminic acid）の$N$-アセチル，$N$-グリコシル，$N$-アセチル，$O$-アセチルなどのアシル誘導体の総称で，ムコ多糖類，糖タンパク質，糖脂質，人乳オリゴ糖などの構成成分として主に動物界に広く分布している。

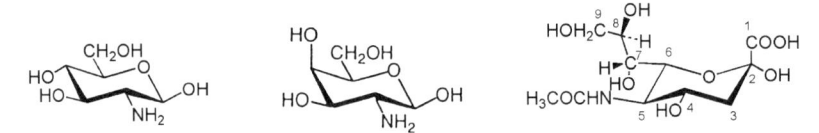

β-D-glucosamine
2-amino-2-deoxy-β-D-glucopyranose

β-D-galactosamine
2-amino-β-D-galactopyranose

$N$-acetyl-α-neuraminic acid
(α-Neu5Ac)

## 6.4 糖アルコール（鎖状多価アルコール；Alditol, Glycitol）

糖のアルデヒド基あるいはケトン基が還元されてアルコールになったものである。天然には種々の糖アルコールが存在するが，アルドースやケトースの接触還元，電解還元，$NaBH_4$還元などでも得られる。糖の語尾を"-itol"にかえて命名する。一般にショ糖よりは甘味は低く，還元性，アミノ酸との反応性はない。虫歯予防，低カロリーの甘味剤として使われる。

1) グリセロール（Glycerol）
   グリセルアルデヒド（glyceraldehyde）およびジヒドロキシアセトン（dihydroxyacetone）の還元体に相当，脂肪酸エステル（glyceride）を形成し油脂，脂質などとして広く動植物に含まれる。

2) エリスリトール（Erythritol）
   海草，地衣，菌類，牧草に存在，glucoseより合成，清涼感のある甘味剤

3) キシリトール（Xylitol）
   木材の多糖を分解して製造，sucroseと同等の甘味を持つが，非う蝕原性であり，代替甘味料として使用。

4) D-グルシトール〔（ソルビトール）D-Glucitol（D-Sorbitol, Sorbit）〕
   紅藻など植物界に広く分布，glucoseを還元して製造される。肝疾患，糖尿病や手術前後のエネ

ルギー補給に使用される。

5) **D-マンニトール**（D-Mannitol）

広く植物に分布するが，干し柿（周囲の白い粉），キノコ類，コンブに含まれる。甘味剤，腎機能検査，賦形剤に用いられる。

glycerol　　erythritol　　xylitol　　D-glucitol　　D-mannitol

## 6.5　シクリトール（環状多価アルコール；Cyclitol）

代表的なものはイノシトール（inositol；cyclohexanehexol, cyclohexitol；$C_6H_{12}O_6$）と呼ばれる一群の化合物である。inositol には9種の異性体があるが，動植物中には *myo*-inositol が最も広く存在し，D-, L-*scyllo*-inositol も見いだされている。*myo*-inositol は glucose から生合成され，vitamin B 複合体の一員。米ぬかや植物の種子中に hexaphosphate（phytic acid）の Ca, Mg 塩（フィチン，phytin）として多く含まれる。*myo*-inositol は肝硬変，動脈硬化，高血圧の予防と治療に用いられる。

*myo*-inositol　　D-inositol　　L-inositol　　*scyllo*-inositol

## 6.6　少糖類（オリゴ糖類；Oligosaccharide）

環状単糖のアノマー水酸基は他の位置のアルコール性水酸基に比べ反応性が高く，このアノマー水酸基と他の水酸基との間で脱水縮合し，エーテル結合によって結ばれた糖質を少糖（oligosaccharide）と呼び，二糖類［disaccharides (bioses)］，三糖類［trisaccharides (trioses)］，四糖類（tetrasaccharides）などがある。単糖間あるいは単糖と他の化合物間のエーテル結合をグリコシド結合（glycosidic linkage）と呼ぶ。

### 6.6.1　二糖類

単糖間の結合に使われたアノマー水酸基が α か β かによって，それぞれ α- と β-グリコシド結合とがある。また，結合にあずからないアノマー水酸基が残っているか否かによって，還元性二糖と非還元

性二糖に区別される。

(1) 還元性二糖

1) ラクトース（α-Lactose, 乳糖）

哺乳動物乳汁中（人乳 5～8%，牛乳 4～6%）に存在，酸または酵素 β-glucosidase で加水分解され D-glucose と D-galactose を生成

2) マルトース（β-Maltose）

大麦など麦芽に存在。酵素 β-amyrase によるデンプンの加水分解で得られる。酸または酵素 maltase（α-glucosidase）で 2 分子の D-glucose に分解される。甘味があり，輸液，その他の栄養素源。

3) ゲンチオビオース（Gentiobiose）

アミグダリンなどの配糖体の構成糖として植物に含まれる。

(2) 非還元性二糖

1) ショ糖（スクロース，Sucrose）

植物界に広く分布。工業的にはサトウキビ，サトウダイコンから製造。酸または α-glucosidae で加水分解されて D-glucose と D-fructose を生成（転化糖），転化糖は蜂蜜の主成分。

2) トレハロース（α, α-Trehalose）

酵母，藻類，菌類に存在。加水分解により腎機能検査，賦形剤に用いられる 2 分子の D-glucose を生成。

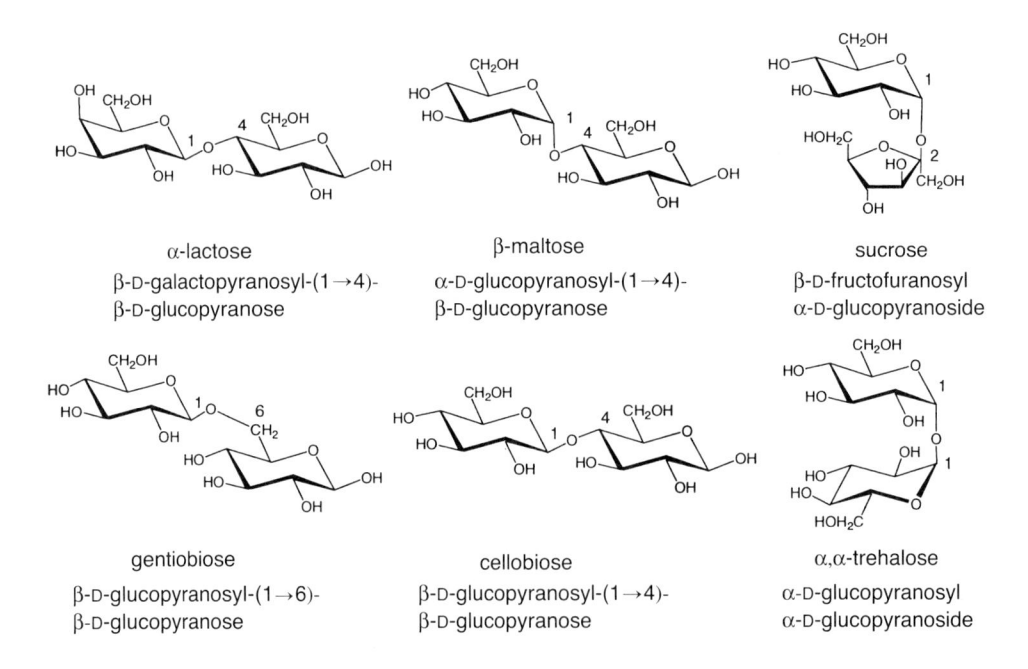

α-lactose
β-D-galactopyranosyl-(1→4)-
β-D-glucopyranose

β-maltose
α-D-glucopyranosyl-(1→4)-
β-D-glucopyranose

sucrose
β-D-fructofuranosyl
α-D-glucopyranoside

gentiobiose
β-D-glucopyranosyl-(1→6)-
β-D-glucopyranose

cellobiose
β-D-glucopyranosyl-(1→4)-
β-D-glucopyranose

α,α-trehalose
α-D-glucopyranosyl
α-D-glucopyranoside

### 6.6.2 三糖類と四糖類

ラフィノース（raffinose）は植物界に広く分布している三糖類であり，その存在はスクロースに次いで多い。D-ガラクトース，D-グルコース，D-フルクトースからなり，非還元性であって旋光性を示

さない。四糖類ではラフィノースにさらに1分子のD-ガラクトースが結合したスタキオース（stachyose）の分布が最も広く非還元性である。

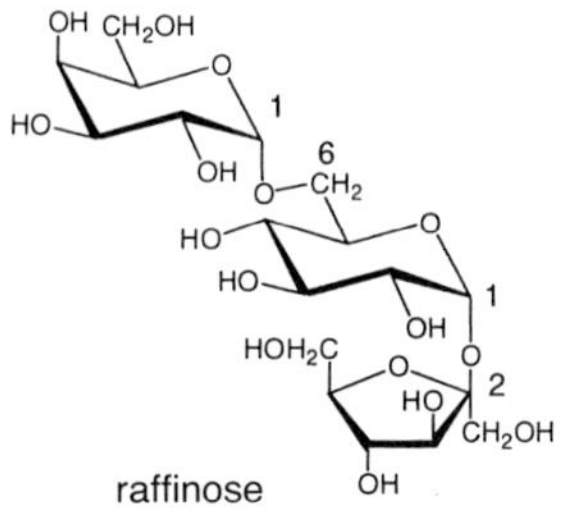

raffinose
β-D-fructofuranosyl α-D-galactopyranosyl-(1→6)-
α-D-glucopyranoside

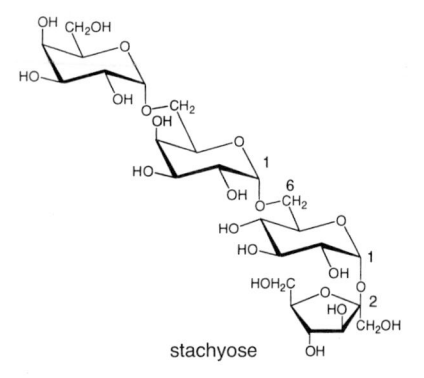

stachyose
β-D-fructofuranosyl α-D-galactopyranosyl-(1→6)-α-D-
galactopyranosyl-(1→6)-α-D-glucopyranoside

## 6.7 多糖類（Polysaccharide；Glycan）

多糖は重合度がおよそ10以上の単糖によって構成される糖質をいい，天然物の多糖は重合度，すなわち構成糖の残基の数が100以上のものが一般的である。動植物，微生物界に広く存在し，構造物質，エネルギー貯蔵物質として天然界に最も豊富に存在する高分子化合物群である。多糖はホモグリカン（homoglycan；単純多糖）とヘテログリカン（heteroglycan；複合多糖）に分別される。ホモグリカンの主なものにはデンプン，グリコーゲン，セルロースなどがあるが，これらは分子式$(C_6H_{10}O_5)_n$を持ち，完全に加水分解をすると単一の単糖D-glucoseのみを与える。ヘテログリカンにはコンドロイチン（chondroitin）やヘパリン（heparin）などがあるが，2種以上の単糖から構成されている。

多糖は一般に無味の無定形物質であり，その構造によって水溶性のものと不溶性のものがある。また，多糖は一般に直鎖状または分岐状の巨大分子であり，構成糖の語尾-oseを-an（またはglycan）に変えることにより命名される。例えば，glucose重合体をglucan，mannose重合体をmannan，また，glucose-mannose共重合体をglucomannan，galactose-mannose共重合体をgalactomannanなどと呼ぶ。

### 6.7.1 セルロース（Cellulose）

繊維素とも呼ばれ自然界に最も多く存在する多糖である。高等植物の細胞壁の重要構成成分で，繊維原料として工業的に重要である。パルプの原料である木材は，celluloseのほかにリグニン（lignin）やヘミセルロース（hemicellulose）を含む。化学構造はβ-1,4-D-glucanで直鎖状の巨体分子であり，重合度は原料によって異なるが，数千，数万の単位で，分子量は数百万にも及ぶ。celluloseは紙，繊維，再生繊維（レーヨン）の原料として，また，その誘導体であるnitrocelluloseは爆薬，aceytlated celluloseはアセテートレーヨンや不燃フィルム，carboxymethylcellulose（CMC）は食品添加剤などとして工業的に利用されている。

図6.8 セルロースの部分構造

## 6.7.2 デンプン（Starch）

デンプンは植物の貯蔵多糖で基本的に α-1,4-glucan の構造を持ち，α-1,4結合からなる直鎖のアミロース（amylose）と，それに α-1,6結合の枝分れを持ったアミロペクチン（amylopectin）の縮重合体混合物（約1：4の割合）のホモグリカンである。amylose は水溶性で D-glucose 残基が1,000～4,000個ほどで構成され，6個の D-glucose 残基で1回転する左巻きのらせん構造をしている。デンプン特有のヨウ素との呈色反応は，このらせんの中にヨウ素分子が入り込み固定化されることに起因する。一方，amylopectin は水不溶性で，amylose よりも多い6,000～40,000個の D-glucose 残基からなる重合体である。amyropectin は20～25個の D-glucose 残基に1個の割合で α-(1→6) glycoside 結合による分岐構造を持っており，多数の末端残基があるが，還元末端は1箇所だけである。デンプンは水と混和して加熱すると，膨潤して糊化（アルファ化）する。放置すると，"老化（retrogradation）"して，β-デンプンとなる。また，酸などで部分分解したものはデキストリン（dextrin）と呼ばれる。

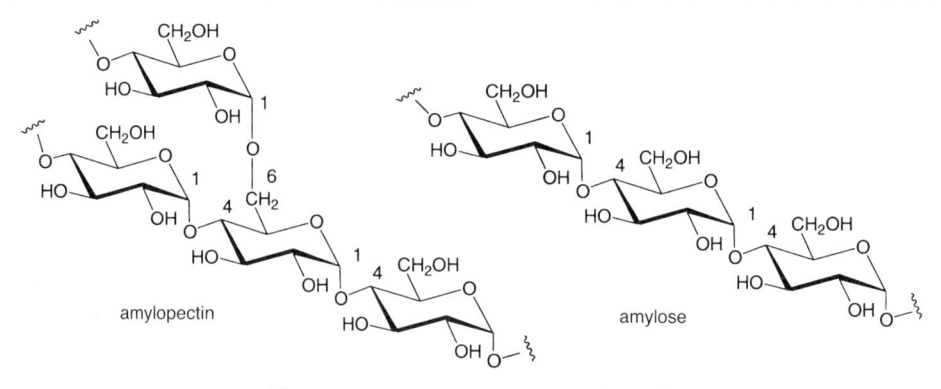

図6.9 アミロペクチンとアミロースの部分構造

## 6.7.3 その他の植物多糖

1) **イヌリン（Inulin）**

キク科，キキョウ科，リンドウ科などの植物根茎は，デンプンの代わりに inulin を貯蔵多糖としている。inulin は β-(2→1) 結合をした D-fructose 約35分子に対し，D-glucose 1分子の割合で構成されている。

2) **ペクチン（Pectin, Pectic Substance）**

α-(1→4) 結合した D-galacturonic acid を主構成糖とする酸性多糖（ペクチン酸 pectinic acid），そのカルボキシル基が部分的にメチル化されたペクチニン酸（pectinic acid）などを主体とする物質を pectin と呼んでいる。植物細胞の中層，細胞壁の構成成分，ミカン果皮（30%），リンゴ果皮（15%）に特に多く含まれる。水に易溶性で，強いゲル形成能を持つ。

3) **アラビアゴム（Acacia；Gum Arabic）**

アラビアゴムノキ（マメ科）の分泌物。主成分 arabic acid は L-arabinose, D-galactose, L-rhamnose, D-glucuronic acid（約3：3：1：1）よりなる複合多糖である。大部分は Mg 塩として存在し，水を加えるとにかわ状になり粘着力を示す。乳化剤，結合剤として用いられる。

### 6.7.4 海藻の多糖
#### 1) 寒天 (Agar)

紅藻類のテングサやオゴノリなどの細胞壁成分であり，熱水で抽出され，冷却すると 40℃付近でゲル化する。agar は少なくとも2種類の多糖，アガロース（agarose）（約70％）とアガロペクチン（agaropectin）（約30％）の混合物である。agarose は D-galactose と 3,6-anhydro-L-galactose 残基からなるゲル化力の強い中性多糖で，$\beta$-(1→4) と $\alpha$-(1→4) 結合で交互に反復結合した agarobiose を構成単位とする直鎖構造を持つ。agaropectin は agarose と同じく agarobiose を構成単位として，それに D-グルクロン酸，硫酸基またはピルビン酸残基を含んでいる。食用のほか，粘滑剤，軟膏基剤，オブラートの原料に使われ，また，細菌などの培地としても重要である。この galactan に似た多糖としては，ヤハズノマタ，アイルランド苔，チノリなどスギノリ科の紅藻から取れる carrageenan（または carrageenin）がある。

#### 2) アルギン酸 (Alginic Acid)

褐藻類の細胞壁および細胞間質に主としてカルシウム塩またはマグネシウム塩として存在する。D-マンヌロン酸（$\beta$-D-mannouronic acid）残基と $\alpha$-L-guluronic acid が 1,4 結合した骨格を持つ。

### 6.7.5 微生物の多糖

微生物には，細胞壁成分と菌体外に分泌生成する多糖がある。細胞壁多糖は細菌と真菌により異なる。真菌にはホモグリカンが多く，細菌には糖タンパク，糖脂質があり，菌種に特徴的である。オリゴ

---

**コラム　　　　　　　　　　　　　　糖の王冠**

市販のチューブ入り練りワサビなどに，酸化防止や香りの保持などを目的としてシクロデキストリンという化合物が含まれている場合があります。シクロデキストリンは環状オリゴ糖とも呼ばれ，$\alpha$-グルコピラノース基が $\alpha$-1,4-グリコシド結合によって環状につながったもので，そのピラノース基の個数により，$\alpha$（6個，シクロヘキサアミロース，空孔径=0.45 nm），$\beta$（7個，シクロヘプタアミロース，空孔径=0.70 nm），$\gamma$（8個，シクロオクタアミロース，空孔径=0.85 nm），$\delta$（9個，シクロノナアミロース）を付けて呼ばれています。

その王冠のような構造の内側は疎水性で，外側が親水性という性質を持つことから，内部に疎水性の分子（あるいは環に取り込まれる大きさの疎水基を持つ分子）を取り込んで，包接化合物をつくることが知られています。一般に包接化合物本体をホスト，そこに入り込んだ分子をゲストと呼びます。

この性質を利用して，シクロデキストリンは不安定物質，香料，医薬品，農薬の安定化剤などに広く用いられています。

$\beta$-シクロデキストリン

糖のシクロデキストリン（cyclodextrin）（コラム参照）は *Bacillus macerans* 由来の酵素によってできる産物である。球菌の一種，*Leuconostoc mesenteroides* からショ糖培地で工業的に生産される dextran は主に $\alpha$-1,6-D-glucan である。低分子の dextran（平均分子量7万以下）は，代用血漿として用いられ，dextran sulfate は抗高脂血症剤として用いられているが，最近，AIDS に効果があるという報告もある。微生物由来の多糖には免疫賦活作用が見いだされているものが多い。

### 6.7.6 動物の多糖

1) **グリコーゲン（Glycogen）**

動物の貯蔵多糖であり，肝臓，筋肉などに多く，構造は amylopectin と類似しているが，分岐度が大きい。

2) **キチン（Chitin）**

セルロース（cellulose）の glucose の 2 位の OH 基が，-NHCOCH$_3$ に置換された直鎖状の多糖が chitin である（図 6.10）。甲殻類や昆虫の表皮などに広く分布しており，グリコサミノグリカン（glycosaminoglycan；GAG）｛中性ムコ多糖類（アミノ酸を構成成分とする動物の複合多糖；mucopolysaccharide）とも呼ばれる｝の一種である。この脱アセチル化物をキトサン（chitosan）といい，凝集剤として現在水処理に利用されている。ムコ多糖類は，最初に動物の粘性分泌物（mucus）から得られたのでこの名がある。

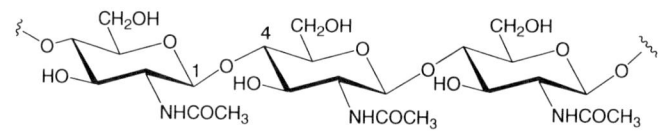

図 6.10 キチンの部分構造

## 6.8 複合糖質（Complex Carbohydrate）

オリゴ糖や多糖と他の異質分子とのグリコシド結合による共有結合化合物を総称して複合脂質という。脂質と結合したものを糖脂質（glycolipid），タンパク質と結合したものを糖タンパク質（glycoprotein）という。複合糖質は血球などの細胞膜構成成分として広く分布している。糖タンパクには，酵素（alkali phosphatase），ホルモン，構造タンパクとしてのコラーゲン（collagen），マメ科植物などに存在し，細胞凝集作用を持つレクチン（lectin）などがある。細胞表面物質として存在する糖タンパクや糖脂質は，分化，成長さらにがん化などの過程において，細胞間の共同作用や細胞自身の情報認識の上で，糖鎖がある役割を果たしていることが明らかにされてきている。また，糖脂質には，脳，神経作用に関連して重要な役割を持つものがある。

## 6.9 配糖体（グリコシド，Glycoside）

糖のアノマー水酸基が，糖でない化合物とグリコシド結合した化合物を配糖体と総称する。配糖体の糖以外の部分をアグリコン（aglycone）またはゲニン（genin）と呼ぶ。植物中の配糖体は有毒成分を発生して外敵からの防御（ニトリル配糖体など），酸化防止（アントシアンなど），糖の貯蔵，化合物の

運搬や膜透過などの役割を果たしている。配糖体には強心，利尿，解熱，鎮咳，瀉下，去痰などの薬理効果を有するものが多い。これらの効果はアグリコンまたはその他の分解物によるが，アグリコンはしばしば水に難溶で吸収されにくく，毒性の強いものもあり，配糖体を形成することにより水溶性，吸収性，薬効の増大，低毒化される場合が多い。

　配糖体は，glucose が結合した配糖体を glucoside，ribose が結合した配糖体を riboside というように，構成糖名の語尾 "-ose" を "-oside" に変えて命名される（図 6.11）。結合する糖のアノマー配向により，$\alpha$- と $\beta$-glycoside が存在するが，天然配糖体には $\beta$-体が多い。また，アグリコンの配糖体結合にあずかる官能基としてはアルコール性またはフェノール性水酸基の例（$O$-glycoside）が最も多く，その他 >NH，-SH，-COOH（エステル型配糖体）も知られ，またアノマー炭素がヘテロ原子を介さずアグリコン炭素に直結した $C$-glycoside も isoflavone などの配糖体として知られている。糖がアグリコンの 2 か所に結合した配糖体を特にビスデスモシド（bisdesmoside，desmos は鎖の意味）と呼ぶことがある（糖が 1 か所に結合したものはモノデスモシド monodesmoside）。

　アグリコンとしては各種テルペノイド，ステロイド，キノン類，フラボノイド，リグナン，青酸，抗生物質などがある。これらの中には，digitoxin や digoxin などのように強い強心作用を持つステロイド配糖体（強心配糖体）や，細菌，微生物のタンパク質合成を阻害する強い抗菌作用を持つ streptomycin に代表される塩基性の抗生物質（antibiotic）などがあり，医薬品として重要なものが多い。

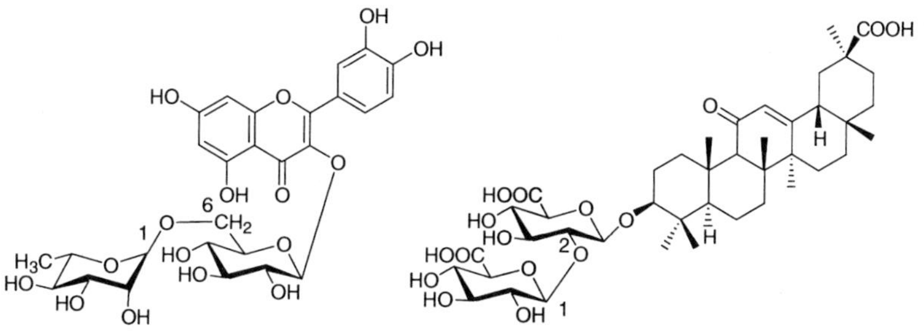

rutin: quercetin-3-rutinoside
quercetin-3-$O$-$\alpha$-L-rhamnopyrasnosy-(1→6)-$\beta$-D-glucopyranoside

glycyrrhizin : glycyrrhetic acid-3-$O$-$\beta$-D-glucopyranuronosyl-(1→2)-$\beta$-D-glucopyranuronoside

図 6.11　配糖体の命名例

## 6.10　抗腫瘍多糖

　古くから多糖やリポ多糖に抗腫瘍活性が知られていたが，近年に至り，多くの抗腫瘍多糖が分離されてきている。それらはカワラタケからの $\beta$-1,4-D-glucan が主体でタンパクを含む粗物質である PS-K，シイタケからのレンチナン（lentinan），スエヒロタケの菌子体からのシゾフィラン（schizophyllan），さらにはアガリクス（$\beta$-1,3-D-glucan），エノキタケ，ヒラタケ，地衣類などからの glucan などがあり，多くのホモグリカンやヘテログリカンに抗腫瘍活性が認められ，これらのいくつかは臨床に用いられている。

> **コラム　電子伝達系とATP合成**
>
> 　真核細胞のミトコンドリアや植物の葉緑体に存在する電子伝達系は，細胞内の代謝系で生じた高エネルギーの電子をプロトンの電気化学的な勾配に変換させる機能を持っており，ATP合成やプロトンを細胞の内側から外側へくみ出すポンプの駆動力にもなっている。ミトコンドリアの電子伝達系は「呼吸鎖」と呼ばれ，酸化の過程で生じたNADHが高エネルギー電子の最初の運搬体としてはたらく。実際にはNADHはヒドリドイオン（$H^-$）の運搬体であり，$NAD^+$が再生するときに$H^-$イオンを放出する。次いで，$H^-$イオンはプロトン（$H^+$）と2個の電子に分離する（$H^- \rightarrow H^+ + 2e$）。ここで生じた電子がミトコンドリア内膜に埋め込まれた15種以上もの電子伝達体分子（呼吸鎖）によって運ばれるのである。電子の持つエネルギーは途中の過程でとらえられ貯蔵される。このようにして呼吸鎖を通過してきた電子は最終的に分子状の酸素に捕捉されると同時にプロトンと反応して水を生じる（$2H^+ + 2e + 1/2 O_2 \rightarrow H_2O$）。結果的に，プロトンが膜の外部に流れ出るので膜の内側と外側とで電位勾配を生じる。また，内膜の内側ではプロトン濃度が低く，外側では高くなるから，pH勾配も生じる。これら2つの勾配はプロトンを膜の内側に戻そうとする力を生じる。これがプロトンの電気化学的な勾配の正体である。この力によって膜の外側にあるプロトンが内膜に埋め込まれたATP合成酵素の中を通過して内側に入りこんでくるときに，その勾配エネルギーを利用してADPと無機リン酸とからATPを合成しているのである。細胞は実に巧妙なのである。

> **コラム　二次代謝産物の生合成過程とくすり**
>
> 　くすり（薬物）には，病気の原因となっている物質の生合成過程を考慮して開発されたものが少なくない。例えば，「高コレステロール血症治療薬」などはその典型である。コレステロールは3分子のアセチルCoAを原料としてメバロン酸(MVA)から十数行程の酵素反応を経てつくられるが，それらの各過程に関与する酵素のうち，HMG-CoAからメバロン酸合成をつかさどっているHMG-CoA還元酵素を阻害する化合物が有効な治療薬として臨床で用いられている。

### 参考文献

1) 阿武喜美子, 瀬野信子, "糖化学の基礎", 講談社サイエンティフィック, 1995.
2) 畑中研一, 西村紳一郎, 大内辰郎, 小林一清, "糖質の科学と工学", 講談社サイエンティフィック, 1997.
3) A.D.McNaught, "Nomenclature of Carbohydrates", *Pure Appl. Chem*., **68**, 1919−2008, 1996.
4) 小川智也, 楠本正一編, "糖−その多様性を探る", 化学増刊122, 化学同人, 1992.

# 7

## 脂　質

　タンパク質，糖質，核酸とともに脂質は生体の重要な成分であり，高級脂肪酸を構成要素としている。脂質は水に不溶で，エーテル，クロロホルムなどの非極性有機溶媒に可溶な物質である。いずれの脂質も分子量は 3,000 以下で，組織内では大部分がタンパク質，核酸，多糖などの生体高分子と弱い相互作用をしながら集合したり，共存したりしており，重要な生理学上の役割を担っている。また，各種脂肪酸から生合成される生理活性物質も多く，特にエイコサノイド（プロスタノイド）類はアラキドン酸カスケード代謝によって生産され，強い生理活性を有する。代表的な脂質は高級脂肪酸とアルコール類とのエステルである単純脂質と，それ以外の第 3 の構成成分としてリン酸や硫酸，アミノ酸やアミンまたは糖を含む複合脂質に大別される（図 7.1）。

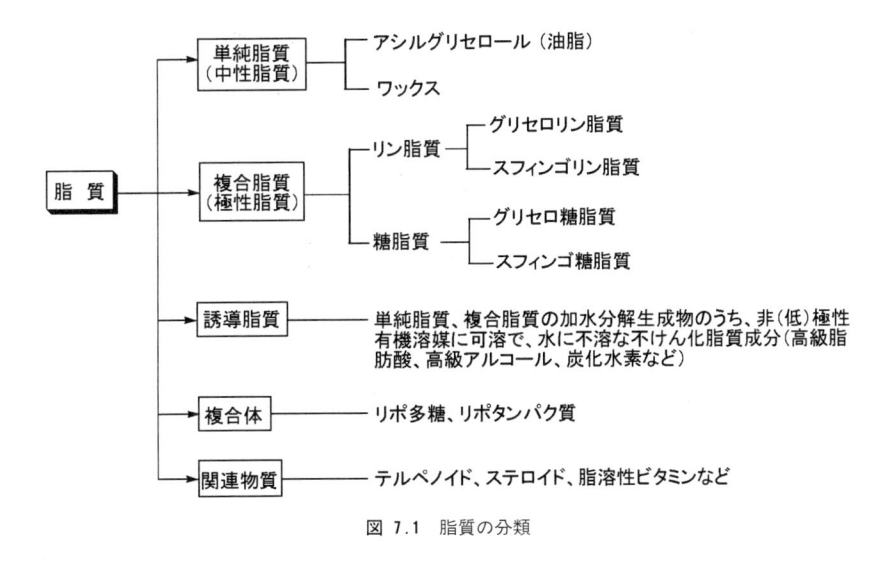

```
             ┌ 単純脂質   ─┬ アシルグリセロール（油脂）
             │ （中性脂質） └ ワックス
             │
             │ 複合脂質   ┬ リン脂質 ─┬ グリセロリン脂質
             │ （極性脂質）│           └ スフィンゴリン脂質
  脂　質 ────┤           │
             │           └ 糖脂質  ─┬ グリセロ糖脂質
             │                       └ スフィンゴ糖脂質
             │
             │ 誘導脂質    ─ 単純脂質、複合脂質の加水分解生成物のうち、非（低）極性
             │               有機溶媒に可溶で、水に不溶な不けん化脂質成分（高級脂
             │               肪酸、高級アルコール、炭化水素など）
             │
             │ 複合体      ─ リポ多糖、リポタンパク質
             │
             └ 関連物質    ─ テルペノイド、ステロイド、脂溶性ビタミンなど
```

図 7.1　脂質の分類

## 7.1　単純脂質（Simple Lipid）

　油脂（oil and fat）は中性脂肪とも称され，"油脂" と呼ぶときは栄養素，"中性脂肪（neutral fat）" と呼ぶときは生体構成要素として論じる場合に多用される。1 分子のグリセロール（glycerol）に 3 分子の脂肪酸がエステル結合をしたものであり，アルカリあるいは酵素リパーゼ（lipase）で脂肪酸とグリセロールとに容易に加水分解される（図 7.2）。大豆油，ナタネ油，綿実油などの多くの植物油脂や魚油は常温で液状であり，（脂肪）油［(fatty) oil］と呼ばれ，一方，牛脂，ラードやバターのような陸産動物油脂は常温で固体状であり，脂肪（fat）と呼ばれる。

### 7.1.1 アシルグリセロール（グリセリド）

グリセロールの3個の水酸基がすべて脂肪酸とエステル結合したものをトリアシルグリセロール (triacylglycerol, triglyceride) といい貯蔵脂質として天然脂質の主成分を成す。モノアシルグリセロール，ジアシルグリセロールも天然に存在はするが，量的には少ない。

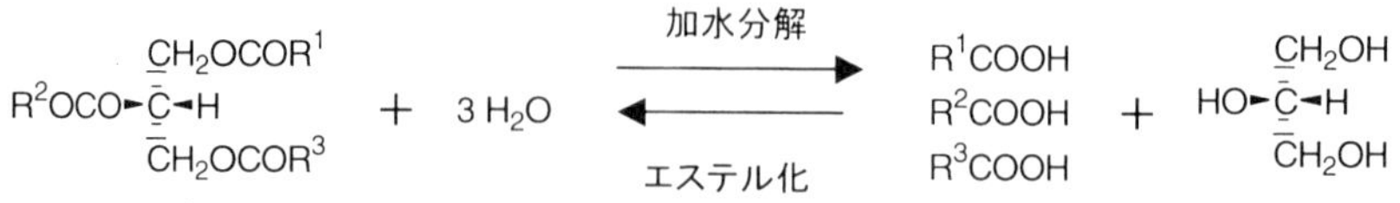

$$\begin{array}{c} CH_2OCOR^1 \\ R^2OCO-C-H \\ CH_2OCOR^3 \end{array} + 3H_2O \xrightleftharpoons[\text{エステル化}]{\text{加水分解}} \begin{array}{c} R^1COOH \\ R^2COOH \\ R^3COOH \end{array} + \begin{array}{c} CH_2OH \\ HO-C-H \\ CH_2OH \end{array}$$

油脂（トリアシルグリセロール）　　水　　　　　　　　　脂肪酸　　　　グリセロール

図 7.2　油脂（トリアシルグリセロール）と脂肪酸

アシルグリセロールの命名に IUPAC 則名が用いられることはほとんどなく，グリセリルトリアシレートをトリステアリン (tristearin) やトリパルミチン (tripalmitin) と呼ぶように，慣用名が広く用いられている。慣用名は，最長鎖のものか不飽和度の最も高い脂肪酸残基を最後において命名するが，図 7.3 に示したアシルグリセロールは 1-パルミト-3-ステアロ-2-オレインと命名される。位置番号の付け方は，Fischer 投影図において 2 位水酸基を左にくるようにおき，上の炭素を 1 位，下の炭素を 3 位と呼び，この方式に従ったとき sn- (stereospecifically numbered) の記号を付して明示する。C1 位と C3 位の置換アシル基が異なる場合には光学異性体の存在が予想されるが，天然から得られる油脂は一般に旋光性を示さない。光学異性体を区別せず，位置異性体のみを区別する場合は β-命名法で命名する。これはグリセロールの 2 位（β 位）に結合する脂肪酸が，3 つ並べた脂肪酸の真中に来るように命名する（例 β-パルミトオレオステアリン）。n 種類の脂肪酸からなるトリアシルグリセロールの分子種数は，光学異性体を区別すると $n^3$ 個にものぼる。

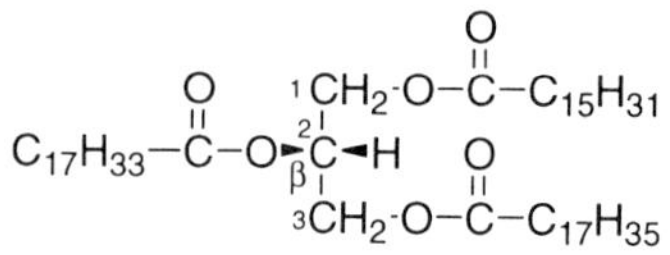

$$\begin{array}{c} O \\ \phantom{C_{17}H_{33}-}{}^1CH_2-O-C-C_{15}H_{31} \\ O \phantom{xxxxxx} | \phantom{xxxxxxxxxxx} \\ C_{17}H_{33}-C-O-{}^2_\beta C-H \\ \phantom{C_{17}H_{33}-C-O-}| \phantom{xxxxxxxxx} O \\ \phantom{C_{17}H_{33}-C-O-}{}^3CH_2-O-C-C_{17}H_{35} \end{array}$$

図 7.3　sn-アシルグリセロール

### 7.1.2 脂肪酸

脂肪酸 (fatty acid) は直鎖状化合物で，末端にカルボキシル基を持つ。炭素数の少ない脂肪酸を低級 (lower；短鎖) 脂肪酸と呼び，炭素数が多いものを高級 (higher；長鎖) 脂肪酸と呼ぶ。不飽和脂肪酸のうち，二重結合を 1 つ持つものをモノ（一価）不飽和脂肪酸（モノエン脂肪酸），2 つ以上持つものを高度（多価）不飽和脂肪酸（ポリエン脂肪酸；polyunsaturated fatty acid；PUFA) と呼ぶ。脂肪酸の命名法と簡略式を α-リノレン酸を例として図 7.4 に示した。脂肪酸は慣用名で呼ばれることが多いが，これは主原料名に由来したものがほとんどである。表 7.1 には主な脂肪酸の名称とその構造を示した。生物界に広く分布する脂肪酸の大部分は炭素数 20 以下であり，偶数炭素数を持つ。最も広範囲に，しかも大量に見いだされるのは炭素数 16 と 18 の脂肪酸である。これらのうち，主な飽和酸はパルミチン酸 ($C_{16:0}$；炭素数 16 で不飽和度 0) とステアリン酸 ($C_{18:0}$) であり，不飽和酸はオレイン酸 ($C_{18:1}$) とリノール酸 ($C_{18:2}$) である。飽和脂肪酸やモノ不飽和脂肪酸は酸化に対して割合安定であるが，高度不飽和酸は酸化分解されやすい。

天然不飽和酸の二重結合の大部分は $Z(cis)$ 形であり，高度不飽和酸の二重結合の相互配置は -CH=

## 7.1 単純脂質 (Simple Lipid)

CH-CH$_2$-CH=CH-(1,4-pentadiene 形) を示すものが多い。脂肪酸のこの cis 不飽和結合は、これらの脂肪酸が構成する油脂の融点を下げる働きをし、生物学的に重要な意義を持つ。

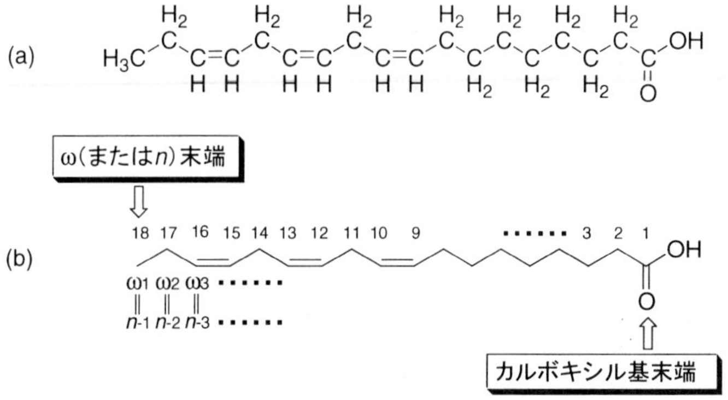

(a) [構造式]

(b) [簡略構造式]
ω(または n)末端
カルボキシル基末端

慣用名　：　α-リノレン酸（リノレン酸）
系統名　：　$Z(cis)$-9, $Z(cis)$-12, $Z(cis)$-15-オクタデカトリエン酸
簡略名　：　$\Delta^{9,12,15}$-オクタデカトリエン酸
簡略式　：　$(C_{18:3}, 9,12,15) = (C_{18:3}, \Delta^{9,12,15}) = (C_{18:3}, \omega 3) = (C_{18:3}, n\text{-}3)$

図 7.4　脂肪酸の命名法と簡略式〔(a) 構造式　(b) 簡略構造式〕

表 7.1　主な飽和脂肪酸

| 略記号 | 慣用名（英名） | 系統名（英名） | 構造式 | 分子量 |
|---|---|---|---|---|
| $C_{4:0}$ | 酪酸 (butyric acid) | $n$-ブタン酸 ($n$-butanoic acid) | $CH_3(CH_2)_2COOH$ | 88.10 |
| $C_{6:0}$ | カプロン酸 (caprioc acid) | $n$-ヘキサン酸 ($n$-hexanoic acid) | $CH_3(CH_2)_4COOH$ | 116.15 |
| $C_{8:0}$ | カプリル酸 (caprylic acid) | $n$-オクタン酸 ($n$-octanoic acid) | $CH_3(CH_2)_6COOH$ | 144.21 |
| $C_{10:0}$ | カプリン酸 (capric acid) | $n$-デカン酸 ($n$-decanoic acid) | $CH_3(CH_2)_8COOH$ | 172.26 |
| $C_{12:0}$ | ラウリン酸 (laurid acid) | $n$-ドデカン酸 ($n$-dodecanoic acid) | $CH_3(CH_2)_{10}COOH$ | 200.13 |
| $C_{14:0}$ | ミリスチン酸 (myristid acid) | $n$-テトラデカン酸 ($n$-tetradecanoic acid) | $CH_3(CH_2)_{12}COOH$ | 228.36 |
| $C_{16:0}$ | パルミチン酸 (palmitic acid) | $n$-ヘキサデカン酸 ($n$-hexadecanoic acid) | $CH_3(CH_2)_{14}COOH$ | 256.42 |
| $C_{18:0}$ | ステアリン酸 (stearic acid) | $n$-オクタデカン酸 ($n$-octadecanoic acid) | $CH_3(CH_2)_{16}COOH$ | 284.47 |
| $C_{20:0}$ | アラキジン酸 (arachidic acid) | $n$-(エ)イコサン酸 ($n$-(e)icosanoic acid) | $CH_3(CH_2)_{18}COOH$ | 312.52 |

### 7.1.3 脂肪酸の生合成

acetyl-CoA は酢酸と補酵素である coenzyme A (CoA) のチオエステルであるが、これは酵素 acetyl-CoA carboxylase で二酸化炭素と結合して malonyl-CoA となる。この酵素反応は補酵素として biotin を必要とし、ATP を消費して進行する（図7.5）。この acetyl-CoA と malonyl-CoA の CoA 部分は酵素タンパク (acyl carrier protein；ACP) により置換後、malonyl 部の脱炭素を伴う縮合反応により $C_4$ 単位の acetoacetyl-CoA を生成する。次いで、β-ケトン基の還元、脱水、二重結合の還元という一連の反応を経て $n$-butyryl-ACP を生成する。上述の ACP 置換と β-ケトン基の還元以降

表 7.2 主な不飽和脂肪酸

| 略記号 | 慣用名（英名） | 構造式 | 分子量 |
|---|---|---|---|
| モノ不飽和脂肪酸 | | | |
| C16:1 (n-7) | パルミトレイン酸 (palmitoleic acid) | | 254.40 |
| C18:1 (n-9) | オレイン酸 (oleic acid) | | 282.45 |
| n-6系高度不飽和脂肪酸 | | | |
| C18:2 | リノール酸 (linoleic acid) | | 280.44 |
| C18:3 | γ-リノレン酸 (γ-linolenic acid) | | 278.42 |
| C20:3 | ジホモ-γ-リノレン酸 (DHGL) (dihomo-γ-linolenic acid) | | 306.49 |
| C20:4 | アラキドン酸 (AA) (arachidonic acid) | | 278.42 |
| n-3系高度不飽和脂肪酸 | | | |
| C18:3 | α-リノレン酸 (α-linolenic acid) | | 278.42 |
| C20:5 | エイコサペンタエン酸 (EPA) (eicosapentaenoic acid) | | 302.46 |
| C22:5 | ドコサペンタエン酸 (DPA) (docosapentaenoic acid) | | 330.51 |
| C22:6 | ドコサヘキサエン酸 (DHA) (docosahexaenoic acid) | | 328.49 |

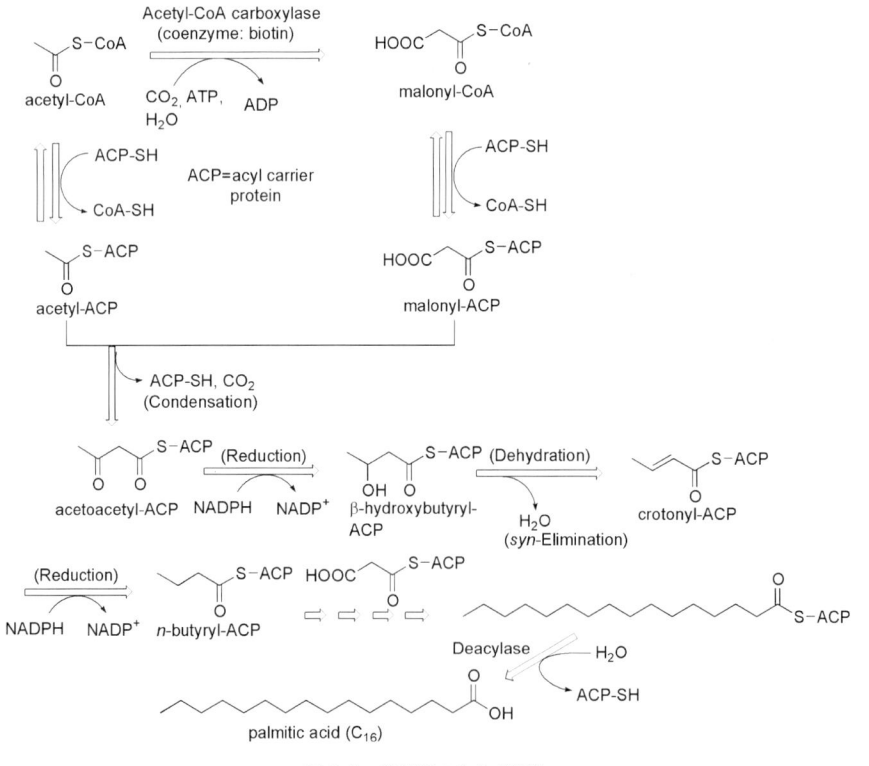

図 7.5 脂肪酸の生合成経路

の一連の反応により $C_2$ 単位ずつ鎖が延長する。これら一連のサイクル反応の7回または8回の繰り返しにより，それぞれ直鎖飽和脂肪酸である $C_{16}$ のパルミチン酸または $C_{18}$ のステアリン酸が生成する。オレイン酸などの不飽和脂肪酸は，通常，これらの飽和脂肪酸の酸化により生成する（5.2.3項を参照）。

## 7.2 複合脂質（Conjugated Lipid）

複合脂質はリン脂質と糖脂質に分けられ，いずれも分子内に電荷を持つため極性が高い。動植物の細胞，特に脳，神経組織に多く存在し，生体膜，細胞膜の主要な構成成分となっている。これらは生体膜を構成する際に疎水性のアルキル基を内側に，親水性基を外側に配向し，いわゆる脂質二重層を形成し，各種の膜タンパク質がその中に浮いた状態のモデルが一般的である（図7.6）。膜内部の疎水性炭素鎖は，必要に応じて水，イオンなどの水溶性物質やタンパク質を選択的に細胞内部に通過させ，取り込む作用を有している。また，各種の糖脂質は糖部分が膜の外側に突き出すような形で存在しており，細胞外の情報を受け取る物質とも考えられている。

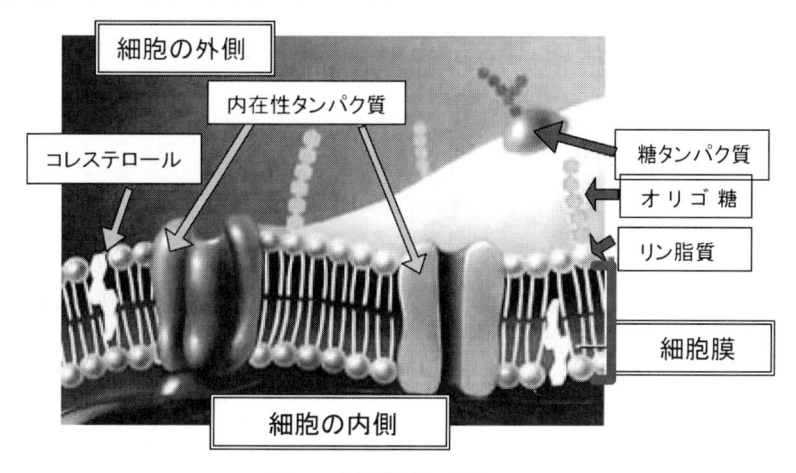

図7.6 生体膜脂質二重層モデル

### 7.2.1 グリセロリン脂質（Glycerophospholipid）

ホスホグリセリド（phosphoglyceride）とも呼ばれ，ほとんどすべての細胞組織中に見いだされる最も代表的な複合脂質で，生体組織中のリン脂質の70％以上を占める。ほとんどのグリセロリン脂質は *sn*-3-L-グリセロリン脂質構造を持ち，グリセロールのC1位には高級飽和酸が，C2位には高級不飽和酸がエステル結合し疎水基部（hydrophobic group）を形成している。一方，C3位のリン酸基および含窒素塩基はそれぞれ正・負にイオン化し，極性の強い親水基部（hydrophilic group）を形成している。主なるグリセロリン脂質にはホスファチジルコリン［PCと略記；レシチン（lecithin）］やホスファチジルエタノールアミン［PEと略記；セファリン（cephalin）］があるが，それぞれ第四級アンモニウム化合物のコリン（choline）およびエタノールアミン（ethanolamine）の第一級水酸基がC3位のリン酸基とエステル結合をし，アミンの窒素原子とリン酸の酸素原子が両性イオン（zwitterion）末端となり，親水基部を形成している。グリセロリン脂質にはこの他にエノールエーテル構造を持ったプラズマローゲン（plasmalogen）やアルキル基の1つがエーテル結合をしたアルキルエーテル

グリセロリン脂質がある。

1) **レシチン**（Lecithin；Phosphatidylcholine）

   脳，肝臓，卵黄やマメ科の植物など広く動植物界に分布する。Rは飽和脂肪酸（パルミチン酸，ステアリン酸），$R^1$ は不飽和脂肪酸（オレイン酸）が主である。

2) **セファリン**（Cephalin；Phosphatidyl Ethanolamine）

   レシチンと同様広く動植物界に分布する。

3) **Phosphatidyl Serine**

   脳や赤血球膜に広く分布し，血液凝固促進因子と関係がある。

4) **Phosphatidyl Inositol**

   グリンピースから単離され，そのほか肝臓，心臓，酵母にも含まれる。イノシトールの9個の立体異性体中 *myo*-inositol が結合したもののみが見いだされている。

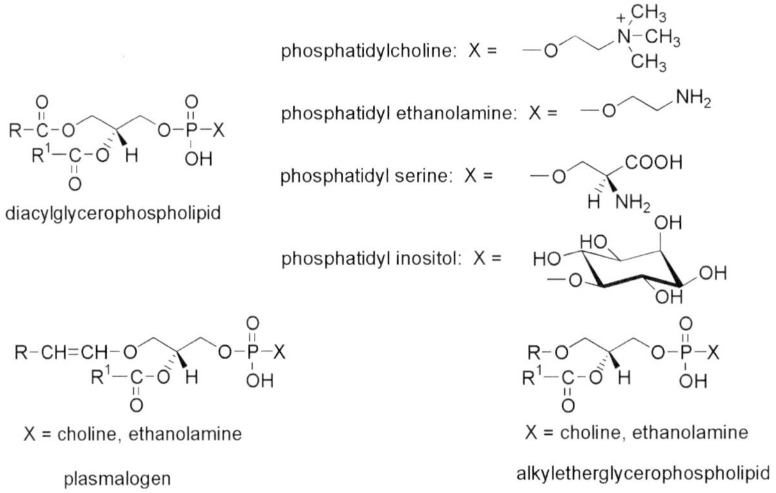

5) **血小板活性化因子**（Platelet Activating Factor；PAF）

   エーテル結合を持ったリン脂質（1-*O*-alkyl-2-acetyl-*sn*-glycero-3-phosphocholine）であり，アルキルエーテルグリセロリン脂質より生合成される。炎症，アナフィラキシーのメディエータとされており，血小板活性化のほか白血球走化作用，好中球走化作用などの生理活性を持つ。

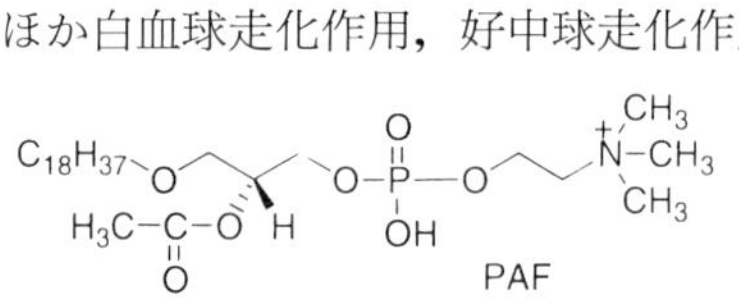

### 7.2.2 スフィンゴリン脂質（Sphingophospholipid）

長鎖不飽和アミノアルコールを母核としたスフィンゴシン（sphingosine）のアミノ基に高級脂肪酸がアミド結合した *N*-アシルスフィンゴシン（セラミド，ceramide）の末端第一級水酸基にリン酸がエステル結合をした構造を持つ。動物の脳，肝臓，肺などの神経細胞を構成する重要なリン脂質である。代表的なものに sphingomyelin がある。

sphingosine

X = choline (sphigomyelin), ethanolamine

### 7.2.3 グリセロ糖脂質（Glyceroglycolipid）

$sn$-3-L-グリセロリン脂質のリン酸に代わり，単糖やオリゴ糖がグリコシド結合した複合脂質である。代表的なガラクトシルジグリセリドは高等植物の葉や種子に多く，海藻にも含まれる。脂肪酸はステアリン酸80％，パルミチン酸15％からなる。

### 7.2.4 スフィンゴ糖脂質（Sphingoglycolipid）

セラミドの第一級水酸基に単糖あるいはオリゴ糖がグリコシド結合した配糖体である。スフィンゴリン脂質と同様，動物の脳や神経細胞の膜に高濃度に存在している。単糖が結合したものはセレブロシド（cerebroside）と呼ばれる。また，シアル酸（P-60）を含むスフィンゴ糖脂質はガングリオシド（ganglioside）と総称される。

galactosyldiglyceride

monogalactosylceramide

## 7.3 油脂の脂肪酸組成

油脂の栄養学的な性質や化学的・物理的性質は油脂原料の種類によって大きく異なるが，これはそれらを構成する脂肪酸の種類や数，すなわち，脂肪酸部分（脂肪酸残基）の炭素鎖長や不飽和結合の有無と数や組成比などが異なるためである。一般に，脂肪酸残基の炭素鎖長が長くなると融点が高くなり，同じ炭素鎖長でも不飽和度が高くなるほど低融点となる。油脂はその原料の種類によって固有の脂肪酸組成を持っており，構成脂肪酸組成を求めることは油脂種の判別の目安となる。主な植物油脂，陸産動物脂，および魚油の構成脂肪酸の組成をそれぞれ表7.3～7.5に示した。ただし，表中の組成は1つの例として示したものであり，個々の原料ごとにある程度変動する。

### 7.3.1 植物油脂

大部分の植物種子油は主成分としてパルミチン酸，オレイン酸，リノール酸を含む。ヤシ油やパーム核油は構成脂肪酸中に多量のラウリン酸（$C_{12:0}$）を含むのが特徴的である。オリーブ油やツバキ油はオレイン酸（$C_{18:1}$, $n$-9），紅花油（在来種）やヒマワリ油はリノール酸（$C_{18:2}$, $n$-6），アマニ油やシソ油は $\alpha$-リノレン酸（$C_{18:3}$, $n$-3）をそれぞれ多量に含んでいる。

### 7.3.2 陸産動物油脂

陸産動物で油脂の生産に利用されているのは，牛，豚などの家畜の脂肉や骨から得られる脂肪であり，構成脂肪酸はおおむね $C_{16}$（28～36％）と $C_{18}$（55～69％）に限られている。$C_{16}$ の酸はパルミチン酸（24～30％）が大部分で，パルミチン酸の量は動物の種類に関係なくほぼ一定している。一方，$C_{18}$ の

表7.3 主な植物油脂の脂肪酸組成（％）

| 油脂 | 脂肪酸（％） | | | | | | | | | | | | | | |
|---|---|---|---|---|---|---|---|---|---|---|---|---|---|---|---|
| | 8:0 | 10:0 | 12:0 | 14:0 | 14:1 | 16:0 | 16:1 | 17:1 | 18:0 | 18:1 | 18:2 | 18:3 | 20:0 | 20:1 | 22:0 | 24:0 |
| アマニ油 | | | | | | 6.6 | | | 2.9 | 14.5 | 15.4 | 60.6 | | | | |
| オリーブ油 | | | | 0.7 | | 10.6 | 0.8 | 0.1 | 3.1 | 79.1 | 4.9 | 0.3 | 0.2 | 0.2 | | |
| カカオ脂 | | | | | | 24.4 | | | 35.4 | 38.1 | 2.1 | | | | | |
| コーン油 | | | | 0.7 | 0.1 | 11.9 | 0.1 | | 2.5 | 39.5 | 44.4 | 0.7 | 0.4 | | | |
| ゴマ油 | | | | 0.6 | | 9.7 | 0.1 | | 5.0 | 39.4 | 44.4 | 0.3 | 0.4 | 0.2 | | |
| コメ油 | | | | 0.4 | 0.1 | 17.9 | 0.2 | | 1.6 | 41.3 | 36.3 | 1.3 | 0.5 | 0.4 | | |
| シソ油 | | | | | | 8.1 | | | 1.9 | 12.3 | 12.8 | 64.0 | | | | |
| 大豆油 | | | | 0.3 | 0.1 | 10.7 | 0.1 | | 3.5 | 28.4 | 49.4 | 6.9 | 0.3 | 0.4 | | |
| ツバキ油 | | | | | | 8.2 | | | 2.1 | 85.0 | 4.1 | 0.6 | | | | |
| ナタネ油 | | | | 0.4 | 0.1 | 3.7 | 0.2 | 0.1 | 1.6 | 59.1 | 21.0 | 9.2 | 0.5 | 1.7 | | |
| ヒマワリ油 | | | | | | 6.7 | | | 3.7 | 19.1 | 70.1 | 0.7 | | | | |
| 紅花油(高オレイン酸種) | | | | | | 4.7 | | | 2.1 | 76.8 | 15.7 | 0.4 | 0.3 | | | |
| 紅花油(在来種) | | | | | | 8.5 | | | 2.8 | 14.5 | 74.2 | | | | | |
| 綿実油 | | | | 0.9 | 0.1 | 23.4 | 0.7 | | 2.2 | 18.3 | 53.1 | 0.3 | 0.1 | | | |
| ヤシ油 | 5.8 | 6.5 | 51.2 | 17.6 | | 8.5 | | | 2.7 | 6.5 | 1.2 | | | | | |
| 落花生油 | | | | | | 9.8 | 0.1 | | 2.3 | 48.4 | 30.6 | 0.2 | 1.3 | 1.7 | 3.6 | 2.0 |

表7.4 主な陸産動物油脂の脂肪酸組成（％）

| 油脂 | 脂肪酸（％） | | | | | | | | | | | | | | | | | | |
|---|---|---|---|---|---|---|---|---|---|---|---|---|---|---|---|---|---|---|---|
| | 4:0 | 6:0 | 8:0 | 10:0 | 12:0 | 14:0 | 14:1 | 15:0 | 16:0 | 16:1 | 17:0 | 17:1 | 18:0 | 18:1 | 18:2 | 18:3 | 20:0 | 20:1 | 20:4 | 20:5 | 22:6 |
| 牛乳脂 | 3.1 | 1.0 | 1.2 | 2.6 | 2.2 | 10.5 | | | 26 | 3.1 | | | 13.2 | 32.2 | 1.6 | | | 1.0 | | | |
| 人乳脂 | | | 0.2 | 2.7 | 11.2 | 10.0 | 0.3 | 0.2 | 21 | 4.1 | 0.3 | 0.2 | 4.4 | 23.7 | 15.1 | 1.6 | | 0.9 | | 0.6 | 1.6 |
| 牛脂 | | | | | | 3.3 | 0.8 | 0.4 | 27 | 4.4 | 1.3 | 0.7 | 18.2 | 41.2 | 3.3 | | | | | | |
| ラード | | | | | | 1.3 | | | 27 | 2.7 | | | 12.5 | 41.9 | 12.5 | 1.5 | | 0.8 | | | |
| 卵黄 | | | | | | 0.4 | 0.1 | | 25 | 4.2 | 0.1 | | 8.9 | 49.0 | 11.1 | 0.1 | | 0.1 | 0.5 | | |

表7.5 主な魚油の脂肪酸組成（％）

| 魚油 | 脂肪酸（％）[a] | | | | | | | | | | | | | | | | | | |
|---|---|---|---|---|---|---|---|---|---|---|---|---|---|---|---|---|---|---|---|
| | 14:0 | 14:1 | 15:0 | 16:0 | 16:1 | 17:0 | 17:1 | 18:0 | 18:1 | 18:2 | 18:3 | 18:4 | 20:1 | 20:4 | 20:5 | 22:1 | 22:5 | 22:6 | 24:1 |
| ウルメイワシ | 5.0 | | | 20 | 7.5 | | | 7.3 | 12.6 | 1.5 | 1.5 | 0.8 | 0.8 | 1.5 | 10.3 | 2.0 | 2.8 | 21 | |
| ギンダラ | 5.1 | | | 15 | 9.1 | | | 2.9 | 29.0 | 1.2 | 0.7 | 0.4 | 10.0 | 0.9 | 4.8 | 9.1 | 0.6 | 5.1 | |
| サケ | 5.3 | | 0.3 | 16 | 4.8 | 1.1 | 0.6 | 3.7 | 17.2 | 0.9 | 0.3 | 1.2 | 8.2 | 1.7 | 8.5 | 8.9 | 3.5 | 18 | |
| アイザメ肝油 | 1.9 | | 0.3 | 18 | 6.4 | 1.4 | 0.8 | 2.9 | 31.6 | 0.6 | | | 12 | 0.9 | 1.5 | 10.7 | | 7.2 | 3.8 |
| サンマ | 7.1 | 0.5 | 0.6 | 11 | 4.3 | 1.0 | 0.3 | 2.3 | 6.0 | 1.6 | 1.1 | 3.3 | 18 | 1.4 | 4.9 | 21.2 | 1.2 | 11.0 | 2.1 |
| スケトウタラ肝油 | 4.9 | 0.3 | 0.1 | 13 | 12 | 1.8 | 0.8 | 2.0 | 25.9 | 0.5 | | | 11.0 | 0.4 | 12.6 | 8.9 | | 6.0 | |
| ニシン | 4.5 | | 0.5 | 20 | 12 | | 0.8 | 2.2 | 31.4 | 1.7 | 0.7 | 0.9 | 1.4 | 0.8 | 10.9 | 1.7 | 0.6 | 8.4 | 0.6 |
| クロマグロ | 4.6 | | 0.7 | 18 | 5.6 | 1.6 | 0.5 | 5.7 | 16.4 | 1.9 | 0.9 | 1.6 | 4.8 | 2.1 | 8.7 | 3.0 | 2.7 | 18.8 | 1.5 |
| マサバ | 5.2 | | | 16.0 | 6.7 | | | 4.6 | 18.9 | 1.8 | 2.8 | 2.5 | 5.8 | 0.5 | 8.0 | 9.4 | 1.2 | 9.4 | |
| マンボウ肝油 | 2.6 | 0.2 | 0.6 | 13.0 | 9.0 | 0.9 | 2.8 | 5.5 | 14.8 | 1.3 | 0.8 | 1.7 | 7.6 | 3.3 | 5.8 | 4.1 | 8.7 | 11 | |
| ハープシール[b] | 4.4 | 1.1 | | 6.7 | 17 | | | 0.9 | 21.9 | 1.3 | 0.5 | | 16.6 | | 7.0 | 6.5 | 4.8 | 7.5 | |

a) 魚油には多種の脂肪酸が存在するため全脂肪酸は表示していない
b) ハープシール（竪琴アザラシ）の皮下脂肪

酸ではオレイン酸が最も多く，次いでステアリン酸およびリノール酸である．牛乳脂（バター）は酪酸（$C_{4:0}$），カプロン酸（$C_{6:0}$）などの低級脂肪酸を構成脂肪酸として含むのが特徴である．

### 7.3.3 海産動物油

現在，海産動物油脂の主流は魚油であり，構成脂肪酸の種類は多く，ふつう20種を超える．炭素数

は $C_{14}$〜$C_{24}$ で，$C_{12}$ あるいは $C_{26}$ のものもある。少量の奇数炭素酸も見いだされている。飽和酸は主としてパルミチン酸（15〜20%）で，その他，ミリスチン酸，ステアリン酸がある。大部分の魚油にはモノ不飽和脂肪酸が 35〜60% 含まれる。高度不飽和酸としては，$C_{16}$，$C_{18}$，$C_{20}$，$C_{22}$ のものが存在するが，最も多いのは $C_{20:5}$ および $C_{22:6}$ であり，時には $C_{22:5}$ や $C_{20:4}$ も含まれる。

## 7.4 油脂と脂肪酸の機能

油脂 1g 当りのエネルギーは約 35 kJ（9 kcal）である。体内の種々の組織には中性脂肪のかたちで分布しており，これらは体脂肪と呼ばれ，エネルギーの貯蔵，体温の放散防止，臓器の保護の役割を担っている。食用油脂は，適切なエネルギーの摂取，および嗜好の面から我々の生活にとって欠くことのできない食品であるが，そのとり過ぎは，肥満や成人病の原因になると考えられている。植物油脂は必須脂肪酸，ことにリノール酸の優れた供給源である

### 7.4.1 必須脂肪酸と高度不飽和脂肪酸の生合成

高度不飽和酸の中には，細胞膜を構成するリン脂質，コレステロールエステル，リポタンパク質などの主要構成成分であり，また，後述のエイコサノイド生合成の前駆体として重要な機能を担っているものもある。一般に，植物性プランクトンを含め，植物はその構成脂肪酸をすべて生合成できるが，ヒトや高等動物はオレイン酸などの $n$-9 系列脂肪酸を他の高度不飽和酸に変換することはできず，食物（植物油や魚油）から摂取しなければならない。したがって，これらの高度不飽和酸は必須（必要）脂肪酸（essential fatty acid；EFA）と呼ばれている。必須脂肪酸にはリノール酸のような $n$-6 系列［$\omega$（オメガ）-6 系列とも呼ばれる］と，$\alpha$-リノレン酸（通常，単にリノレン酸と呼ばれている）のような $n$-3 系列（$\omega$-3 系列）脂肪酸がある。図 7.7 には高等動物における主要な脂肪酸の可能な代謝経路を示した。動物は，肝臓にある不飽和化酵素や長鎖化酵素の働きによりリノール酸から $\gamma$-リノレン酸やアラキドン酸（AA）などの $n$-6 脂肪酸を，一方，$\alpha$-リノレン酸からはエイコサペンタエン酸（EPA）やドコサヘキサエン酸（DHA）などの $n$-3 系脂肪酸を合成している。

### 7.4.2 脂肪酸の栄養と生理機能

必須脂肪酸である高度不飽和酸は，細胞膜の構成成分であるリン脂質中に存在し，細胞膜に流動性，柔軟性，透過性を付与し，細胞膜の機能を正常に保つのに役立っている。また，必須脂肪酸の生理的機能はきわめて多岐にわたっている。一般に，通常の食事をとっているヒトでは，必須脂肪酸の欠乏はないと考えられている。

#### (1) n-3 系高度不飽和脂肪酸

これらの高度不飽和酸には，血中中性脂質低下作用，血小板凝集抑制作用，学習機能の向上，網膜反射能の向上，抗アレルギー作用，制がん作用などの生理活性が報告されている。

1) $\alpha$-リノレン酸（$\alpha$-Linolenic Acid；$C_{18:3}$）

植物起源の $n$-3 系脂肪酸であり，エゴマ，アマニ，シソなどの種子油に多量（50〜60%）に含まれ，サラダ油原料の大豆油やナタネ油にも 10% 前後含まれる。$\alpha$-リノレン酸は EPA や DHA の生合成前駆体であり，この脂肪酸を多く含む食事は脳細胞の細胞膜リン脂質脂肪酸の DHA を増

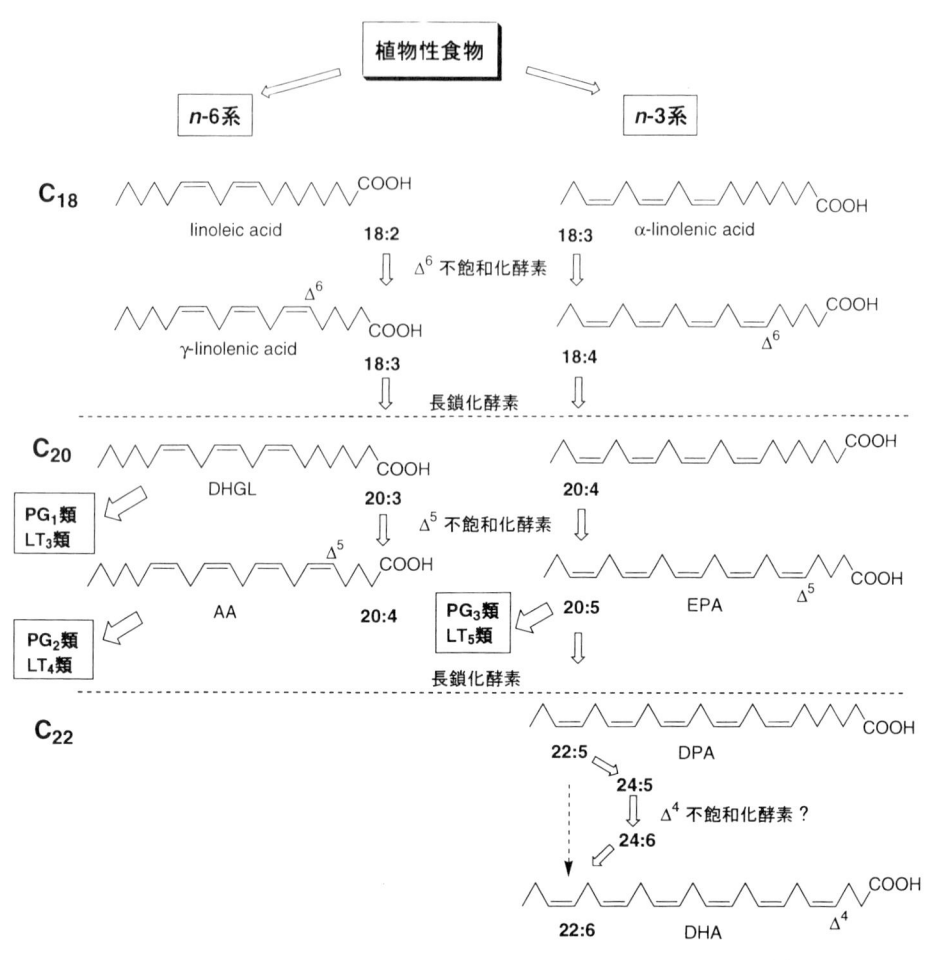

図7.7 高等動物における高度不飽和脂肪酸の代謝経路とエイコサノイドの産生
(PG：プロスタグランジン，LT：ロイコトリエン)

加させる。

**2) エイコサペンタエン酸 (Eicosapentaenoic Acid, EPA；$C_{20:5}$)**

EPAは魚類やオキアミなどのプランクトンに多く含まれる。多脂魚であるマイワシの油はEPAを15％も含むが，これは食餌の植物プランクトンに由来するといわれている。魚油の高度不飽和脂肪酸が血漿コレステロール低下作用を示すことは以前から知られていた。デンマークのDyerbergらは，EPAの循環器系疾患に対する予防作用を1970年代に提唱した。このDyerbergらの報告以後，世界的にEPAの疫学的，生化学的，あるいは臨床的な生理効果が研究され，種々の生理活性が知られてきている。

**3) ドコサヘキサエン酸 (Docosahexaenoic Acid, DHA；$C_{22:6}$)**

DHAは脳および網膜を構成するリン脂質中に高含量で存在しており，それら組織中で主要な高度不飽和酸として存在し，さらに生物活性代謝産物へと変換される。カツオ，マグロ，イカ肝油には20〜30％以上のDHAが含まれる。大型回遊魚のカツオやマグロなどのサバ科の脂質は全器官にわたってDHAが主成分である。これらの回遊魚は数千キロの回遊を行っており，脂質はほとん

どエネルギーとして費やされる。エネルギー原は脂質の中でも飽和酸やモノエン酸であり，これに対してDHAは消費されず蓄積されるものと考えられている。DHAは脳の唯一の$n$-3系高度不飽和脂肪酸であることから，その重要性に関心が集められている。

### 4) ドコサペンタエン酸（Docosapentaenoic Acid, DPA；$C_{22:5}$）

イワシ，サンマ，マグロなど種々の魚類の油中に少量（〜3%程度）含まれているが，カナダ大西洋北部に生息するアザラシのハープシール（竪琴アザラシ；harp seal）皮下脂肪からとれるシールオイルに比較的多く（5.5%）含まれている。ヒト血液中の$n$-3系脂肪酸の約1/3はDPA由来と言われており，種々の生理機能においてEPAより優れた効果を持つことが報告されている。

### (2) n-6系高度不飽和脂肪酸

$n$-6系高度不飽和酸の生理機能に関する情報は，これまでは非常に限られたものであった。しかし，近年，$\gamma$-リノレン酸を比較的多く含む植物油の入手が可能となり，また，微生物による生産が行われるようになり，優れた生理機能が明らかにされてきている。

### 1) リノール酸（Linoleic Acid；$C_{18:2}$）

オレイン酸とともに植物油の主成分で，一般の穀類や植物種子類に広く分布している。リノール酸は，他の高度不飽和酸とともにリン脂質中に存在し，細胞膜に流動性，柔軟性，透過性を付与し，細胞膜の機能を正常に保つ働きをしている。

---

**コラム　CLA（共役リノール酸）のダイエット機能**

リノール酸の異性体である。$cis$-9, $trans$-11-および$trans$-10, $cis$-12-共役リノール酸（$C_{18:2}$；conjugated linoleic acid；CLA）のほぼ等量の混合物であり，反すう動物由来の食品（チーズ，牛乳，ヨーグルトなど）に微量含まれる。また，家禽類の肉や卵，植物油にも微量ながら含まれる。また，リノール酸を含む食品の調理や油脂の水素添加などの加工工程でも生成する。体脂肪減少効果を持ち，ダイエット機能がある。これは，血液から脂肪組織への中性脂肪の取り込みを抑制し，脂肪組織内に貯蔵していた中性脂肪を脂肪酸とグリセロールに分解し，血液中に放出させる機能を持つことによる。さらに，生活習慣病，とくに糖尿病やがん予防，抗動脈硬化の効果が報告されている。

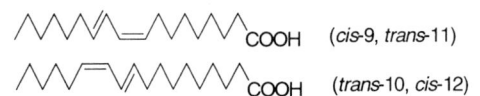

　　　　　　　　　　　　　COOH　（$cis$-9, $trans$-11）
　　　　　　　　　　　　　COOH　（$trans$-10, $cis$-12）

---

### 2) $\gamma$-リノレン酸（$\gamma$-Linolenic Acid；$C_{18:3}$）

$\gamma$-リノレン酸は，生体内でリノール酸からDHGLが合成されるときの中間体として存在する。自然界では，哺乳類の母乳や，月見草，ボラージ，カエデなどの植物種子に知られている。$\gamma$-リノレン酸には血清コレステロール値の調節，アトピー性皮膚炎改善，摂取アルコールの代謝促進などの生理作用が報告されている。

### 3) ジホモ-$\gamma$-リノレン酸（Dihomo-$\gamma$-linolenic Acid, DHGL；$C_{20:3}$）

アラキドン酸（AA）の直接の生合成前駆体であるとともに，プロスタグランジン（PG）類の前駆体でもある。細胞膜の主要構成成分として存在する。DHGLには抗血栓作用，血圧低下作用，抗運動障害作用，抗炎症作用のような生理作用が報告されている。

4) アラキドン酸（Arachidonic Acid, AA；$C_{20:4}$）

AAは，血液や肝臓などの重要な器官を構成する脂肪酸の約10%を占めており，細胞膜の主要構成成分として膜の流動性の調節への関与や，体内の代謝でさまざまな機能を示す。また，$PGG_2$類の直接の前駆体として重要な役割を果たしている。

(3) モノ不飽和脂肪酸

1) オレイン酸（Oleic Acid, $C_{18:1}$；n-9）

オリーブ油やツバキ油は70〜85％程度の高濃度のオレイン酸を含む。オレイン酸は酸化されにくく比較的安定である。イタリア南部やギリシャなど地中海沿岸地帯では循環器系疾患，乳がん，大腸がんなどによる死亡率が他の欧米諸国に比べて少ないが，これらの地域ではオリーブ油の摂取量が多く，オレイン酸摂取量とこれらの疾病による死亡率が逆相関関係にある。

2) パルミトレイン酸（Palmitoleic Acid, $C_{16:1}$；n-7）

パルミトレイン酸は植物，陸産動物，藻類，魚類に広く分布している。血管内皮細胞に取り込まれて動脈硬化の予防に役立っているという報告がある。

---

**コラム　おじさんのにおいはノネナール**

体臭の発生には，病気，体調，体質，生活習慣などの影響に加え，最近になって，加齢に伴って発生する「高齢臭」（あるいは加齢臭）と呼ばれる青臭いあるいは脂臭い体臭の存在が確認された。中高年になると，20〜30代の若い人にはほとんど検出されないパルミトレイン酸（$C_{16:1}$, n-7）が皮脂中において増加する。この脂肪酸が酸化分解（下図参照）されたり，皮膚上の微生物で分解されたりすると，高齢臭の主成分である揮発性アルデヒドの2-ノネナールが生成する。現在，この脂肪酸分解を防ぐ抗酸化剤と抗菌剤を含む日用品が市販されており，また，天然二糖類のトレハロースにも2-ノネナールの生成を抑える働きがあることが見いだされている。

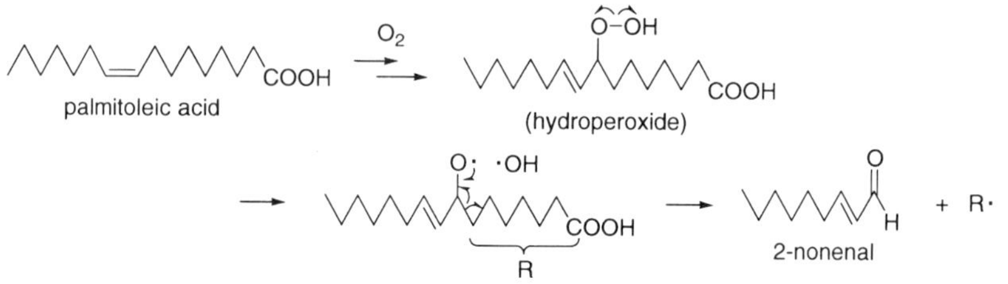

---

## 7.5 アラキドン酸カスケード代謝物

エイコサノイド（eicosanoid）はプロスタノイド（prostanoid）とも呼ばれ，炭素数20（エイコサン "eicosane"）の高度不飽和脂肪酸（エイコサポリエン酸）に由来するプロスタグランジン（prostaglandin；PG）ならびにその関連化合物の総称で，きわめて多彩かつ強力な生理，薬理活性作用を有するオータコイド（autacoid）である。オータコイドは局所ホルモン（local hormone）とも呼ばれ，種々の組織細胞において必要に応じて微量生産され，産生したその場で局所的に機能を営み，作用後は直ちに不活性化されるホルモン様物質のことである。

PGの関連化合物としてトロンボキサン（thromboxane；TX）とロイコトリエン（leukotriene；

LT) がある。TX は血小板 (thrombocyte) で生合成され，酸素原子を含む六員環のオキサン環を有することにより，一方，LT は白血球 (leukocyte) で合成され，三連の共役二重結合を有することにより，それぞれ命名された。TX, LT はどちらも PG と同様，強力な生理活性作用を持つ。

### 7.5.1 エイコサポリエン酸の代謝経路とアラキドン酸カスケード

高度不飽和酸は，脂質二重層からなる細胞膜を構成するリン脂質の主要構成成分であるが，これらの不飽和酸の中で DHGL，AA，EPA は，外界からの刺激応答に際して活性化されたホスホリパーゼの働きによって，リン脂質から遊離され，次の経路で種々のエイコサノイドに代謝される。

1) **シクロオキシゲナーゼ (Cyclooxygenase; COX) 代謝経路**

遊離された不飽和脂肪酸は COX により 2 分子の酸素を付加され，PG および TX が生成する (図 7.8)。COX には 2 つの形態が存在する。COX-1 は生理学的に正常な状態で PG を生成し，一方，COX-2 は関節炎や他の炎症に呼応して PG を追加生成する。非ステロイド性抗炎症剤 (NSAID) は COX を遮断することにより，炎症に対する体の反応を低下させる働きを持つ。

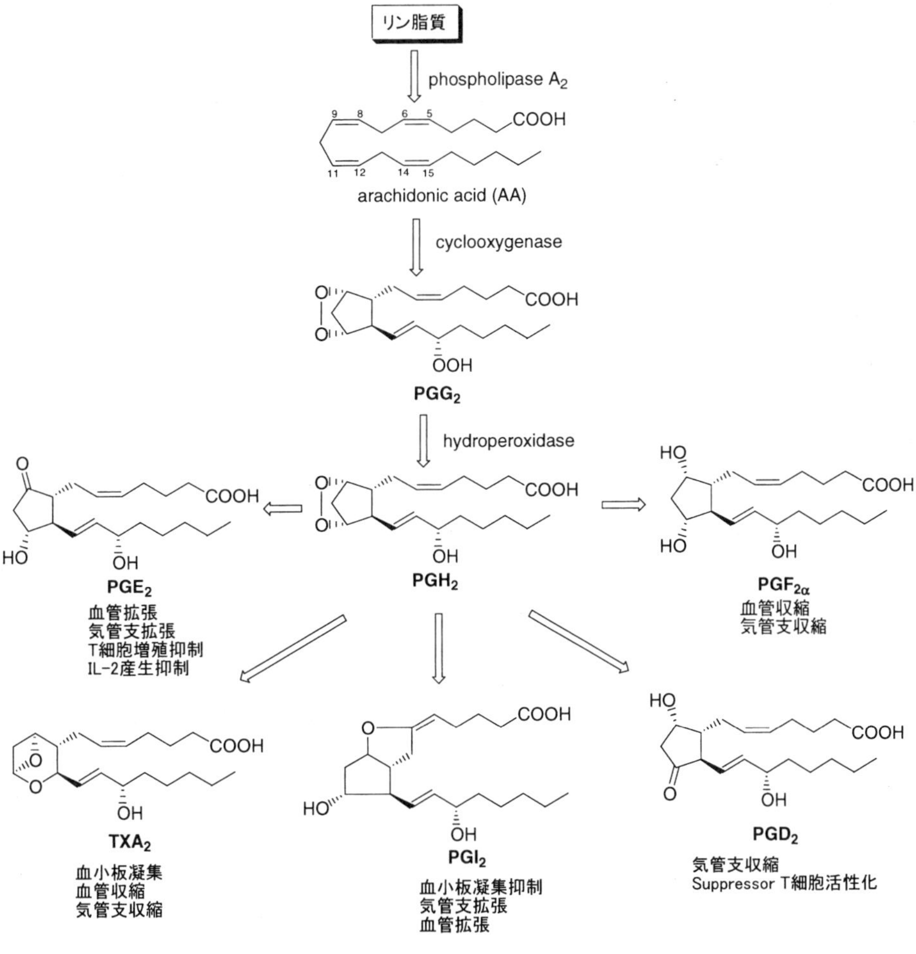

図 7.8　アラキドン酸からの cyclooxygenase 系代謝産物
(PG：プロスタグランジン，LT：ロイコトリエン，TX：トロンボキサン)

### 2) リポキシゲナーゼ（Lipoxygenase；LOX）代謝経路

1分子の酸素を付加する各種のLOXによってモノヒドロキシ酸が生成される。5-LOXや15-LOX代謝経路などがあるが，5-LOX経路による生成物は特に重要で，強い生理活性を持つLTが生成される。LTA$_4$〜LTE$_4$などはslow reacting substance of anaphylaxis（SRS）と呼ばれ，気管支平滑筋収縮，血管透過亢進，T細胞増殖抑制作用を示す（図7.9）。

ヒトを始めとする陸生の哺乳動物の細胞膜ではAA含量が多い。したがって，AAから生成されるPG$_2$類，TX$_2$類，LT$_4$類が生理的あるいは病態生理的な状態において細胞機能の調節に広く関与しており，AAからこれらのエイコサノイドが生成される経路をアラキドン酸カスケード（arachidonic acid cascade）と呼ぶ。

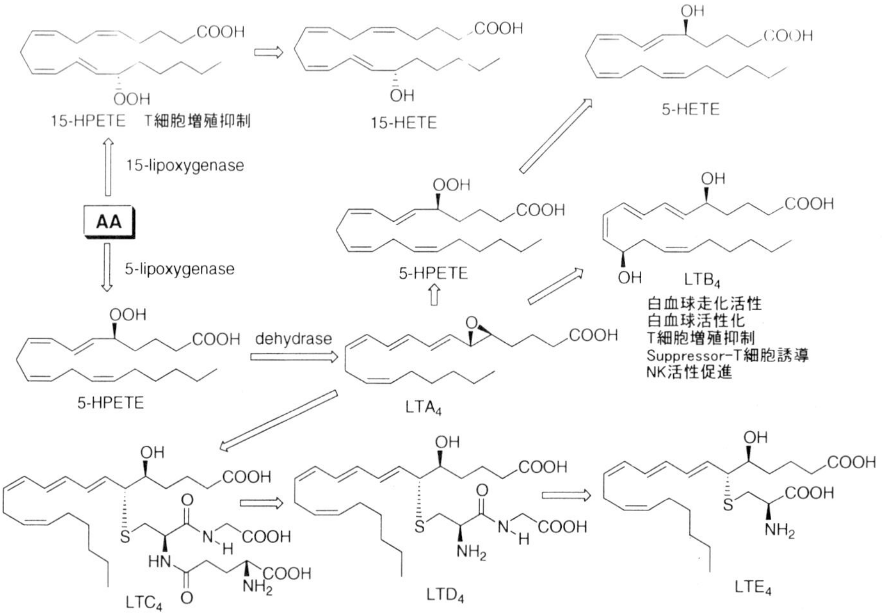

図7.9　アラキドン酸からのlipoxygenase系代謝産物

## 7.5.2　プロスタグランジン（Prostaglandin）

PGは高度不飽和脂肪酸（図7.8）から生合成される8,12-cycloeicosanoic acid（prostanoic acid）基本骨格を持つオキシ不飽和酸である。PGは精液から初めて単離され，前立腺（prostate gland）で作られるものと考えられ命名された。その後これは精のう腺で作られることがわかったがprostaglandinという名称はそのまま用いられている。現在までに20種以上のPGが単離されており，それらは図7.10に示したように5員環部分と側鎖二重結合の数の組合せに従って命名されている。これらのうちPGA〜PGF$_α$，PGJ類は古典的PGと呼ばれるもので，PGE$_1$，E$_2$，E$_3$，PGF$_{1α}$，F$_{2α}$，F$_{3α}$はプライマリーPGと言われ生体内で真の働きをしていると考えられている。

AA代謝物は生体内では細胞間の信号伝達物質として位置付けられ，信号伝達という大きな枠組みの中で，オータコイドとして重要な役割を果たしているものと認識されている。AA代謝物は非常に多種多様である。しかもわずかな化学構造の違いによってその生物活性は質的に異なることもある。例えば，PGE$_2$とPGF$_{2α}$（図7.10）は9位の炭素にケト基が付くか，水酸基が付くかの違いだけであるが，

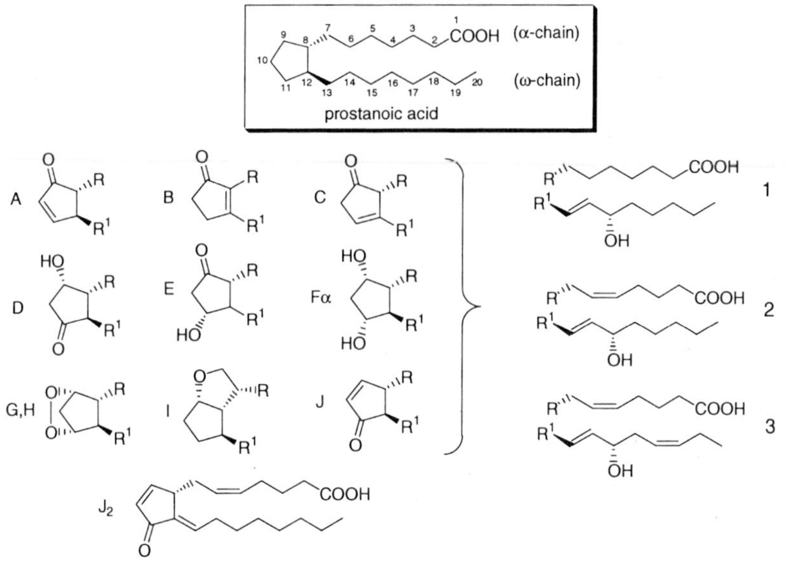

図7.10 プロスタグランジンの命名

前者は気管支平滑筋を弛緩し，後者は逆に収縮するというまったく反対の作用を示す。

　TXA$_2$ は血小板に働いて凝集を引き起こし，血栓を形成する作用がある。動脈硬化などのために内腔が狭窄している部位に血栓ができると，動脈が閉そくしてしまうことがあり，心臓や脳などの重要臓器にこのようなことが起こると心筋こうそく，脳こうそくに至ることもある。AA 代謝物はまた急性炎症の種々の兆候に関与している。炎症による熱感，発赤は細動脈の拡張によるが，これは PGE$_2$ や PGI$_2$ の強い血管拡張作用による。アスピリンに代表される非ステロイド系抗炎症薬が解熱，鎮痛，抗炎症作用を示すのは，PG 生合成の最初の段階である COX の反応を阻害するためである。アレルギー性炎症では，LT の関与が示唆されている。

### 7.5.3　EPA および EPA 代謝物

　二重結合の数が異なるタイプ1〜3のPGは二重結合の数の異なる脂肪酸を前駆物質としてそれぞれ合成されている（図7.7，図7.11）。EPA は COX の基質となり，PGE$_3$ や PGF$_{3\alpha}$ に変換されるが，AA に比べると基質には成りにくい。EPA は AA カスケードに対して阻害作用を示すが，これは，イヌイット（Inuit；エスキモー）が血栓症に関係する心筋こうそくや脳こうそくがほとんどなく動脈硬化になりにくい体質を持っているという，1970年代における Dyerberg らの疫学的調査結果から明らかとなった。その原因が，グリーンランドのイヌイットは魚類やアザラシなどの海生哺乳動物などを大量に摂取するため，血中脂質に EPA が多いのに対し，デンマーク在住のイヌイットの血中脂質はデンマーク人と同様の傾向を示し，AA が圧倒的に多い事実であることがわかった。グリーンランド在住イヌイットの体質は食生活からくるもので，EPA が AA の代わりに代謝されていることになる。EPA より生ずる TXA$_3$ は血小板凝集能が TXA$_2$ に比べはるかに弱く，また，EPA は TXA$_3$ に代謝されにくい上に，AA の TXA$_2$ への変換を阻害することも明らかとなった（図7.12）。

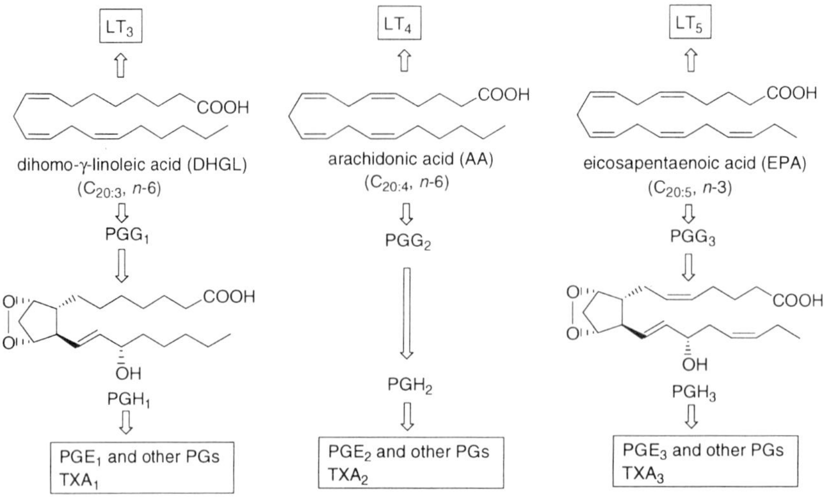

図 7.11 プロスタグランジン類の前駆体脂肪酸と生成物

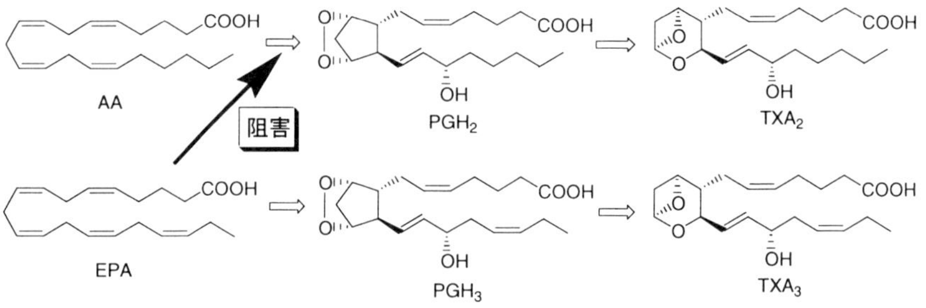

図 7.12 トロンボキサン（TX）生合成における AA と EPA のかかわり

## 参考文献

1) 菅野道廣, フードスタイル 21, 4 (3) 46-50, 2000.
2) 奥山治美, フードスタイル 21, 4 (3) 55-57, 2000.
3) F.D.Gunstone, J.L.Harwood, F.B.Padley, eds., "The Lipid Handbook", 2 nd ed., Chapman & Hall, 1994.
4) 日本化学会編, "脂質の化学と生化学", 学会出版センター, 1992.
5) 日本油化学協会編, "改訂 3 版 油脂化学便覧", 丸善, 1990.
6) 鹿山 光編, "総合脂質科学", 恒星社厚生閣, 1989.
7) 阿部芳郎監修, "油脂・油糧ハンドブック", 幸書房, 1988.

# 8

## テルペノイド

　テルペノイド（terpenoid）*は，メバロン酸の脱炭酸によって生成した$C_5$単位のイソプレン（isoprene）が複数個，頭と尾（head-to-tail）で結合してできた一群の天然有機化合物群であり，イソプレノイド（isoprenoid）とも呼ばれる。低分子量のメントール（menthol；$C_{10}$）やカロテノイド（$C_{40}$）から，高分子量の天然ゴム（$C_5H_8 \times 2\sim4 \times 10^3$）に至るまでイソプレン単位で規則正しく結合しており，この規則性はL. Ruzickaによりイソプレン則（isoprene rule）として提唱された。図8.1にはその規則性を示した。

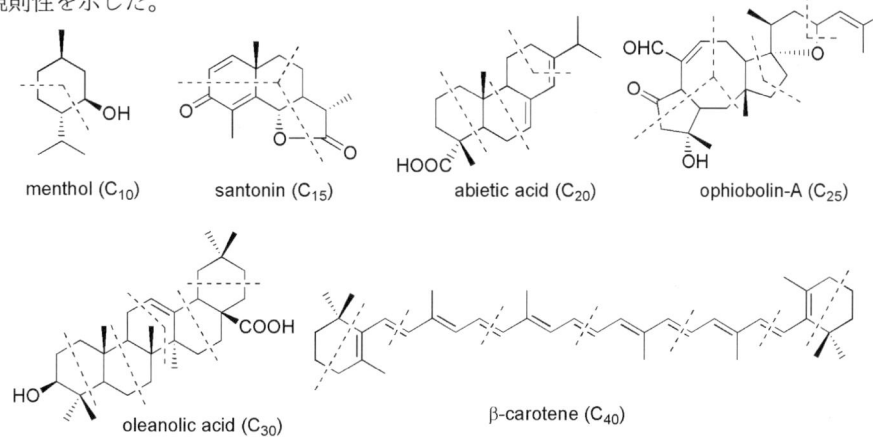

menthol ($C_{10}$)　　santonin ($C_{15}$)　　abietic acid ($C_{20}$)　　ophiobolin-A ($C_{25}$)

oleanolic acid ($C_{30}$)　　β-carotene ($C_{40}$)

図8.1　各種テルペノイドの規則性（イソプレン則）

テルペノイドはイソプレン則に従い次のように分類される。
- モノテルペン（$C_{10}$）　　精油
- セスキテルペン（$C_{15}$）　　精油
- ジテルペン（$C_{20}$）　　樹脂
- セスタテルペン（$C_{25}$）　　微生物，昆虫，動植物
- トリテルペン（$C_{30}$）　　動・植物
- テトラテルペン（カロテノイド；$C_{40}$）　植物色素
- ポリテルペン（>$C_{40}$）天然ゴム

## 8.1　モノテルペン

　モノテルペン（monoterpene）はイソプレン単位2個からなる$C_{10}$化合物である。植物精油の主要構成成分であり，一般に揮発性で芳香がある。mentholやカンファー（樟脳；camphor）などのように歴史的にも工業的にも重要な化合物もモノテルペンである。昆虫フェロモンとして単離されたものや，

---

\* テルペン類縁の化合物の意。テルペンという名称は元来精油成分に多く見られる分子式$C_{10}H_{18}$の炭化水素類に対して与えられた名称で，昔から重要であった精油テレピン油［terpentine oil；マツ科の樹脂，テルペンチナ（terpentine）の精油］に由来する。

海綿などの海洋生物から得られたものもある。わずかな例外を除いて、これらはゲラニル二リン酸（geranyl diphosphate；GPP）を前駆体として生合成される。

### 8.1.1 鎖状モノテルペン（Acyclic Monoterpene）

炭化水素，アルデヒド，カルボン酸類など，多くの種類の鎖状モノテルペンが植物精油から得られている。主なものとしては，GPPの遊離アルコールであるゲラニオールやその二重結合異性体ネロール，アリル型転位をした三級アルコールであるリナロールが，また，香料成分として重要なシトラールやシトロネロールなどがある。

1) ゲラニオール（Geraniol）

バラの香りを持つ液体。ローズ油（40%），シトロネラ油（イネ科；30～40%）などの主成分。遊離または酢酸エステルとして分布。

2) ネロール（Nerol）

geraniolの幾何異性体。バラの香りを持ち，ネロリ油（ミカン科），ベルガモット油（ミカン科），ラベンダー油（シソ科）に存在。

3) *l*-リナロール（*l*-Linalool）

スズランの香りを持つ。芳樟油，リナロエ油の主成分。（＋）-体はオレンジ油，ジャスミン油の成分。酢酸エステルとともに香料基剤として重要。

4) シトラールA（Citral A）

citral BはAの幾何異性体。レモングラス（イネ科）油の主成分。レモンに2～3%含まれる。レモンようの香気を持つ。ヨノン（ionone）の合成原料。犬・猫の忌避剤に用いる。アリの警報ホルモンである。

5) *d*-シトロネロール（*d*-Citronellol）

バラの香りを持ち，シトロネラ（イネ科）精油，ローズ油に存在。ローズ系調合香料として重要。

### 8.1.2 環状モノテルペン（Cyclic Monoterpene）

GPPの二重結合の異性化で生成するneryl diphosphateやlinalyl diphosphateの二リン酸基が分子内二重結合の求核置換反応を受け脱離し，menthane骨格を持つカルボカチオンが生成する。このカルボカチオンがさらに環化を受け，pinane，carane，thujaneなどの2環性化合物骨格が形成される。pinane型カチオンは，Wagner-Meerwein型の骨格転位を経て，bornane，fenchane，camphaneなどの骨格に導かれる。それぞれの骨格を持つモノテルペン，ボルネオール（borneol），フェンチルアルコール（fenchyl alcohol），カンフェン（camphene），ピネン（pinene）などが知られている（図

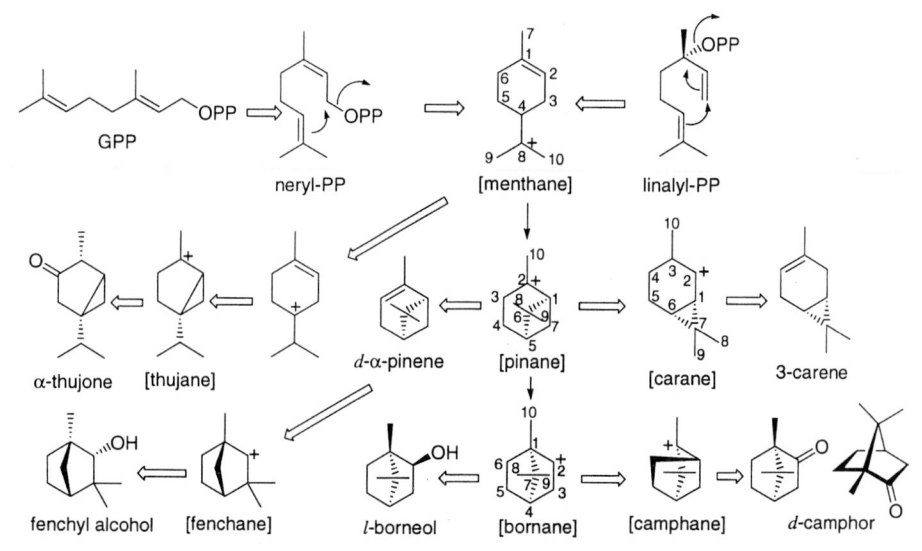

図 8.2　代表的な環状モノテルペンの生合成経路

8.2)。

(1) 単環性モノテルペン

1) リモネン（d-Limonene）

オレンジ油，レモン油などのかんきつ類果皮精油の主成分である。ミカン果皮様の芳香性液体。

2) α-テルピネオール（α-Terpineol）

ライラック様の香気を持ち，遊離またはアセテートとして広く分布。d 体はショウズク油，ミカン油などに含まれる。香料や防腐剤として，また glucoside は胆汁分泌促進作用を持つ。

3) l-メントール（l-Menthol）

ハッカ（シソ科）の精油であるハッカ油や西洋ハッカ（peppermint oil）の主成分。殺菌，防腐作用があり，芳香性健胃，腸内防腐，鎮痛薬，チューインガム，歯磨き香料，菓子，飲料など用途が多い。menthol は3個のキラル炭素を持ち，$2^3$ 個，すなわち全部で8種のジアステレオマーが可能であるが，置換基の相対配置により menthol, neomenthol, isomenthol, および neoisomenthol と命名されている（4.10.3項を参照）。それぞれに鏡像体（enantiomer）があり，それらの中でハッカ特有の冷涼な香気を持つのは $l$-(1 R, 3 R, 4 S)-menthol とラセミ体の $dl$-menthol だけで，他の異性体は異なる香気を持つ。

4) ペリラアルデヒド（Perillaaldehyde）

$l$ 体はシソ精油の主成分（55%）。鎮静，抗アレルギー（IV 型）作用がある。

5) $l$-カルボン（$l$-Carvone）

スペアミント油の主成分。スペアミント油はチューインガムや歯磨きなどの香料として用いられ

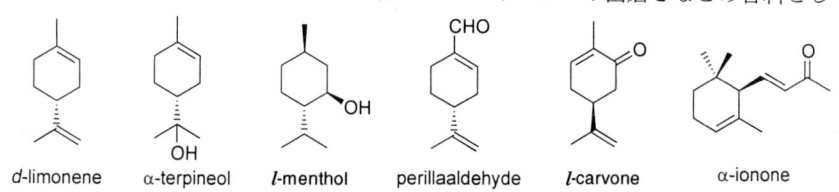

6) α-ヨノン（α-Ionone）

　　*Boronia megastigma*（ミカン科）の精油に含まれる。ニオイスミレの花香を持ち，バイオレット香料の調合に用いられるが，ニオイスミレには含まれていない。

(2) 二環性モノテルペン

1) α-ツヨン（α-Thujone）

　　ニガヨモギ（キク科），サルビア（シソ科）の精油成分。

2) d-α-ピネン（d-α-Pinene）

　　α体は天然に最も広く分布するモノテルペンで，テレビン油（80%）や*Pinus*属の精油に多量に含まれる。camphor，citral や ionone などの製造，殺虫剤，溶剤，可塑剤，香料基剤などに用いられる。皮膚刺激性がある。

3) 3-カレン（3-Carene）

　　テレビン油や，針葉樹の精油成分。他の生理活性化合物の合成原料として用いられる。

4) ボルネオール（Borneol）

　　d，l体とも天然に存在する。d体はローズマリー，ラベンダー油に存在する。香料，清涼剤に用いられる。l体はタカサゴギクの固形揮発性成分の主成分で，弱い樟脳様のにおいを持つ。

5) d-カンファー（d-Camphor）

　　樟脳。天然にはd体が広く存在する。無色板状晶で昇華性がある。クスノキに含まれる。特有の香りと焼くような，後に清涼な味がある。薬用上は神経痛，打撲症，凍傷などに外用する。また，体内で酸化されて強心作用を呈する。

### 8.1.3 イリドイドおよびセコイリドイド

イリドイド（iridoid）は炭素数9〜10からなる変形モノテルペンの一種で，enol-hemiacetal構造（環状モノテルペン）を持つ。イリドイド5員環のC7−C8結合が開裂して生成したものはセコイリドイド（secoiridoid）と称し，イリドイドとともに存在する。これらのモノテルペンはgeranyl diphosphate（GPP）を生合成の出発物質とする。

(1) イリドイド（Iridoid；Methylcyclopentanoid Monoterpene）

1) マタタビラクトン（Matatabilactone）

　　ネコに強い興奮を起こさせるマタタビから単離された matatabilactone はネコ属に対し強い生理作用を示し，1 mg でもトラを興奮させる（マタタビ反応）。これは iridomyrmecin と isoiridomyrmecin の混合物である。iridomyrmecin はアルゼンチンアリなどの働きアリの肛門分泌液にも含まれ，殺虫，抗菌活性を持ち防御物質として作用する。この化合物は高等動物や植物に対しては毒性はない。

2) ゲニポシド（Geniposide）

　　クチナシ（*Gardenia jasmioides*；アカネ科）の果実（サンシシ；Gardeniae Fructus）に多量に含まれる苦味配糖体。geniposide は胆汁分泌作用を示すが，加水分解生成物であるアグリコン genipin が作用発現に寄与する。genipin はパパベリン様鎮けい作用や胃液分泌抑制作用も有する。

## (2) セコイリドイド（Secoiridoid）

天然には多くは配糖体として存在する。

### 1) ゲンチオピクロシド（Gentiopicroside；Gentiopicrin）

ゲンチアナ（*Gentiana lutea*）の根（Gentianae Radix），トウリンドウ（*G. scabra*）の根茎と根（リュウタン；Gentianae Scabrae Radix），センブリ（*Swertia japonica*）などリンドウ科（Gentianaceae）植物に含まれる苦味配糖体。強い苦味を有し，胃液の分泌を亢進し苦味健胃薬，整腸薬として用いられる。

### 2) スウェルチアマリン（Swertiamarin）

センブリ全草（Swertiae Herba）の主成分で，他のリンドウ科植物にも含有される苦味配糖体。胃液，胆汁分泌を促進する作用を持ち，苦味健胃薬，整腸薬，苦味チンキ原料，配合胃腸薬原料として用いられる。

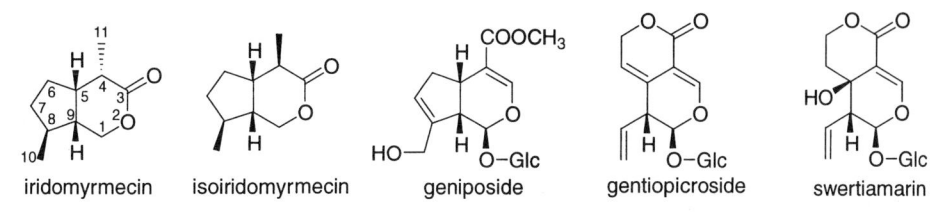

iridomyrmecin　　isoiridomyrmecin　　geniposide　　gentiopicroside　　swertiamarin

---

**コラム　　シソ科はモノテルペンの宝庫**

シソ科は200属3500種の大きな科であり，モノテルペンを主とする精油を多量に含有し，シソ，ハッカ，ラベンダー，セージ，タイムなど香料や，薬用とされる有用資源植物が非常に多い。精油を含有する植物種はシソ科，ミカン科，ショウガ科，セリ科などに限られており，植物によってどこに含まれるかが異なっている。シソ科では，葉や茎の表面にある腺毛に存在することが多い。したがって，葉を少したたいたり，もんだりすると表面の腺毛が破れ，揮発性のモノテルペン類の香りがする。芳香性健胃薬として薬効を期待するだけでなく，食用とされ，セージ，ローズマリー，オレガノ，バジルなどは肉料理に添えられ，ソースの香辛料ともされるほか，イタリア料理でもなじみがある。アロマテラピーとして用いられる精油の原料ハーブ類は，相当数がシソ科に属している。シソ科は外部形態的にも特徴があり，比較的見分けやすく，花の形は，その科名Labiataeが唇を意味するラテン語（ラベア Labea）から付けられているように，唇形をしている。さらに，草本の茎は断面が（四稜形）正四角形をしており，葉は対生葉が交互に付く十字対生となっている。

大葉（おおば）をパチンとたたいて，料理に添えるのは，板前さんがシソ科の精油がどこに含有されているかを知っているからでしょうか？

---

## 8.2 セスキテルペン

セスキテルペン（sesquiterpene）は，3個のイソプレン単位から成るfarnesyl diphosphate（FPP）を共通の前駆体として生合成されるイソプレノイドである（図8.3）。FPPは脱離基として活性な二リン酸基と3個の二重結合を持つため，骨格形成の多様性が大きく基本骨格の種類はテルペン類の中で最も多い。1,000種以上の化合物が知られている。セスキテルペンは主として植物の精油成分として存在

するが，近年，腔腸動物，海綿動物，軟体動物，昆虫などの下等動物からも多数見いだされてきている。

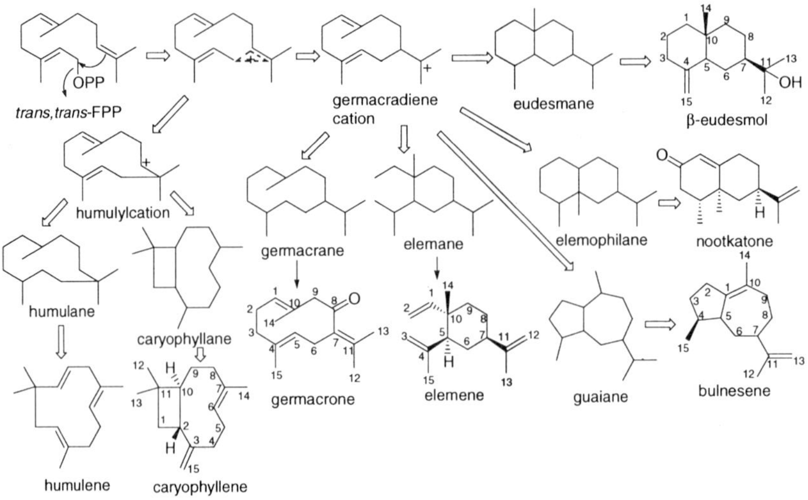

図8.3 主なセスキテルペンの生合成経路

## 8.2.1 炭素環を含まないセスキテルペン類

FPP あるいはその異性体 nerolidyl diphosphate（NPP）はすべてのセスキテルペン生合成の共通の前駆体であるが，それぞれ相当する遊離アルコール，ファルネソール（farnesol）およびネロリドール（nerolidol）が種々の植物精油に含まれ，香料の原料として用いられている。

1) ファルネソール（Farnesol）

ローズ油，シトロネラ油などの精油成分として広く分布する。スズランの香りを持ち，高級香料の原料として重要。farnesol およびその誘導体にも JH 活性がある。

2) $d$-ネロリドール（$d$-Nerolidol）

ネロリ油などから得られ，香料の原料として用いられる。

3) ファルネセン（Farnesene）

カミツレの精油成分。アリマキなどの昆虫の警報フェロモン（alarm pheromone）である。

4) 幼若ホルモン（Juvenile Hormone；JH）

昆虫や節足動物のホルモンの一種で，幼虫形質の維持・造成作用を持つ。昆虫のアラタ体から分泌され，これまで JH-0, I, II, III の4種が知られており，これらのうち JH-III が farnesane 骨格を持つ。幼虫を JH で処理すると蛹化が起こらず，幼虫脱皮を起こす。多くの JH 類縁化合物の合成が行われ，高い幼若ホルモン活性を持つものが得られており，これらは従来の殺虫剤によらな

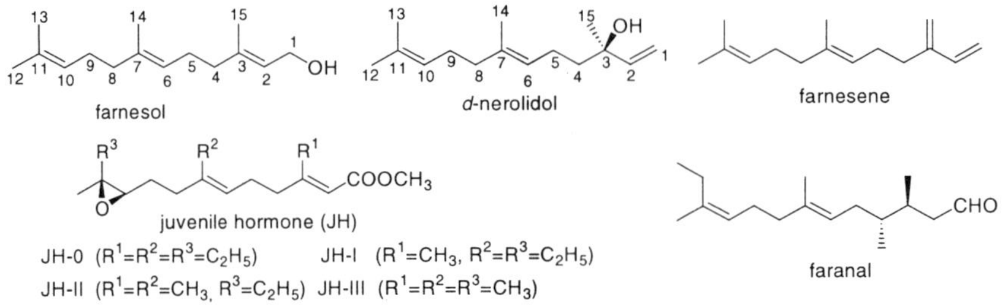

い新しい昆虫制御の方法として注目されている。

5) **ファラナール (Faranal)**

ファラオアリ (*Monomorium pharaonis*) の分泌物中の臭気成分。道しるべフェロモンとして知られている。10万匹のアリから，約 70 μg が純粋に得られ構造が決められた。

### 8.2.2 フムレンおよびカリオフィレン

1) **フムレン (Humlulene)**

ホップ (*Humulus lupulus*；クワ科) の精油の主成分。丁字油，ラベンダー油，テレビン油にも存在する。

2) **カリオフィレン (Caryophyllene)**

フトモモ科の *Syzygium aromaticum* のつぼみ，丁字油に含まれる。ワタ (*Gossypium hirsula*) のつぼみの精油中にも含まれ，ワタミゾウムシの誘引物質である。

### 8.2.3 イルドイド (Illudoid)

**プテロシン A (Pterosin A)**

ワラビ (*Pteridium aquilinum*) はウシの膀胱，肺，腸に腫瘍を誘発させるが，その発がん性物質。ptaquiloside は酸または塩基で加水分解され pterosin B と D-glucose になる。

### 8.2.4 ゲルマクラン (Germacrane)

ゲルマクラン型セスキテルペンは，$t, t$-FPP が末端位二重結合の関与により C1～C10 位間で閉環が行われ生じた 10 員環状カルボカチオンを経て生成される単環性化合物で，空気や酸に対して不安定な化合物が多い。ゲルマクラジエン (germacradiene) 類は 10 員環内ジエン構造を持つため，Cope 転位を受けエレマン (elemane) 型化合物，環越え閉環 (transannular cyclization) により種々の2環性化合物［ユーデスマン (eudesmane)，グアイアン (guaiane)，シュードグアイアン (pseudoguaiane) など］に導かれ，生合成的には FPP とこれらの環状セスキテルペン間との重要な中間体となっている。

1) **ゲルマクロン (Germacrone)**

ゲルマクロン類は芳香性健胃，駆瘀血，通経薬として用いられるガジュツ (*Curcuma zedoaria*) やウコン (*C. longa*) の根茎，葉に含まれる。

2) **ペリプラノン B (Periplanone B)**

雌のワモンゴキブリ (*Periplaneta americana*) が産生するフェロモン (性刺激物質) で，きわめて強力な活性を持つ (最小有効量：$10^{-10}$～$10^{-12}$ g)。

## 8.2.5 エレマン (Elemane)

ゲルマクラジエン類は 10 員環内二重結合を 2 つ持つため，熱による Cope 転位を容易に受け *trans*-1,2-divinylcyclohexane 構造を有するエレマン骨格の化合物を与える。

1) **エレメン (Elemene)**
   elemol とともに針葉樹の精油，被子植物中に広く分布する。

2) **ベルノレピン (Vernolepine)**
   キク科植物 *Vernonia hymenolepsis* の葉から単離されたジラクトン。強い抗腫瘍活性を持つ。

## 8.2.6 ユーデスマン，グアイアン，シュードグアイアンおよびエレモフィラン

### (1) ユーデスマン型

海藻，コケ類，高等植物に広く分布するセスキテルペンで，炭化水素（例：selinene），アルコール（eudesmol），フラン（atractylone）あるいは γ-ラクトン（santonin, alantolactone）などとして存在する。

1) **ユーデスモール (Eudesmol) 類**
   ショウガ，ハナショウガ（*Alpinia japonica*），ユーカリ油，ホオノキ（*Magnolia ovobata*；モクレン科）に含まれる。γ-eudesmol，10-epieudesmol はヒスタミンおよび摘出腸管収縮作用に拮抗する。

2) **アトラクチロン (Atractylon)**
   atractylon（R=H），3β-hydroxyatractylon（R=OH），3β-acetoxyatractylon（R=OAc）。オケラ（*Atractylodes japonica*），オオバナオケラ（*A. ovata*；キク科）の根茎は漢方で健胃整腸，利尿，止汗薬に用いられるが，精油にはこれらの化合物が含まれる。

3) **アラントラクトン (Alantolactone) 類**
   オオグルマ（*Inula helenium*；キク科）に含まれ，alantolactone は強い接触皮膚炎を誘発する。

4) **α-サントニン (α-Santonin)**
   生薬シナ花（*Artemisia cina*）のつぼみやミブヨモギ（*A. maritima*；キク科）の精油成分。回虫駆除薬として用いられた。共存物質としてアルテミシン（artemisin；5α-hydroxy-α-santonin）などがある。

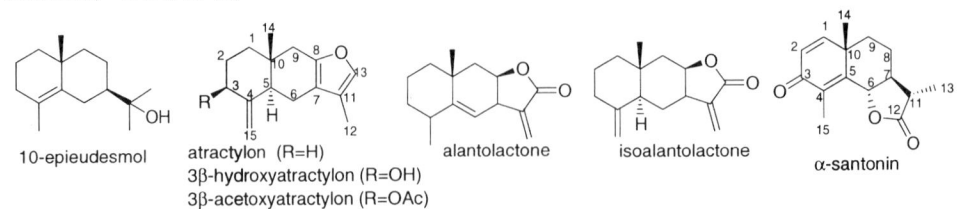

### (2) グアイアン型

炭化水素［ブルネセン（bulnesene）］，アルコール［ブルネソール（bulnesol），グアイオール

(guaiol)］やエーテル［ケサン（kessane）］などの形でキク科植物などに広く分布する。guaiol は *Guaiacum officinale*（ハマビシ科）の材の精油成分である。γ-ラクトン構造を含む誘導体をグアイアノライド（guaianolide）と称し、特に chrysanthemin A や euparotin などのように α-exomethylene-γ-lactone 体は細胞毒性、抗腫瘍活性、植物生長阻害作用などを示すものが多い。

### (3) シュードグアイアン型

シュードグアイアノライド類セスキテルペンはグアイアノライドから二次的な C4 位メチル基の 1,2-shift によって生成し、グアイアノライド類同様の生理活性を示すものが多い。

#### アンブロシン酸（Ambrosic Acid）

ブタクサ（*Ambrosia artemisiifolia* var. *elatior*；キク科）の茎、葉、花粉に含まれアレルギー性炎症を誘発する。

guaiol　　kessane　　chrysanthemin A (*Chrysanthemum morifolium*)　　euparotin (*Eupatorium rotundifolium*)　　ambrosic acid

## 8.2.7 カジナン（Cadinane）

カジナン型セスキテルペン炭化水素は松柏類の杜松油（Oleum Cadinum）に存在する。

1) α-カジノール（α-Cadinol）

ヒノキ葉などに含まれる。

2) カジネン（Cadinene）

最も広く分布するセスキテルペン。二重結合の位置異性体が存在する。マツ、ヒノキ、クベバ実などの精油、樟脳油に存在。

3) ゴシポール（Gossypol）

ワタ（*Gossypium arboreum*；アオイ科）の種子、根、茎、葉に含まれるカジナン型セスキテルペン二量体で、毒性のある黄色色素である。抗菌性、殺虫性、殺精子作用（男性避妊活性）を持つ。種子を食べると出血性胃腸炎、腎炎を起こす。抗酸化作用も持つ。この化合物は 2 個のナフタレン環の回転障害により生ずる軸性キラリティーを持つため、キラル炭素は含まないが光学活性を示す。

## 8.2.8 ツチン（Tutin）

#### ツチン（Tutin）、コリアミルチン（Coriamyrtin）

ドクウツギ（*Coriaria japonica*）などの *Coriaria* spp. より単離された毒性物質。これらは γ-aminobutyric acid（GABA）のアンタゴニストとしての活性を持つことが、最近の神経病理学的研究により明らかにされている。

α-cadinol　　　l-β-cadinene　　　gossypol　　　tutin (R=OH)
coriamyrtin (R=H)

### 8.2.9 モノおよびビシクロファルネサン型

1) **d-アブシジン酸（d-Abscisic acid；ABA）**

開花結実後数日の綿果から抽出単離された物質で，綿の落果を誘起する因子である。一般に落葉，落花，落果のように，植物の器官が母体から離脱することを促進する作用を持ち，植物ホルモンである。天然型のキラル中心は $S$ 配置である。カロテノイドの分解で生成するとも考えられる。

2) **ワールブルガナール（Warburganal）**

害虫アフリカヨトウムシに対する摂食阻害活性を有するdrimane型ジアルデヒドである。この摂食阻害は，摂食刺激性物質の味覚レセプター部位をこれがブロックする作用を持つためである。

3) **ポリゴジアール（Polygodial）**

ヤナギタデ（*Polygonum hydropiper*；タデ科）は刺身の薬味やアユ料理のタデ酢に用いられるが，その辛味は polygodial による。これは強い魚毒活性をも示す。

d-abscisic acid　　　warburganal　　　polygodial

## 8.3 ジテルペン

ジテルペン（diterpene）は geranylgeranyl diphosphate（GGPP）から生合成される炭素数20のイソプレノイドである（図8.4）。その炭素骨格の多くは二環性，三環性および四環性であり，直鎖状で存在するものは少ない。

### 8.3.1 鎖状ジテルペン（Acyclic Diterpene）

マツ類の樹脂中にはゲラニルゲラニオール（geranylgeraniol）やゲラニルリナロール（geranyl-linalol）が存在する。また，geranylgeraniol の還元体であるフィトール（phytol）はクロロフィルや vitamin E，K などの構造の一部を形成し，すべての植物に存在する。phytol はクロロフィルの加水分解で得られるが，これは上記ビタミン類の合成に利用されている。vitamin A はジテルペン骨格を持つが，β-carotene などのカロテノイド（$C_{40}$）の酸化的開裂生成物である（図8.5）。

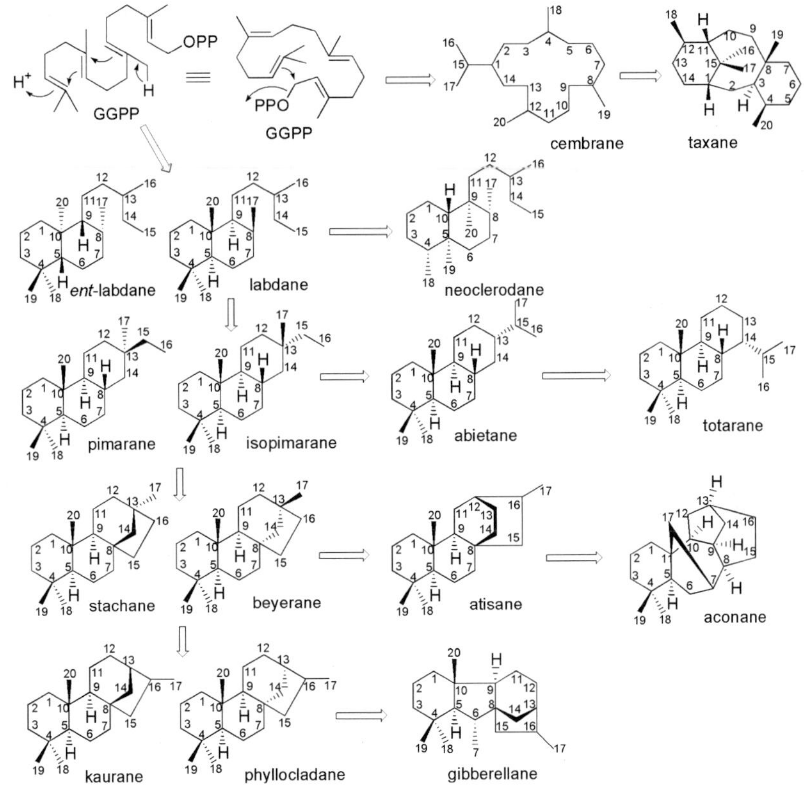

図 8.4 主な環状ジテルペンの生合成経路

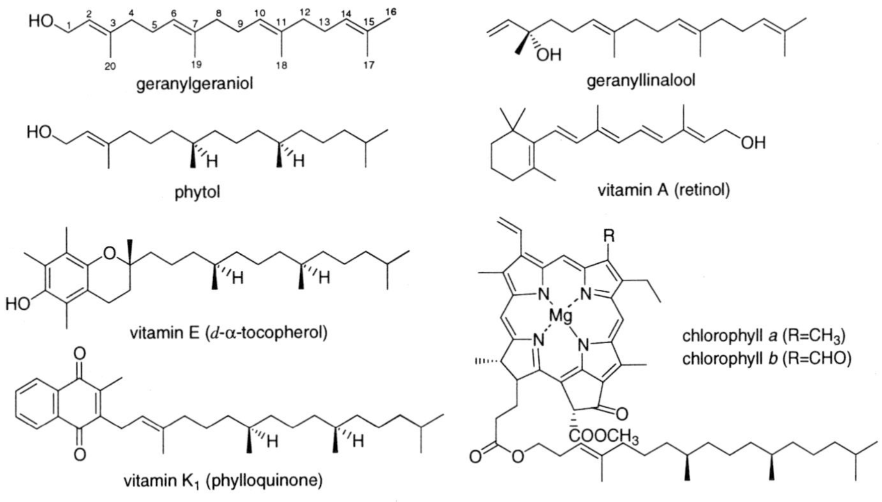

図 8.5 主な鎖状ジテルペン

## 8.3.2 ラブダン系列ジテルペン

ラブダン系列ジテルペンには，A，B 環がステロール類と同様に，$5\alpha$-H，$10\beta$-CH$_3$ 配置で閉環した通常型（normal type）と，接頭語に *ent*-（エント）を付して呼ばれる $5\beta$-H，$10\alpha$-CH$_3$ 配置で閉

環した鏡像型（enantiomeric type）がある。ラブダン系，ピマラン（pimarane）系には normal 型と enatiomer 型の双方が存在し，ジベレラン（gibberellane）系はすべて enantiomer 型である。ジベレラン系と近縁の骨格［カウラン（kaurane），アチサン（atisane）など］では enantiomer 型が大部分である。ラブダン骨格の C 環閉環物には C 13 位の立体異性体［pimarane と isopimarane］が存在し，また，D 環閉環物にはさらにそれぞれの立体異性体［スタチャン（stachane）とベエラン（beyerane）］が存在する。

(1) ラブダン型

ウラジロ（*Gleichenia japonica*）は，根からラブダン型配糖体や，*ent*-ラブダン骨格の転位生成物であるネオクレロダン（neoclerodane）型ジテルペンの配糖体を排出し，他の植物の生育を阻害している（他感作用物質）。

(2) アビエタン型

1) アビエチン酸（Abietic Acid），ネオアビエチン酸（Neoabietic Acid），レボピマール酸（Levopimaric Acid）

針葉樹の樹幹が自然に分泌し，あるいはその生木を傷つけたり，切り株を作ると分泌する芳香性粘液をバルサム（balsam）と称する。バルサムは精油に樹脂が溶解したもので，マツ類から得られるバルサムはテレビンチナ（terebinthina）と呼び，蒸留により精油（terpentine oil）と残留物［松脂，ロジン（rosin）］を与える。ロジン中には 80% 以上のジテルペンカルボン酸である樹脂酸が含まれ，その主成分は pimaric acid，neoabietic acid，および levopimaric acid である。これらを一次樹脂酸（primary resin acid）と呼ぶが，これらは長期保存したり，蒸留をすると二次樹脂酸（secondary resin acid）と呼ばれる abietic acid に異性化する（図 8.6）。酸触媒反応を行うと abietic acid の収率は 95% にも達する。abietic acid や，それを主成分とするロジンは，製紙工程に使用されるサイズ（にじみ防止成分），合成ゴムの乳化剤，接着剤，ニスや印刷用インク原料などに使われる。また，abietic acid はグリセリンエステルとしてチューインガムのベースに用いられる。

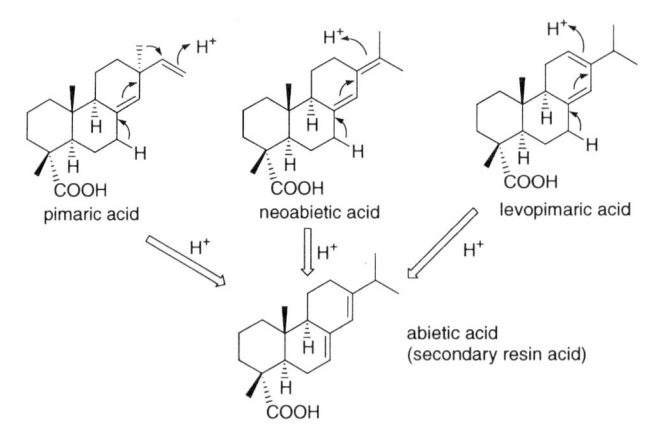

図 8.6 一次樹脂酸の異性化による二次樹脂酸の生成

2) タキソジオン（Taxodione）

ラクウショウ（*Taxodium distichium*；スギ科）の種子から得られ，抗腫瘍活性を持つ。

3) **タンシノン（Tanshinone）**

アビエタン骨格からC10位メチル基の脱離した構造を持ち，丹参（*Salvia miltiorrhiza*；シソ科）の根の赤色色素。

### (3) ピマラン型

1) **ピマラジエン（Pimaradiene），ピマール酸（Pimaric Acid）**

pimaradiene は pimaric acid とともにマツ（*Pinus*）属植物に存在する。

2) **モミラクトン A，B（Momilactone A，B）**

イネのもみに含まれ，イネの発芽を抑制する作用を持つ。また，いもち病に対する抗菌力があり，いもち病耐性菌は momilactone A，B 含量が多い傾向にある。

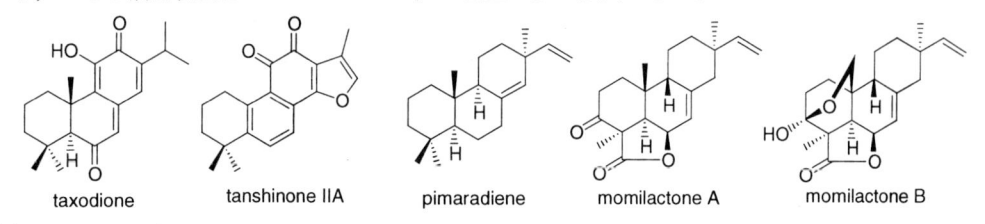

taxodione　　tanshinone IIA　　pimaradiene　　momilactone A　　momilactone B

### (4) カウラン型

天然には *ent*-カウラン型ジテルペンが多数存在する。スギ精油の主ジテルペン成分は *l*-カウレン（*l*-kaurene）であり，キク科，シソ科，イノモトソウ科植物にこの型のジテルペンが多く含まれる。

1) **ステビオシド（Stevioside）**

パラグアイ産のキク科の多年草ステビア（*Stevia rebaudiana*）の葉は非常に甘く，ノンカロリー甘味料として用いられる。甘味成分はステビオシド（stevioside；ショ糖の100～150倍の甘味を持つ），レバウジオシド A（rebaudioside A；200～250倍），レバウジオシド E（rebaudioside E）等の *ent*-カウラン型の配糖体である。stevioside は乾燥葉の7%程度含まれる主成分であるが，苦味を伴う欠点があり，味質は rebaudioside の方が上質である。

|  | $R^1$ | $R^2$ |
|---|---|---|
| steviol | H | H |
| rebaudioside A | Glc | —Glc$\frac{2-1}{3|1}$Glc<br>Glc |
| rebaudioside E | —Glc$\frac{2-1}{}$Glc | —Glc$\frac{2-1}{}$Glc |

stevioside

2) **エンメイン（Enmein），オリドニン（Oridonin）**

延命草と呼ばれるヒキオコシ（*Rabdosia japonica*；シソ科），クロバナヒキオコシ（*R. trichocarpa*）は苦味があり，マウスのエーリッヒ腹水がんに対し抗腫瘍活性を示し，抗菌活性も持つ。また，これらは苦味健胃薬として用いられる。葉の主苦味成分は enmein および oridonin である。これらの化合物の種々の生理活性の発現は，生体物質との Michael 型付加反応をする *α*-exomethylene cyclopentanone 構造に由来する。

### (5) ジベレラン型

l-ent-kaurene を前駆体として生合成されるジテルペンである。ジベレリン（gibberellin）は植物の成長ホルモンで，幼若細胞の伸長や分裂の促進に関与する。gibberellin の投与を行うと受精をしないでも果実が成長するので（単為結実），種なしブドウの生産に利用されている。最初，イネばか苗病菌（*Gibberella fujikuroi*）の培養液から単離され，この菌に感染したイネは徒長し結実しない。植物ごとに特有な gibberellin が存在し，これまでに 100 種以上が知られている。発見順に番号が付記されている。ジベレリン類は，ステビア等の ent-カウラン型化合物を原料として，イネばか苗病菌を用い工業的に生産されている。

### (6) ギンコライド（Ginkgolide）類

イチョウ（*Ginkgo biloba*）の根皮，葉から得られる高度に化学修飾を受けたジテルペンで，ラブダン骨格の開裂，転位，脱離により生成する。三級ブチル基のメチル基の 1 つは methionine に由来するものである。イチョウ葉エキスは老化や外傷に伴う脳障害の改善，ショック症状の緩和，ぜんそくの治療などに用いられているが，これらの薬効にはギンコライド類の関与が考えられている。ginkgolilde B は血小板活性化因子（PAF）に対して強力な拮抗作用を持つ。

### 8.3.3 センブラン系列ジテルペン

センブラン (cembrane) 骨格のジテルペンは，植物ではマツ類の精油成分として cembrene などの少数の化合物のみで，大部分は海洋生物成分として存在する。

#### (1) チグラン (Tiglane) 型, インゲナン (Ingenane) 型, ダフナン (Daphnane) 型

トウダイグサ科，ジンチョウゲ科植物はこの種の有毒ジテルペノイドを含むものが多い。

**1) 12-O-Tetradecanoylphorbol-13-acetate (TPA)**

ハズ (*Croton tiglium*) の種子 (巴豆) から得られるハズ油 (クロトン油, croton oil) や，ナンキンハゼ (*Sapium sebiferum*；トウダイグサ科) に含まれるフォルボール (phorbol) の脂肪酸エステルの1つ。強烈な皮膚刺激 (irritation) 作用と，強い発がんプロモーター活性を持ち，実験動物にがん組織を作る試薬として用いられる。

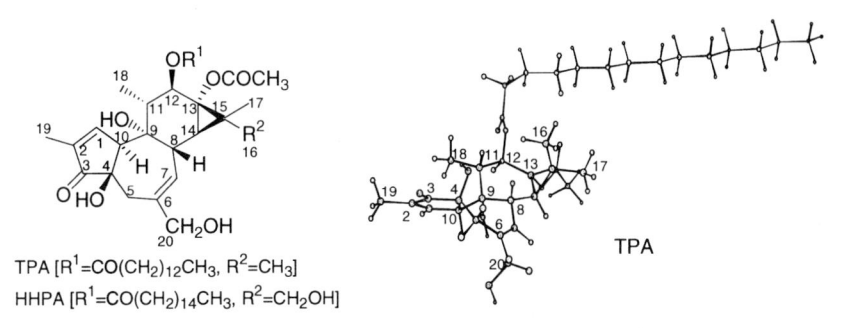

TPA [$R^1$=CO(CH$_2$)$_{12}$CH$_3$, $R^2$=CH$_3$]
HHPA [$R^1$=CO(CH$_2$)$_{14}$CH$_3$, $R^2$=CH$_2$OH]

**2) Ingenol-5-hexadecanoate**

トウダイグサ科植物乳液中に存在する有毒のインゲナン型ジテルペンの1つであり，刺激作用があり発がんプロモーター活性を持つ。

**3) ダフネトキシン (Daphnetoxin)**

有毒植物セイヨウオニシバリ (*Daphne mezereum*；ジンチョウゲ科) に含まれる。強い魚毒作用，皮膚刺激作用があり，発がんプロモーターである。

ingenol (R=H)
ingenol-5-hexadecanoate (R=CO(CH$_2$)$_{14}$CH$_3$)

daphnetoxin

#### (2) タキサン (Taxane) 型

**タキソール [Taxol；パクリタキセル (Paclitaxel)]**

イチイ科のタイヘイヨウイチイ (*Taxus brevifolia*)，ヨーロッパイチイ (*T. baccata*)，ヒマラヤイチイ (*T. wallichiana*) 樹皮から得られるタキサン型ジテルペンで，卵巣がん，乳がんの治療薬として用いられている。また，胃がん，肺がんにも適用が拡大されてきている (13.3.3項参照)。

## 8.4 セスタテルペン

セスタテルペン（sesterterpene）は5個のisoprene unitがhead-to-tail型に結合したgeranylfarnesyl diphosphate（GFPP）から生合成される$C_{25}$のイソプレノイドである。これらの化合物群が天然物として知られてきたのは比較的最近のことであるが，動植微生物界に広く分布していることが明らかにされてきている。

1) ゲラニルファルネソール（Geranylfarnesol）
   カイガラムシの一種 *Ceroplastes albolineatus* が分泌するろうの成分として知られている鎖状セスタテルペン（acyclic sesterterpene）である。

2) ゲラニルネロリドール（Geranylnerolidol）
   植物病原菌の一種 *Cochliobolus heterostrophus* の代謝産物。

## 8.5 トリテルペン

トリテルペン（triterpene）は，farnesyl diphosphate（FPP）の2量化で生成するスクアレン（squalene）を共通の前駆体として生合成される$C_{30}$の化合物群である。FPPからsqualene生成の反応中間体としてpresqualenealcohol diphosphateが介在することが知られている。squaleneは通常，末端二重結合が酸化を受けた2,3-オキシドスクアレン（2,3-oxidosqualene；squalene oxide）を経て環化される。環化酵素上における2,3-oxidosqualeneの配列される形状により，多様な環形のトリテルペンが生成する（図8.7）。これらは，最初に形成される基本骨格の構造により4群に大別される。それぞれの群において，トリテルペン脊梁（せきりょう；backbone）である三級，四級炭素の連なりに沿ったhydride shift，Wagner-Meerwein転位および脊梁転位（backbone rearrangement）が起こり，さらに多様な基本骨格が形成される。各環は形成順にA，B，C，D，E環と呼ばれる。トリテルペンはこのような環構造によりLiebermann-Burchard（LB）呈色反応を示す。これは試料を無水酢

酸に溶解させ，濃硫酸を静かに加えて境界面の呈色を見るもので，トリテルペンの脱水，酸化，重合などの反応により通常赤〜紫に呈色する。この呈色は構造に依存する。ステロイドもLB呈色を示す。

図 8.7　2,3-oxidosqualene の生合成と環状トリテルペンの脊梁

## 8.5.1　鎖状トリテルペン（Acyclic Triterpene）

### スクアレン（Squalene）

深海産サメの肝油に多量に含まれる。また，オリーブ油や植物油の不けん化脂質中にも存在する。

## 8.5.2　ダンマラン系列トリテルペン

ダンマラン系列トリテルペンは，2,3-oxidosqualene が chair（いす型）-chair-chair-boat（舟型）のコンフォメーションをとって閉環したダンマレンカチオン（dammarene cation）から生成する化合物群である（図8.8）。dammarene cation からは D 環の環拡大，E 環の形成，E 環の環拡大等を経て，さらに多様な基本骨格を形成する。この系列は，ダンマラン（dammarane），オイファン（euphane），チルカラン（tirucallane）等の四環性化合物，ルパン（lupane），オレアナン（oleanane），ウルサン（ursane）等の五環性化合物など最も多くの化合物を含む系列である。種々のダンマラン系列トリテルペンの骨格構造を図8.9に示した。

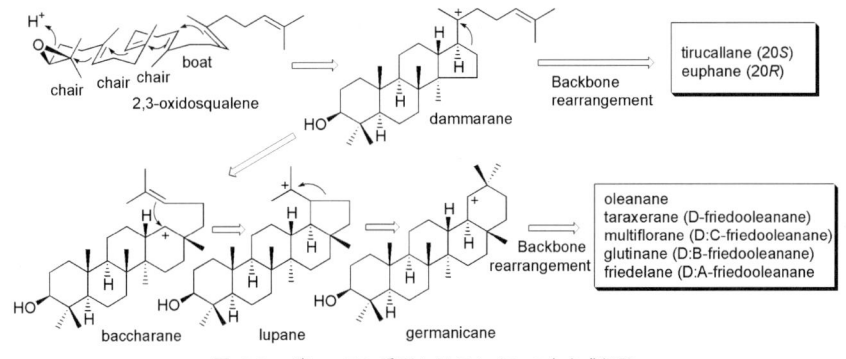

図 8.8　ダンマラン系列トリテルペンの生合成経路

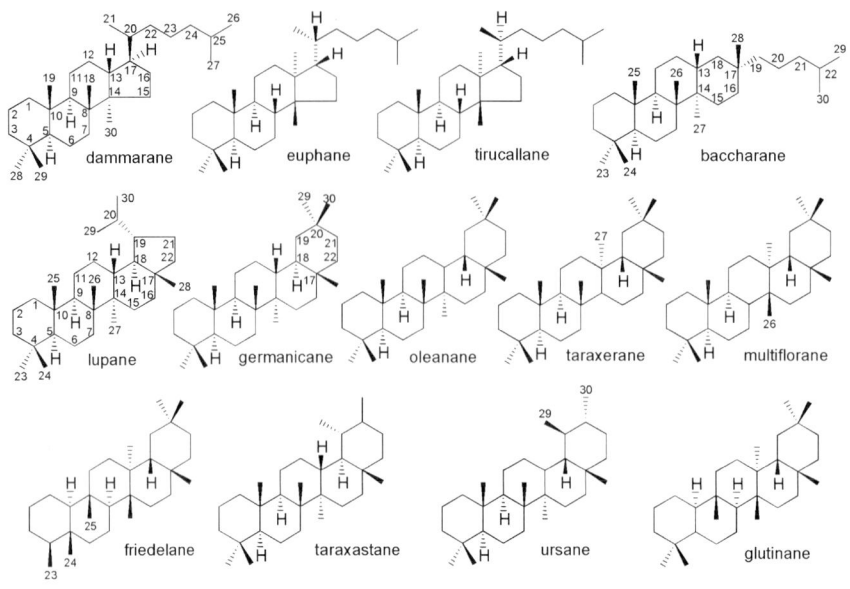

図 8.9 ダンマラン系列トリテルペンの骨格構造

## (1) ダンマラン型

ダンマラン型トリテルペンは *Shorea*，*Hopea*（フタバガキ科），*Betula*（カバノキ科），*Panax*（ウコギ科），*Gynostemma*（ウリ科）属植物に広く分布している。

### プロトパナキサジオール (Protopanaxadiol)，プロトパナキサトリオール (Protopanaxatriol)

オタネニンジン（*Panax ginseng*）はウコギ科に属するが，これを基原とする生薬ニンジン（人参，Ginseng Radix）は強壮，鎮静，虚弱体質者の新陳代謝機能の強化等を目標に用いられる。その主要活性成分はジンセノシド（ginsenoside）と呼ばれるダンマラン系サポニン類であり，酵素分解を行うと真性サポゲニン（sapogenin）である protopanaxadiol や protopanaxatriol が得られる。一方，ジンセノシドの酸加水分解を行うと，異性化生成物であるパナキサジオール（panaxadiol）やパナキサトリオール（panaxatriol）が得られる。

protopanaxadiol: R=H
protopanaxatriol: R=OH

## (2) リモノイド型

リモノイド型トリテルペンは，ダンマラン骨格のC14位メチル基が転位し，A環とD環が開裂したセコ（*seco*）体であり，さらに側鎖が切断されたノル（*nor*）体の骨格を持つ高度に酸化された化合物である。

### 1) リモニン (Limonin)

柑橘類（ミカン科）の苦味成分であり，昆虫に対する摂食阻害物質である。果実の成熟につれて

配糖化を受け（limonin glucoside），苦味が消失する。limonin および limonin glucoside は抗発がん活性を持つ。

2) オウバクノン（Obakunone）

limonin の生合成中間体であるが，オウバク（キハダ，ミカン科）の苦味成分でもある。

(3) **クアシノイド（Quassinoid）型**

A環のメチル基の1つと，側鎖部およびC17位炭素を欠いた骨格を持つ高度に酸化されたトリテルペンで，ニガキ（*Picrasma quassioides*；苦木）などの，ミカン科の近縁であるニガキ科植物の苦味成分である。この型のトリテルペンは抗腫瘍活性を持つものが多い。ニガキの木部は苦味健胃薬として用いられている。

(4) ルパン型

1) ルペオール（Lupeol）

*Lupinus* 属（マメ科）の種子に脂肪酸エステルとして存在し，その他植物中に広く分布する。

2) ベツリン（Betulin）

シラカバの外樹皮には大量の betulin が含まれ，樹幹の白さはこれに起因している。

3) ベツリン酸（Betulinic Acid）

酸棗仁（サンソウニン；クロウメモドキ科のサネブトナツメ種子を乾燥したもの）に存在する。ヒトの皮膚黒色腫（melanoma）細胞に対して特異的な阻害活性を有している。

(5) オレアナン型

オレアナン型トリテルペンは植物界に遊離状態で，またエステル，サポニンとして広く分布している。オレアナン骨格はウルサン骨格とともにE環が他の環平面から直角状に配置されており，生理活性の考察を行う場合考慮する必要がある。

1) β-アミリン（β-Amyrin），オレアノール酸（Oleanolic Acid）

最も普遍的に存在するオレアナンである。

2) ヘデラゲニン（Hederagenin）

ウコギ科には遊離状態で，アケビ（*Akebia quinata*；アケビ科）のつるにはサポニンとして存在する。

3) グリチルレチン酸（Glycyrrhetic Acid）

漢方生薬として最も繁用されているマメ科の甘草（*Glycyrrhiza uralensis*；*G. glaba* 等）のサポ

ニン，グリチルリチン（glycyrrhizin）のアグリコンである。glycyrrhetic acid はコハク酸半エステルとして抗かいよう薬とされている。

4) カメリアゲニン（Camelliagenin）

ツバキ（*Camellia japonica*），チャ（*C. sinensis*）の果実にはエステルサポニンが含まれているが camelliagenin はそのサポゲニンである。

5) ソヤサポゲノール（Soyasapogenol）

ダイズのソヤサポニン（soyasaponin）のサポゲニンである。

6) サイコゲニン（Saikogenin）

ミシマサイコ（*Bupleurum falcatum*；セリ科）などのサイコ（柴胡）にはサイコサポニン（saikosaponin）が含まれるが，酸加水分解を行うとエポキシド環が存在すると容易に開環異性化が起こる。

lupeol: R=CH$_3$
betulin: R=CH$_2$OH
betulinic acid: R=COOH

β-amyrin: R$^1$=R$^2$=CH$_3$
erythrodiol: R$^1$=CH$_3$, R$^2$=CH$_2$OH
oleanolic acid: R$^1$=CH$_3$, R$^2$=COOH
hederagenin: R$^1$=COOH, R$^2$=CH$_3$

glycyrrhetic acid

camelliagenin
(theasapogenol)

soyasapogenol A: R=OH
soyasapogenol B: R=H

saikogenin E

(6) ウルサン型

オレアナン型トリテルペンの C20 位メチル基の1つが C19 位に転位したトリテルペンで，遊離状態，エステル，またはサポニンとして存在する。

1) α-アミリン（α-Amyrin）

マニラエレミ（*Canarium luzonicum*；カンラン科），その他多くの植物から遊離あるいは酢酸エステルとして得られる。多くの場合 β-amyrin と共存する。

2) ウルソール酸（Ursolic Acid）

ウツボグサ（*Prunella vulgaris*；シソ科）の花穂，ウワウルシ（*Arctostaphylos uva-ursi*；ツツジ科）の葉，藻類等に見いだされる。

(7) タラクサスタン型

1) ψ-タラクサステロール（ψ-Taraxasterol），ファラジオール（Faradiol），ヘリアントリオール C（Heliantriol C）

食用菊や他のキク科植物花弁に存在し，抗炎症活性，抗発がんプロモーター活性が確認されている。

### 8.5.3 ホパン系列トリテルペン

squalene または 2,3-oxidosqualene が chair-chair-chair-chair-boat のコンフォメーションで閉環するとイソホパン（isohopane）骨格が形成される。これは転位反応が起こり，ネオホパン（neohopane），フェルナン（fernane），アジアナン（adianane），フィリカン（filicane）骨格を持つ一連の生成物ができる（図8.10）。ホパン系列トリテルペンはイネ科，シダ類に多く含まれる。シダ類や地衣類にはC3位に酸素官能基を持たないトリテルペンが多くみられるが，シダ類の細胞膜構成成分は他の高等生物と同様ステロール類であり，これらの化合物は主にクチクラ層の形成にかかわっているものと考えられる。

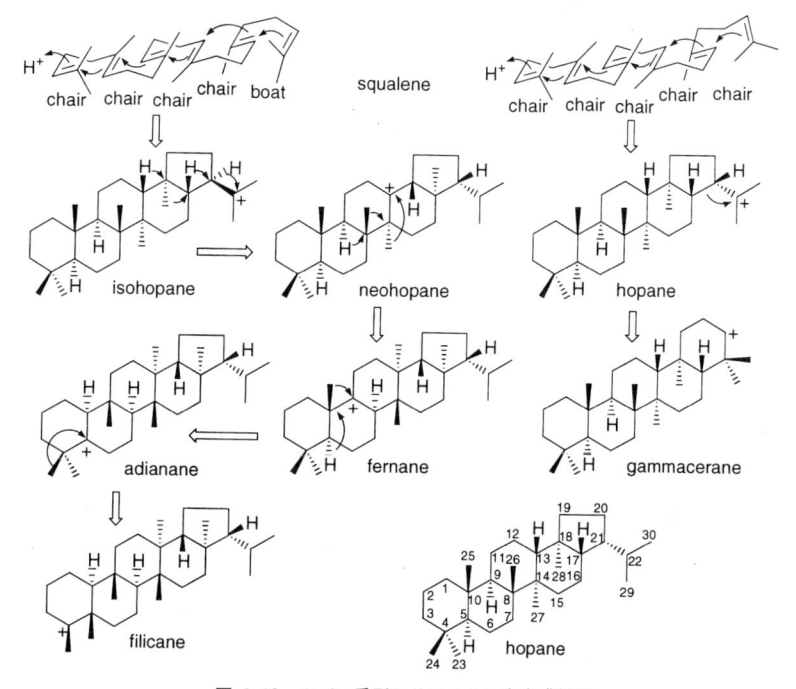

図 8.10 ホパン系列トリテルペン生合成経路

### 8.5.4 ラノスタン・シクロアルタン系列トリテルペン

2,3-oxidosqualene が chair-boat-chair-boat のコンフォメーションで閉環するとプロトスタン（protostane）骨格が形成されるが，それが backbone rearrangement を受けラノスタン（lanostane）骨格やシクロアルタン（cycloartane）骨格が生成する。ステロール類はこれらの骨格を中間体として生合成されるが，植物ではシクロアルタン骨格を，一方，動物や菌類ではラノスタン骨格を経由して生

成する（図 8.11）。

### (1) シクロアルタン型

**シクロアルテノール（Cycloartenol）**

植物界に広く分布。植物ステロールの生合成前駆体。フェルラ酸エステルは米ヌカからの γ-オリザノール（γ-oryzanol）の主成分として存在。γ-oryzanol は自律神経失調症治療薬として用いられる。

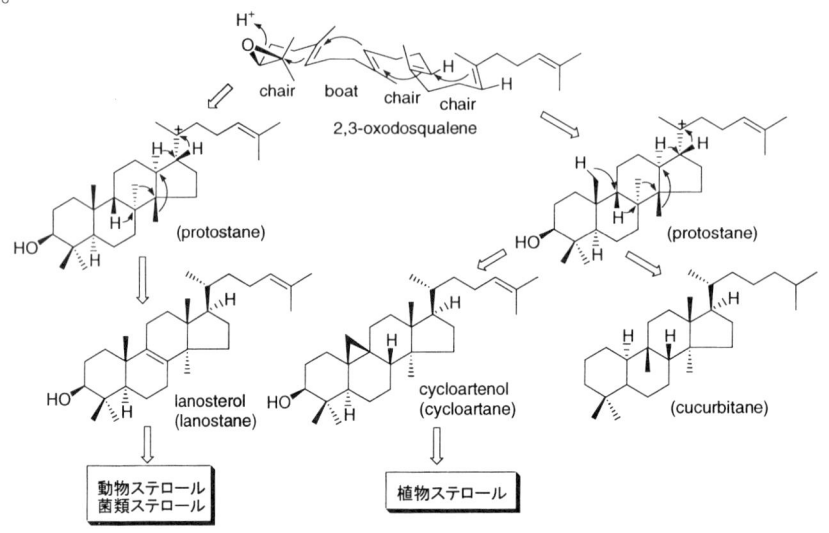

図 8.11 ラノスタン・シクロアルタン系列トリテルペンの生合成経路

### (2) ラノスタン型

1) **ラノステロール（Lanosterol）**

ラノリン（羊毛脂）に脂肪酸エステルとして存在。

2) **エブリコ酸（Eburicoic Acid）**

ブクリョウ［茯苓；マツホド（*Poria cocos*）の菌核］に存在。関連化合物としてポリポレン酸（polyporenic acid），ツムロシン酸（tumulosic acid），パキミン酸（pachymic acid）などがある。抗炎症活性，抗発がんプロモーター活性を持つ。

3) **ガノデリン酸（Ganoderic Acid）**

関連化合物とともにレイシ（霊芝）に含まれる。抗発がんプロモーター活性を持つ。

eburicoic acid: R=H
tumulosic acid: R=OH
dehydroeburicoic acid
ブクリョウのトリテルペン

ganoderic acid A: $R^1$=O, $R^2$=β-OH, α-H
ganoderic acid B: $R^1$=β-OH, α-H, $R^2$=O
ganoderic acid C: $R^1$=$R^2$=O

ganoderic acid Me: $R^1$=OAc, $R^2$=H
ganoderic acid Mf: $R^1$=OH, $R^2$=H
ganoderic acid Mk: $R^1$=OH, $R^2$=OAc

レイシのトリテルペン

### (3) ククルビタン型

ククルビタン（cucurbitane）型トリテルペンはウリ科植物に存在する。

1) **10 α-ククルビタジエノール（10 α-Cucurbitadienol）**
   ウリ科植物種子油に広く存在。ククルビタシン類の生合成前駆体と考えられる。

2) **ククルビタシン類（Cucurbitacins）**
   テッポウウリ（*Echallium elaterium*）の果汁の乾燥品は苦味成分を持ち，ヨーロッパで峻下，催吐剤として用いる。苦味成分はククルビタシン（cucurbitacin）で，抗腫瘍活性，抗がん性が認められているものもある。

3) **モグロール（Mogrol）**
   羅漢果（*Momordica grosvenori*；ウリ科）の果皮，種子の甘味サポニン成分モグロシド（mogroside）類のアグリコン。

## 8.6 トリテルペン系サポニン

　トリテルペンは一般的に疎水性であるが，これに複数の糖が結合したものは分子中に疎水性部と親水性部が生ずるために界面活性作用を示す。このようなトリテルペン配糖体をトリテルペン系サポニン（triterpenoidal saponin）と称する。これには厳密な定義はないが，構造的に複数の糖が結合しているものはサポニンと呼ばれることが多い。サポニンの水溶液を強く振ると，界面活性作用により持続性の泡を生ずるが，これはサポニン生薬の確認法の１つである（気泡試験）。サポニンはその界面活性作用により溶血，魚毒性を持つが，さらに鎮咳，去痰，抗炎症，抗アレルギー作用など多くの薬理作用を有している。トリテルペン系サポニンは双子葉植物全般に広く分布し，特にウコギ科，マメ科，トチノキ科，キキョウ科，ヒメハギ科，サクラソウ科，アカネ科，ムクロジ科，ツバキ科，エゴノキ科，アカザ科，ナデシコ科などに多い。

### 8.6.1 構造と分類

　サポニンの非糖部（aglycone）はサポゲニン（sapogenin）とも呼ばれる。配糖体の結合はアセタール結合なので，サポニンは酸によりサポゲニンと糖に加水分解されるが，この際，サポニン中に酸に不安定な構造（三級水酸基，二重結合，シクロプロパン環，エポキシドなど）が存在すると異性化などを起こすことがある。例えば，プロトパナキサジオール（protopanaxadiol；ニンジンのサポニン）はパナキサジオール（panaxadiol）に，サイコゲニンＦ（saikogenin F；サイコのサポニン）はサイコゲニンＡ（saikogenin A）に変化する（図8.12）。このような酸に不安定なサポゲニンを得るためには各種のグリコシダーゼ（glycosidase）による酵素加水分解法が用いられる。

トリテルペン系サポニンには，サポゲニンの骨格によりダンマラン型，オレアナン型，ウルサン型，ラノスタン型，シクロアルタン型，ククルビタン型などに分類され，これらのうちオレアナン型が最も多い。

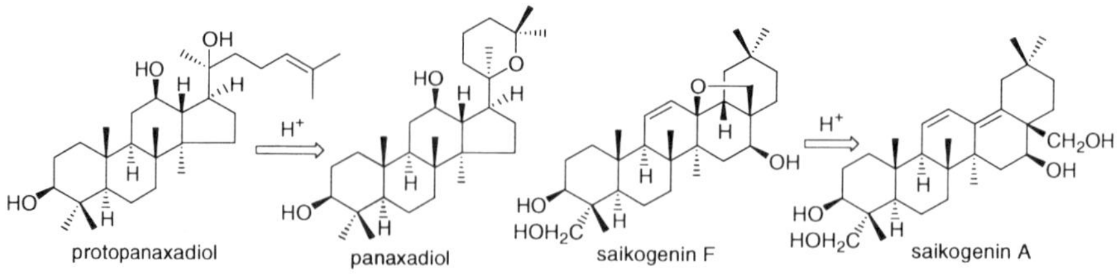

図 8.12　酸によるサポゲニンの構造の変化

---

**コラム**　　　　　　　　　　　　**苦味と甘味は紙一重**

　ククルビタン系トリテルペノイドの配糖体は，その名のとおり種々のウリ科（Cucurbitaceae）植物から顕著な抗腫瘍活性を有する成分として多数のククルビタシン類が単離されその構造が明らかとされてきたが，その多くはきわめて苦く，ニガウリに代表されるウリ科果実の苦味の原因物質とされている。一方，同じ骨格を有し類似化合物のモグロシド類はウリ科羅漢果 *Momordica grosvenori* の果皮に含有される甘味成分であり，ショ糖の300倍～400倍の甘味を呈する。その後，他のウリ科植物からも甘味を呈するいくつかのククルビタン系配糖体が単離された。現在，羅漢果エキスは食品添加物（甘味料）として大量に輸入されているが，甘草中の glycyrrhizin やステビア葉のジテルペン配糖体 stevioside 等，ショ糖に代わる天然甘味料が利用される機会が多くなっている。これら甘味を呈する化合物の構造は，しばしば，苦味を呈する化合物の構造に類似している。甘味と苦味の味覚受容体は共通であり，反応点における刺激応答の差に基づくものとされている。

　良薬は口に苦しを基に，天然医薬資源を探索し苦味成分を研究していく途中で，新しい甘味物質を発見する可能性が多いともいえる。

---

### 8.6.2　ダンマラン型サポニン

　ダンマラン型サポニンであるジンセノシド（ginsenoside）は，強壮，鎮静，虚弱体質者の新陳代謝機能の強化などを目標に用いられるオタネニンジン（*Panax ginseng*）を基原とする生薬ニンジン（人参，Ginseng Radix；ウコギ科）の主成分である。ジンセノシド類はそのサポゲニンの種類によりプロトパナキサジオール（protopanaxadiol）系とプロトパナキサトリオール（protopanaxatriol）系に分類される（8.5.2項参照）。

### 8.6.3　オレアナン型サポニン

1)　グリチルリチン（Glycyrrhizin）

　　glycyrrhizin はショ糖（sucrose）の100倍程度の甘味を持ち，漢方生薬として最も繁用されている甘草（*Glycyrrhizia uralensis*；*G. glabra*；マメ科）根の主サポニンである。甘草は塩味と合う甘味を持つため味噌，醤油，ソース，漬物などの甘味料として使用されている。glycyrrhizin は鉱質ホルモン（mineral corticoid）様の性質を持ち，抗炎症作用，抗アレルギー作用が強く医薬

## 8.7 カロテノイド（テトラテルペン）およびビタミン A

品として用いられている。

*glycyrrhizin*

### 2) ソヤサポニン（Soyasaponin）類

ダイズ（大豆；マメ科）より得られるサポニン類（soyasaponin I～III など）で，抗酸化作用を持つ．

### 3) サイコサポニン（Saikosaponin）類

サイコ（柴胡）はミシマサイコ（*Bupleurum falcatum*；セリ科）の根で漢方では解熱，抗炎症を目標に慢性肝炎，代謝障害などに用いられ，本生薬の粗サポニンには中枢抑制（鎮痛，鎮静作用），抗炎症，解熱，利尿，抗腫瘍，肝タンパク合成促進，肝グリコーゲンの増加，cholesterol 低下作用が認められている．saikosaponin a, d は強い抗炎症作用を示す．

### 8.6.4 ククルビタン型サポニン

**モグロシド V（Mogroside V）**

*Momordica grosvenori*（ウリ科）の果実である羅漢果の甘味成分．ショ糖の 260 倍程の甘味を有する．

*mogroside V*

## 8.7 カロテノイド（テトラテルペン）およびビタミン A

### 8.7.1 カロテノイド

カロテノイド（carotenoid）は黄色，橙色，紅色の天然色素として植物，微生物，動物に分布しており，食品などの天然着色料として重要なものが含まれる．β-カロテン（β-carotene）などは動物体内で酸化開裂してビタミン A（retinol）を与えるのでプロビタミン A としての生理作用を持つ．カロテノイドは植物および光合成細菌においては光エネルギー伝播における補助色素として知られ，また，いくつかのカロテノイドには生体内での活性酸素消去能，発がん抑制作用や免疫増強効果が報告されてい

カロテノイドは8個のイソプレン単位が結合した炭化水素類 carotene とその酸化誘導体 xanthophyll の総称であり，大部分はリコペン（lycopene；$C_{40}$）が基本骨格となり，水素化，脱水素化，環化，酸化の組合せによりさまざまな誘導体が生成される。したがって，大部分の天然カロテノイドは $C_{40}$ である。植物および微生物においては，acetyl CoA → mevalonic acid → geranylgeranyl diphosphate (GGPP) を経由して，2分子 GGPP の tail-to-tail 縮合で生合成される（図8.13）。動物はカロテノイドを生合成することはできないので，動物カロテノイドは植物カロテノイドが食物連鎖によって吸収，変換，蓄積されたものである。カロテノイドはテトラテルペン（tetraterpene）とも呼ばれる。

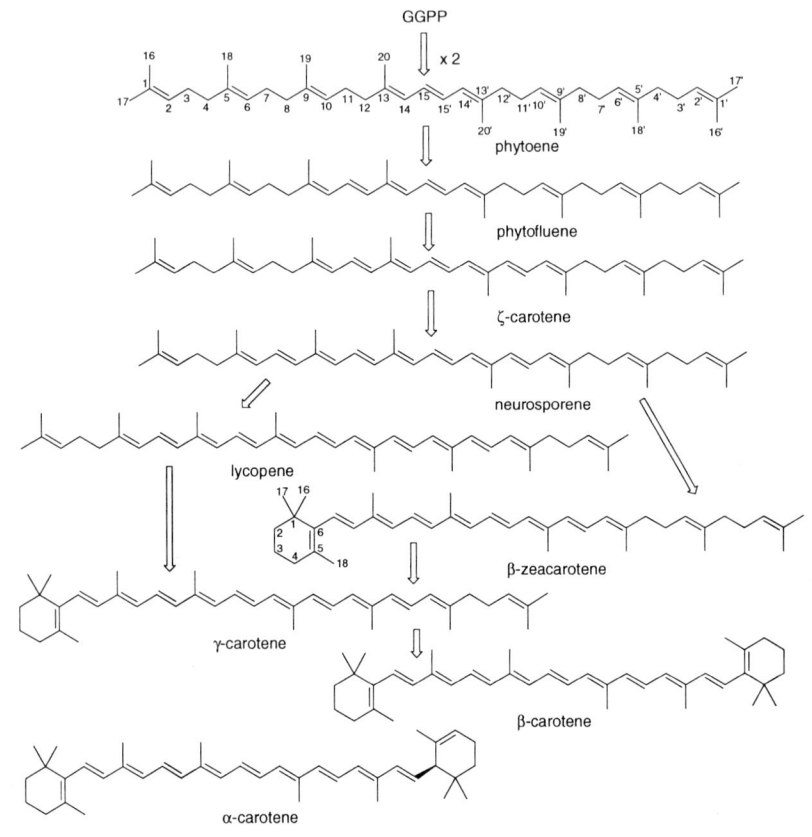

図 8.13 植物および微生物におけるカロテノイドの生合成経路

1) **β-カロテン（β-Carotene）**

 赤色結晶で食品着色料として使用される。最も代表的なカロテノイドで，ニンジン，緑葉などに広く分布。provitamin A としての生理作用を持ち，発がん予防の観点から注目されている。

2) **α-カロテン（α-Carotene）**

 紫色結晶。β-carotene とともに緑葉に広く分布。

3) **リコペン（Lycopene）**

 トマト（ナス科），カキ（カキノキ科），スイカ（ウリ科）などの果実の赤色色素の主体をなす。空気中の酸素を吸収し樹脂化し，約40%増量する。発がん予防の観点から注目されている。

4) クロシン (Crocin)

サフラン (*Crocus sativus*) の柱頭やクチナシ (*Gardenia jasminoides*) の果実に分布。カロテノイドの両端から各 $C_{10}$ が酸化的に除去されて生成した $C_{20}$ ジカルボン酸（アポカロテノイド）のエステル配糖体。

5) カンタキサンチン (Canthaxanthin)

キノコの一種である *Cantharellus cinnabarinus* から最初に単離され，甲殻類や藻類にも分布する。合成品は欧米で食品着色料とされている。

## 8.7.2 ビタミンA

ビタミンAは脂溶性ビタミンのうちで最初に発見されたもので，生理作用は視覚作用，皮膚粘膜および表皮組織の形成，成長促進，制がん等の作用を持つ。$\beta$-carotene (provitamin A) が中央部 (C15～C15'位) で切断された骨格を持ち，カロテノイド同様きわめて不安定で，空気，熱，光等により分解，重合，酸化，異性化を起こす。視覚作用として働く物質は vitamin $A_1$ および $A_2$ のアルデヒド型 (retinal および 3-dehydroretinal) で，それらの 11-*cis* 型である。retinoic acid は成長，細胞分化等により強い活性を示す。近年，細胞の増殖・分化の制御作用に直接関与する物質であることが明らかにされてきた。また，ある種の白血病に対して治療薬としての効果を持ち，retinol および retinoic acid は発がん予防効果を持つことも示されてきている。

### 参考文献

1) T.Akihisa, K.Yasukawa, "Antitumor-Promoting and Anti-Inflammatory Activities of Triterpenoids and Sterols from Plants and Fungi", in "Studies in Natural Proudcts Chemistry (Part F)" (ed. by Atta-ur-Rahman), Vol. 25, Elsevier, pp. 43-87, 2001.
2) L.J.Goad, T.Akihisa, "Analysis of Sterols", Blackie Academic & Professional, London, 1997.
3) W.R.Nes, M.L.McKean, "Biochemistry of Steroids and Other Isopentenoids", University Park Press, Baltimore, 1977.

# 9

## ステロイド

　ステロイド（steroid）は，シクロペンタノパーヒドロフェナントレン（cyclopentanoperhydrophenanthrene）基本骨格を有する化合物群，ならびにこれから由来した化合物群の総称である。天然ステロイドは動植物中に広く分布し $C_{18}$〜$C_{30}$ のものが知られ，代表的な動物ステロールであるコレステロール（cholesterol）や植物のステロール類，植物ホルモン，性ホルモン，副腎皮質ホルモン，胆汁酸，昆虫の変態ホルモンや防御物質，高等植物の成長促進物質など，生物の生理作用に重要なかかわりを持っている。また，強心ステロイドやステロイドサポニンのように，医薬品またはその原料として重要なものが多い。

　ステロイドの確認反応としては Liebermann-Burchard 反応（$Ac_2O$-硫酸噴霧により赤紫色に呈色），$SbCl_3$-$CHCl_3$（Carr-Price）試液（TLC クロマトグラムに噴霧後加熱，自然光下の呈色または紫外線下の蛍光を利用），アニスアルデヒド－エタノール－硫酸試液（TLC クロマトグラムに噴霧後加熱）などがある。

### 9.1　ステロイドの構造

　天然ステロイドの A, B, C 環は *trans-anti-trans*（$5\alpha$-ステロイド；コレスタン型）または *cis-anti-trans*（$5\beta$-ステロイド；コプロスタン型）のいす形（chair form）をとり，C, D 環は，強心ステロイドと一部の pregnane が *cis* 配置（$13\beta$-$CH_3$；$14\beta$-H）のほかは，すべて *trans* 配置（$13\beta$-$CH_3$；$14\alpha$-H）である（図9.1）。2つの核間メチルのように，環系面から上側にある方を $\beta$ 配位，下に出ている方を $\alpha$ 配位とし，$\beta$ および $\alpha$ 配位の置換基はそれぞれ実線（またはくさび型線）および点線（または破線）で示す。$\alpha$, $\beta$ 配位が不明なときは $\xi$（xi）で呼び，波線で示す。代表的なステロイドの骨格の構造と名称を図9.2に示した。

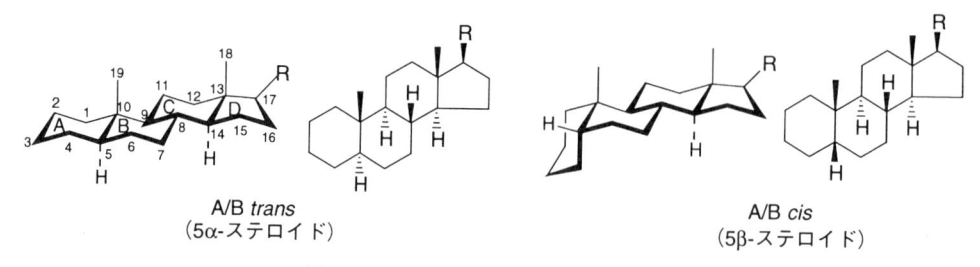

**図 9.1**　$5\alpha$-ステロイドおよび $5\beta$-ステロイド

A/B *trans*
（$5\alpha$-ステロイド）

A/B *cis*
（$5\beta$-ステロイド）

### 9.2　ステロール（Sterol）

　ステロールは，一般に C3 位に水酸基を，また C17 位にアルキル側鎖を有する $C_{27}$〜$C_{30}$ のステロイ

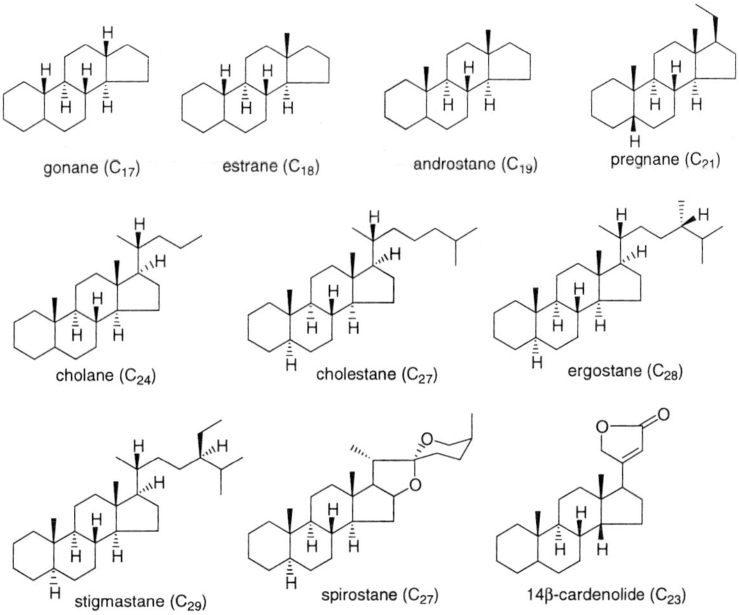

**図 9.2** 代表的なステロイドの骨格と名称

ドアルコールの総称である。C17位側鎖置換基の立体配置の表示は，炭素鎖を上方に伸ばして各炭素の置換基（またはH）を炭素鎖の前方（手前側）にくるようにしたとき，右側にくるものを $\alpha$，左側にくるものを $\beta$ とする（図9.3）。遊離体，または配糖体あるいは脂肪酸エステルとして動植微生物界に広く分布する。基本骨格としてコレスタン，エルゴスタン，スチグマスタンなどがある（図9.2）。ステロールは動物や植物に含まれる種々のステロイド類の生合成前駆体としての役割を果たしているが，これらは 2,3-oxidosqualene を共通の前駆体とし，四環性トリテルペンアルコールである lanosterol や cycloartenol を中間体として生合成されている（図9.4）。ステロール類はその特徴ある化学構造から，多方面にわたる新規用途開発が期待されている。

### 9.2.1 動物ステロール（Zoosterol）

cholesterol やコプロスタノール（coprostanol；人糞）などが動物ステロールの代表的なものである。

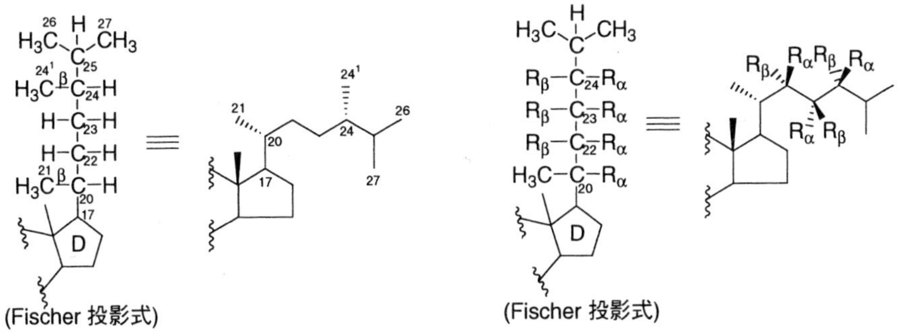

**図 9.3** ステロール C17 位側鎖置換基の立体配置の表記

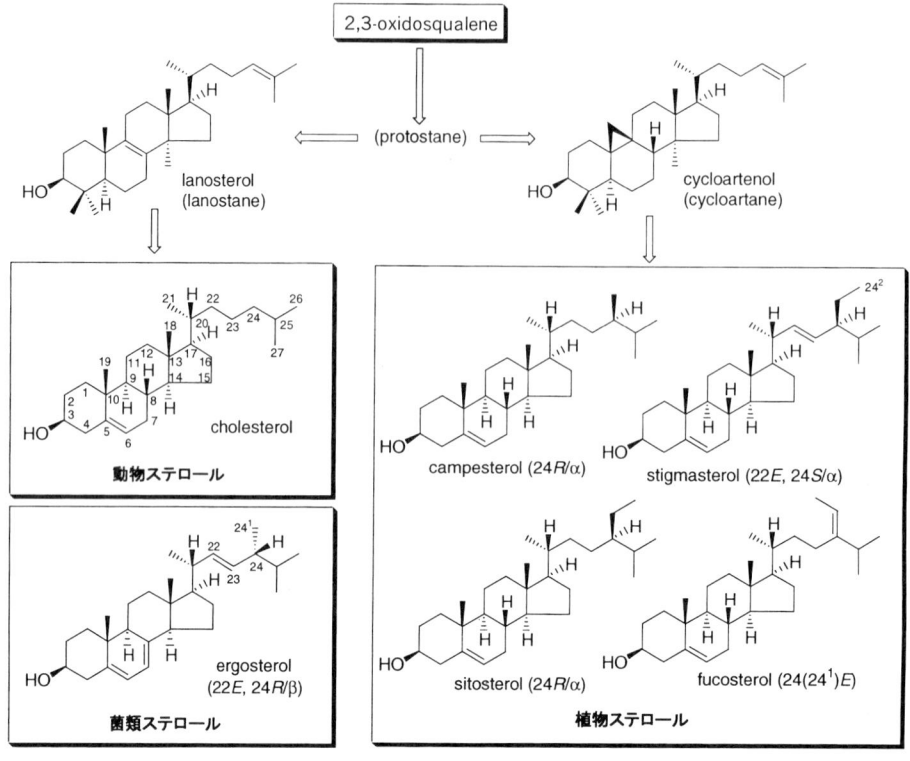

図 9.4 代表的なステロールとそれらの生合成前駆体

### コレステロール (Cholesterol)

脊椎動物の代表的ステロールで，遊離体または脂肪酸エステルとしてほとんどすべての細胞中に含まれ，特に脳，脊髄などの神経組織に多量に存在する。ヒトの胆石のほとんどは cholesterol (＝コレステリン cholesterin：chole＝胆汁，stereo＝固形物）である。動物における種々のステロイド類の前駆体としての役割を担っている。血液中の過剰な cholesterol は動脈硬化症などの原因とも考えられていて，食物中の cholesterol は栄養学的にも重要視されている。

### 9.2.2 菌類のステロール (Mycosterol)

#### エルゴステロール (Ergosterol)

子のう菌類（Ascomycetes）や担子菌類（Basidiomycetes）などの菌類の代表的ステロールであり，麦角（ergot）から単離されたプロビタミン D の 1 つである。

### 9.2.3 植物ステロール (Phytosterol)

1) カンペステロール (Campesterol)

植物界に広く分布する $C_{28}$-ステロールで，ergosterol が $24\beta(R)$-配置をとるのに対して $24\alpha(R)$-立体配置をとる（この場合，両化合物間では C24 位の立体配置が逆転しているのに対して，$R$，$S$ 標記が変わらないことに注意）。

2) シトステロール (Sitosterol ; $\beta$-Sitosterol)

植物ステロール (phytosterol) の代表であり，通常植物中にはスチグマステロール (stigmasterol) や campesterol と共存している。

3) スチグマステロール (Stigmasterol)

マメ科植物の種子に多く含まれ，側鎖二重結合が存在することから，黄体ホルモンのプロゲステロン (progesterone) など，種々のステロイドの合成原料として用いられている。

---

**コラム　植物ステロールは血清コレステロール低下効果を持つ**

植物ステロールはシトステロール，スチグマステロールやカンペステロールなどの混合物であり，米胚芽や大豆胚芽などに多く含まれる。植物ステロールはコレステロールと比べるとはるかに吸収されにくく，また，食事からとったコレステロールの腸管からの吸収を阻害し，血清コレステロール濃度を低下させる作用を持つ。また，肝臓コレステロール濃度も下げる働きがあり，動脈硬化の一因となる高脂血症の予防に効果があるとされている。近年，植物ステロールをベースとしたマーガリンやスプレッドが機能性食品として開発されてきている。コレステロール値低下能は，飽和ステロールであるスチグマスタノール (stigmastanol) がより優れている。植物ステロールには，前立腺肥大症による排尿障害の改善効果も認められている。海藻の昆布やモズクなどに含まれるフコステロールにも血清コレステロール低下作用が報告されている。

---

## 9.2.4 ビタミンD (Vitamin D)

ビタミンDは，生体内で肝臓においてC25位が，続いて腎臓においてC1位がそれぞれヒドロキシル化された活性型ビタミンD [$1\alpha,25$-dihydroxy vitamin D ; $1,25$-$(OH)_2$-D] として作用する。これは，小腸や腎および骨などに作用をして血液中のカルシウム濃度を正常に保つ働きをしている。

1) ビタミン $D_2$

エルゴカルシフェロール (ergocarciferol) ともいう。プロビタミン $D_2$ である ergosterol の紫外線照射により，lumisterol, tachysterol を経て生成する。

2) ビタミン $D_3$

コレカルシフェロール (cholecalciferol) ともいい，プロビタミン $D_3$ の 7-dehydrocholesterol から紫外線照射により生成する。$1,25$-$(OH)_2$-$D_3$ は分化誘導抑制作用によりマウスの骨髄性白血病細胞の増殖を強く抑制し，さらに免疫調節作用，細胞増殖抑制作用，インスリン分泌促進作用など幅広い生理活性を持つことが知られてきた。

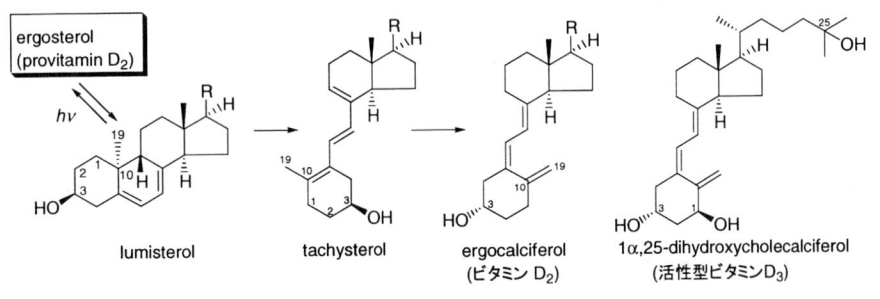

図9.5　プロビタミンDとビタミンD

## 9.3 胆汁酸 (Bile Acid)

動物の胆汁中に含まれる $C_{24}$ のステロイドで，側鎖の末端にカルボキシル基を持つ化合物の総称である。A/B環は cis 配位，5$\beta$-体で，通常は 3$\alpha$，7$\alpha$，12$\alpha$ 位に水酸基を持つ。これらの化合物のカルボキシル基が，タウリンやグリシン等のアミノ基とペプチド結合をして，生成した化合物の塩類，すなわち抱合体（taurocholic acid, glycocholic acid）の形で胆のうから十二指腸へと分泌される。これらの化合物は界面活性作用を有しているので，食物として摂取した脂肪類の乳化，吸収を促進する。

1) コール酸 (Cholic Acid)

    ヒトの胆汁酸の主成分である。デヒドロコール酸（dehydrocholic acid）はコール酸のC 3，7，12位の水酸基を酸化してカルボニル基としたもので，胆汁分泌促進剤として使用される。

2) デオキシコール酸 (Deoxycholic Acid)

    牛黄（ゴオウ；ウシの胆のう）の鎮けい作用の本体。

3) ウルソデオキシコール酸 (Ursodeoxycholic Acid)

    熊胆（ユウタン；ツキノワグマなどの乾燥胆汁）中の胆汁酸である。現在ではコール酸から合成され，利胆，鎮けい薬として市販されている。

cholic acid: R = OH
glycocholic acid: R = -NH-CH$_2$COOH
taurocholic acid: R = -NH-CH$_2$CH$_2$SO$_3$H

deoxycholic acid

ursodeoxycholic acid

## 9.4 動物ステロイドホルモン

動物のステロイドホルモンは cholesterol から生合成され，$C_{18}$ のエストラン，$C_{19}$ のアンドロスタン，$C_{21}$ のプレグナン誘導体等があり，動物体内にはごく微量しか存在しないが，きわめて強い生理活性を有する。これらは他のステロイド原料からの部分合成や，全合成などにより供給されている。ホルモン剤のほか抗炎症剤として重要な医薬品が多い。

### 9.4.1 卵胞ホルモン (Female Sex Hormone, Estrogen)

これらは卵巣，胎盤においてテストステロンから合成される卵胞ホルモンであり，女性の第二次性徴の発達や月経周期の調節に関係している。芳香環のA環を持つのが特徴であり，エストロン（estrone），エストラジオール（estradiol），エストリオール（estriol）等がある。タンパク同化作用は androgen より弱いが，強い骨の発育促進作用を持つ。

estrone

estradiol

estriol

### 9.4.2 男性ホルモン（Androgen）

テストステロン（testosterone）とその代謝物で尿中に排せつされるアンドロステロン（androsterone）が強い活性を持つ男性性ホルモンで、睾丸で生成される $C_{19}$ のステロイドである。男性の二次性徴を発現し、性機能の維持にあたりタンパク同化作用（anabolic action）を持つ。

### 9.4.3 黄体ホルモン（Progestin, Gestagen）

プロゲステロン（progesterone）は黄体胎盤に含まれ、受精卵の着床、妊娠の継続に関与し、排卵を抑制する $C_{21}$ のステロイドである。

### 9.4.4 副腎皮質ホルモン（Adrenal Corticoid）

副腎の皮質はコルチコイドと総称されるステロイドホルモンを分泌し、生体機能を調節している。これらのホルモンは作用の点から、金属イオンの代謝・貯留を調節する鉱質コルチコイド（mineral corticoid）、糖質やタンパク質の代謝・貯留に関与する糖質コルチコイド（glucocorticoid）、さらに副腎皮質性性ホルモンの3種に分けられる。

1) **コルチゾン（Cortisone）**

    ヒドロコルチゾン（hydrocortisone）とともに代表的な糖質コルチコイドであり、グルコース代謝のほか抗炎症作用、抗アレルギー作用を示し、医薬品としての応用面が大きい。C11位に酸素官能基を持つのが構造的特徴で、多数の誘導体が合成されている。

2) **アルドステロン（Aldosterone）**

    最も強い作用を示す鉱質コルチコイドである。腎臓において $Na^+$ の再吸収と $K^+$ の排せつにより塩のバランスを調節し、組織の膨張を制御している。

## 9.5 植物プレグナン

C17位に $C_2$ 側鎖を持つ $C_{21}$ の飽和ステロイドをプレグナン（pregnane）と呼ぶ。これらの化合物は動物のステロイドホルモンとして知られていたが、植物からも多数見いだされてきている。高等植物ではゴマノハグサ科（*Digitalis* 属）、ガガイモ科、キョウチクトウ科など強心配糖体（cardiac glycoside）を含む科、属に多く見いだされ、生合成的にも強心ステロイドであるカルデノライド（cardenolide）と深い関係がある。

1) **ジギニゲニン（Diginigenin）**

    ジギタリス葉から分離された配糖体 diginin のアグリコンである。ジギタリス中にはほかにジギフォゲニン（digifologenin）なども知られており、いずれも 14β 配位をとり、カルデノライド

と共通骨格を持つ。

2) ホラジソン（Holadysone）

C 18 位炭素が酸化されたプレグナン誘導体であり，*Holarrhena antidysenterica* などに一群のプレグナンアルカロイドと共存する。この植物からは女性ホルモンの progesterone が見いだされている。

3) フクジュソノロン（Fukujusonorone）

フクジュソウ（*Adonis amurensis*）の根茎に含まれる C18 *nor* 構造を持つプレグナンである。

digigenin: R = H
digifologenin: R = OH
holadysone
progesterone
fukujusonorone

## 9.6 ブラシノステロイド（Brassinosteroid）

### ブラシノライド（Brassinolide）

1979 年にアブラナ（*Brassica napus*）の花粉からインゲン幼苗を徒長させる物質として単離された植物ホルモン様ステロイドである。現在までに同族体としてカスタステロン（castasterone），ドリコライド（dolicholide），ドリコステロン（dolichosterone）等 10 種以上の化合物が単離され，これらが多くの高等植物に分布していることが明らかにされている。これらはブラシノステロイド（brassinosteroid）と総称されている。

brassinolide
castasterone

## 9.7 強心ステロイド（Cardioactive Steroid）

植物または動物を起源とし，心筋に特異的に作用し，うっ血性心不全に対して顕著な効果を示す作用（強心作用）を発揮するステロイドの誘導体があり，古くから医薬，矢毒などとして用いられてきた。これらのステロイドの特徴として，ほとんどのものは A/B 環が *cis* 結合（5β型），C/D 環も *cis* 結合をしている。また，C 3 と C 14 位には β-OH 基，C 17 位に β-置換基を持つ。ステロイド骨格の C 17 β 位側鎖の構造から $C_{23}$ のカルデノライド（cardenolide；飽和型骨格名 cardanolide）と $C_{24}$ のブファジエノライド（bufadienolide；同 bufanolide）に分けられる。カルデノライドは C 17 位に α, β-不飽和 5 員環ラクトンを持ち，ブファジエノライドは α, β, γ, δ-不飽和 6 員環ラクトンを持つ。

## 9.7.1 カルデノライド配糖体 (Cardenolide Glycoside)

ゴマノハグサ科，キョウチクトウ科，ユリ科，ガガイモ科，キンポウゲ科，トウダイグサ科，クワ科，ニシキギ科，ナタネ科などの植物中に含まれている。

### 1) ジギトキシン (Digitoxin)

ジギタリス (*Digitalis purpurea*；ゴマノハグサ科) 葉からの配糖体の主成分。digitoxigenin に 3 分子の D-digitoxose が β 結合をしている。digitoxin の原配糖体はさらに 1 分子の glucose が結合したプルプレアグリコシド A (purpurea glycoside A) である。digitoxin は腸管からの吸収がよく，作用の発現，排せつはともに遅いので，持続性強心薬として経口投与される。毒薬。極量は経口で 0.15 mg/日。

### 2) G-ストロファンチン (G-Strophanthin；ウアバイン Ouabain)

*Strophanthus gratus*（キョウチクトウ科）の種子に含まれ，強心配糖体のうちで最も高い活性を持つものの 1 つである。アグリコンの ouabagenin は 6 個の水酸基を持ち，C3 位水酸基に L-rhamnose が結合しているため水溶性に富み腸管からの吸収は悪く，もっぱら静脈注射で投与される。速効性強心配糖体で排せつも速い。

## 9.7.2 ブファジエノライド配糖体 (Bufadienolide Glycoside)

ユリ科，キンポウゲ科などの植物中に含まれる。

### スチラレン A (Scillaren A)

ユリ科植物の代表的なブファジエノライド型配糖体。白色種海葱（カイソウ；*Urginea scilla*）に，さらに glucose 1 分子が結合したグルコスチラレン A (glucoscillaren A) とともに含まれる。Δ⁴-結合を持つ構造のため酸加水分解では 3,5-ジエン体であるスチラリジン A (scillaridin A) となる。scillaren A から glucose がとれたものがプロスチラリジン A (proscillaridin A) で，現在医薬品として用いられている。

scillaren A  R = —Rha⁴-Glc
proscillaridin A  R = —Rha
glucoscillaren A  R = —Rha⁴-Glc—Glc

### 9.7.3 ヒキガエルの皮脂腺分泌ステロイド（Toad Steroid）
#### 1） ブフォトキシン（Bufotoxin）

　ヒキガエル（*Bufo* 属）の皮膚やその分泌物，特に耳下腺からの分泌物は動物に対して強い毒性を示し，中国や西欧では古くから医薬品として用いられてきた。有毒成分中のステロイド抱合体をブフォトキシン（bufotoxin），これを構成するステロイド部分をブフォゲニン（bufogenin）と称し，これまでに 20 種以上が知られている。ブフォトキシンの非ステロイド部を構成する有機酸はコルク酸（suberic acid），アミノ酸は arginine が主であるが，このほかに有機酸としては succinic acid, pimelic acid, adipic acid や glutaric acid，またアミノ酸としては glutamine, histidine や methylhistidine を結合しているものもある。欧州産ヒキガエル *Bufo vulgaris* から得られたブルガロブフォトキシン（vulgarobufotoxin）は最も古くから知られているブフォトキシンである。

vulgarobufotoxin
(arginin) (suberic acid) (bufotalin)

#### 2） センソ（蟾酥；Chan Su）

　中国では古くからシナヒキガエル（*Bufo bufo gargorizans*）の分泌物を集めて製剤化したものをセンソと称し，強心，鎮痛，解毒などに用いてきた。製剤化の過程で bufotoxin は加水分解を受けるため，ほとんどがブフォゲニンとして存在する。センソ中の主なブフォゲニンはレジブフォゲニン（resibufogenin），ブファリン（bufalin）などであり，これら自体にも強心作用がある。

resibufogenin　　bufalin

## 9.8 ステロイドサポニン（Steroid Saponin）

　ステロイドサポニンはスピロスタノール（spirostanol）やフロスタノール（furostanol）の誘導体を

主としたサポゲニン（sapogenin）の配糖体である。ステロイドサポニンはアルコール中でcholesterolなどのステロールと難溶性の"分子化合物"を生成する特性を持つ。これまでに知られているステロイドサポゲニンはすでに百数十種に及ぶ。

スピロスタン型サポニンには溶血作用，血球凝集作用，抗菌作用，抗カビ作用，軟体動物・水生虫・オタマジャクシ・魚などに対する魚毒作用などを持つ。一方，フロスタン型では，それらの作用は弱いか不活性である。スピロスタン型サポニンはヤマノイモ科，ヒガンバナ科，ユリ科などの単子葉植物に多く分布し，イネ科，ヤシ科にも見いだされている。双子葉植物では，ジギタリスのジギトニン（digitonin），ギトニン（gitonin），チゴニン（tigonin）などが古くから知られており，ナス科，ニガキ科，マメ科やハマビシ科などにも分布する。

スピロスタン（spirostane）型はコレスタン骨格のC22位とC16位，およびC22位とC26位がそれぞれ酸素原子を介してスピロケタール型に閉環し，E環（フラン環）とF環（ピラン環）を形成したとみなされるスピロスタン骨格を持つ。フロスタン（furostane）型はスピロスタンのF環が開環したフロスタン骨格を持つ。A/B環の結合は *trans*（5α），*cis*（5β），およびΔ$^5$の三型があり，C/D環は *trans* である。C25位は，C27位のメチル炭素がβ配位のもの（25 S, *neo*, または25 L型），α配位のもの（25 R, *iso*, または25 D型），およびΔ$^{25(27)}$の三型がある。D-glucose, D-galactose, L-rhamnose, D-xylose, L-arabinoseなどを構成糖とし，糖はアグリコンのC3位水酸基にオリゴ糖として結合するものが多い。三糖以上では枝鎖状の構造をとることが多く，構成糖の増加に伴い起泡性，溶血作用，魚毒性，cholesterolとの沈殿作用などのステロイドサポニンの特性を示す。C3位以外に糖が結合した場合はこれらのサポニンの特性を示さない。

ステロイドサポゲニン（25*R*/D）
[tigogenin = (25*R*)-5α-spirostan-3β-ol]

(25*S*/L)　　（フロスタン型）　　（Δ$^{25(27)}$型）

1) **ジギトニン（Digitonin）**

    *Digitalis* 種子の主サポニンであり強心配糖体と共存する。アグリコンのdigitogeninのC3位水酸基に5糖が結合している。最も古くから知られているサポニンの1つで，cholesterolなどの3β-OH基を持つステロイドとジギトニドを形成して沈殿し，この沈殿法はcholesterolの定量にも用いられている。

2) **ジオスチン（Dioscin）**

    オニドコロ（*Dioscorea tokoro*；ヤマノイモ科）根茎など *Dioscorea* 属に広く分布するサポニン。新鮮根茎中にはプロト体が存在するが，乾燥中にはほとんどがdioscinとなる。

3) チモサポニン A-III (Timosaponin A-III)

sarsasapogenin をアグリコンとしたグルコシルガラクトース配糖体で，$\beta$-glucosidase で glucose が切断され A-I となる。A-III には強い殺カタツムリ作用がある。

4) オフィオポゴニン D (Ophiopogonin D)

麦門冬［ジャノヒゲ，*Ophiopogon japonicus*（ユリ科）の根の肥大部］のサポニンの1つ。アグリコンは ruscogenin で，fucose, rhamnose, xylose よりなる三糖がC1位の水酸基に結合している。

## 9.9 昆虫変態ホルモン (Insect Metamorphosis Hormone)

昆虫の変態ホルモン作用（幼虫脱皮，繭化，成虫化を促進する物質）を持つ活性物質をエクダイソン（ecdysone）と総称する。植物起源のものはフィトエクダイソン（phytoecdysone）と称される。エクダイソンは $C_{27}$ のステロイドであるが，フィトエクダイソンには植物ステロールと同様に $C_{28}$ や $C_{29}$ のものもあり，またグルコシドとしても存在する。

1) エクダイソン (Ecdysone)

カイコ，ワラビ（ウラボシ科），ゼンマイ（ゼンマイ科）などに含まれる。

2) エクジステロン (Ecdysterone；$\beta$-Ecdysone；20-ハイドロキシエクダイソン)

カイコ，甲殻類，イヌマキ（マキ科）などに含まれる。

3) イノコステロン (Inokosterone)

クワ（クワ科）などに含まれる。

4) ポナステロン A (Ponasterone A)

トガリバマキ（マキ科），ワラビなどに含まれる。

## 9.10 ウィタノライド (Withanolide)

ナス科の *Withania* 属（*W. somnifera* など）をはじめ数属に含まれる側鎖に六員環ラクトン構造を持った $C_{28}$ の一群のステロイドである。古来がん治療に用いられていた同科植物 *Acnistus arborescens* にも含まれている。代表的なものにウィタフェリン A（withaferin A），ウィタクニスチン（withacnistin）等があり抗腫瘍活性が認められている。withanolide E とその 4$\beta$-OH 体には，メラノーマ B-1 腫瘍に活性を持ち注目されている。

### 参考文献

1) L.J.Goad, T.Akihisa, "Analysis of Sterols", Blackie Academic & Professional, London, 1997.
2) H.L.J.Makin, D.B.Gower, D.N.Kirk, eds., "Steroid Analysis", Blackie Academic & Professional, London, 1995.
3) W.R.Nes, M.L.McKean, "Biochemistry of Steroids and Other Isopentenoids", University Park Press, Baltimore, 1977.

# 10

# 芳香族化合物

　紀元前のエジプト文明の時代から19世紀にかけての交易では，天然の香料原料で使われる香料植物や香辛料が重要な物資であった。これらの香気成分の研究は長い間，天然物化学の大きな関心事でもあった。このような研究を通して，バニラ豆からバニリン（vanillin），桂皮からケイヒアルデヒド（cinnamic aldehyde），タイムからチモール（thymol），丁字からオイゲノール（eugenol）などをはじめ，数多くの化合物が単離された。これらの化合物は芳しい香り（aroma）を持っていたことから芳香族化合物と名付けられた。しかし現在では，芳香族化合物というのは，芳香とはまったく無関係にベンゼン環を含む化合物に用いられているため，芳香という名前に反して，とてもよい香りと呼べるものではないことが多く，歴史にその名を残すのみである。

　天然の芳香族化合物は，シキミ酸経路により生合成されるものと，酢酸-マロン酸経路により生合成されるものが多いが，これらにさらにメバロン酸経路が関与し，複合経路として生成されるものなど，多様な骨格が見いだされている。また，生薬・植物成分として顕著な生理・生物活性を示す化合物も多い。

## 10.1 フェニルプロパノイド

　フェニルプロパノイド（phenylpropanoid）類は，シキミ酸経路によりフェニルアラニン（L-phenylalanine）あるいはチロシン（L-tyrosine）から脱アミノ化を経て順次生合成される一連の化合物群であり，$C_6$（phenyl）－$C_3$（propane）の基本骨格からなるため，$C_6$-$C_3$化合物とも呼ばれている。$C_6$部分はヒドロキシル基（−OH）やメトキシル基（−OCH$_3$）を有し，$C_3$部分はカルボン酸，アルデヒド，アルコール，オレフィン型などの構造を有している。天然には，配糖体または遊離型として存在し，遊離型の多くは精油成分ともなっている。芳香を有するものが多く，多量に含有する植物は，芳香剤，香料，芳香性健胃薬などの原料とされるものが多い。

### 10.1.1 カルボン酸型
1) **ケイヒ酸（Cinnamic Acid）**
　　シキミ酸経路でフェニルアラニンから脱アミノ化により生合成される最初の化合物である。エゴノキ科，マメ科の樹脂より得られ，安息香に含有される。植物中ではエステルとして存在すると思われる。酸化により以下の化合物へと進む。
2) ***p*-クマル酸（*p*-Coumaric Acid）**
　　cinnamic acidの酸化，あるいはチロシンの脱アミノ化により生成する。配糖体として蘇葉その他に多く含有され，エステル，遊離型いずれの形でも植物中に広く存在する。

3) カフェー酸（Caffeic Acid）
植物界の分布は広い。キナ酸とのエステルであるクロロゲン酸としてコーヒー豆中に存在する。

4) フェルラ酸（Ferulic Acid）
エステルとして植物界に広く存在する。セリ科センキュウ（川芎）に，多量に含まれる。

|  | $R^1$ | $R^2$ |
|---|---|---|
| cinnamic acid | H | H |
| p-coumaric acid | H | OH |
| caffeic acid | OH | OH |
| ferulic acid | $OCH_3$ | OH |

## 10.1.2　アルデヒド型

**ケイヒアルデヒド（Cinnamic Aldehyde）**

桂皮［*Cinnnamomum cassia*（クスノキ科）］の樹皮の精油（ケイヒ油[a]）の主成分である。特有の甘味と芳香があり，鎮静，解熱作用を有する。食品香料としても多量に使用される。

## 10.1.3　アルコール型

1) コニフェリルアルコール（Coniferyl Alcohol）
配糖体コニフェリンとして広く分布する。リグナン，リグニンの生合成に前駆物質として重要な化合物である。

2) シナピルアルコール（Sinapyl Alcohol）
配糖体シリンジンとして広く分布する。リグニンの生合成前駆物質として重要な化合物である。

|  | $R^1$ | $R^2$ | $R^3$ | $R^4$ |
|---|---|---|---|---|
| cinnamic aldehyde | H | H | H | CHO |
| coniferyl alcohol | H | OH | $OCH_3$ | $CH_2OH$ |
| sinapyl alcohol | $OCH_3$ | OH | $OCH_3$ | $CH_2OH$ |

## 10.1.4　オレフィン型

1) アネトール（Anethole）
　茴香（ういきょう）［*Foeniculum vulgare*（セリ科）の果実］，アニス実［*Anisum vulgare*（セリ科）の果実］，大茴香（だいういきょう）［*Illicium verum*（シキミ科）の果実］などに含まれる精油の主成分。ウイキョウ油[a]の主成分。

2) アサロン（Asarone）
　カンアオイ［*Asarum nipponica*（ウマノスズクサ科）］，菖蒲（しょうぶ）［*Acorus calanus*（サトイモ科）］，石菖（せきしょう）［*Acorus gramineus*（サトイモ科）］などの精油の主成分。

3) オイゲノール（Eugenol）
　丁字［*Syzygium aromaticum*（フトモモ科）のつぼみ］，ニクズク［*Myristica fragrans*（ニクズ

ク科）の種子］などに含有される。精油チョウジ油[a]の主成分。特有の芳香を有し，殺菌防腐剤，局所麻酔薬としても利用されることがある。

> a) 日本薬局方には7種の精油（ウイキョウ油，オレンジ油，ケイヒ油，チョウジ油，テレピン油，ハッカ油，ユーカリ油）が記載され，さらに26品目の生薬に精油含量の規定がある。その多数がテルペン類（monoterpene, sesquiterpene）を主成分としているが，ウイキョウ，ケイヒ，チョウジ由来のものだけが，芳香族化合物（フェニルプロパノイド）を主成分としている。

4) **メチルオイゲノール（Methyleugenol）**

細辛［ケイリンサイシン *Asiasarum heterotropoides* var. *mandshuricum*，ウスバサイシン *A. sieboldii*（ウマノスズクサ科）の根茎，根］に含有される精油の主成分。

5) **エストラゴール（Estragole）**

anethole の側鎖部分での異性体，辛夷［コブシ *Magnolia kobus*，タムシバ *M. salicifolia*（モクレン科）のつぼみ］などの精油に含有される。

6) **サフロール（Safrole）**

サッサフラス油，クスノキ，細辛，シキミなどに含有され，アルカリと加熱して異性化後，酸化し piperonal を生成する。

7) **ミリスチシン（Myristicin）**

ニクズク，ソヨウの精油中に含まれる。

|  | $R^1$ | $R^2$ | $R^3$ |
|---|---|---|---|
| anethole | H | $OCH_3$ | H |
| asarone | $OCH_3$ | $OCH_3$ | $OCH_3$ |

|  | $R^1$ | $R^2$ | $R^3$ |
|---|---|---|---|
| eugenol | $OCH_3$ | OH | H |
| methyleugenol | $OCH_3$ | $OCH_3$ | H |
| estragole | H | $OCH_3$ | H |
| safrole | $-O-CH_2-O-$ | | H |
| myristicin | $-O-CH_2-O-$ | | $OCH_3$ |

## 10.2 クマリン

クマリン（coumarin）類は，*O*-coumaric acid がラクトン化した構造を有し，エステル，エーテル，配糖体などの形でセリ科，ミカン科，マメ科，キク科など高等植物界に広く分布する。種々の生物活性が見いだされている。多くは7位に水酸基あるいはアルコキシル基などの酸素官能基を有し，紫外線下で蛍光を発する。

1) **クマリン（Coumarin）**

芳香性があり，香料として使用される。サクラの葉中にはラクトンが開環し，配糖体となった *O*-β-D-glucosyl coumaric acid として含有され，酵素分解を受けて coumarin となり芳香を現す。

## 10.2 クマリン

2) **スコパロン** (Scoparone, Esculetin Dimethyl Ether)

茵陳蒿［インチンコウ，カワラヨモギ *Artemisia capillaris*（キク科）］の花穂に含有され，胆汁分泌促進作用がある。

3) **エスクリン** (Aesculin, Esculin)

秦皮［トネリコ，*Fraxinus japonica*（モクセイ科）］の樹皮や，セイヨウトチノキ［*Aesculus hippocastanum*（トチノキ科）］の樹皮に多量に含まれ，毛細血管透過性抑制，尿酸排せつ促進を有する。

4) **ウンベリフェロン** (Umbelliferone)

セリ科 *Angelica* 属，キク科 *Artemisia* 属等に広く分布し，水溶液は蛍光を発し，蛍光指示薬とされる。最近，日焼け止めローションなどに用いられている。また，サツマイモのフィトアレキシン[b]でもある。

> b) 植物が病原菌の感染を受け抵抗性を示す場合に感染部に新たに生成する抗菌物質をフィトアレキシン (phytoalexin) と名付ける。100種以上の化合物が見いだされているが，一般に，健全な植物には検出されず，植物の病原菌に対する防御反応に重要な役割を果たしていると考えられる。

5) **オストール** (Osthol)

蛇床子［*Cnidium monnieri*（セリ科）の果実］に多量に含有され，抗白癬菌作用，抗炎症作用，呼吸中枢興奮作用などがある。

6) **ジクマロール** (Dicoumarol)

ムラサキウマゴヤシ［*Medicago sativa*（マメ科）］，セイヨウエビラハギ［*Melilotas officinalis*（マメ科）］などの牧草が発酵した際に生成する coumarol の2量体。抗血液凝固作用（抗ビタミンK作用）を有し，血栓症の治療に用いられている局方医薬品ワルファリン (warfarin) 開発の先導化合物 (lead compound) となった。

|  | $R^1$ | $R^2$ | $R^3$ |
|---|---|---|---|
| coumarin | H | H | H |
| esculietin | OH | OH | H |
| scoparone | $OCH_3$ | $OCH_3$ | H |
| aesculin | -glucose | OH | H |
| umbelliferone | H | OH | H |

psoralen

osthol

dicoumarol ⇒ warfarin

## 10.3 リグナン (Lignan)

　リグナン (lignan) 類はフェニルプロパノイド $C_6-C_3$ 単位2個が酸化縮合（酸化的フェノールカップリング反応）した構造を持つ化合物群である。フェノール性水酸基の解離によって生じるアニオンが酸化酵素（peroxidase など）によって酸化され，中性ラジカル **A** を生じる。**A** にはその共鳴構造式 **B**, **C**, **D** が存在する。2分子の中性ラジカル **D** が $C_6-C_3$ の C8位（β位）で結合してリグナンを生じる。通常のリグナンは分子内に数個のフェノール性水酸基を持ち，抗酸化作用を有するものが多く，種々の生理活性が報告されている。抗腫瘍活性が強く，抗悪性腫瘍剤のリード化合物となった化合物，あるいは，誘導体が開発中の化合物もある。

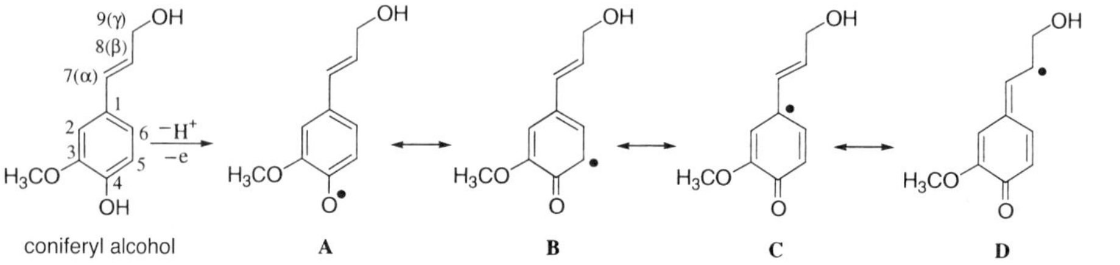

図10.1　phenylpropanoid のラジカル生成と共鳴構造

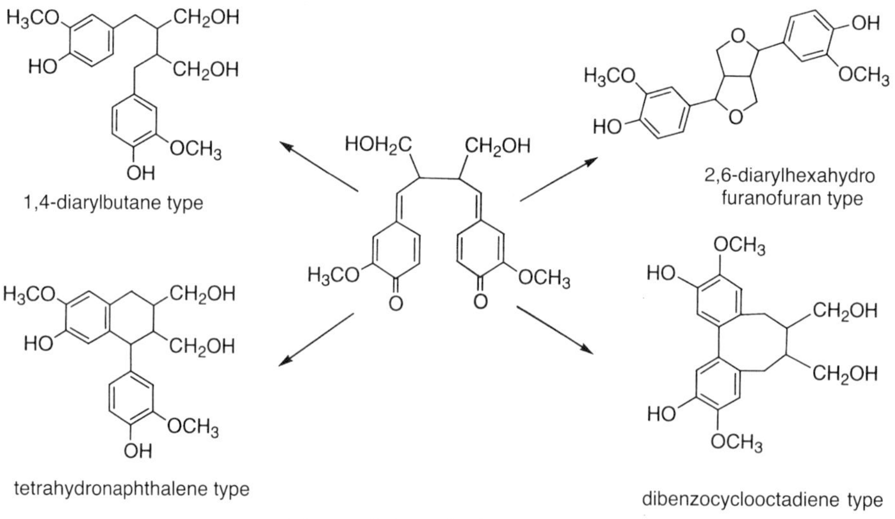

図10.2　リグナン類の骨格による分類

### 10.3.1 Diarylbutane 型リグナン

1) アークティイン (Arctiin)

　連翹［レンギョウ，*Forsythia suspensa*（モクセイ科）の果実］，牛蒡子［ゴボウ，*Arctium lappa*（キク科）の種子］にアークティゲニン (arctigenin) の配糖体として存在する。

2) マタイレジノール (Matairesinol)

　連翹に配糖体マタイレジノシド (matairesinoside) として存在する。

| | $R^1$ | $R^2$ |
|---|---|---|
| arctigenin | H | $CH_3$ |
| arctiin | -glucose | $CH_3$ |
| matairesinol | H | H |
| matairesinoside | -glucose | H |

## 10.3.2 Tetrahydronaphthalene 型リグナン

### ポドフィロトキシン (Podophyllotoxin)

ポドフィルム [*Podophyllum peltatum* (メギ科)] の根，八角蓮 [*P. pleianthum* (メギ科)] などから下剤有効成分として単離された。tetrahydronaphthalene 骨格を持ち，側鎖はラクトン環を形成しトランス結合をとる。生理活性は，tetrahydronaphthalene 骨格とラクトン環の存在によるものであり，また 8,8'-*trans*, 7,8-*cis* の立体配置も不可欠の構造とされている。植物中では，β-D-グルコシド配糖体として存在する。抗腫瘍活性が強く，その誘導体エトポシド (etoposide, VP 16)，テニポシド (teniposide, VM 26) がトポイソメラーゼ (topoisomerase) 阻害作用を有し肺小細胞癌，悪性リンパ腫，子宮けい癌，急性白血病，精巣腫瘍，膀胱癌，じゅう毛性疾患などに対する新薬として臨床で使われている。

podophyllotoxin

etoposide  R=$CH_3$
teniposide R=

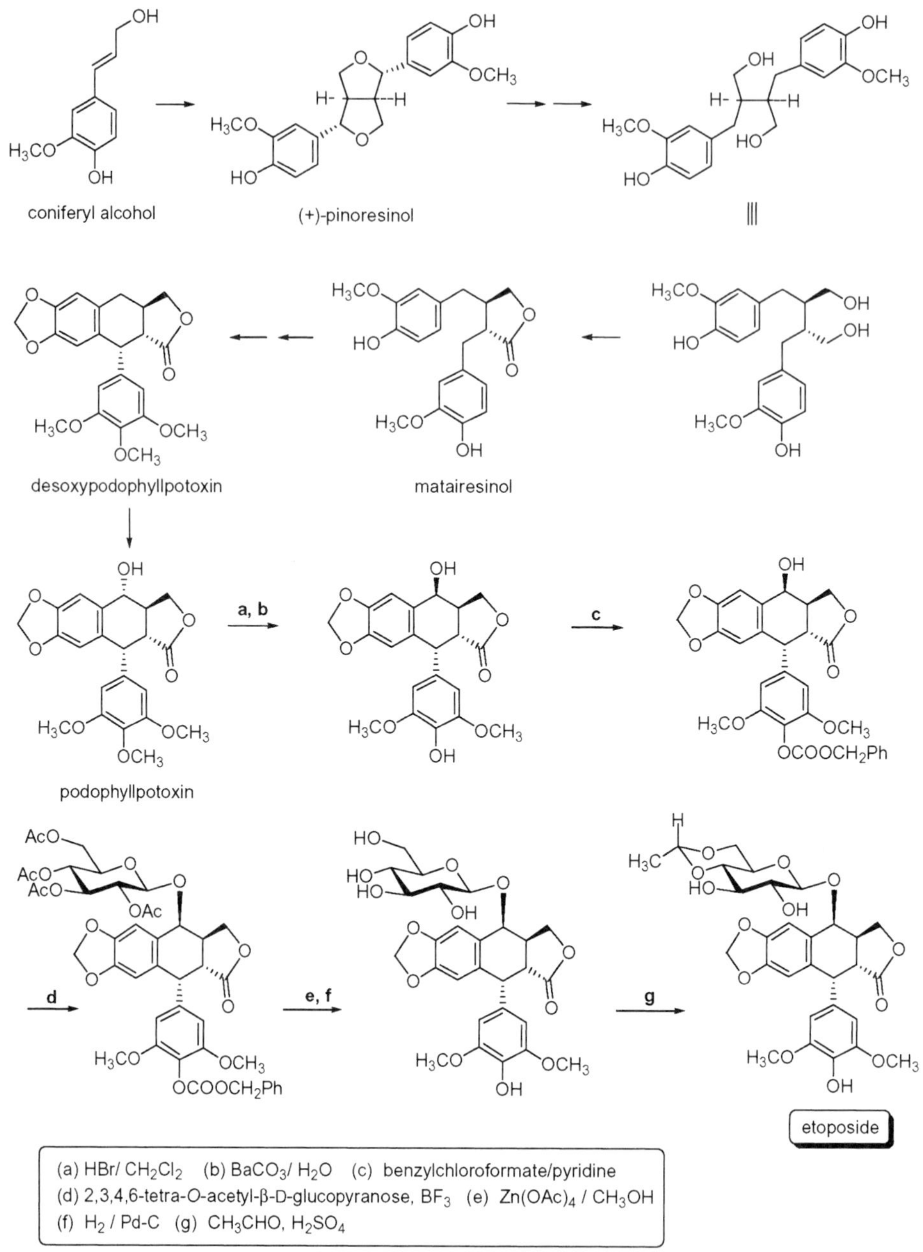
coniferyl alcohol
(+)-pinoresinol
desoxypodophyllpotoxin
matairesinol
podophyllpotoxin
etoposide
(a) HBr/ CH2Cl2 (b) BaCO3/ H2O (c) benzylchloroformate/pyridine
(d) 2,3,4,6-tetra-O-acetyl-β-D-glucopyranose, BF3 (e) Zn(OAc)4 / CH3OH
(f) H2 / Pd-C (g) CH3CHO, H2SO4

図 10.3 podophyllotoxin の生合成と etoposide への誘導

### 10.3.3 2,6-Diarylhexahydrofuranofuran 型リグナン

#### 1) ピノレジノール (Pinoresinol)

モノグルコシドが連翹（れんぎょう）に含まれる。また，ジグルコシドが杜仲（とちゅう）に含まれ，血圧降下作用を有している。

## 2) セサミン (Sesamin)

ゴマ [*Sesamum indicum* (ゴマ科)] の種子に含有され，ゴマ油にも約1%含まれる。抗酸化作用が強く，生活習慣病に対する予防効果があるとされている。

(+)-pinoresinol		(+)-sesamin

## 10.3.4　Dibenzocyclooctadiene 型リグナン

### 1) ステガナシン (Steganacin)

*Steganotaenia araliacea* (セリ科) の樹皮に含有され，抗白血病，抗腫瘍活性が認められている。より有効な誘導体の合成研究が行われている。

### 2) シザンドリン (Schizandrin), ゴミシン (Gomisin)

五味子 [チョウセンゴミシ，*Schizandra chinensis* (マツブサ科) の成熟果実] に含有される。多数の同型リグナンが見いだされ，解熱，鎮咳作用，肝障害防止作用などが認められている。

(-)-steganacin

| | $R^1$ | $R^2$ |
|---|---|---|
| schizandrin | $OCH_3$ | $OCH_3$ |
| gomisin A | $O-CH_2-O$ | |

gomisin B　R: （2-メチル-2-ブテノイル基）
gomisin C　R: （ベンゾイル基）

## 10.3.5　ネオリグナン (Neolignan)

前述の典型的なリグナン以外のものを指す。

### マグノロール (Magnolol), ホーノキオール (Honokiol)

厚朴 [和厚朴，*Magnolia obovata*；唐厚朴，*M. officinalis* (モクレン科) の樹皮] に含まれ，中枢性筋弛緩作用，抗かいよう作用，胃液分泌抑制作用などが認められている。

|         | R¹  | R²  |
|---------|-----|-----|
| magnolol | OH  | H   |
| honokiol | H   | OH  |

## 10.4 リグニン (Lignin)

　植物細胞の細胞壁（cell wall）はその細胞を保護する役目を担っている。機械組織や道管，仮道管あるいは木部組織などに存在する木化細胞膜は，リグニンと称する高分子化合物が沈着することにより硬化している。リグニンの構成単位は主として，coniferyl alcohol, sinapyl alcohol, $p$-coumaryl alcohol である。

## 10.5 アントラキノン

　アントラキノン（anthraquinone）類は天然のキノン類の中で最も大きなグループである。酢酸－マロン酸経路でポリケチド（polyketide）を経て生合成されるエモジン（emodin）型と，シキミ酸経路で $O$-サクシニル安息香酸（$O$-succinylbenzoic acid）を経て生合成されるアリザリン（alizarin）型に大別される。前者は，菌類，タデ科，マメ科，クロウメモドキ科，ユリ科などに存在することが多く，1位，6位，8位に酸素官能基を，3位に炭素原子を有するのが特徴である。また，同時にアンスロン（anthrone）類を含有することが多い。一方，シキミ酸経路で生合成されるアリザリン型は，アカネ科，ノウゼンカズラ科などに存在し，酸素官能基が片方のベンゼン環に偏在することが多い。

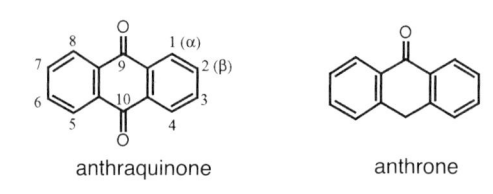

### 10.5.1 エモジン型 (Emodin型)
瀉下作用，整腸薬として用いられる生薬に配糖体あるいは遊離型で含有されることが多い。

1) **クリソファノール（Crysophanol），エモジン（Emodin），アロエ-エモジン（Aloe-emodin），レイン（Rhein）**

　大黄［ダイオウ，*Rheum palmatum, R. officinalis, R. tanguticum, R. coleanum*（タデ科）の根茎］，センナ［*Cassia angustifolia, C. acutifolia*（マメ科）の小葉］，決明子［エビスグサ，*Cassia obtusifolia, C. tora*（マメ科）の種子］などに bisanthrone とともに含有され，瀉下，整腸，抗炎症作用を有する。

## 2) オブツシフォリン (Obtusifolin)

決明子（けつめいし）に含有される。

## 3) バルバロイン (Barbaloin)

アロエ [*Aloe ferox, A. africana, A. spicata* （ユリ科）の葉より得た液汁を乾燥したもの] に瀉下活性成分の１つとして含有される。

## 4) センノシド (Sennoside)

センナ，ダイオウに含まれる主たる瀉下活性成分。anthrone の２量体（bianthrone）で黄色の配糖体。sennoside A と B，C と D はそれぞれ，$C_{10}$-$C_{10'}$ におけるアトロプ異性体[c] である。アントラキノン系化合物の中で瀉下活性が最も強い。

|  | $R^1$ | $R^2$ |
|---|---|---|
| emodin | $CH_3$ | OH |
| chrysophanol | $CH_3$ | H |
| aloe-emodin | $CH_2OH$ | H |
| rhein | COOH | H |

obtusiforin

barbaloin

| | | 10-10' |
|---|---|---|
| sennoside A | R = COOH | *threo* |
| sennoside B | R = COOH | *erythro* |
| sennoside C | R = $CH_2OH$ | *threo* |
| sennoside D | R = $CH_2OH$ | *erythro* |

---

[c] **アトロプ異性体 (Atrop Isomer)**：キラル原子を持たない化合物であっても分子構造がキラルであれば光学活性となり得る。ビフェニル構造のかさ高い置換基または環結合の形成により結合軸の回転が阻害されるために起こる異性体。ビフラボンやタンニンの例もある。

---

## 5) ヒペリシン (Hypericin)

オトギリソウ [*Hypericum erectum, H. perforatum* （オトギリソウ科）] に含有される暗赤色色素。多環性炭化水素のキノン類で，emodinanthrone 2量体がさらに脱水素された構造を持つ。紫外線を強く吸収する作用を有し，動物が摂取後光に当たると皮膚炎，浮腫（ふしゅ）を起こす。

### 10.5.2 アリザリン（Alizarin）型

**アリザリン（Alizarin），プルプリン（Purpurin）**

セイヨウアカネ［*Rubia tinctorium*（アカネ科）］の根に配糖体として含有される黄色色素。古代より利用されてきた重要な天然染料の1つである。

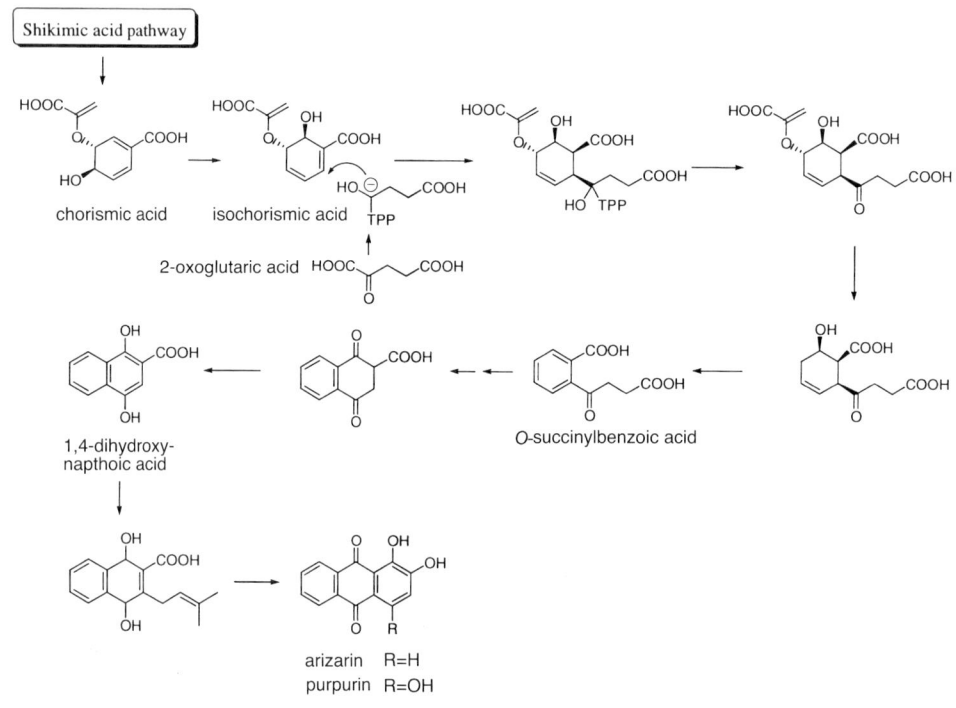

図10.4 アリザリン型アントラキノンの生合成

## 10.6 ナフトキノン

シキミ酸経路とメバロン酸経路などの混合経路により生成するもの，酢酸－マロン酸経路で生成されるもの，メバロン酸経路で生合成されるものなど種々の起源の物質を含む。化学構造上は *ortho* (1, 2)，*para* (1, 4)，*amphi* (2, 6) が考えられるが，天然のものは大半が *para* (α)-ナフトキノンであり，有色の化合物である。

1) ジュグロン（Juglone），ラパコール（Lapachol）

いずれもシキミ酸経路で *O*-succinylbenzoic acid を経て生合成される。juglone は植物成長抑

制作用，昆虫摂食阻害作用を示す。

2) **ビタミン K (Vitamin K)**

脂溶性ビタミンで，K は koagulation（血液凝固）に由来する名称。ナフトキノンの3位にフィチル（phytyl）側鎖を有し，血液凝固促進作用を示すビタミン $K_1$（V.$K_1$, phylloquinone, phytonadione）と3位に polyprenyl 側鎖を有し，血液凝固因子に作用するとともに，生体内電子伝達系に関与しているビタミン $K_2$（V$K_2$, menaquinone）とに大別される。ビタミン $K_3$ はこれらから開発された合成品。

3) **シコニン (Shikonin)**

紫根［ムラサキ，*Lithospermum erythrorhizon*（ムラサキ科）の根］に含有される赤紫色の色素であり，acetylshikonin, isobutylshikonin などのエステル体とともに存在する。シキミ酸とメバロン酸の複合経路で生合成される。強い抗菌・殺菌作用を示すとともに，抗炎症作用，肉芽形成促進，抗腫瘍作用などが認められている。紫色の高級天然色素として古代から利用されてきた。一方，ヨーロッパ産の同科植物，アルカンナ根（*Alkanna tinctoria* の根）には，shikonin（*d*-体）の光学異性体（*l*-体）であるアルカニン（alkanin）が含有されている。

## 10.7 フラボノイド

フラボノイド（flavonoid）は，フェニルクロマン（phenylchroman, $C_6$–$C_3$–$C_6$）骨格を基本構造に持つ芳香族化合物である。遊離または配糖体として維管束植物に広く分布し，植物色素の重要な一群である（flavus はギリシャ語の黄色の意）。酢酸－マロン酸経路由来のA環（$C_6$）とシキミ酸経路由来のB，C環（$C_6$–$C_3$）との縮合によって生合成される。C環の置換様式によって，化学構造上いくつかに分類される。

フラボン，フラバノン，フラボノール，フラバノノールなどは金属マグネシウムと塩酸でC環が還元され，アントシアニジンを生成することにより呈色する。フラボノイドの特異的反応として，フラボノイドを含有する局方生薬（トウヒ，チンピ，キジツ，エイジツ，レンギョウ，ジュウヤクなど）の確認試験にも応用されている。さらに，フラボノイドにおける骨格と，水酸基の置換様式の違いにより，

*136*  10章　芳香族化合物

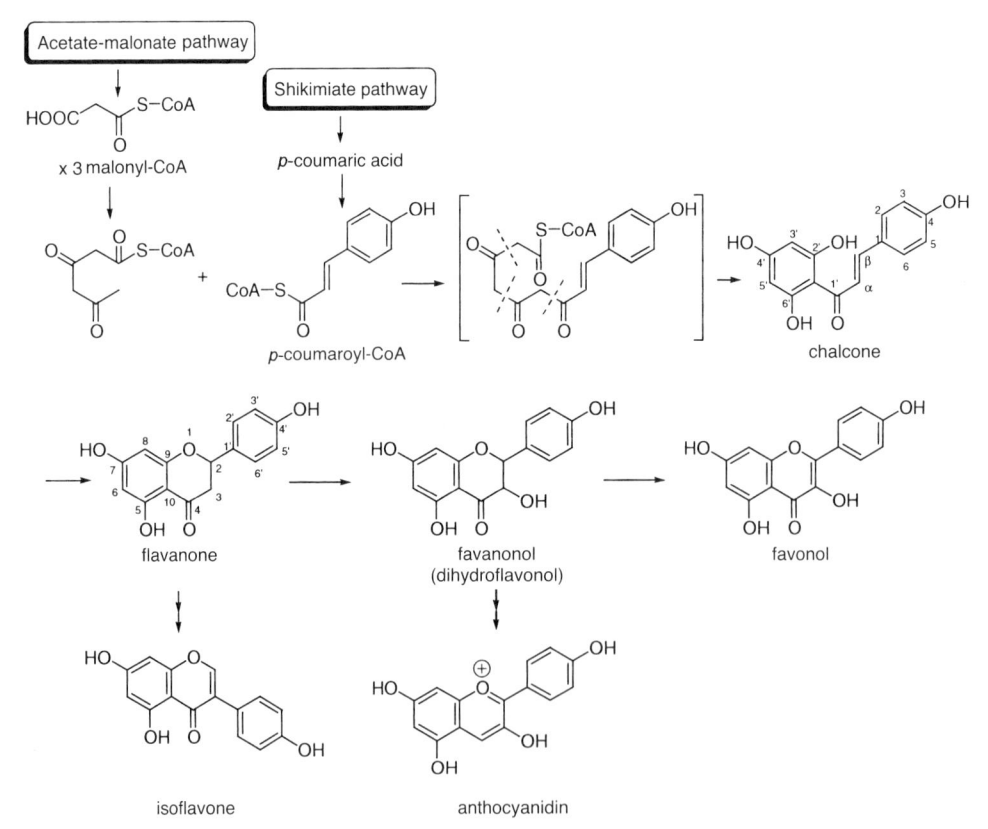

図 10.5　主なフラボノイド類の骨格

図 10.6　フラボノイドの生合成経路概略

UVスペクトルで特徴的な吸収極大が観測される。また，多くの化合物が黄色の結晶状であるが，多量にフラボノイドを含有する植物は古来染料として用いられた。媒染剤として用いられるアルミニウム，鉄，銅など種々の金属イオンによって多彩な染色が得られる。これはフラボノイドのフェノール性水酸基と金属とのキレート形成能を利用したものである。

### 10.7.1　フラボン（Flavone）類およびフラボノール（Flavonol）類とその配糖体

遊離または配糖体として植物界に最も広く分布する代表的フラボノイドである。特にフラボノール類は植物の常成分といえるほど広く分布している。

1) **アピゲニン（Apigenin, 5,7,4′-Trihydroxyflavone）**

   これをアグリコンとする $O$-配糖体は数多く知られている。ビテキシン（vitexin, apigenin-8-$C$-glucoside）は8位の$C$-配糖体であり，クマツヅラ科，タデ科などに見られる。

2) **バイカレイン（Baicalein, 5,6,7-Trihydroxyflavone）**

   黄芩［コガネバナ，*Scutellaria baicalensis*（シソ科）の根］に，配糖体バイカリン（baicalin, baicalein-7-$O$-$\beta$-glucuronide）とともに含まれる。胆汁分泌作用，毛細血管透過性抑制作用，抗アレルギー作用などが見いだされている。

3) **ルテオリン（Luteolin, 5,7,3′,4′-Tetrahydroxyflavone）**

   7-$O$-配糖体などの$O$-配糖体はapigeninに次いで数多く知られている。オリエンチン（orientin, luteolin-8-$C$-glucoside）は8位の$C$-配糖体である。

4) **ケンフェロール（Kaempferol, 5,7,4′-Trihydroxyflavonol）**

   3位や3,7位に糖が結合した配糖体が多く知られており，ゲンノショウコ（*Geranium thunbergii*），エビスグサ（*Cassia obtusifolia*）の葉などに含有される。営実（エイジツ）［*Rosa multiflora*（バラ科）の果実］に含有されるムルチフロリン［multiflorin, kaempferole-3-$O$-(6-$O$-acetyl-$\beta$-D-glucosyl)-(1→4)-$\alpha$-L-rhamnoside］は瀉下作用を有している。

5) **クエルセチン（Quercetin, 5,7,3′,4′-Tetrahydroxyflavonol）**

   最も広く分布するフラボノイドであり，一般に配糖体として存在する。槐花（カイカ）［エンジュ，*Sophora japonica*（マメ科）の花蕾］やソバ（*Fagopyrum esculentum*）の全草に含まれるルチン（rutin, quercetin-3-$O$-rhamnoglucoside）はビタミンP様作用を有し，毛細血管の脆弱性や異常透過性を抑制するため内出血の予防などに使用される。3-$O$-rhamnoside（quercitrin）や，3-$O$-glucoside（isoquercitrin）なども多くの植物にみられる。

### 10.7.2　フラバノン（Flavanone）類およびフラバノノール（Flavanonol, Dihidroflavonol）類とその配糖体

1) **ナリンゲニン（Naringenin, 5,7,4′-Trihydroxyflavanone）**

   キク科ヨモギ属，ダリア属などに遊離で存在する。配糖体ナリンジン（naringin, naringenin-7-$O$-rutinoside）は柑橘類，陳皮（チンピ）［ウンシュウミカン *Citrus unshu*（ミカン科）の果皮］，橙皮・トウヒ［ダイダイ，*C. aurantium* var. *daidai*（ミカン科）の果皮］などにヘスペリジンとともに含有され，苦味成分の1つであるが，非糖部naringeninは無味である。ビタミンP作用（抗毛細血管透過作用）を示す。

2) ヘスペレチン（Hesperetin, 5,7,3′-Tryhydroxy-4′-methoxyflavanone）

配糖体ヘスペリジン（hesperidin, hesperetin-7-$O$-rutinoside）とともにミカン科 *Citrus* 属植物に含まれる。この場合も配糖体は苦味を呈するが，非糖部は無味である。

| | $R^1$ | $R^2$ | $R^3$ | $R^4$ | $R^5$ |
|---|---|---|---|---|---|
| apigenin | H | H | H | H | H |
| vitexin | H | H | H | Glc | H |
| baicalein | H | OH | H | H | H |
| baicalin | H | OH | GlcA | H | H |
| luteolin | H | H | H | H | OH |
| orientin | H | H | H | Glc | OH |
| kaempferol | OH | H | H | H | H |
| quercetin | OH | H | H | H | OH |

| | $R^1$ | $R^2$ | $R^3$ | $R^4$ |
|---|---|---|---|---|
| naringenin | H | H | H | H |
| naringin | H | Rutinosyl* | H | H |
| hesperetin | H | H | OH | Me |
| hesperidin | H | Rutinosyl* | OH | Me |

\* —Glc $\overset{6}{\leftarrow}\overset{1}{}$ Rha

### 10.7.3 カルコン（Chalcone）およびオーロン（Aurone）

カルコン（chalcone）は他のフラボノイドの共通の生合成前駆体であるが，植物中にカルコンの形で存在することは少ないが，黄色の花に色素成分として存在する。甘草（カンゾウ）［*Glycyrrhiza uralensis* その他同属植物（マメ科）の根，ストロン］にはリコカルコン（licochalcone），イソリクイリチゲニン（isoliquiritigenin）とその配糖体が含まれている。紅花（コウカ）［ベニバナ *Carthamus tinctorius*（キク科）］の頭状花］に含まれる赤色色素カルタミン（carthamin）は 2 分子の chalcone-$C$-glucoside が縮合した特異な構造を有している。また，オーロン（aurone）は 1,3-diphenylpropane の中央の炭素と A 環の酸素原子との間で 5 員環を形成した 2-benzylidenecoumaranone を基本骨格とし，エキソ型二重結合を有している。天然にはシス体（$Z$-aurone）が多く，キク科の花や樹皮に含まれる黄色物質として存在する。キンギョソウの花に含まれる黄色色素オーレウシン（aureusin）もオーロンの配糖体である。

|  | R¹ | R² | R³ | R⁴ |
|---|---|---|---|---|
| licochalcone A | H | H | OCH₃ | H |
| licochalcone B | OH | H | OCH₃ | H |
| isoliquiritin | H | Glc | H | OH |
| isoliquiritigenin | H | H | H | OH |

carthamin

## 10.7.4 イソフラボノイド（Isoflavonoid）類およびロテノイド（Rotenoid）

3-フェニルクロモン（3-phenylchromone）骨格を有する化合物群の総称をイソフラボノイド（isoflavonoid）と称する。遊離の型，配糖体両者がマメ科植物に広く分布している。最近イソフラボノイドのエストロゲン作用が注目を集めている。一方，ロテノイド（rotenoid）はイソフラボンの誘導体，すなわちイソフラボノイドにプレニル基が結合し新たに環形成したものと考えられる。これらも多くのマメ科植物にみられるが，殺虫作用が強く，哺乳動物に対する毒性はきわめて弱い農業用の殺虫剤とされる。

1) **ダイゼイン（Daidzein, 7,4′-Dihydroxyisoflavone）**

　葛根（カッコン）［クズ，*Pueraria lobata*（マメ科）の根］やダイズ種子を始めとする多くのマメ科植物に配糖体ダイジン（daidzin, daidzein-7-*O*-glucoside），プエラリン（puerarin, daidzein-8-*C*-glucoside）などとともに存在する。抗カビ作用が認められるが，daidzin は葛根の鎮けい作用に関与しているとされる。

2) **ゲニステイン（Genistein, 5,7,4′-Trihydroxyisoflavone）**

　ダイズ種子（大豆），エンジュ，クローバなどに配糖体ゲニスチン（genistin, genistein-7-*O*-glucoside）とともに存在する。エストロゲン作用を示すことで有名であるが，豆乳にも多く含まれ，発がん（特に乳がん）に対する予防効果があるとされている。

3) **フォルモノネチン（Formononetin, 7-Hydroxy-4′-methoxyisoflavone）**

　黄耆（オウギ）［*Astragalus membranaceus*, *A. mongholicus*（マメ科）の根］やフジ［*Wisteria floribunda*, *W. sinensis*, *W. brachybotrys*（マメ科）］や葛根，甘草など，マメ科植物に配糖体オノニン（ononin, formononetin-7-*O*-glucoside）とともに広く分布する。

4) **ロテノン（Rotenone）**

　デリス［*Derris elliptica*（マメ科）の根］やドクフジなどに含まれ，これらの植物は農作物の害虫駆除や漁獲の目的で用いられた。昆虫には接触毒として働き，昆虫におけるミトコンドリアの電子伝達系で NADH の酸化を阻害することが知られている。

|  | R¹ | R² | R³ | R⁴ | R⁵ |
|---|---|---|---|---|---|
| daizein | H | H | OH | H | OH |
| puerarin | H | H | OH | Glc | OH |
| genistein | OH | H | OH | H | OH |
| genistin | OH | H | O-Glc | H | OH |
| formononetin | H | H | OH | H | OCH₃ |

rotenone

### 10.7.5 アントシアニジン (Anthocyanidin) 類

アントシアニジン (anthocyanidin) は，2-phenylbenzopyrylium (flavylium) を基本骨格とする化合物群の総称。配糖体をアントシアニン (anthocyanin) と称し，水溶性植物色素の最も重要なものである。植物の多彩な花色，果実の赤色，紫色，青色およびその中間色のほとんどの色の本体であり，代表的天然色素である。アントシアニンの色はアグリコンのアントシアニジンの種類によって決まる。天然に見いだされるアントシアニジン類はペラルゴニジン (pelargonidin)，シアニジン (cyanidin)，デルフィニジン (delphinidin) およびその O-メチル誘導体に限られているが，結合する糖の種類，数，結合位置によって多くのアントシアニンが存在する。さらに，多彩な花の色調の多様性は，これらの組合せと細胞液中の金属イオン (Ca, Mg, Al, Fe など) や，他のフラボノイド，フェニルプロパノイド，糖が結合するなどし，これらの部分がスタッキングといわれる相互作用することにより，複数の分子が会合して安定化し，花弁の華やかな色を呈していることが明らかとなってきた。

アントシアニンの生合成経路はアントシアニジン-3-グルコシドに至るまでほとんどの植物に共通で，B環の水酸基の数が花弁の色を決定する大きな要素となっている。B環の水酸基が4′位に1個のペラルゴニジンは黄色，橙色から赤色系，水酸基が3′, 4′位に2個のシアニジンは赤色から紫色系，水酸基が3′, 4′, 5位に3個のデルフィニジンは紫色から青色系というように，B環の水酸基が多くなるほど青く見えよるようになる。

1) ペラルゴニジン (Pelargonidin)

3-O-グルコシドはいちごの果実，ペラルゴニン (pelargonin, 3,5-diglucoside) はダリア，アサガオ，グラジオラスなどの花の色を形成している。

2) シアニジン (Cyanidin)

クリサンテミン (chrysanthemin, 3-glucoside) はキク，ヒガンバナの花，モミジの色素として，シアニン (cyanin, 3,5-diglucoside) はバラ，ダリアなどの花の色として存在する。

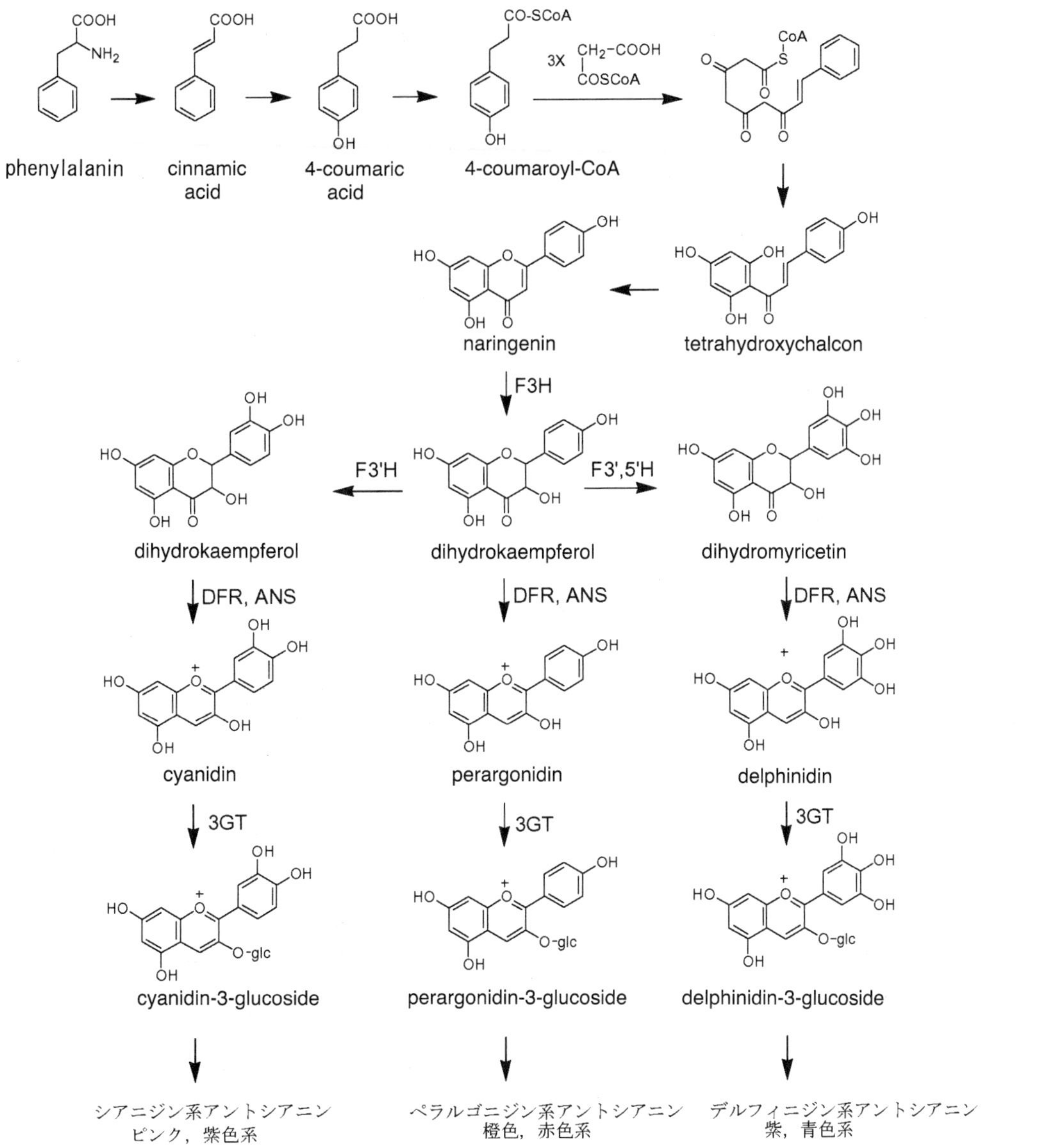

図10.7 アントシアニンの生合成

F3H: flavanone 3-hydroxylase
F3'H: flavonoid 3'-hydroxylase
F3',5'H: flavonoid 3',5'-hydroxylase
DFR: dihydroflavonol reductase
ANS: anthocyanidin synthase
3GT: anthocyanidin 3-O-glucosyltransferase

3) デルフィニジン (Delphinidin)

この配糖体は紫〜青系統の花に見いだされることが多い。デルフィン (delphine, 3,5-diglucoside) はマロン酸エステルがツユクサの花に存在する。

|  | R¹ | R² | R³ | R⁴ |
|---|---|---|---|---|
| pelargonidin | H | H | H | H |
| pelargonin | Glc | Glc | H | H |
| cyanidin | H | H | OH | H |
| chrysanthemin | Glc | H | OH | H |
| cyanin | Glc | Glc | OH | H |
| delphinidin | H | H | OH | OH |
| delphin | Glc | Glc | OH | OH |

## 10.8　タンニン

　タンニン（tannin）は，タンパク質や塩基性物質，金属などと強い親和性を有し難溶性沈殿を形成する植物起源のポリフェノールの総称である．本来，皮なめし効果（tanning＝皮をなめす）を持つ物質として，これらの物質を多量に含む植物のエキスが取り扱われてきた．タンニンの分布は藻類から種子植物まできわめて広く，有用植物中にも多量にタンニンを含有し，収れん・止瀉（下痢止め）・整腸薬として利用されているものも多い．近年，ポリフェノールとして抗酸化作用や，抗ウイルス作用，抗腫瘍など多彩な生理作用が解明されつつある．化学的性状から，加水分解型タンニン（hydrolyzable tannin）と縮合型タンニン（condensed tannin）とに大別される．前者は多価アルコール（糖類）と没食子酸（gallic acid）および関連化合物とのポリエステルであり，後者はカテキン類の縮合物である．

### 10.8.1　加水分解型タンニン（Hydrolyzable Tannin）
　酸，アルカリや酵素によって加水分解を受け，ポリフェノールカルボン酸と多価アルコールを生じる．ポリフェノールの種類によりガロタンニン（gallotannin），エラジタンニン（ellagitannin），加水分解性タンニンオリゴマー，カフェータンニンなどに分類される．

**(1)　ガロタンニン（Gallotannin）**
加水分解によって，多価アルコールの他には没食子酸のみを生成するものの総称．

#### タンニン酸（Tannic Acid）
　五倍子タンニン（Chinese gallotannin），没食子タンニン（Turkish gallotannin）などとも呼ばれる．ヌルデ［*Rhus javanica*（ウルシ科）］の葉にヌルデノミミフシアブラムシが寄生し生じた虫りゅう（gall）に多量に含まれる．pentagalloylglucose または tetragalloylglucose を基本構造とし，種々の位置のガロイル基にさらに複数のガロイル基がデプシド（depside）結合したもので，平均分子量は 1,000 以上である．日本薬局方タンニン酸の製造原料．収れん作用が強く，単独では使用されないが，ベルベリン（タンニン酸ベルベリン）やアルブミン（タンナルビン）などと配合された製剤の形で利用される．類似のガロタンニンは，シャクヤクの根，ボタンの根皮，ウワウルシの葉などにも含まれる．

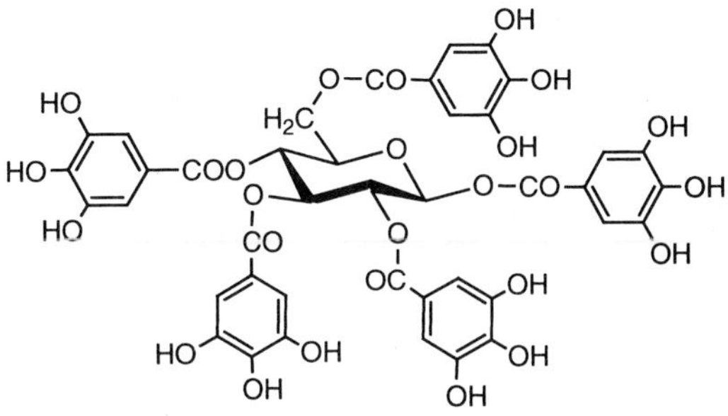

pentagalloylglucose

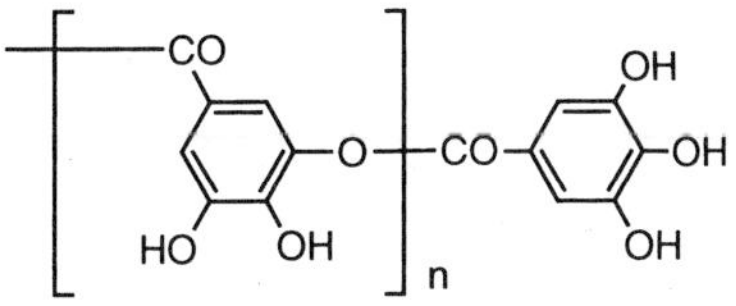

galloyl depside

### (2) エラジタンニン（Ellagitannin）

分子内に hexahydroxydiphenoyl（HHDP）基を有し，加水分解により多価アルコールのほかにエラグ酸（ellagic acid）を生成するもの。加水分解型タンニンの中で，最も種類が多く，分布も広い。

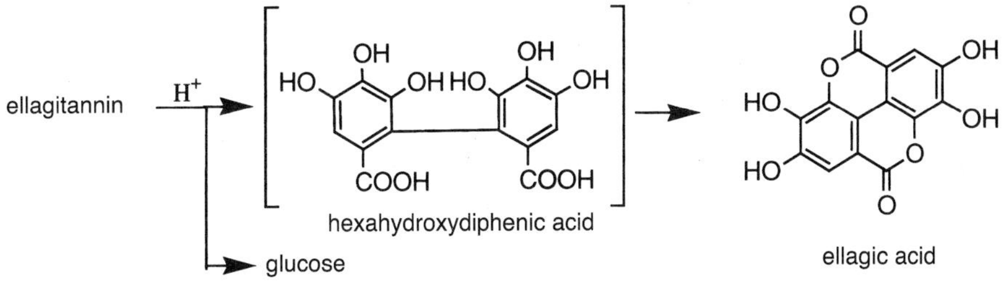

ellagitannin $\xrightarrow{H^+}$ [hexahydroxydiphenic acid] → ellagic acid
 → glucose

#### 1) ゲラニイン（Geraniin）

ゲンノショウコ［*Geranium thunbergii*（フウロウソウ科）］の主タンニンであり，止瀉・整腸薬としての有効成分である。トウダイグサ科，カエデ科などにも見られる結晶性タンニン。水溶液中で（a-form）⇌（b-form）の平衡混合物を形成する。

#### 2) ケブラグ酸（Chebulagic Acid），ケブリン酸（Chebulic Acid）

訶子［ミロバラン *Terminaria chebula*（シクンシ科）の果実］に含有される。

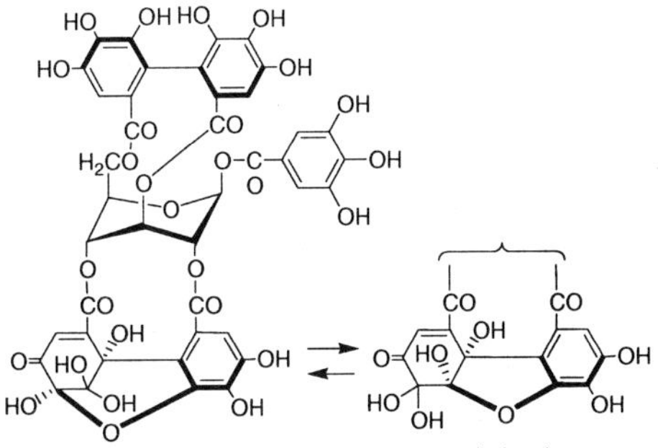

geraniin (a-form) ⇌ (b-form)

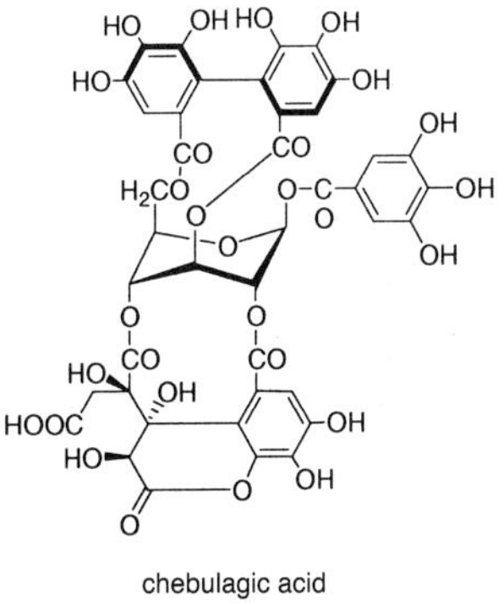

chebulagic acid

### (3) 加水分解性タンニンオリゴマー

加水分解性エラジタンニンの 2〜4 分子が縮合し高分子化（分子量 1,500〜3,000）したタンニン。アグリモニイン（agrimoniin）などが種々のバラ科植物に見いだされる。

agrimoniin

### （4）カフェー酸誘導体

コーヒー豆に含まれるポリフェノールの主体はクロロゲン酸であるが，このものはタンニン活性を示さない。一方，3,4-dicaffeoyl あるいは 3,5-dicaffeoyl 体はタンニン活性が認められる。

chlorogenic acid　　R$^1$ = R$^2$ = H
3,5-di-O-caffeoylquinic acid　R$^1$ = caffeoyl, R$^2$ = H
4,5-di-O-caffeoylquinic acid　R$^1$ = H, R$^2$ = caffeoyl

caffeoyl = −CO−

## 10.8.2　縮合型タンニン（Condensed Tannin）

（＋）-カテキン，（−）-エピカテキンなどの flavan-3-ol 類が順次縮合した基本構造を有している。塩酸存在下，n-BuOH と加熱するとアントシアニジンを生成して赤色に呈色することで加水分解型タンニンと容易に区別が可能である。これらのタンニンはアントシアニジン類を生成することから，プロアントシアニジン（proanthocyanidin）と称されることがある。

1) 柿渋のタンニン

（−）-epigallocatechin，（−）-epicatechin およびそれらの galloyl 化合物。

2) 大黄のタンニン

Rheum 属（タデ科）の根茎はプロシアニジン系タンニンを含有する。

3) 桂皮のタンニン

Cinnamomum cassia（クスノキ科）の樹皮に含まれ，（−）-epicatechin が 4β-8 で結合したオリゴマーを形成している。

4) 茶のタンニン

チャ［Camellia sinensis（ツバキ科）］の葉には種々のカテキン類が含有される。（−）-epigallocatechingallate（EGCG）は緑茶の主タンニンであり，抗酸化作用，抗発がんプロモーター作用が認められ，発がん予防の観点から注目されている。紅茶に含まれるテアフラビン（theaflavin）類は発酵過程で生じるものと考えられている。

5) アセンヤクのタンニン

複合縮合型タンニンで，阿仙薬［*Uncaria gambir*（アカネ科）の水性エキス］，(＋)-catechin が主成分で，口中清涼剤とされたり，(＋)-catechin 製造原料とされる。

## 10.9 その他の芳香族化合物

### 10.9.1 ジアリールヘプタノイド（Diarylheptanoid）

ジアリールヘプタノイド（diarylheptanoid）は，*n*-heptane の 1, 7 位にフェニル基が置換した $C_6$（芳香環）-$C_7$-$C_6$（芳香環）構造を有する化合物群の総称。直鎖状のタイプと橋状型のタイプに大別される。ショウガ科には curcumin に代表されるジアリールヘプタノイドが含有される。

1) クルクミン（Curcumin）

ウコン［*Curcuma longa*（ショウガ科）の根茎］に含まれる黄色色素。関連化合物をクルクミノイド（curcuminoid）と称している。胆汁分泌促進作用が強く，抗菌作用も強い。また，抗酸化活性が顕著であり，生活習慣病の予防に良いとされている。食品の着色料ターメリックとしても重要。

2) ヤクチノン（Yakuchinone）

益智［ヤクチ，*Alpinia xyphylla*（ショウガ科）］を始めとする *Alpinia* 属リョウキョウ（*A. officinarum*），ソウズク（*A. katsumadai*）に含有される。

### 10.9.2 $C_6$, $C_6$-$C_1$, $C_6$-$C_2$, $C_6$-$C_n$ 化合物

1) アルブチン（Arbutin）

ウワウルシ［*Arctostaphylos uva-ursi*（ツツジ科）］やコケモモ［*Vaccinium vitis-idea*（ツツジ科）］などの葉に含有されるフェノール性配糖体で，尿路殺菌作用があり，尿路消毒薬とされる。

**2) サリシン (Salicin)**

ヤナギ科ヤナギ属（*Salix*）の樹皮，葉に含有される配糖体，鎮痛解熱作用がある。鎮痛解熱薬アセチルサリチル酸が誕生するきっかけとなった化合物。

**3) アニスアルデヒド (Anisaldehyde)**

茴香（ウイキョウ）の精油成分として anethol などとともに含有される。

**4) バニリン (Vanillin)**

バニラ実［*Vanilla planifolia*（ラン科）の果実］に配糖体として含有され，調製加工中に酵素分解を受けて芳香成分 vanillin が遊離する。食品香料として消費量がきわめて多い。オイゲノール，リグニンなどから誘導合成される。

**5) ペオノール (Paeonol)**

牡丹皮［ボタンピ，*Paeonia suffruticosa*（ボタン科）の根皮］に配糖体ペオノシド，ペオノライドなどとともに存在する。特異臭があり，ボタンピの主成分の1つである。鎮痛，鎮けい，抗炎症作用を有する。

**6) ジンゲロール (Gingerol)**

生姜［ショウキョウ，*Zingiber officinale*（ショウガ科）の根茎］の辛味成分。[6]-gingerol の含量が最も高い。ショーガオール（shogaol）やジンゲロン（zingerone）は加熱処理中に gingerol から生成する分解産物である。

arbutin　salicin　anisaldehyde　vanillin　paeonol R = H
paeonoside R = Glc
paeonolide R = Glc-Ara

gingerols [6]-gingerol n=4　zingerone　shogaols

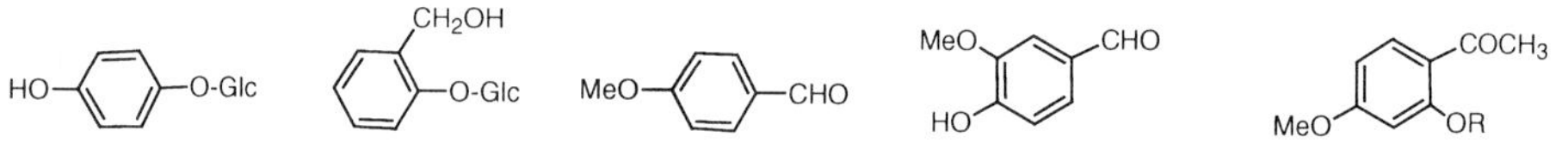

## 10.10 カンナビノイド (Cannabinoid)

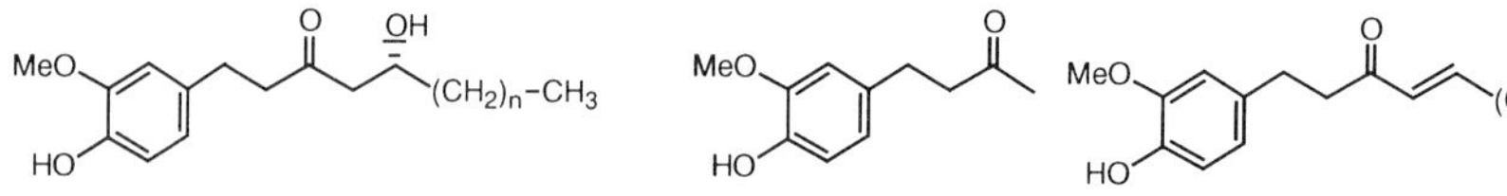

大麻［アサ，*Cannabis sativa*（クワ科）の未熟果穂（かすい）］に含有され幻覚作用・麻酔作用を有する成分群の総称。果穂に多量に含有される樹脂状物質ハシッシュ（hashish），マリファナ（marihuana）の主成分である。約40種のカンナビノイドが知られ，カルボキシル基を有するカンナビノイド酸（cannabinoid acid）と中性カンナビノイドに大別される。酢酸－マロン酸経路由来の olivetol とメバロン酸経路によって生合成される。脱炭酸によって生じる中性カンナビノイドの中で，tetrahydrocannabinol（THC）が最も強い幻覚作用や麻酔作用を有している。

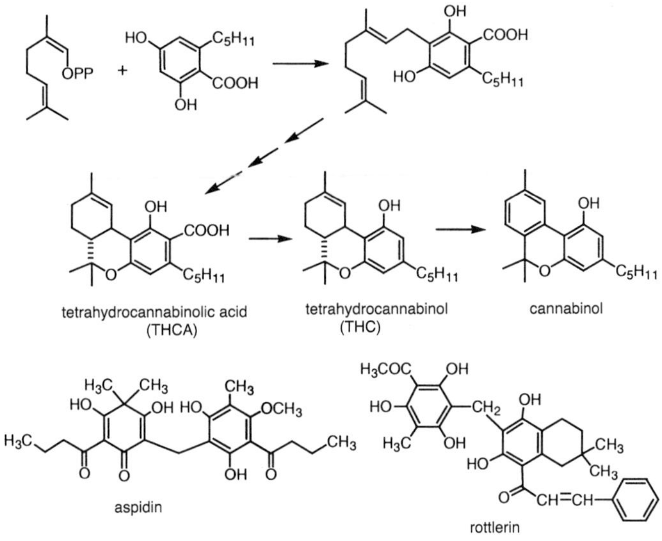

図 10.8　カンナビノイドの生合成と主なカンナビノイド

## 10.11　トコフェロール（Tocopherol）とトコトリエノール（Tocotrienol）

イソプレン側鎖で置換されたクロマン核をもつトコフェロールとトコトリエノールは，ビタミン E と総称されている。クロマン核上のメチル基の数と位置の違いによって，それぞれ $\alpha$，$\beta$，$\gamma$，$\delta$ の 4 種の異性体が存在するが，天然のものはすべて D 体である。緑色植物に存在し，特に小麦胚芽油，大豆油，綿実油，落花生油などの植物油に豊富に含まれている。酸化防止効果をもち，細胞膜を形成するリン脂質中の不飽和脂肪酸の酸化を防止し，過酸化脂質の生成を妨げ，細胞膜を保護する抗酸化作用，膜安定化作用を有している。ビタミン E 効力の強いのは $\alpha$ 体であり，抗酸化作用は $\delta$ 体が最も強い。

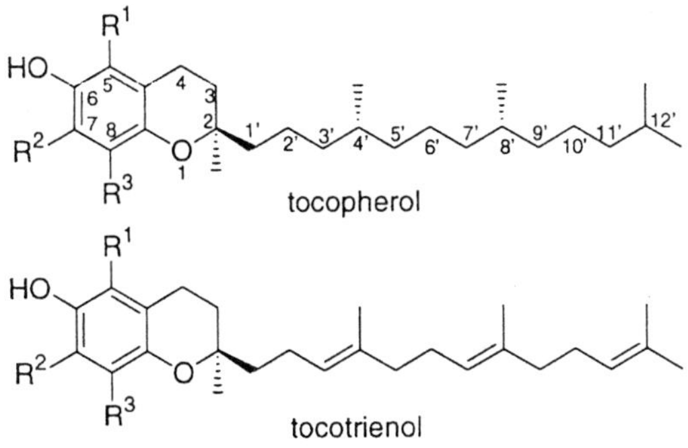

|  | $\alpha$ | $\beta$ | $\gamma$ | $\delta$ |
|---|---|---|---|---|
| $R^1$ | $CH_3$ | $CH_3$ | H | H |
| $R^2$ | $CH_3$ | H | $CH_3$ | H |
| $R^3$ | $CH_3$ | $CH_3$ | $CH_3$ | $CH_3$ |

### 参考文献

1) T. Konoshima, M. Takasaki, "Anti-tumor-promoting activities of natural products", Studies in Natural Products Chemistry (ed. by A. Rahman), Vol. 24, pp. 215-267, Elsevier, 2000.

# 11

# アミノ酸とペプチド

　アミノ酸（amino acid）は1つの分子中に塩基性のアミノ基と酸性のカルボキシル基の両方の官能基を持つアミノカルボン酸（amino carboxylic acid）であり，タンパク質を構成する重要な成分である。タンパク質を構成するアミノ酸20種はすべてアミノ基をカルボキシル基の $\alpha$ 位に持つ $\alpha$-アミノ酸 [R–CH(NH$_2$)–COOH] であり，側鎖構造（R）のみが互いに異なっている。ペプチド（peptide）は2個またはそれ以上のアミノ酸が，それぞれのアミノ基とカルボキシル基との間で脱水縮合したアミド結合を形成した連鎖状化合物の総称であり，このアミド結合はペプチド結合（peptide bond, peptide linkage）とも呼ばれる。

## 11.1 アミノ酸

　天然に存在するアミノ酸の大部分は $\alpha$-アミノ酸であるが，$\beta$-，$\gamma$-，$\omega$-アミノ酸なども知られている。アミノ酸はタンパク質の構成物質として存在しているが，植物中には遊離の状態でも存在しており，アルカロイド生合成の前駆体ともなっている。

　アミノ酸は分子内酸-塩基反応を行い，主として双性イオン（zwitter ion）｛または双極イオン（dipolar ion）｝として存在している。アミノ酸の双性イオンは一種の分子内塩であり，そのために無機塩類と類似した性質を持つ。すなわち，アミノ酸の物理的，化学的性質は同程度の分子量を持つ他の有機化合物のそれとかなり異なり，高融点結晶性，不揮発性である。また，水溶性であり，非極性有機溶媒に不（難）溶性である。アミノ酸は両性電解質（amphoteric electrolyte）であり，酸性水溶液中ではカチオンとなり，塩基性水溶液中ではアニオンとなる。

　表11.1にはタンパク質を構成する20種の $\alpha$-アミノ酸を示した。これらのうち19種が第一級アミン（RNH$_2$）であり，プロリン（proline）は窒素と $\alpha$ 炭素原子がピロリジン環の一部を構成している第二級アミンである。20種のアミノ酸は側鎖構造により中性アミノ酸（neutral amino acid），酸性アミノ酸（acidic amino acid），塩基性アミノ酸（basic amino acid）に分類される。アミノ酸の略号はポリペプチドやタンパク質の構造を簡潔に表示する際に用いられる。

## 11.1 アミノ酸

表 11.1 天然タンパク質を構成する α-アミノ酸

| 名称 | 略号 | 分子量 | 構造 | 等電点 | $pK_{a1}$ α-COOH | $pK_{a2}$ α-NH$_3^+$ |
|---|---|---|---|---|---|---|
| **中性アミノ酸** | | | | | | |
| アラニン (alanine) | Ala (A) | 89 | | 6.02 | 2.34 | 9.69 |
| アスパラギン (asparagine) | Asn (N) | 132 | | 5.41 | 2.02 | 8.80 |
| システイン (cysteine) | Cys (C) | 121 | | 5.07 | 1.96 | 10.28 |
| グルタミン (glutamine) | Gln (Q) | 146 | | 5.65 | 2.17 | 9.13 |
| グリシン (glycine) | Gly (G) | 75 | | 5.97 | 2.34 | 9.60 |
| イソロイシン (isoleucine)[a] | Ile (I) | 131 | | 6.02 | 2.36 | 9.60 |
| ロイシン (leucine)[a] | Leu (L) | 131 | | 5.98 | 2.36 | 9.60 |
| メチオニン (methionine)[a] | Met (M) | 149 | | 5.74 | 2.28 | 9.21 |
| フェニルアラニン (phenylalanine)[a] | Phe (F) | 165 | | 5.48 | 1.83 | 9.13 |
| プロリン (proline) | Pro (P) | 115 | | 6.30 | 1.99 | 10.60 |
| セリン (serine) | Ser (S) | 105 | | 5.68 | 2.21 | 9.15 |
| トレオニン (threonine)[a] | Thr (T) | 119 | | 5.60 | 2.09 | 9.10 |
| トリプトファン (tryptophan)[a] | Trp (W) | 204 | | 5.89 | 2.83 | 9.39 |
| チロシン (tyrosine) | Tyr (Y) | 181 | | 5.66 | 2.20 | 9.11 |
| バリン (valine)[a] | Val (V) | 117 | | 5.96 | 2.32 | 9.62 |
| **酸性アミノ酸** | | | | | | |
| アスパラギン酸 (aspartic acid) | Asp (D) | 133 | | 2.77 | 1.88 | 9.60 |
| グルタミン酸 (glutamic acid) | Glu (E) | 147 | | 3.22 | 2.19 | 9.67 |
| **塩基性アミノ酸** | | | | | | |
| アルギニン (arginine)[b] | Arg (R) | 174 | | 10.76 | 2.17 | 9.04 |
| ヒスチジン (hystidine)[b] | His (H) | 155 | | 7.59 | 1.82 | 9.17 |
| リシン (lysine) | Lys (K) | 146 | | 9.74 | 2.18 | 8.95 |

[a] 必須アミノ酸, [b] 必須アミノ酸に含めることもある.

## 11.1.1 アミノ酸の立体化学

タンパク質を構成している α-アミノ酸は glycine を除いてすべてキラル炭素を持ち光学活性である。その旋光性と立体配置 (configuration) との関係は，図 11.1 に示したような方法で明らかにされた。天然の (−)-serine は，L 系列である左旋性リンゴ酸 (L-malic acid) のキラル炭素原子と同一の立体配置を持つことが確認された。したがって，(−)-serine は立体配置命名の基準物質である (+)-D-glyceraldehyde の鏡像体 (enantiomer) と立体配置の等しい L 系列であることが明らかとなった。タンパク質の加水分解生成物である α-アミノ酸の α 位立体配置もすべて同一であり，タンパク質構成アミノ酸すべてが L 系列である。また，$R, S$ 命名法によれば，α 位キラルなタンパク質構成 L-α-アミノ酸は，一種を除いて $(S)$ 配置となる。例外は L-cysteine で $(R)$ 配置となる ($-CH_2SH$ 基は $-COOH$ 基よりも優先するため)。

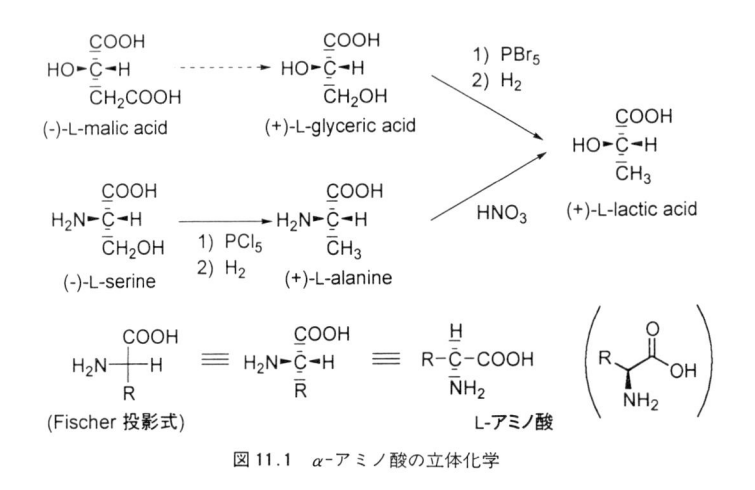

図 11.1 α-アミノ酸の立体化学

## 11.1.2 タンパク質構成アミノ酸

タンパク質を構成し，遺伝制御に直接関連のある 20 種の α-アミノ酸を表 11.1 に示したが，ヒトはこれらのうち 12 種しか合成することができない。残りの 8 種，すなわち L-leucine, L-isoleucine, L-lysine, L-methionine, L-phenylalanine, L-threonine, L-tryptophan, L-valine は，食物から得なければならないため必須アミノ酸 (essential amino acid, indispensable amino acid) と呼ばれている。また，タンパク質構成アミノ酸のうち，glutamic acid の Na 塩は風味増強剤や調味料に，tyrosine は神経伝達物質作用を持つ医薬などとしても用いられている。

## 11.1.3 その他の天然アミノ酸

タンパク質構成アミノ酸以外の天然アミノ酸も広く動植物界に分布しており，特に植物から単離・構造決定されたものが多い。これらの大部分は遊離アミノ酸の形で存在するが，微生物ではペプチド抗生物質の構成アミノ酸として発見されることが多い。これらのアミノ酸のなかには顕著な生理作用を示すものもあり，以下に代表的なものを示した。

1) アリイン (Aliin)

ニンニクの鱗茎に含まれる cysteine 誘導体の無臭無刺激性物質である alliin は，細胞が破壊さ

れると共存する酵素アリイナーゼ（alliinase）によってNH₃とピルビン酸を生成しながら刺激臭を持つallicinに変換される。このallicinは，揮発性の臭気成分であり，活性酸素を遊離してニンニク生体を外敵から守る役割を担っている。また，allicinには強い殺菌防腐作用があり，また，vitamin $B_1$ と容易に結合してthiamine allyl disulfide（TAD）を生成する。TADは腸で吸収されやすく，筋肉に蓄積され，必要に応じてvitamin $B_1$ を再生する。

$$2 \times \text{alliin} \xrightarrow{\text{Alliinase}} \text{allicin} + CH_3COCOOH + 2NH_3$$

2) アザセリン（Azaserine）

*Streptomyces fragilis* が産生する抗腫瘍性アミノ酸である。動物実験に対し，広い抗腫瘍スペクトルを示す。その作用機序は腫瘍細胞におけるプリン合成の阻害による。

3) D-シクロセリン（D-Cycloserine）

*Streptomyces orchidaceus* の産生するD-アミノ酸のラクタム抗生物質である。作用機序は，微生物の細胞壁へのalanineの取り込み阻害による。

4) ドウモイ酸（Domoic acid）

南九州，沖縄に産する紅藻類のハナヤナギ（*Chondria armata*）の回虫駆除成分。回虫の運動を麻痺させる作用はα-kainic acidより強い。全藻が民間で駆虫薬とされている。1987年プリンスエドワード島で養殖ムール貝（ムラサキイガイ）が毒化し，記憶喪失を伴う神経障害の中毒事件が起き，老人が2名死亡した。この毒化ムール貝からdomoic acidが多量単離され，後に毒化貝から単離された珪藻の *Amphora coffaeiformis* が生産することが判明した。domoic acidはα-kainic acidとともにグルタミン酸感受性シナプスに作用し，強力な中枢神経興奮作用を示し，神経薬理学的に重要な化合物である。

5) L-ドーパ（L-Dopa，Levodopa）

*Mucuna pruriens*（マメ科）の種子などに含まれる。パーキンソン症候群の治療薬として用いられる。

6) α-カイニン酸（α-Kainic acid）

南シナ海，日本南部沿岸などに産する紅藻類のマクリ（海人草，*Digenea simplex*，フジマツモ科）から単離された駆虫薬。回虫の運動を初め興奮させたのち，麻痺させて運動能力を失わせ，虫体を体外に排出させる。回虫，蟯虫，鞭虫などの駆除に用いる。1：5の比でサントニンと併用され，相乗効果により著しい作用の増強が利用されている。

7) イボテン酸（Ibotenic acid）

イボテングタケ（*Amanita pantherina*）とベニテングタケに含まれ，殺虫（ハエ），麻酔増強などの作用があり，殺虫剤として用いられている。また，独特のうま味があり，化学調味料に加えられる。

8) チロキシン（Thyroxine）

甲状腺から分泌されるホルモン物質。タンパク質，水などの物質代謝を全般的に促進する。その欠乏は発育不全（クレチン病），粘液水腫を，一方，過剰はバセドウ病を誘発する。

9) ムスカリン（Muscarine）

キノコ類の二次代謝産物でテングタケ科（Amanitaceae）の有毒キノコ，ベニテングタケ（*Amanita muscarina*）の成分である。副交感神経抹消を興奮させ，その結果として心拍数減少，内分泌亢進，消化管の収縮，縮瞳，発汗等の作用を有し，atropine の拮抗薬となる。

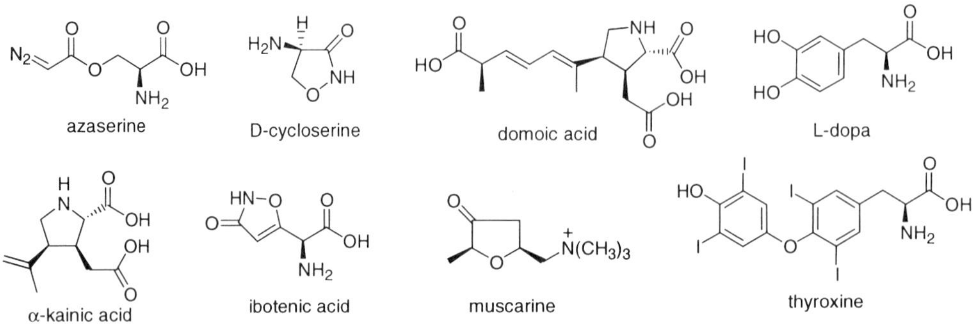

図 11.2　タンパク質構成アミノ酸以外の代表的な天然アミノ酸

## 11.1.4　D-アミノ酸

タンパク質を構成するアミノ酸の大部分は L-アミノ酸であるが，*Bacillus anthracis* の膜成分であるポリペプチドには多量の D-glutamic acid が存在する。その他の微生物の細胞膜，および産生するペプチド様抗生物質などの構成アミノ酸にも D-アミノ酸が見出されている。アミノ酸の立体配置はその生理作用と密接な関係がある。例えば，コンブのうま味成分である sodium L-glutamate は美味を有するが，その D-体はほとんど無味である。

---

**コラム　　血圧上昇抑制効果を持つ γ-アミノ酪酸（GABA）**

γ-アミノ酪酸（γ-aminobutyric acid；GABA）は広く生物界に遊離状態で存在するアミノ酸である。動物においては甲殻類の神経筋接合部，ほ乳動物の小脳などに多く存在し，抑制性神経伝達物質と考えられている。植物では茶，キバナオウギ，桑などに存在し，また，菌類の紅麹にも含まれる。GABA は内在するグルタミン酸脱炭酸酵素によりグルタミン酸から生成する。茶葉や桑葉においての GABA の富化は，これらを窒素や炭酸ガスなどの嫌気的条件下に置くことにより行われる。この嫌気処理により，グルタミン酸が減少し GABA が増加する。GABA の生成は，嫌気的条件下で細胞の膜構造が変化し，グルタミン酸とグルタミン酸脱炭酸酵素が接触する機会が増えるためと推定されている。

GABA は脳の血流を改善し，酸素供給量を増加させ脳細胞の代謝機能を亢進させる働きを持っている。また，脳卒中や頭部外傷後遺症，脳動脈硬化症などによる頭痛，耳鳴り，記憶障害，意欲低下などの症状を改善する作用，延髄の血管運動中枢に作用して，血圧を降下させる作用が認められており，医薬品として治療に応用されている。最近の研究により，GABA には更年期障害および自律神経障害にみられる精神症状（怒りっぽい，興奮，不眠，イライラ，不定愁訴など）の緩和に効果があることがわかってきた。

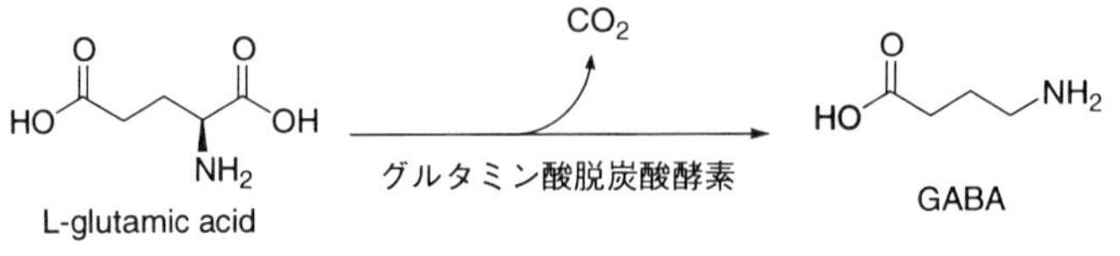

> **コラム　緑茶のうま味成分テアニンの生理作用**
>
> 　日本には昔から，「朝茶は七里帰っても飲め」とか「朝茶は質に置いても飲め」などのことわざがあるように，お茶は日本人にとって身近な飲料である。お茶にはビタミン類（ビタミンCやE），ポリフェノール類（カテキンなど），アミノ酸（テアニン，アルギニンや$\gamma$-アミノ酪酸など），カフェイン，その他各種ミネラル，香気成分などが多く含まれている。テアニン（L-theanine；$\gamma$-gluamylethylamide）はグルタミン酸にエチルアミンが結合した構造を持つアミノ酸で，グルタミン酸に似たうま味をもたらす呈味成分である。テアニンは茶（学名 *Thea sinensis*）に特有のアミノ酸といってもよいほど，植物界における分布は茶に限定されており，遊離の状態で存在する。茶葉のテアニン含量が最も高いのは一番茶であり，乾燥葉あたり約2%と他のアミノ酸に比べて著しく高い。玉露や抹茶は熟度の浅い茶葉の若芽から作られるが，これらは緑茶種の中でも最も多くテアニンなどの遊離アミノ酸を含んでいる。
>
> 　最近の研究により，テアニンはさまざまな生理・薬理作用を持つことが知られてきている。テアニンには，ストレス時の交感神経興奮を軽減する効果，すなわちリラックス効果のあることが，ヒトの脳波解析から示唆されている。お茶には適度な興奮性をもたらす飲料としての生理特性があるが，これはカフェインの中枢興奮作用が，テアニンの拮抗作用により特異的に抑制されるためである。ラットを用いた動物実験では，テアニンには正常な血圧には影響を与えないが，高血圧の状態を正常に戻す血圧降下作用が認められている。また，テアニンにはアルツハイマー病に密接に関連していると考えられている，神経成長因子（NGF）の合成促進活性を有することも報告されている。このようにテアニンについては，高血圧症やアルツハイマー病などの成人・老年性疾患に対する予防効果に関する研究が行われてきており，予防医学的な食素材として有望な化合物である。
>
> L-theanine

## 11.2　ペプチド

　ペプチドはその構成アミノ酸数により，ジペプチド（dipeptide），トリペプチド（tripeptide）などと呼ばれ，また，アミノ酸が2〜10個縮合したペプチドをオリゴペプチド（oligopeptide），約10〜100個のものをポリペプチド（polypeptide），さらに，約100個以上のペプチドをタンパク質（protein；マクロペプチド，macropeptide）と呼んでいる。ペプチドを構成するアミノ酸単位をアミノ酸残基（amino acid residue）あるいはアミノ酸単位（amino acid unit）と呼ぶ。

　ペプチドの構造を表示する場合，アミノ酸の略号を用いて表示することが多い。鎖状ペプチドでは左端にN末端アミノ酸（N-terminal amino acid；N末端）を，右端にC末端アミノ酸（C-terminal amino acid；C末端）を置き直線で結ぶ。glycineの場合には次のように表示する。

```
    Gly      NH2-CH2-COOH
    Gly-     NH2-CH2-CO-
   -Gly-     -NH-CH2-CO-
   -Gly      -NH-CH2-COOH
```

ペプチドには鎖状ペプチド（linear peptides）の他に環状ペプチド（cyclic peptides）があるが，環状ペプチドでは，カルボキシル基よりアミノ基に矢印を用いて結合様式を表し，鎖状ペプチドの規則で記された環状ペプチドは，矢印を用いて書き換えることができる。この場合，矢印の方向は常にCO→NHである。

ペプチドを構成成分の観点から分類すると，アミノ酸のみから構成されるホモメリックペプチド（homomeric peptides）と，アミノ酸と非アミノ酸から構成されるヘテロメリックペプチド（heteromeric peptides）に分類することもできる。

```
┌Val─Orn─Leu─D-Phe─Pro─Val─Orn─Leu─D-Phe─Pro┐     ┌→Val→Orn→Leu→D-Phe→Pro┐
                                             ⟹    └Pro←D-Phe←Leu←Orn←Val←┘
```

### 11.2.1 天然ペプチド

多数のペプチドが天然より単離されており，そのなかには重要な生理作用を示すものが多い。生理活性を持つペプチドには，ペプチド抗生物質（peptide antibiotics）およびペプチドホルモン（peptide hormones）が一般によく知られており，医薬品として使用されている。

(1) 植物ペプチド

1) アマトキシン（Amatoxin）

　キノコ毒の環状ペプチドである。テングタケ科（Amanitaceae）のタマゴテングタケ（*Amanita phalloides*），ドクツルタケ（*A. virosa*）などに含まれる有毒ポリペプチドの総称で，アミノ酸6～9分子が大環状の分子を形成し，多くのものは橋梁状の構造を持つ。特に$\alpha$-，$\beta$-，$\gamma$-amanitinの毒性が強く，マウスに対する$LD_{50}$はそれぞれ0.3，0.5，0.2 mg/kgである。これらはRNA polymerase阻害作用を示し，強力な溶血性を示す。

| | $R^1$ | $R^2$ | $R^3$ |
|---|---|---|---|
| $\alpha$-amanitin | $CH_2OH$ | $NH_2$ | $OH$ |
| $\beta$-amanitin | $CH_2OH$ | $OH$ | $OH$ |
| $\gamma$-amanitin | $CH_3$ | $NH_2$ | $OH$ |
| amanin | $CH_2OH$ | $OH$ | $H$ |

2) 茜草根（センソウコン）中の抗腫瘍性ペプチド

　アカネ科の茜草（アカミノアカネ *Rubia cordifolia* およびアカネ *R. akane*）の根より抗腫瘍性cyclic hexapeptidesが単離構造決定された。これは基本的には1個のD-alanine，2個のL-alanine，

| | $R^1$ | $R^2$ | $R^3$ |
|---|---|---|---|
| RA-I | H | $CH_3$ | OH |
| RA-II | $CH_3$ | H | H |
| RA-III | $CH_3$ | $CH_3$ | OH |

3個の N-methyl-L-tyrosine からなる環状ペプチドであり，種々の実験動物腫瘍に対して活性を示している。

(2) 動物ペプチド

インスリン，副腎皮質刺激ホルモン（ACTH），黒色素細胞刺激ホルモン（MSH）など多数のホルモン類が見いだされており，この分野の研究は近年目覚ましい発展をしている。

1) インスリン（Insulin）

すい臓のランゲルハンス島から分泌されるホルモンで，血糖低下，タンパク質生合成促進など物質代謝に重要な役割を果たしている。21個のアミノ酸残基からなるA鎖と30個のアミノ酸残基からなるB鎖とがS-S結合により2箇所で連結した2本鎖ポリペプチドで，構成アミノ酸は動物により種属差がある。糖尿病治療薬として多く用いられている。

H-Gly–Ile–Val–Glu–Gln–Cys–Cys–Thr–Ser–Ile–Cys–Ser–Leu–Tyr–Gln–Leu–Glu–Asn–Tyr–Cys–Asn–OH

H-Phe-Val-Asn-Gln-His-Leu-Cys-Gly-Ser-His──Leu–Val–Glu–Ala–Leu–Tyr–Leu–Val–Cys–Gly

insulin （ヒト）　　　　　　　　HO–Thr–Lys–Pro–Thr–Tyr–Phe–Phe–Gly–Arg–Glu

2) ブラジキニン（Bradykinin）

血漿タンパク質の $\alpha_2$-グロブリン中にある bradykininogen が trypsin あるいはヘビ毒の作用で分解して生成する。極微量で毛細血管の透過性の亢進，血圧降下，疼痛，平滑筋の収縮作用などがある。アミノ酸9個の1本鎖ペプチドである。

H-Arg-Pro-Pro-Gly-Phe-Ser-Pro-Phe-Arg-OH

---

**コラム　　コアラとユーカリの化学生態学**

ユーカリは有袋類のコアラが食べる植物として日本では有名であるが，オーストラリア，タスマニア原産のユーカリ属植物は植物分類学上700種以上存在する。その中で実際にコアラなどの有袋類動物が餌としえるのは，数％以下である。ユーカリ属植物に含有される化学成分と有袋類の食性の関係を明らかにし，自然保護・野生動物保護に生かそうとする化学生態学（chemical ecology）の研究がオーストラリアを中心として行われている。ユーカリ属植物には，精油成分が大量に含有され，古来よりユーカリ油原料となっているが，それらとともに，多様な phloroglucinol 誘導体が特異的に含有されている。phloroglucinol 誘導体の中で，一部の phloroglucinol dimer および macrocarpal 類（sesqiterpene 類との縮合体）がユーカリ葉から多量に摂取されると，コアラ，ポッサムなどにおけるユーカリ葉の摂食量が減少することから，これらの化合物の含有量が，食性を左右する一要因であると考察されている。有袋類の生理機能に対する作用も種々検討され，新しい構造を有する macrocarpal 類をはじめとする多くの phloroglucinol 誘導体が現在も単離・構造決定されている。新たな生理活性も見いだされ，成長がきわめて早いユーカリ属植物は，人類にとっても有用なバイオマスと考えられている。

# 12

## アルカロイド

　アミノ酸は生体中に遊離の形，あるいはペプチドやタンパク質構成アミノ酸として存在し，生体にとって重要な第一次代謝物質である。このアミノ酸を前駆体として生合成される植物成分には，アルカロイド（alkaloid）と総称される化合物群があり，塩基性を有し激しい生理作用を発現するものが数多く知られている。一方，アルカロイドを含む植物は薬用または有毒植物である場合が多く，アルカロイドならびにその誘導体は医薬品として用いられているほか，新たな医薬品開発のためのリード化合物としても重要である。

　19世紀初頭にアヘンから鎮痛作用の本体であるモルヒネ（morphine），ホミカから強直性けいれんを示すストリキニーネ（strychnine），キナからマラリアの特効薬キニーネ（quinine）が発見された。これらは，いずれも塩基性を示す性質があることからアルカリ様のもの，すなわちalkali（アルカリ）とoide（のような）の2つのラテン語が組み合わさって"アルカロイド"という名称が与えられた。そして，従来のアルカロイドはすべてが植物由来の成分であることから"植物塩基"と翻訳された。最近になって，動物，微生物起源のアルカロイドが報告されるようになると，植物塩基の呼称はふさわしいものではなくなってきた。

　これまでアルカロイドは窒素を含む基本骨格（例えば，キノリン-，イソキノリン-，インドール-，トロパンアルカロイドなど）による分類や含有植物群（例えばヒガンバナ科-，ナス科-，アコニットアルカロイドなど）による分類が広く利用されてきた。しかし，これらの分類はまったく人為的かつ便宜的なものに過ぎない。そこで最近では，アルカロイドをその生合成前駆体のアミノ酸に基づいて分類するほうが，生体成分として理解する上でより自然であると考えられるようになった。有用物質の生合成経路の詳細が明らかになるにつれ，各種アルカロイドの化合物群は比較的に少数のアミノ酸を鍵出発物質（building blocks，図12.1）として作られていることも明らかとなった。生合成の出発物質となるアミノ酸は主としてオルニチン，リシン，チロシン，トリプトファンであり，基本骨格に含まれる窒素がアミノ酸由来である生合成経路をアミノ酸経路という。この経路により生合成されたアルカロイドは真性アルカロイド（genuine alkaloid）と総称される。一方，アミノ酸からのアミノ基転移などにより基本骨格に窒素原子が導入されたような生合成経路で作られるものはシュードアルカロイド（pseudo-alkaloid）と総称される。

morphine　　　　　strychnine　　　　　quinine

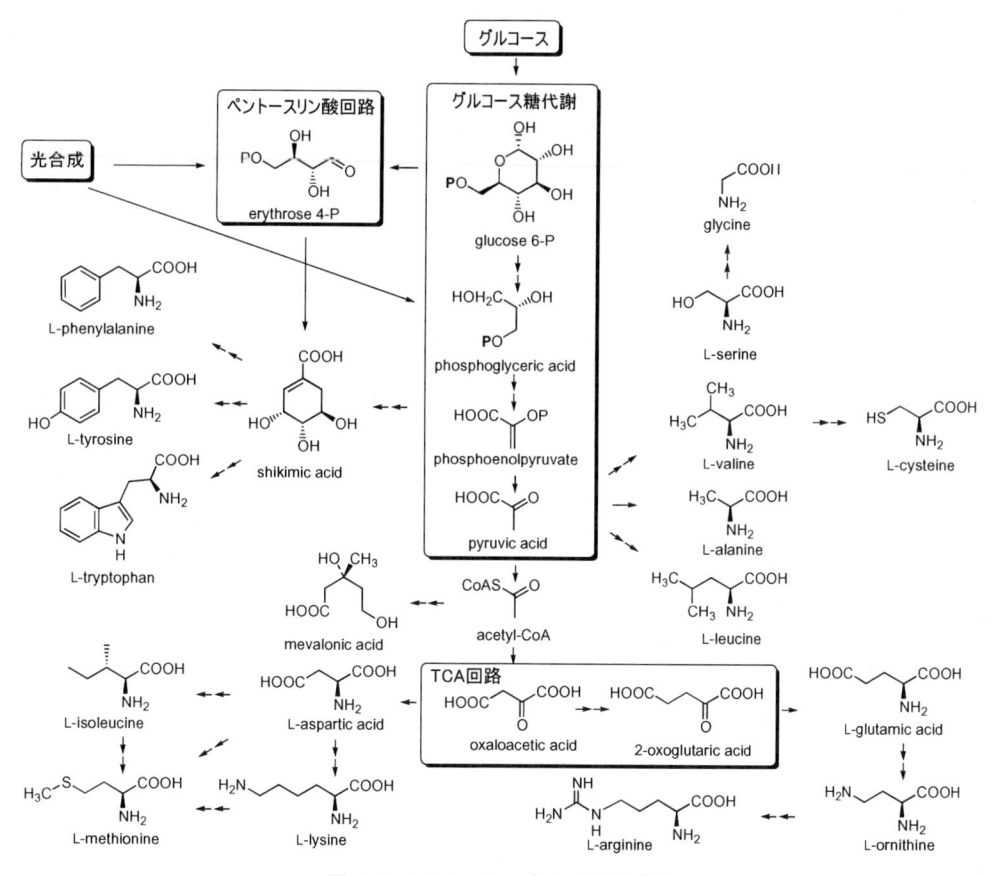

図 12.1 ビルディングブロックの概略図

## 12.1 オルニチン由来のトロパンアルカロイド

　オルニチン（L-ornithine）はタンパク質の構成には用いられないアミノ酸であり，哺乳類では尿素回路を通してアルギニン（L-arginine）から酵素アルギナーゼにより誘導される．植物ではグルタミン酸（L-glutamic acid）から変換されてオルニチンが作られる．オルニチン由来のアルカロイドは5員環のピロリジン（pyrrolidine）骨格を有する点に構造上の特徴がある．ピロリジン環の構築は，オルニチンからプトレシン（putrescine）を経由してピロリニウムカチオン（$N$-methyl-$\Delta^1$-pyrrolinium cation）への変換から始まる．このピロリニウム塩が2個のアセチルCoA単位とMannich型反応を行い，ついでピロリジン環が脱水された後に分子内Mannich型反応が起こるとトロパン骨格を有するtropanone carboxylic acidが形成されてエクゴニン（ecgonine）に変換される．このecgoninに安息香酸（benzoic acid）がエステル結合してコカイン（cocaine）が生合成される．一方，トロパン骨格を有するトロピン（tropine）を経由し，フェニルアラニン（L-phenylalanine）から側鎖のプロパノイド部分が転位して生じたトロパ酸（tropic acid）がエステル結合してヒオスチアミン［(−)-hyoscyamine］が生合成される（図12.2）．後述するがタバコのアルカロイドであるニコチン（nicotine）のピロリジン環もオルニチンを前駆体アミノ酸として生合成される．

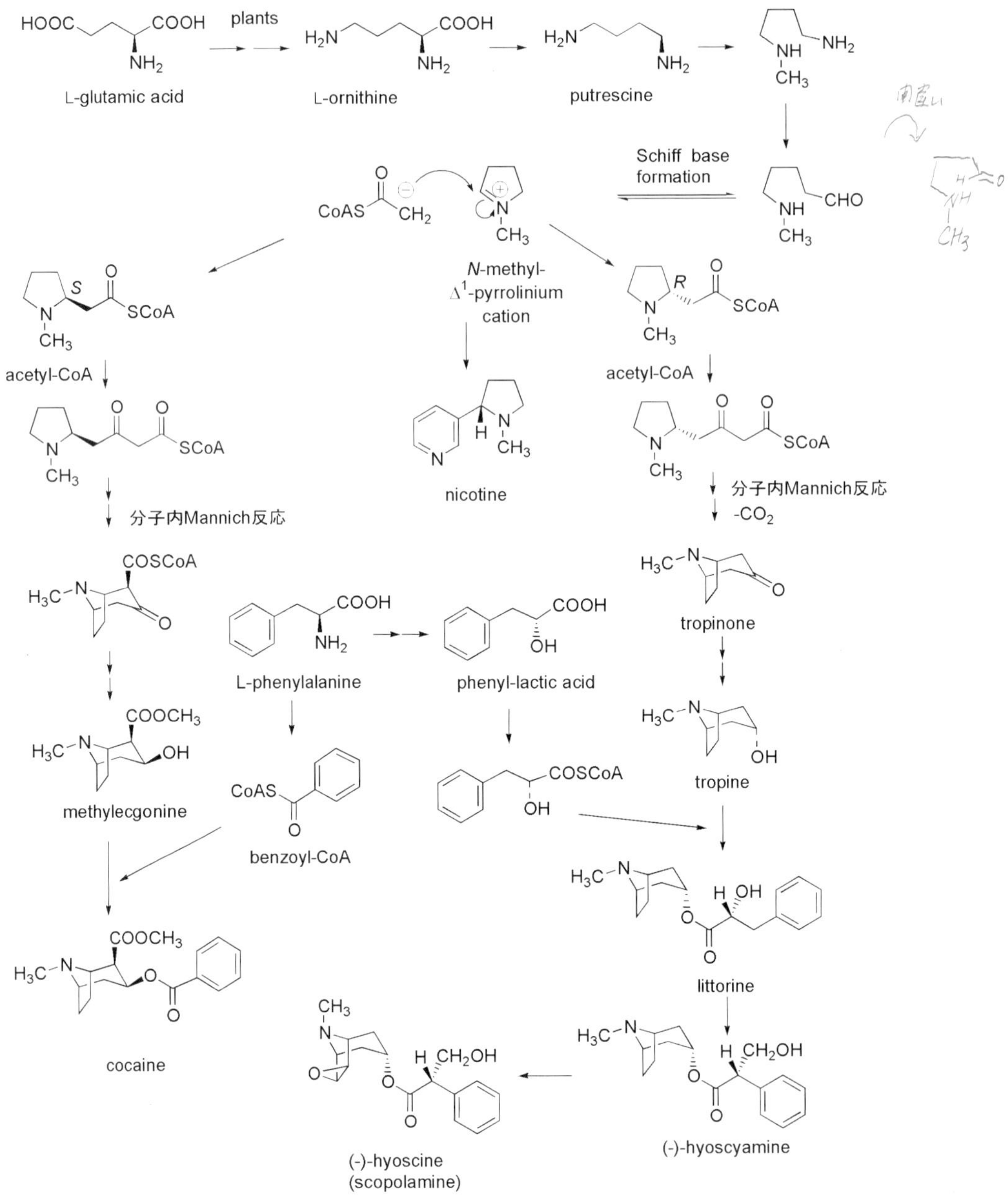

図 12.2　トロパンアルカロイドの生合成

## 12.1.1　ナス科植物のトロパンアルカロイド

### ヒヨスチアミン，スコポラミン，アトロピン

　ナス科植物には (−)-ヒヨスチアミン [(−)-hyoscyamine] が含有され，これは抽出過程で側鎖のトロパ酸の部分がラセミ化を受けアトロピン (atropine) を生じる．含有されるナス科植物はダツラ (*Datura tatula*)，ハシリドコロ (*Scopolia japonica*)，ベラドンナ根 (*Atropa belladonna*)，ヒヨス (*Hyoscyamus niger*) などがある．ベラドンナとは美女 (Bella=美しい，

donna＝貴婦人）の意である。むかしのイタリアの婦人たちは，いわゆる美眼法の一種として，この植物の抽出物の希釈したものを点眼して瞳孔を拡大させたといわれている。この作用の本体であるアルカロイドには散瞳作用があり，これを服用または点眼すると瞳孔が開き，目が大きく見えることから属名にちなみ atropine と名付けられた。ヒヨスの葉からは（－）-hyoscyamine がラセミ化を受けずに単離され，硫酸アトロピンの製造原料とされる。日本に自生するハシリドコロには，（－）-hyoscyamine と（－）-スコポラミン（ヒヨスシン）〔（－）-scopolamine，（－）-hyoscine〕が含まれる。この植物の根茎および根をロート根と称し，これから調製されたロートエキスは，鎮痛，鎮痙あるいは消化液分泌抑制薬として用いられる。ハシリドコロは春先新芽をフキノトウと間違え誤食されるなど，中毒例が時々報告される。atropine は副交感神経遮断薬（抗コリン作動神経薬）で前述のように散瞳，平滑筋弛緩による鎮痙作用があり，抗潰瘍薬としても重要な役割を果たしている。

(-)-hyoscyamine

(-)-scopolamine ((-)-hyoscine)

(S)-tropic acid

## 12.1.2 コカイン

コカイン（cocaine）は，南米ボリビアおよびペルーに野生する低木であるコカノキ科（Erythroxylaceae），コカ（*Erythroxylon* または *Erythroxylum*）属の *E.coca* あるいは *E.novogranatense* の葉から得られるアルカロイドである。前者がボリビア産，後者がペルー産植物で，cocaine 含量は後者の方が多い。コカ葉には，乾燥葉の約 1.5%のアルカロイドが含有され，その 70〜80%が cocaine〔天然に存在するのは（－）-cocaine〕である。その他，10〜15%が *cis*-，および *trans*-シンナモイルコカイン（cinnamoylcocaine）である。*E.novogranatense* はジャワ島でも栽培されるが，栽培品の全アルカロイド含量は多いものの，cocaine 含量は少なく，同系アルカロイドである cinnamoylcocaine などの方が多い（cinnamoylcocaine の名称は化学的に間違いであり，cinnamoylecgonine methyl ester が正しい）。これらの化合物は *E.coca* からも単離され，いずれも加水分解によってエクゴニン（ecgonine）を生じる。ecgonine は，メチル化，次いでベンゾイル化することによって，cocaine に誘導される。cocaine は，（－）-hyoscyamine や（－）-scopolamine などと同じく，トロパン（tropane）骨格を基本としている。そのため，これらのアルカロイドもトロパンアルカロイドと総称される。

コカ葉の利用の歴史は古く，アンデス地方では，古代インカの時代から外科手術の際の麻酔剤として使用された形跡がある。また，コカ葉のそしゃく習慣がインディオたちに，この地域の過酷な生活環境

にも対処できる力を与えてきたといわれている。16世紀に入り，インカ帝国を滅ぼしたスペイン人によってコカ葉がヨーロッパに伝えられ，1860年，A. Niemannによってコカ葉から，その活性成分が初めて単離されてcocaineと命名された。19世紀末には，cocaineは，うきうきした気分にさせ，活力を与えるものとして，さまざまな強壮剤の成分や，疲労，ぜんそく，モルヒネ中毒，胃炎などの多くの病気の治療薬としてもてはやされた。

　cocaineは，局所麻酔作用を持ち，外科手術の際の表面麻酔剤として用いられた。中枢神経系に対しては，シナプスにおけるドーパミンやノルアドレナリンなどの放出促進と再取り込み抑制により交感神経系を活性化する。疲労感消失，多幸感，食欲低下，頻脈，呼吸速迫，血圧上昇，体温上昇などを引き起こす。中毒症状は，消化器障害，不眠，幻覚，精神障害などを生じ，精神依存を形成する。しかし，cocaineの場合，作用の持続時間は20～60分と短い。また，中には非常に敏感な人があり，中枢神経系の興奮状態をまったく起こすことなく，急激なショック症状を起こし，血圧低下，呼吸困難をきたし死亡することがある。

cocaine

cinnamoylcocaine
(*cis* and *trans*)

## 12.2 リシン由来アルカロイド

### 12.2.1 ピペリジンアルカロイド

　ピペリジンアルカロイドはアミノ酸のリシン（L-lysine）を前駆体として生合成される。lysineはカダベリンを経てピペリジンへ変換される。当初，ポリケチド（polyketide）が窒素を取り込み生合成されたと考えられていたが，骨格部分はlysine由来であることが明らかとなった。

1) イソペレチエリン（Isopelletierine）

　かつて条虫駆除薬として用いられたザクロ科（Punicaceae）のザクロ（*Punica granatum*，ザクロヒ，石榴皮）から単離された。1878年発見者のTanretはパリ大学のPelletier教授の功績を記念し，本化合物にペレチエリン（pelletierine）の名称を与えた。pelletierineは側鎖末端がアルデヒドであるとされていたが，その後構造が訂正され名称もisopelletierineとなった。ザクロには側鎖部分が環形成されたシュードペレチエリン（pseudopelletierine）も含まれる。

2) コニイン（Coniine）

　セリ科（Umbelliferae）のドクニンジン（*Conium maculatum*）の有毒成分で，初め運動神経末端をまひし，呼吸困難に陥る。中毒死は呼吸中枢まひによるものである。古代ギリシャではドク

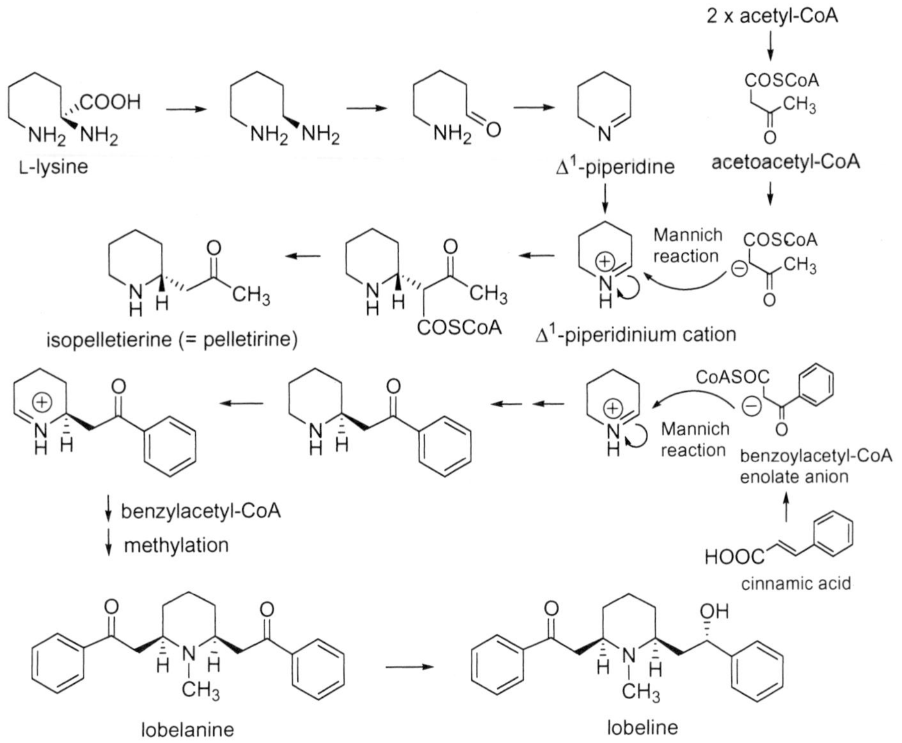

図 12.3 ピペリジンアルカロイドの生合成

ニンジンエキスを罪人の死刑に用いたという。

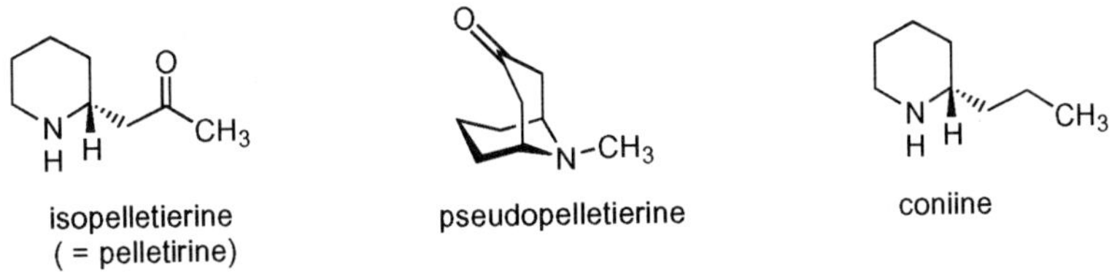

isopelletierine
( = pelletirine)

pseudopelletierine

coniine

3) ロベリン (Lobeline), ロベラニジン (Lobelanidine)

キキョウ科のアルカロイドでロベリア (*Lobelia inflata*) の成分である。その他サワギキョウ (*L. derrata*), ミゾカクシ (*L. chinensis*) と *Campanula medium* からも単離された。本化合物は中枢性呼吸興奮薬として用いられた。微量成分としてロベラニジンを含有する。

4) ピペリン (Piperine)

コショウ科のコショウ (*Piper nigrum*) はインド原産のつる性の常緑樹で, その果実にはピペリンが含まれ独特の強い辛味を示す。

## 12.2.2 キノリチジンアルカロイド（ルピンアルカロイド）

ルピンアルカロイドと総称されるキノリチジン環を持つ有毒なアルカロイドがマメ科に広く分布している。なかでもクララ（*Sophora angustifolia*）の根は漢薬で苦参と称し，強い苦味があり，古くから健胃，利尿，解熱，鎮痛，駆虫などに用いられてきた。ミヤマトベラ（*Euchresta japonica*）の根は漢薬で山豆根として咽頭や口腔の腫瘍の治療に用いられた。苦参や山豆根の主アルカロイドはマトリン（matrine）である。エニシダ（*Cytisus scoparius*）は黄色い花を咲かせる1～2 mの灌木で，スパルテイン（sparteine）を含有する。

これらのアルカロイドは次のような生合成により作られる。lysineから誘導されたグルタリルアルデヒドとピペリジンがMannich反応により二環性中間体を形成し，さらに還元過程を経てルピニン（lupinine）が生成する。さらにもう1分子のlysineがカダベリン（cadaverine）を経てアルカロイドに導入されてmatrineやsparteineが形成される。

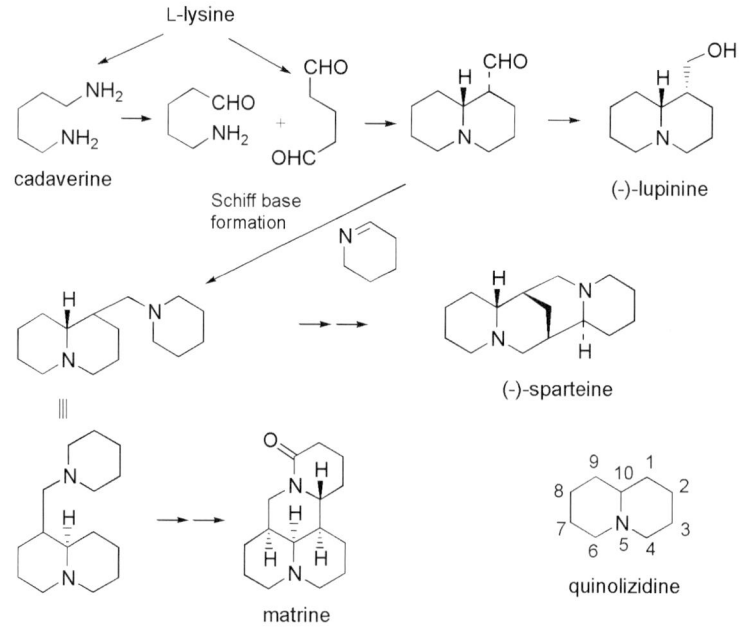

図12.4 キノリチジンアルカロイドの生合成

1) ルピニン（Lupinine）

マメ科（Leguminosae）のノボリフジ（*Lupinus luteus*, ハウチワマメ）の成分で昆虫の接触阻害作用がある。他に同属の *L. palmeri* や *Anabasis aphylla* からも単離された。

2) スパルテイン（Sparteine）

前述のノボリフジおよびエニシダ（*Cytisus scoparus*）から単離され，コニイン類似の生理作用を示す。中枢神経に対する作用は弱いが，運動神経末端および交感神経をまひさせる。子宮収縮，陣痛促進薬として用いられた。エニシダの旧名は *Spartium scoparium* であり，名前の由来となった。

3) マトリン（Matrine）

クララ（*Sophora angustifolia*, 苦参）はマメ科植物で旧名マトリグサといわれ，それが名前のいわれである。matrine には4個のキラル中心があり8個のジアステレオマーの存在が考えられるが，そのうち6個が知られている。

## 12.3 ニコチン酸由来アルカロイド（ピリジンアルカロイド）

ニコチン酸に由来するアルカロイドで，ナス科タバコ属植物からのタバコアルカロイド（nicotine, nornicotine, anabasine），トウダイグサ科植物トウゴマ（ricinine），およびヤシ科植物ビンロウジのアルカロイド（arecoline）などがある。

1) ニコチン（Nicotine）とアナバシン（Anabasine）

nicotine の pyridine 環はニコチン酸（nicotinic acid），pyrrolidine 環は L-ornithine から生合成される。一方 anabasine の piperidine 環は L-lysine 由来である。nicotine の生理作用は，自律神経節に作用し，いわゆるアセチルコリン作用のうちの一部，すなわちニコチン様作用を示す。その結果，一時的に血圧を上昇させるが，直ちに血圧を降下させる。平滑筋に対してはぜん動運動促

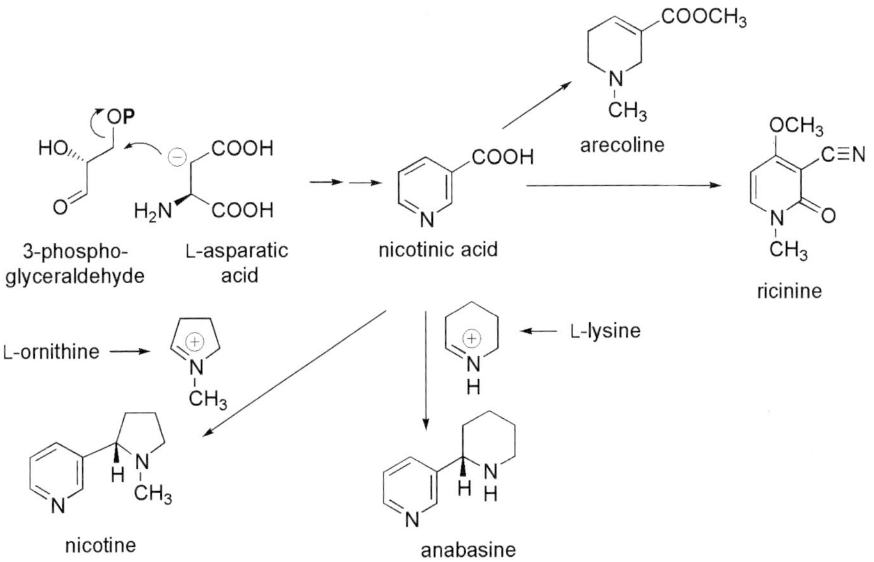

図12.5 ピリジンアルカロイドの生合成

進，抗利尿作用もある。nicotine はタバコ（*Nicotiana tabacum*）の成分としてはあまりにも有名であるが，ガガイモ科（Asclepiadaceae）の *Asclepias syriaca*，ベンケイソウ科（Crassulaceae）キリンソウ属の *Sedum acre*，下等なシダ植物，スギナ（*Equisetium arvense*），ヒカゲノカズラの仲間（*Lycopodium* spp.）やキク科（Compositae）のタカサブロウ（*Eclipta prostrata*），ハキダメギク（*Galinsoga ciliata*）等からも単離されている。anabasine はアカザ科（Chenopodiaceae）の *Anabasis aphylla* の成分であるが，マルバタバコ（*N. rustica*）からも単離された。

2) アレコリン（Arecoline）

ヤシ科（Palmae）ビンロウ椰子（*Areca catechu*）の種子より得られるアルカロイドでニコチン様作用がある。副交感神経を興奮させることにより，腺分泌を亢進させ，唾液および胃液の分泌を盛んにする。東南アジアの人々はビンロウシ（檳榔子）に少量の石灰，アセンヤク（タンニン含有），丁字を加えコショウ科のキンマ（*Piper betle*, chavicol 含有）の葉に包み，タバコ同様のし好品としている。

## 12.4 フェニルアラニンおよびチロシン由来のアルカロイド

芳香族アミノ酸のフェニルアラニン（L-phenylalanine）やチロシン（L-tyrosine）を経由して生合成されるアルカロイドは，トリプトファン（L-tryptophan）由来のアルカロイドとともに重要な生理活性を有するものが多い。

### 12.4.1 フェネチルアミンアルカロイド

マオウのエフェドリン（ephedrine）は $C_6$-C-C-N の構造を有している。したがって，当然のように，この化合物は芳香族アミノ酸の L-phenylalanine 由来のアルカロイドであろうと推定されたことがある。しかしながら，生合成の解明に伴って，ephedrine は phenylalanine を前駆体としてケイヒ酸を経由し $C_6$-$C_1$ 単位へ誘導された後，この側鎖部分にピルビン酸由来の $C_2$ 炭素が結合し，さらにアミノ基転移により生合成されることが推定されている。このようなアミノ酸が生合成に関与しないアルカロ

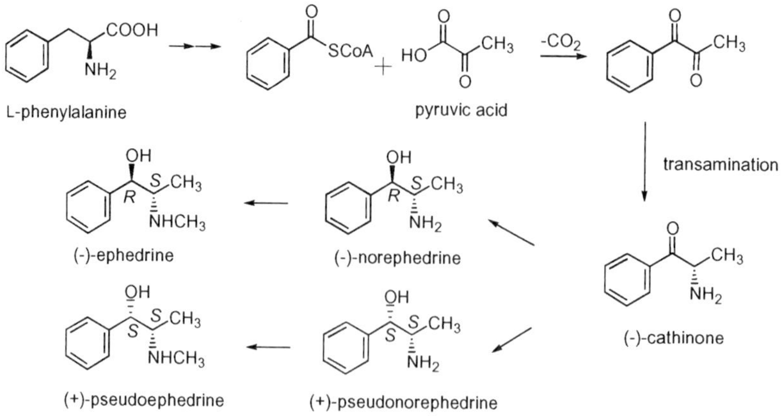

図 12.6 エフェドリンの生合成

12.4 フェニルアラニンおよびチロシン由来のアルカロイド

イドはシュードアルカロドに分類されるが，$C_6$-$C_1$ 部分は L-phenylalanine 由来であるゆえ，本書では広義のフェネチルアミンアルカロイドとして扱うことにする。後述するが $C_6$-C-C-N が L-phenylalanine 由来のアルカロイドにはメスカリン（mescaline）がある。

**1） エフェドリン（Ephedrine）**

漢薬マオウの成分研究は明治年間に東京都衛生試験所の山科元忠技師により進められ，アルコールエキスが取り出された。その後，山科は東京大学の長井長義教授の教えを受けたが研究途中で急逝された。エフェドリン（ephedrine）に関する最初の報告は，明治 18 年（1885 年）に長井長義教授が日本薬学会にて講演したのが最初である。しかし ephedrine が文献に現われるのは，1892 年の薬学雑誌 12 巻，109 頁（長井長義）が初めてである。

ephedrine は麻黄の有効成分であり，気管支拡張作用があり，多くの風邪薬に配合される。桂枝加葛根湯に麻黄を加えたのが葛根湯であるように，漢方処方には非常に重要な生薬である。マオウ科 *Ephedra* 属の学名は石上（epi 上，phedra 座）に生えるところから来ている。マオウは神農本草経の中品に収載され，李時珍は「味が麻性で，色が黄色なので名づけられた」と推測している。中国産の *Ephedra sinica*，*E. distachya*（山麻黄，前種と同一との説あり），*E. equisetina*（木本麻黄），*E. intermedia*，ネパール産 *E. pachyclada*，*E. gerardiana* にプソイド（シュード）エフェドリン［(+)-pseudoephedrine］，ノルエフェドリン（norephedrine），メチルエフェドリン（methylephedrine）とともに含まれる。ephedrine には 2 個のキラル炭素があるので，4 個の光学異性体が考えられるが（4 章，立体化学を参照），天然の (−)-ephedrine は 1$R$，2$S$ の絶対配置を持ち *erythro* 型で，(+)-pseudoephedrine は 1$S$，2$S$ の絶対配置で *threo* 型である。

ephedrine の化学構造は交感神経興奮薬アドレナリン（adrenaline）と類似しているが，ベンゼン核にフェノール性水酸基がなく，アルキル側鎖は adrenaline がエチルであるのに対してプロピルである点が異なる。この構造の相違に対応して，ephedrine には中枢神経興奮様作用があり，また化学的に adrenaline よりも安定で，経口的にも有効である。また ephedrine はノルアドレナリン（noradrenaline）を遊離させる作用（間接作用）と，気管支平滑筋の β 受容体に対して興奮作用を持つ。このため ephedrine は気管支れん縮を緩解させることができる。一方，ephedrine は覚せい剤としても知られる強力な中枢神経興奮薬物アンフェタミン（amphetamine），メタンフェタミン（methamphetamine）ともよく似た構造を持ち，覚せい，鎮痛などの中枢神経作用も認められている。

(−)-ephedrine

amphetamine

methanphetamine

adrenaline

MMDA
(3-methoxy-
4,5-methylenedioxy-
amphetamine)

MDMA
(3-methoxy-
4,5-methylenedioxy-
methanphetamine)

## 2) メスカリン (Mescaline)

メキシコ産サボテンのペヨーテ (*Lophophora williamsii*＝*Anhalonium williamsii*) は鑑賞用に栽培されウバタマ（烏羽玉）と称する。本種の成分 mescaline は大脳の機能を低下させ，特に時間感覚の喪失，色彩の幻覚を著明に引き起こす。生合成的には ephedrine と異なり $C_6$-C-C-N 部分はすべてが tyrosine 由来である（図 12.7）。

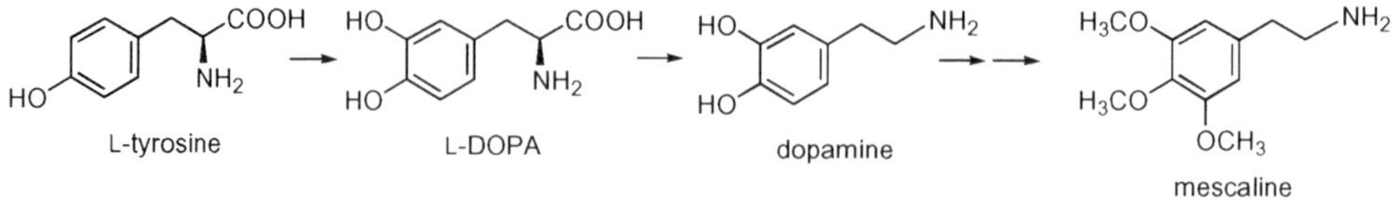

図 12.7 メスカリンの生合成

## 12.4.2 アヘンアルカロイド

痛みは万人にとって不快・苦痛である一方，生体にとっては一種の警告信号として重要な意味を持つ。しかし現実に痛みに苦しめられている人々のことを考えると，この痛みをとることが医療の原点であるように思われる。人類と痛みとの戦いの歴史は長く，その間に多くの鎮痛薬や除痛薬が開発・工夫された。その鎮痛薬の代表が，ケシの未熟な蒴果から得られるモルヒネ (morphine) である。

ケシ科 (Papaveraceae) 植物は最もアルカロイド成分に富む植物群であり，その代表がケシ (*Papaver somniferum*) である。ケシの開花後花弁が落ち数日して子房が十分に発育したころ，子房の縦隆線に沿い縦に浅く切り傷を付け，流出した乳液が 10 数分を経て凝固するのを待ち，竹べらでかき取り陽乾したものをアヘン（阿片，opium）と呼ぶ。ヨーロッパやオーストラリアでは直接抽出により得たケシがら抽出物からモルヒネを製造する。morphine は芳香族アミノ酸の L-tyrosine 2 分子から生じた (S)-reticuline を前駆体とし，図 12.8 に示すような経路で生合成される。ケシに含まれる主なアルカロイドはその他，テバイン (thebaine)，コデイン (codeine)，パパベリン (papaverine) やナルコチン [(−)-narcotine＝noscapine] があり，そのほか 20 数種に及ぶアルカロイドが含有されアヘンアルカロイドと呼ばれている（図 12.8）。

一方，アヘンアルカロイドを含有する植物は，他に *P. setigerum*，*P. alba* 等があり，アヘンアルカロイド含有植物は麻薬取締法により厳重に規制されている。いわゆるポピー（ヒナゲシ，*P. rhoeas*）には morphine は含有されないので，これの栽培は規制されない。

### 1) モルヒネ (Morphine)

morphine の名は誰でもが知っていることのようであるが，1806 年ドイツ人の薬剤師 F.W.Sertürner によりアヘンの作用を示す主成分としてアヘンから単離され，ギリシャの夢の神モルフェウスにちなんで morphine と命名された。ちなみにケシの学名である *P. somniferum* はローマ神話における眠りの神ソムヌス (Somnus) に由来する。

morphine は，中枢神経薬として作用し，注射によりほとんど即座に苦痛を除去する。鎮痛・麻酔作用に加えて，催眠・鎮静作用をもち，陶酔感・多幸感を生じ，不安および緊張を除去する。鎮咳作用を示し，さらに呼吸中枢・体温調節中枢を抑制する。末梢神経系では腸管の働きを抑制し，便秘を起こすことが多い。副作用として，吐き気やめまいなどの不快感を伴う。これらの作用は，中枢神経や腸平滑筋などの末梢神経に存在するオピオイド受容体を介して発現されると考えられて

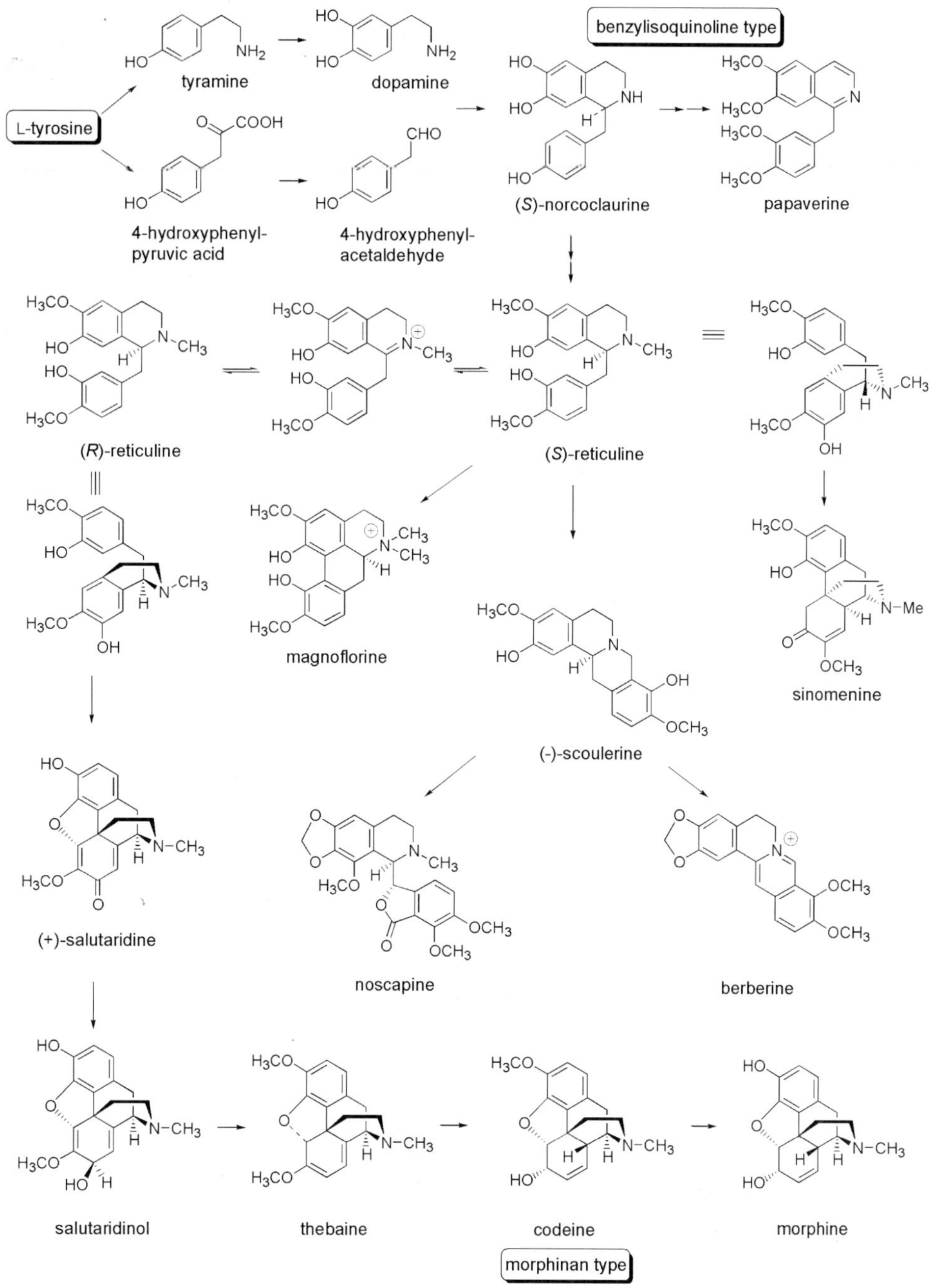

## 12.4 フェニルアラニンおよびチロシン由来のアルカロイド

図12.8 チロシン由来のアルカロイドの生合成

いる。さらに精神的,身体的依存性を形成し,強い禁断症状を誘発する。

2) **コデイン (Codeine)**

codeine は,1832年 M.Robiquet によってアヘンから単離され,その後 morphine から合成された。通常,リン酸塩として用いられるが,苦味があり,水に溶ける。作用は morphine に似ているが,オピオイド受容体を介する morphine の強い作用には3位のフェノール基が重要であり,3位

がメトキシ基である codeine の作用は強くなく，鎮痛作用は約 1/6，鎮静作用，呼吸抑制作用などは 1/4 あるいはそれ以下である。しかし，鎮咳作用はそれほど低下せず，鎮咳薬として使用される。1％しか含有しないものは麻薬から除外されており，市販の風邪薬に配合して用いられる。

### 3) テバイン (Thebaine)

thebaine は，morphine, codeine と同じ骨格を持っているが，これらのアヘンアルカロイドとは異なり中枢神経の麻痺は起こさない。むしろ興奮作用を示す。反射興奮性の上昇をきたし，強直性のけいれんを起こすところはストリキニーネ (strychnine) によく似ている。このけいれんは脊髄の興奮によるものとされ，筋に対しては作用がみられない。呼吸興奮作用がみられるが，麻酔作用，鎮静作用はない。

### 4) ノスカピン (Noscapine)

ノスカピン（旧名：ナルコチン narcotine）は麻薬の代名詞的な名称であるが（narcotic 催眠薬，麻酔剤），名は体をなしていない。中枢神経系に抑制作用を示すが，著しくその作用は弱く疲労，眠けを催すが睡眠をきたすまでには至らない。一方，平滑筋に対して抑制効果を持つ点がパパベリンに類似している。

### 5) パパベリン (Papaverine)

ケシ科の代表名である papaverine の中枢神経に対する作用は，morphine と codeine の中間で，大脳に対する麻痺は，morphine よりも弱く，大量に用いても morphine のようなこん睡をきたさない。しかし，大量に用いた場合，強直性のけいれんを引き起こす。しかし，codeine に比較して弱い。少量では，疲労を感じ，眠けを催すが完全麻酔には至らない。平滑筋，とくに消化管に対しては，他のアヘンアルカロイドよりも強い抑制作用を示す。さらに血管筋の緊張を低下させ，血圧降下作用を認める。顕著な習慣性，慢性中毒の現象は見られない。

### 6) シノメニン (Sinomenine)

ツヅラフジ科 (Menispermaceae) のオオツヅラフジ (*Sinomenium acutum*，防已) の茎，根茎の主成分。防已から単離されたシノメニン (sinomenine) は鎮痛作用，坐骨神経痛，関節リュウマチなどに有効とされる。その構造に注目すると morphine とは鏡像関係の基本骨格を有しており，その生合成経路も morphine と鏡像関係にあることが確認されている。sinomenine は体内で morphine のエナンチオマーに変換され，オピオイド受容体に作用し，生理作用を発現すると考えられている。

## 12.4.3　がんの疼痛治療薬としてのモルヒネ

末期がん患者の 70％に発生する痛みは患者の人間らしい生き方を妨げ，耐え難い痛みであり，恐怖である。がん患者はどの病期においても痛みに対して十分な治療を受ける必要があり，痛みの性質や原因についての検討を行うと同時に，適切な鎮痛薬の投与を開始すべきであるとされている。痛みの程度に応じて鎮痛薬を選択するうえで，ある薬の鎮痛効果が不十分もしくは効果が減少したときは効力が一段と強い薬に切り替える 3 段階除痛法が推奨されている。効力の順に morphine（強オピオイド鎮痛薬）＞codeine（弱オピオイド鎮痛薬）＞aspirin（非オピオイド鎮痛薬）がその代表的な薬物として使用されている。

morphine は古来より急性の強い痛みの治療に使われてきた歴史がある。がん疼痛治療法において最

も有効とされる薬物であり，他の鎮痛薬が無効の場合に痛みをコントロールするため粉末や水溶液として経口服用あるいは注射剤として投与される。ところが，morphine を粉末や水溶液として投与すると体内からの消失が早いために（血中からの消失半減期2～3時間），鎮痛効果を持続させるには4時間ごとに投与しなければならない。4時間間隔での投与は患者に夜間の服用を強いることになり，痛みの激しい患者の睡眠を妨げると同時に看護する医療従事者や家族に多大の負担がかかることになる。この欠点を改良するために開発されたのが MS コンチン（MS Contin）と呼ばれるモルヒネの徐放性（持続性）錠剤である。MS コンチン錠は，錠剤中に成分として硫酸モルヒネを高級アルコールとアルキルセルロースからなるマトリックスで包み，薬物の吸収部位である消化管で水に接触することによりモルヒネが徐々に放出されるようにデザインされている。MS コンチン錠は12時間ごとに1回，毎日朝夕2回の投与で目的を達することができ，患者の負担を大きく軽減することができるようになった。

### 12.4.4 プロトベルベリン型アルカロイド

ベンジルイソキノリン（benzylisoquinoline）骨格を持つ (S)-reticuline が図12.9に示すように，a の経路（中間体 A）で N–CH₃ のメチル炭素と水酸基のオルト位で閉環した tetrahydroprotoberberine 型（C），b の経路で水酸基のパラ位で閉環した D から生合成される4環性アルカロイド等で，以下の4グループに分類される。(i) テトラヒドロプロトベルベリン型（tetrahydroprotoberberines）：tetrahydropalmatine，(ii) プロトベルベリン型（protoberberines）：berberine，(iii) C 13 メチル誘導体：corydaline，(iv) C 12 メチル誘導体：orientalidine。

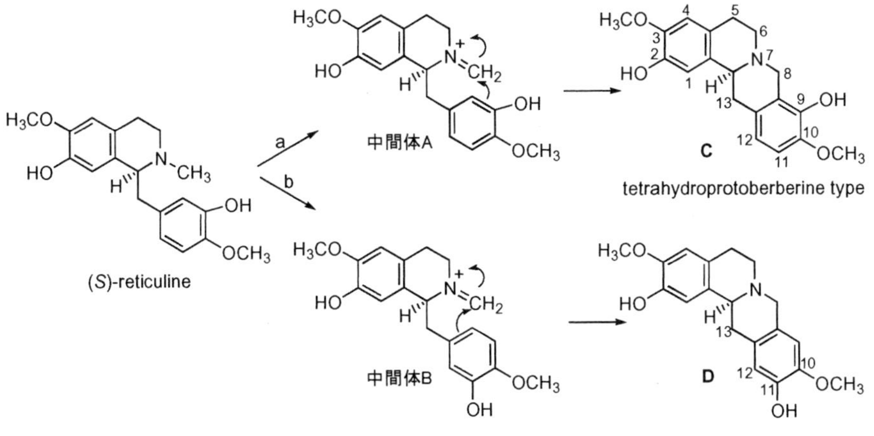

図 12.9 プロトベルベリン型アルカロイドの生合成

1) **テトラヒドロパルマチン（Tetrahydropalmatine），コリダリン（Coridaline）**
 tetrahydropalmatine, coridaline はケシ科エゾエンゴサク，ジロボウエンゴサクから得られ，両者はともに鎮痛，鎮静作用を有する。tetrahydropalmatine はモルヒネよりも強い催眠作用を示す。

2) **ヤトロリジン（Jatrorrhidine）**
 アフリカ産ツヅラフジ科（Menispermaceae）植物，コロンボ（*Jateorhiza palmate*＝*J. columba*）の根にパルマチン（palmatine）とともに含まれる。

3) **ベルベリン（Berberine），パルマチン（Palmatine），コプチジン（Coptidine）**
 これらはオウバク（黄柏）のアルカロイドである。他に magnoflorine, jatrorrhidine（jateorr-

hidine)，phellodendrine，meniperine 等も含まれる。オウバクの煎剤やエキスは苦味健胃薬として用いられ，berberine はグラム陽性，陰性菌に対し，強い抗菌活性を示す。

　オウバクはミカン科（Rutaceae）のキハダ（*Phellodendron amurense*），オオキハダ（*P. amurense* var. *japonicum*），ヒロハキハダ（*P. amurense* var. *sachalinense*），ミヤマキハダ（*P. amurense* var. *lavallei*）のコルク層を除いた樹皮を乾燥したものである。神農本草経の中品にも記載される古い生薬で中国ではキハダのほか，シナキハダ（川黄柏，*P. chinense*），台湾ではタイワンキハダ（*P. wilsonii*）を用いる。berberine の含有量は一般に南方のものほど高いといわれている。berberine には呼吸興奮，一時的血圧降下作用があり，コリンエステラーゼ，チロシンデカルボキシラーゼ，トリプトファナーゼ阻害作用もある。その他多くのメギ科植物（Berberidaceae），*B. asiatica*，*B. insignis*，*B. vulgaris* やキンポウゲ科（Ranunclaceae）のオウレン（*Coptis japonica*，黄連），ツヅラフジ科コロンボモドキ（*Coscinium fenestratum*），*Fibraurea chloroleuca* 等からも単離される。

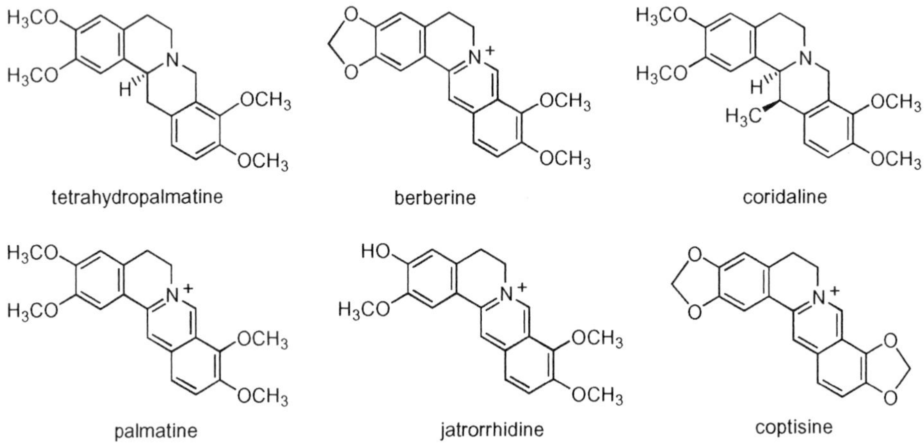

tetrahydropalmatine　　berberine　　coridaline

palmatine　　jatrorrhidine　　coptisine

図 12.10　プロトベルベリン型アルカロイド

## 12.4.5　ビスコクラウリン型アルカロイド

　南米原住民が吹き矢で狩をするとき，矢の先に毒を塗り，獲物の神経を麻痺させて獲物をとった。この毒をクラーレ（現地語で毒の意）と称し，蓄える容器により①竹筒クラーレ（tubo curare），②ポットクラーレ（つぼクラーレ，pot curare），③ヒョウタンクラーレまたはカラバシュクラーレ（calabash curare）がある。①はアマゾン流域で用いられ，ツヅラフジ科（Menispermaceae）のバリエラ（*Chondodendron tomentosum*），*C. platyphyllum* 等の樹皮の抽出液である。この有毒成分が *d*-ツボクラリン（*d*-tubocurarine）である。②は土器のつぼに蓄えられ，tubo（tube）と混同しないようポットクラーレと呼ぶ。アマゾン流域やギアナで用いられ，バリエラにマチン科 *Strychnos* 属（*S. castelnaei*）の樹皮を混ぜ抽出したものである。③はマチン科 *S.toxifera* および同属植物を基原とする。*d*-tubocurarine は benzoylisoquinoline の dimer で，このようなアルカロイドはビスコクラウリン（biscocuraurine）アルカロイドと呼ばれ，ほかにセファランチン（cepharanthine）やマグノラミン（magnolamine）が知られている。

1) (＋)-ツボクラリン，d-ツボクラリン [(＋)-Tubocurarine, d-Tubocurarine]

　初めイギリスの製薬協会博物館に保管されていたツボクラーレから，塩酸塩として単離され，2つの四級アミンを持つ構造が提出されたが，1970年になり，X線結晶解析により三級，四級アミンそれぞれ1つずつ持った構造に訂正された。末梢性筋弛緩薬のうち，競合的遮断薬。ニコチン性アセチルコリン（ACh）受容体に結合してAChの受容体への結合を妨げる性質を持ち，その結果筋弛緩作用を示す。（＋）体（d体）は（－）体（l体）に比べ20～60倍活性がある。分子中の2個のN原子間の距離が13～15Åであることが受容体との結合に必要である。この構造活性相関をヒントに合成筋弛緩薬であるdecamethonium, hexamethoniumが合成された。decamethoniumとsuxamethoniumは，脱分極を起こさせないd-tubocurarineとは異なり，脱分極を持続させ，その結果筋弛緩を起こす薬物である。これら化合物と合成鎮痛薬（pethidine）は天然物をモデル化合物として医薬品が開発された典型的な例である。一方hexamethoniumは自律神経節遮断薬として用いられる。

2) セファランチン（Cephalanthine），マグノラニン（Magnolanine）

　cephalanthineは台湾産タマサキツヅラフジ（*Stephania cephalantha*）（ツヅラフジ科）の主成分で，製剤化され，結核症状の改善，百日ぜき，糖尿病，胃酸過多，胃潰瘍薬として用いられている。magnolanineはモクレン科（Magnoliaceae）の*Magnolia fuscata*から単離された。

## 12.4.6　その他のイソキノリンアルカロイド

### コルヒチン（colchicine）

　ユリ科（Lilicaeae）イヌサフラン（*Colchicum autumnale*）のアルカロイドで図12.11に示すような経路で生合成される。(*R*)-オータムナリン [(*R*)-autamnaline] は*Colchicum corniger-um*, *C. vasiani*等，アンドロシンビン（androcymbine）はユリ科*Androcymbium melanthioides* var. *stricta*から単離された。colchicineは痛風発作にのみ特異的に有効な抗炎症薬であり，一般的な鎮痛，抗炎症作用はない。チューブリン（tubulin）の脱重合を起こし，微小管形成を阻害することにより，白血球の遊走，貪食，リソソーム（lysosome）酵素の放出を抑制する。尿酸の代謝，排せつに影響しないで，血中尿酸濃度を低下しない。colchicineの長期投与により，重篤な副作用が起こるので，発作の前兆期や初期に短期間投与するとよい。

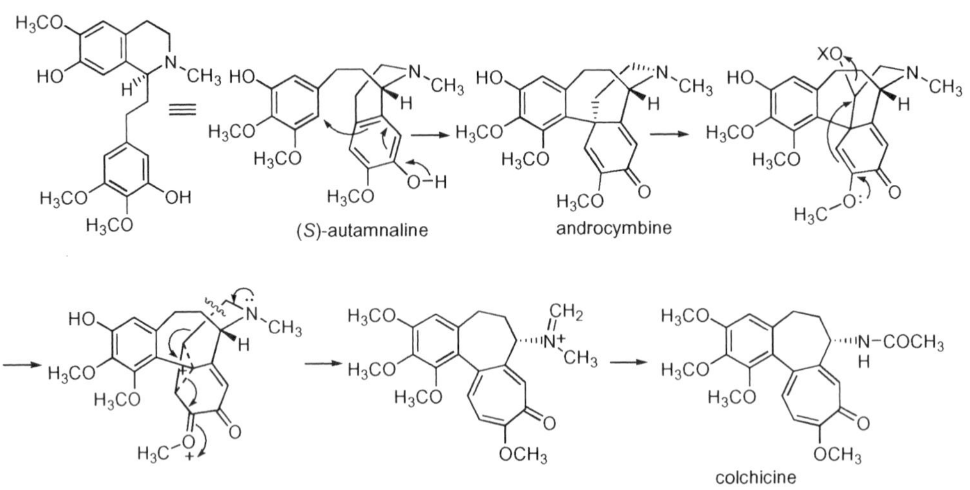

図 12.11 コルヒチンの生合成

## 12.5 チロシンとセコロガニンから生合成されるアルカロイド

アルカロイドには炭素源をアミノ酸およびアミノ酸以外から取り込むグループがある。チロシンとモノテルペンのセコロガニン（secologanin）を前駆体として生合成されるイソキノリンアルカロイドにエメチン（emetine）が知られる。したがって emetine はモノテルペノイドイソキノリンアルカロイドと言える。emetine の生合成経路を図 12.12 に示した。ロガニン（loganin）の C7 と C8 位の C-C 結合が開裂すると，secologanin が生じる。これと tyrosine 経由の dioxyphenylalanine（DOPA）が O-メチル化され，環形成しイソキノリン骨格を持つアルカロイド配糖体のイペコシド（ipecoside）およびそのエピマーが生じる。次いで secologanin 部分のアセタールが開裂すると，プロトエメチン（protoemetine）が生合成される。さらにアルデヒド炭素と dopamine が環形成し，もう 1 つのイソキノリン環ができ emetine となる。

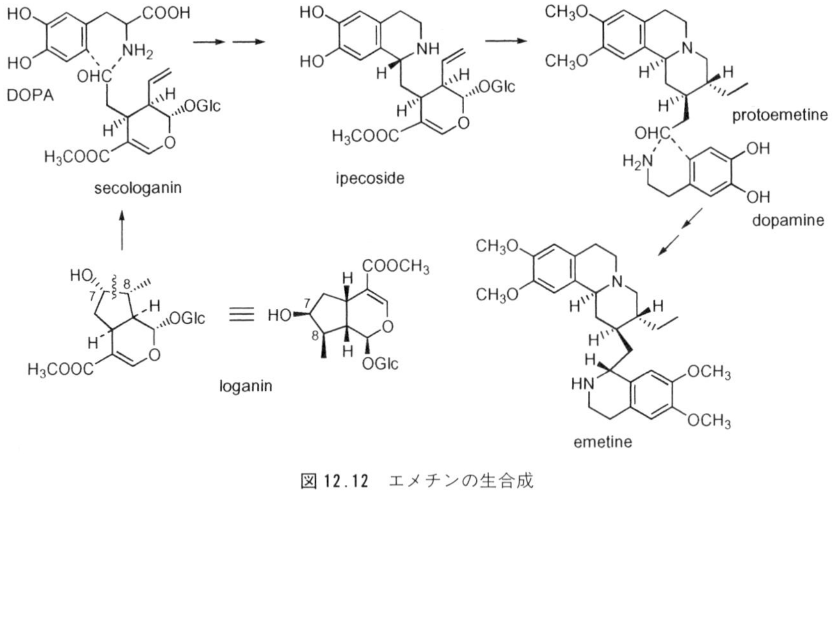

図 12.12 エメチンの生合成

## 12.5.1 トコンアルカロイド（吐根アルカロイド）

アカネ科（Rubiaceae）のトコン（*Cephaeris ipecacuanha = Uncarai ipecacuanha*）はブラジル産低木でその乾燥根を吐根と称し，催吐，去痰薬として用いられる。ブラジル産，リオトコンは *C. ipecacuanha*，カルタゲナトコンはコロンビア産 *C. granatensis* を原植物とする。これらの成分はエメチン（emetine, 総アルカロイド中70%を占める），イペコシド（ipecoside），プロトエメチン（protoemetine），セファエリン（cephaerine）等である。protoemetine はウコギ科（Araliaceae）の *Hedera helix*（common ivy）からも単離される。emetine の催吐作用は，胃粘膜を刺激し反射的におう吐を引き起こすことによる。10万～20万倍の希釈濃度で原虫の *Endamoeba histolytica* を死滅させ，これが原因で起こる感染症，アメーバ赤痢の特効薬である。なおグラム陰性桿菌の *Shigella* 菌による赤痢には活性を示さない。

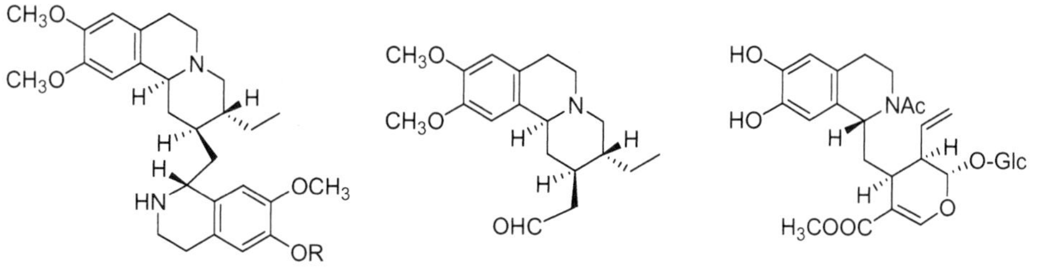

emetine　R=CH₃
cephaerine R=H

protoemetine

ipecoside

## 12.6 トリプトファン由来のアルカロイド

トリプトファン（L-tryptophan）を生合成の前駆体とするアルカロイドは非常に多岐にわたり，その多くが顕著な生理作用を有する。インドールアルカロイドの多くはモノテルペンの secologanin と結合し，複雑な骨格を形成する。キニーネ（quinine）はキノリンアルカロイド（quinoline）であるが，生合成の前駆体は typtophan と secologanin であり，生合成的にはインドールアルカロイドと同格であるので，トリプトファン由来のアルカロイドとして扱う。

### 12.6.1 単純インドールアルカロイド

ここに取り上げるアルカロイドは L-tryptophan がメチル化等単純な生合成反応を受けたアルカロイドである。それらの例を下図に示した。

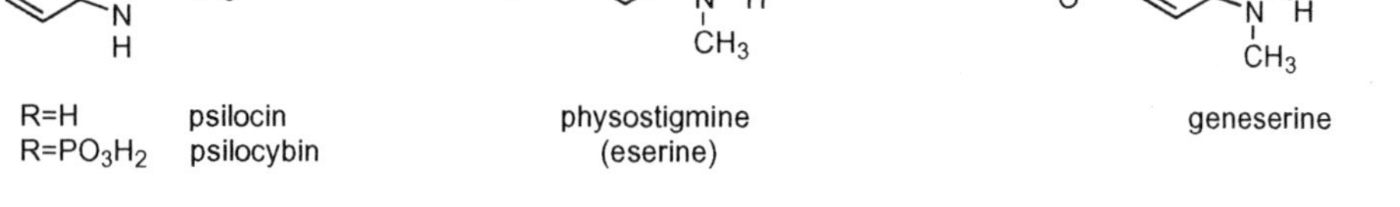

R=H　　　　psilocin
R=PO₃H₂　psilocybin

physostigmine
(eserine)

geneserine

1) シロシン（Psilocin），シロシビン（Psilocybin）

キノコのシビレタケ（*Psilocybe* 属）の仲間は，それらを食すると，幻覚作用を示し，メキシコ

やグアテマラでは*Psilosibe*属キノコをテオナナカトル（teonanacatl）と称し，宗教儀式に用いる。この種のキノコで最も有名なものは*Psilosybe mexicana*である。4-hydroxytryptophanの*N, N*-dimethyl体をシロシン（psilocin）といい，そのリン酸エステルがシロシビン（psilocybin）である。psilosybinは幻覚作用と陶酔感をもたらし，psilocinとともに麻薬取締法で規制されているが，コカ，タイマ（大麻）やケシ等と異なり，含有植物は規制外である。これらのキノコ類はマジックマッシュルームと呼ばれ，*Psilocybe cubensis*の乾燥子実体や菌糸の瓶詰が脱法的に売られ，社会的に問題になっている。

2) **フィゾスチグミン（Physostigmine＝Eserine）**

マメ科（Leguminosae）のカラバルマメ（*Physostigma venenosum*，土名をesera）の成分でゲネセリン（geneserine）とともに含まれている。physostigmineの作用はコリンエステラーゼの活性阻害によるアセチルコリンの作用と見なされる。主な作用は平滑筋（特に胃腸）に対し強い機能亢進，中枢神経を興奮後麻痺，骨格筋の収縮増大，心機能抑制等である。毒性が強いので，現在は臨床的には使用されないが，かつて緑内障の予防と治療に使われたことがある。現在はphysostigmineをモデルに開発された合成薬，ネオスチグミン，塩化エドロホミウム，臭化ピリドスチグミン等が臨床上使用されている。

### 12.6.2　バッカクアルカロイド（Ergot Alkaloids）

子のう菌の一種バッカク菌（*Clavicepus purpurea*）はライ麦等に寄生し，麦角（ergot, フランス語で鶏のけづめ）と呼ばれる菌核になる。学名の*Clavicepus*はこん棒（clava）と頭（cepa）の意味で菌核の形状と紅紫色（purpurea）からつけられた。この菌核がついたままで麦を製粉，それをパン等で口にしたために，11～17世紀のヨーロッパでは麦角中毒が大流行した。流産，手足のえそ（生きながら痛みもなく四肢が腐っていくという状態，やがて死に至る）などを引き起こし，麦角は危険なものであるということが知られていながら，一方では，ヨーロッパの助産婦たちは，子宮の収縮を促進するためにこのものを古くから応用していた。やがて，麦角の子宮収縮作用成分の研究が行われるようになった。麦角の活性アルカロイドとしてエルゴタミン（ergotamine）やエルゴメトリン（ergometrine）が単離された。これらのアルカロイドの共通母核となっているリゼルグ酸〔(+)-lysergic acid〕の骨格

部分の名称をエルゴリン（ergoline）環という。tryptophanにイソプレンユニット1単位が結合した(+)-lysergic acidを基本とした種々の誘導体をバッカクアルカロイド（ergot alkaloid）と総称する。ergotamineはlysergic acidにL-プロリン（L-proline），L-アラニン（L-alanine），L-フェニルアラニン（L-phenylalanine）の3種類のアミノ酸からなるペプチドが結合し生合成される（図12.13）。

麦角エキスの子宮収縮作用を代表するergometrineを投与すると，子宮は速やかにかつ強く収縮する。そのため，この化合物は産後の出血防止（胎盤排せつの第3期陣痛時投与）や不全流産（残留物の完全排せつ，出血防止）に応用される。

麦角アルカロイドの母核であるlysergic acidから，半合成で得られた化合物にLSDがある。この化合物はlysergic acidのジエチルアミド誘導体であり，LSDの名はこの化合物のドイツ語名"Lyserg Säure Diethylamid"の各頭文字をとったものである。1938年，スイスの製薬会社（当時，サンドSandoz社：現在，ノバルティスNOVARTIS）が麦角菌に含まれる麦角アルカロイドから，新しい頭痛薬を作る際にHoffmannによって偶然合成された。しかしLSDは，1950年代から特にアメリカで使用され，乱用による猟奇的な凶悪犯罪が多発，モルヒネ誘導体のヘロイン（heroin），cocaine，さらにephedrine誘導体の覚せい剤などとともに大きな社会問題に発展している。日本においてもLSDは強力な幻覚作用と向精神作用をもたらす化合物として，覚せい剤取締法で厳格に規制されている。

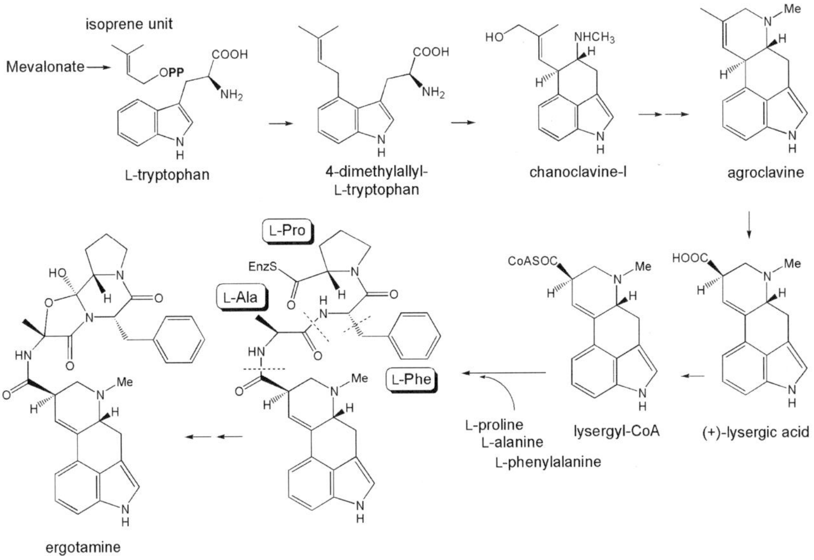

図12.13 エルゴタミンの生合成

## 12.7 トリプトファンとセコロガニン由来のアルカロイド

アカネ科（Rubiaceae）やキョウチクトウ科（Apocynaceae）のアルカロイドは，tryptophanとsecologaninを前駆体として生合成される一群のアルカロイドである。これらのアルカロイドは，secologanin由来部分の構造が多様性に富み，さまざまな生物活性を示す。

### 12.7.1 レセルピン,ヨヒンビンおよびキニーネ

**1) レセルピン(Reserpine),ヨヒンビン(Yohimbine)**

キョウチクトウ科のラウオルフィア(*Rauwolfia serpentina*)はインドの民間薬として,蛇にかまれた傷の治療に用いたところから,インド蛇木(じゃぼく)とも呼ばれる。ラウオルフィアのレセルピン(reserpine)は末梢血管において,交感神経終末のノルエピネフリンを枯渇させるため,血管が拡張して血圧降下を起こさせる。アカネ科のヨヒンベ(*Corynanthe yohimbe = Pausinystalia yohimba*)はアフリカ南部に産する常緑高木で,その樹皮にはヨヒンビン(yohimbine)が含まれ,薬理学的研究で $α_2$ 受容体に選択制の高い薬物として用いられる。yohimbine は催いん薬として,古くから知られているが,実用性は低い。

**2) キニーネ(Quinine)**

アカネ科のキナ属植物の *Cinchona ledgeriana* や *C.succirubra* は南米ペルーおよびボリビアにわたるアンデス山中を原産地とする高木である。キニーネ(quinine)はキナ皮(樹皮および根皮)に5~8%含まれるアルカロイドの一種で,1792年 Fourcroy が不純な状態で分離し,1820年 Pelletier,Caventou によって純粋な結晶として単離されている。1895年に Miller,Rohde が構造を決定した。全合成は1945年 Woodward により完成したが,quinine は今日なおキナ皮から製造され臨床に用いられている。キナアルカロイドとしては,これまでに30種類ほどが単離されている。なかでも重要なアルカロイドは quinine,キニジン(quinidine, C2 epimer),シンコニン(cinchonine),シンコニジン(cinchonidine)である。いずれもキノリン(quinoline)環とキヌクリジン(quinuclidine)環が1個のカルビノール炭素を介して結合した構造をとっている。さらに,quinine と quinidine,および cinchonine と cinchonidine はそれぞれ2位および3位の立体が逆転している異性体の組み合わせである。すなわち quinine および cinchonidine では,$8S, 9R$ であるのに対し,quinidine および cinchonidine では,$8R, 9S$ となっている。

quinine はマラリアの特効薬で,弱塩基性を示し,原虫感染した赤血球に入り込み,原虫を特異的に殺す作用を有する。また解熱薬としても使用される。

**3) キニジン(Quinidine)**

quinine の立体異性体,抗不整脈作用が強いので,持続性不整脈治療薬として用いられる。

**4) シンコニン(Cinchonine)**

抗マラリア作用および解熱作用を有する。

**5) シンコニジン(Cinchonidine)**

cinchonine の立体異性体。

### 12.7.2 レセルピン,ヨヒンビンおよびキニーネの生合成

reserpine と yohimbine は indole アルカロイドであり,quinine は quinoline アルカロイドで骨格を別にするが,同一の前駆体,すなわちモノテルペンである secologanin とアミノ酸部分が L-tryptophan から生合成されるアルカロイドである。その生合成を図 12.14 に示した。tryptophan に secologanin が結合し,キョウチクトウ科の *Rhazya stricta* の成分として知られるストリクトシジン(strictosidine)が生合成される。strictosidine のアセタールが開裂し,前駆体(precursor)1 のジアルデヒドが生じ,C5-C9結合が回転し,前駆体 2,前駆体 3 となり,C17 と C18 間で閉環し,in-

## 12.7 トリプトファンとセコロガニン由来のアルカロイド

dole アルカロイドの reserpine や yohimbine, α-yohimbine が生合成される。一方前駆体 3 において，脱炭酸を伴いアルデヒド基（C 17）が窒素（N 4）を攻撃し前駆体 4, 次いで indole 環の N 1-C 2 結合の開裂，さら前駆体 5 においてアルデヒド（C 5）が窒素（N 1）を攻撃し quinoline 骨格が形成され quinine が生合成される。

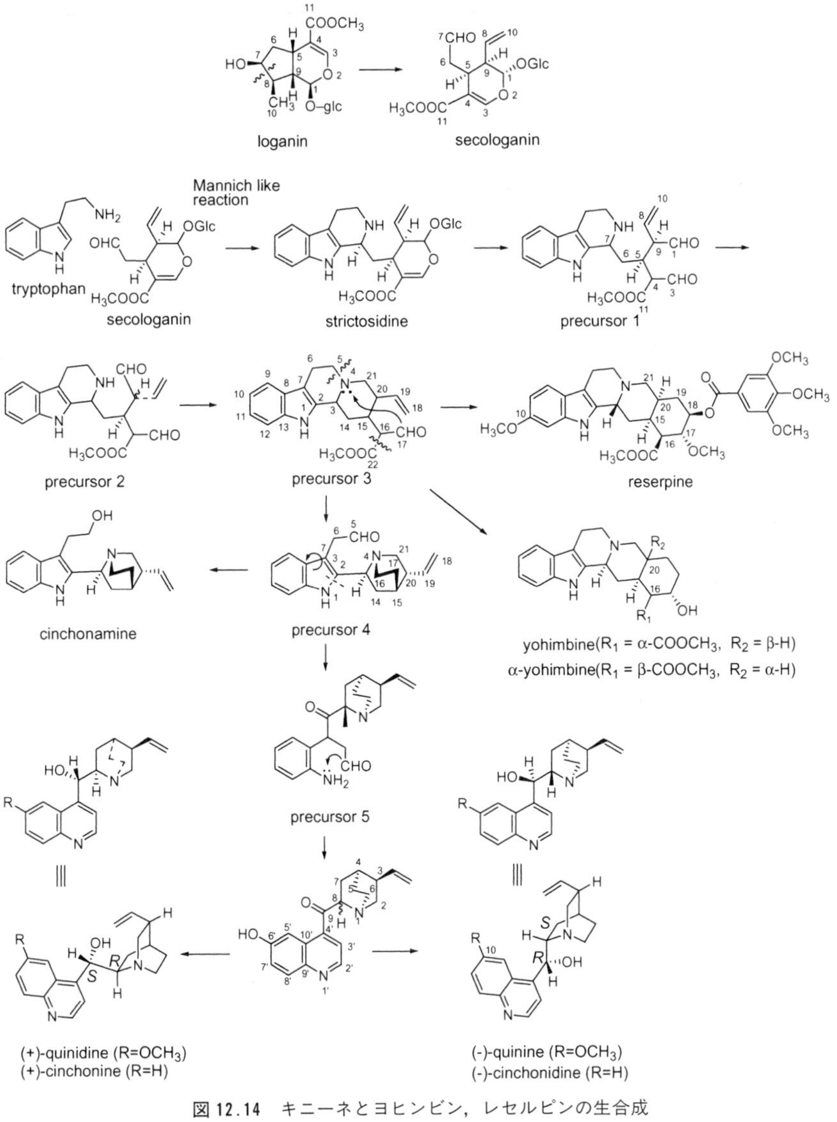

図 12.14 キニーネとヨヒンビン，レセルピンの生合成

### 12.7.3 マラリアとキニーネ

近年，抗マラリア耐性株や殺虫剤抵抗性媒介蚊の出現のため，マラリアの流行が世界的問題となっている。世界保健機関（WHO）によると，亜熱帯や熱帯地域，特に東南アジア，アフリカ，中南米を中心に，約 20 億人がマラリアの危険にさらされている。マラリアの感染者は年間 3～5 億人，死亡者は年間 150～300 万人であると報告されている。マラリアは大部分がハマダラ蚊の媒介によって，マラリア原虫（*Plasmodium* 属）が感染して起こる疾病である。ヒトに病原性を示すマラリア原虫は，*P. vivax*

（三日熱マラリア），*P. malariae*（四日熱マラリア），*P. falciparm*（熱帯熱マラリア），*P. ovale*（卵形マラリア）の4種類である。この中で，特に熱帯熱マラリアは重症な合併症を引き起こしやすく死亡率も高い。quinine は古典的抗マラリア剤であるが，近年クロロキン（chloroquine）耐性マラリアや脳性熱帯熱マラリアの有効な薬剤として再評価されてきている。quinine の抗マラリア作用の正確な機序は不明であるが，核酸合成の阻止や原虫への栄養供給の障害を起こすといわれている。ヒトの4種類のマラリア繁殖体（環状体，栄養体，分裂体，メトゾイト）に有効であり，さらに，大部分のマラリア原虫の生殖母体（熱帯熱マラリアを除く）にも有効である。マラリアの化学療法剤として quinine は依然として重要な地位を占めている。最近，既存の抗マラリア剤耐性株出現のため，キク科植物，青蒿（*Artemisia annua*）から単離されたセスキテルペノイドであるアルテミシニン（artemisinin）をはじめとして多くの抗マラリア剤が開発され，また，マラリアワクチン開発の研究が世界的規模で行われているが，マラリアを撲滅するにはほど遠い。

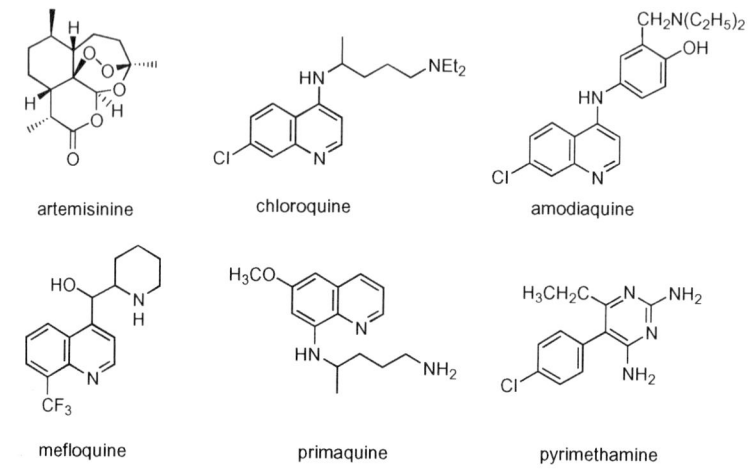

図 12.15　アルテミシニンならびに合成抗マラリア薬

## 12.7.4　ホミカのアルカロイド

ホミカ（*Strychnos nux-vomica*）はフジウツギ科（Loganiaceae）に属し，中国名を馬銭，ヒンズー語で Kuchila と呼ばれる。ホミカにはストリキニーネ（strychnine）やブルシン（brucine）が含まれ

図 12.16　ストリキニーネの生合成

12.7 トリプトファンとセコロガニン由来のアルカロイド　　*179*

る．その他 strychnine は *S. wallichiana* 等多くの同属植物から単離されるが，*S. icaja* の樹皮の含量は 6.6%で最も多い．strichnine の薬理作用は，抑制性伝達物質グリシン（glycine）の受容体を特異的に遮断することにより，シナプス後抑制を遮断する．このため，脊髄反射経路において，運動神経の反射性興奮が起こり，知覚刺激によって強直性けいれんが引き起こされる．経口投与では，その苦味性により，反射性に胃液分泌亢進，消化管運動の亢進を起こす．図 12.16 に示すように，ガイソチジン（geissoschizine）からさまざまな転位が起こり，C 17 位に $C_2$ ユニット（C 23, C 24）が導入され strychnine が生合成される．

### 12.7.5　ニチニチソウアルカロイド（ビンカアルカロイド）

キョウチクトウ科ニチニチソウ（*Catharanthus roseus* = *Vinca rosea*）に含有されるビンブラスチン（vinblastine）やビンクリスチン（vincristine）はビンカアルカロイド（vinca alkaloids）と呼ばれ，tryptophan と secologanin から生合成されるカサランチン（catharanthine）とビンドリン（vindoline）とが結合した二重分子アルカロイドである．vinblastine は，悪性リンパ腫（ホジキン病），じゅう毛性腫瘍に用いられる．vincristine は急性白血病，小児腫瘍，悪性リンパ腫に用いられる．一方，vinblastine を化学的に修飾して得られたビンデシン（vindesine）は，vinblastine や vincristine と同様に抗腫瘍作用を示し，両者に比べ副作用が軽減され，急性白血病，悪性リンパ腫，肺がん，食道がんに適応される（13.3.3 項参照）．

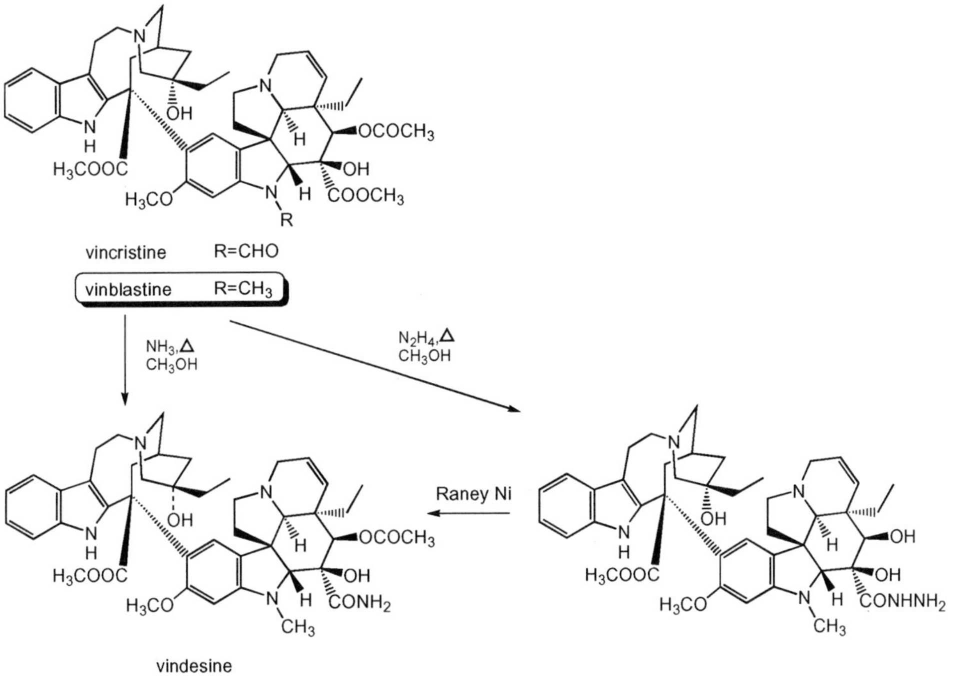

図 12.17　ビンカアルカロイド

### 12.7.6 喜樹，カンプトテシン（Camptothecine）とイリノテカン（Irinotecan）

中国原産の喜樹（カレンボク，*Camptothecea acuminata*；ヌマミズキ科 Nyssaceae）から抗腫瘍作用を有するカンプトテシン（camptothecine）と 10-ヒドロキシカンプトテシン（10-hydroxycamptothecine）が単離された。これらの化合物はキノリン骨格を有しているが，生合成的には tryptophan 由来のアルカロイドである（図 12.18）。camptothecine および 10-hydroxycamptothecine はⅠ型 DNA トポイソメラーゼ（TOPOI）を阻害することにより DNA 合成を阻害し，抗腫瘍作用を示す。マウスの種々の同系腫瘍，例えば HeLa 細胞や L1210 細胞を用いた実験で有効性を示している。また，各種動物がんに対しても活性を示し，抗がんスペクトルは広い。ただし，骨髄障害，悪心，おう吐，下痢などの消化器症状，白血球減少などの副作用も強く現れるため，臨床には用いられていない。

イリノテカン（irinotecan，CPT-11）は camptothecine を先導的化合物として合成され，日本で開発した新規の水溶性誘導体である。irinotecan 自身はⅠ型 DNA トポイソメラーゼの阻害は弱いが，体

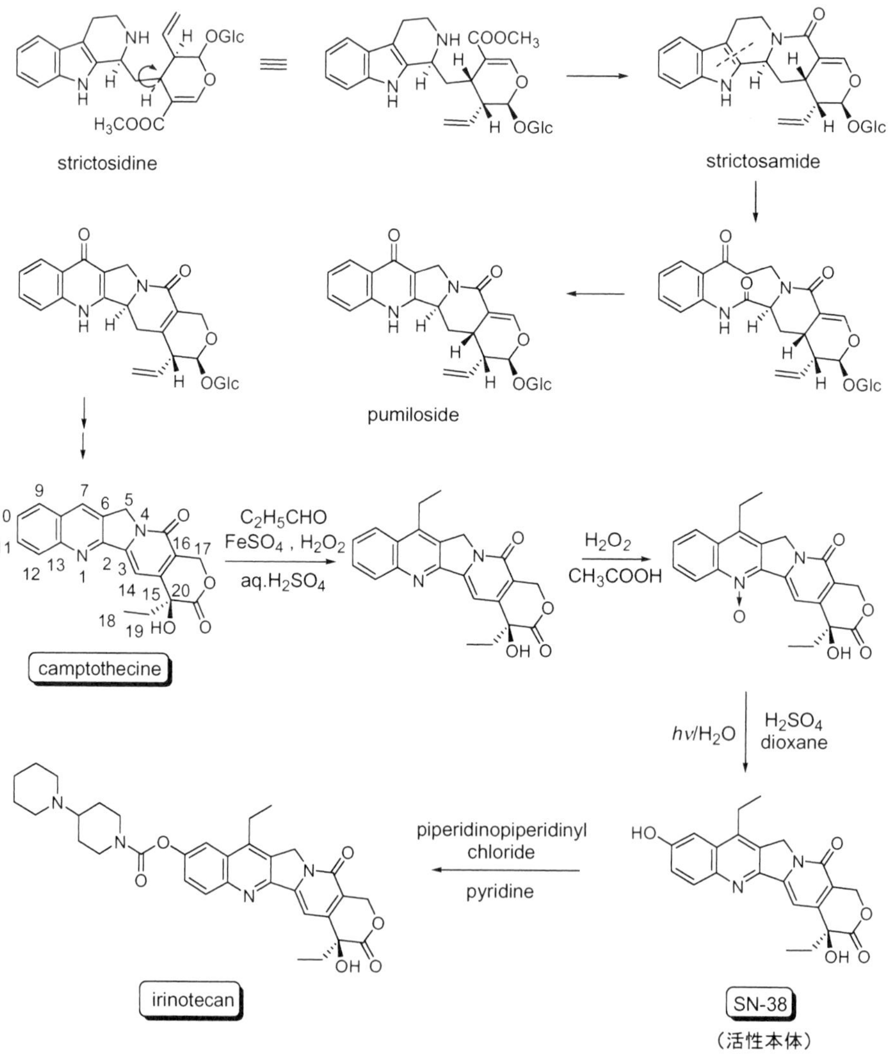

図 12.18 カンプトテシンの生合成とイリノテカンへの化学変換

内でエステラーゼにより水に可溶化のために導入された piperodonopiperidinoyl 基が加水分解され，7-ethyl-10-hydroxycamptothecine（SN-38）となる（図 12.18）。irinotecan は，SN-38 に比べて抗腫瘍活性は約 3,000 倍弱い。この SN-38 が I 型 DNA トポイソメラーゼ阻害することにより DNA 合成阻害し，抗腫瘍作用を示すことから irinotecan はプロドラックである。適応症は小細胞肺がん，非小細胞肺がん，子宮けいがん，卵巣がん，胃がん，大腸がん，結腸・直腸がん，乳がん，有棘細胞がん，悪性リンパ腫と多岐にわたり，注射薬として臨床に応用されている。irinotecan の副作用の主たるものは骨髄機能抑制と下痢である。irinotecan の使用は専門医がいる設備の整った病院に限られるなどの制約が設けられ，がんの専門医が患者について有用性と副作用をよく評価しながら慎重な適正使用を実現することが望まれる（13.3.3 項参照）。

### 12.7.7 その他のトリプトファンとセコロガニン由来のアルカロイド

ラウオルフィアの reserpine については 12.7.1 項で述べたが，ラウオルフィアにはアジマリン（ajmaline）も含有される。その他 tryptophan と secologanin から生合成されるアルカロイドには，キョウチクトウ科やアカネ科植物の成分として多くのアルカロイドが知られている。

1) **アジマリン（Ajmaline）**

ajmaline は dihydrocorynantheal から図 12.19 に示したような経路で生合成される。キナアルカロイドの quinidine と類似した抗不整脈作用を有する。肝障害や無顆粒球症などの重篤な副作用があり，催不整脈作用も報告されている。

2) **イボガイン（Ibogaine）**

西アフリカ産キョウチクトウ科のイボガ（*Tabernathe iboga*）の樹皮から得られる幻覚作用を持つアルカロイドである。西アフリカのガボンの新興宗教ブウイテイ教団では先祖と精霊の世界から知恵を得るためのイニシエーションに用いられる。少量で興奮剤，媚薬になるが，多量では幻覚作用が現れる。欧米では cocaine, heroin の依存性を断つために用いられる。その他コリナンテジン（corynanthedine）はアカネ科の *Mitragyna speciosa* や *Hallea* 属から単離される。サルパギン（sarpagine）はラウオルフィア属やテンケイコツジョウザン（*Alstonia yunanensis*）から単離され，抗マラリア作用があり，雲南中草薬選によると消炎止血の効ありと記載されている。本化合物

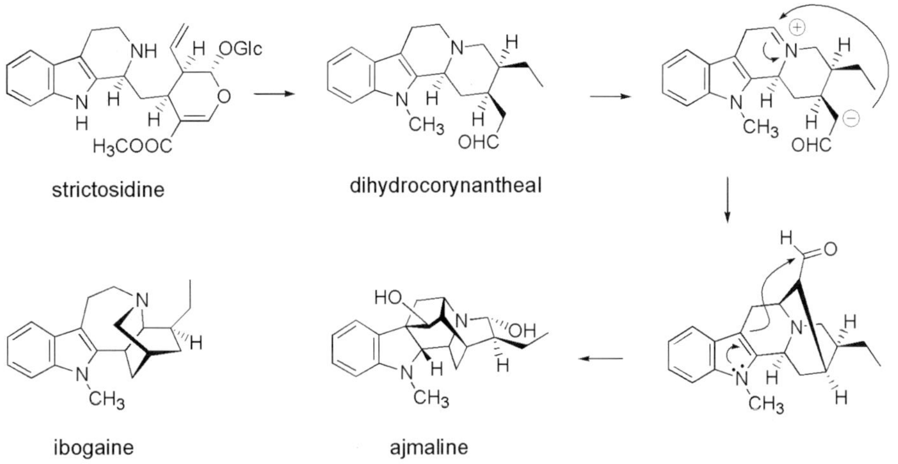

図 12.19 その他のインドールアルカロイド

はキョウチクトウ科 *Vinca major*, *V*, *difformis* 等からも単離される。

## 12.8 アントラニル酸が生合成に関与するアルカロイド

tryptophan と anthranilic acid あるいは anthranilic acid と mevalonic acid（$C_5$, ユニット）から生合成されるアルカロイドはミカン科植物に多い。さらにフラン環が縮合したフロキノリン（furo-quinoline）アルカロイドも知られている（図12.20）。

**エボジアミン（Evodiamine），ルテオカルピン（Ruteocarpine）**

tryptophan と anthranilic acid が $N$-メチル化された $N$-methylanthranilic acid から生合成され，ミカン科ゴシュユ（呉茱萸，*Evodiana ruteocarpa*）に含まれる。他にホンゴシュユ（*E. ruteocarpa var. officnalis*）にも含まれる。これらはキナゾリン（quinazoline）環に indole 環が縮合した形であるので，indoquinazole アルカロイドと呼ばれる。

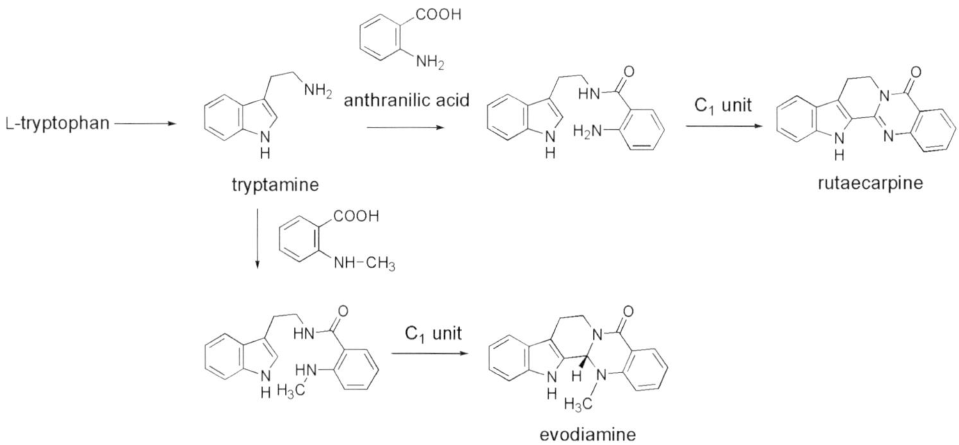

図 12.20　アントラニル酸由来のアルカロイド

## 12.9 プリン誘導体

喫煙や飲酒以外に，世界中どこにでも見られる習慣に喫茶習慣がある。その中でも最も代表的な飲料はコーヒー，紅茶である。次いでココア，緑茶とウーロン茶が続く。コーヒーはアカネ科のコーヒーノキ（*Coffea arabica*, *C. liberica*, *C. robusta*）の種子から，紅茶，緑茶やウーロン茶はツバキ科（Theaceae）のチャノキ（*Thea sinensis*）の葉から，ココアはアオギリ科（Sterculiaceae）のカカオノキ（*Theobroma cacao*）の種子から調製される飲み物である。これらにはプリン（purine）誘導体，カフェイン（caffeine），テオブロミン（theobromine），テオフィリン（theophylline）が含有される。プリン（purine）の2位と6位が酸化されカルボニルとなった骨格をキサンチン（xanthine）と言う。したがって caffeine, theobromine, theophylline は xanthine 塩基である。xanthine は図 12.21 に示すように，グリシンを基本とし，グルタミン酸，アスパラギン酸由来の窒素と二酸化炭素および $C_1$ ユニット（メチオニン由来）から生合成される。上記3種の xanthine 誘導体は，中枢興奮作用，心臓興奮作用，平滑筋弛緩作用，利尿作用を持つ。中枢興奮作用は caffeine＞theophylline＞theobromine の

順で，残り3つの作用は theophylline＞theobromine＞caffeine の順である。

　大脳皮質に作用し，ときに精神機能ならびに知覚機能を亢進するため，眠け，疲労感がなくなり，思考力が亢進する。腎臓に対しては，腎血流量の増大，尿細管の再吸収機能の抑制から利尿作用が発現する。

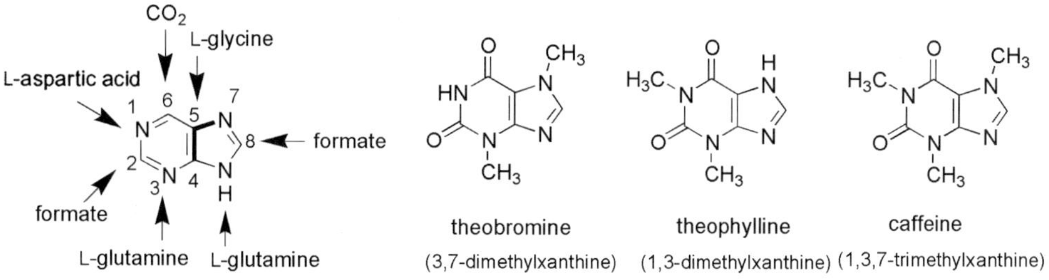

図 12.21　プリン誘導体

## 12.10 シュードアルカロイド（偽アルカロイド）

　これまで述べてきたアルカロイドは，窒素原子，炭素母核部分ともにアミノ酸由来である。しかし天然には炭素母核部分が明らかにアミノ酸に由来しないアルカロイドも知られている。ここでは主にイソプレノイドがアミノ酸あるいはアンモニウム塩から窒素を取り込んだと考えられるアルカロイドを解説する。これらのアルカロイドは生合成の観点から偽アルカロイド，またはシュードアルカロイド（pseudoalkaloids）と呼ばれる。

## 12.11 モノテルペンアルカロイド

　モノテルペンアルカロイドは生合成的には，真性天然物（genuine natural products）であるかが疑われる。天然物の例は非常に少なく，アクチニジン（actinidine）とゲンチアニン（gentianine）が知られる。これらは抽出操作により，真性天然物が変化したアーティファクト（artifact）であると考えられる。マタタビ科（Acitinidiaceae）のマタタビ（*Actinidia polygala*）はモノテルペンのネペタラクトン（nepetalactone）を含有し，それはネコ科（Filidae）動物を興奮させることがよく知られている。actinidine は nepetalactone と同一の炭素骨格を持ち，nepetalactone 同様ネコ作用を有する。リンドウ科（Gentianaceae）のゲンチアナ（*Gentiana lutea*）やセンブリ（*Swertia japonica*）には swertiamarin などのセコイリドイド配糖体が単離されるが，同時に gentianine も単離された。この化合物は抽出操作により生じることが判明している。

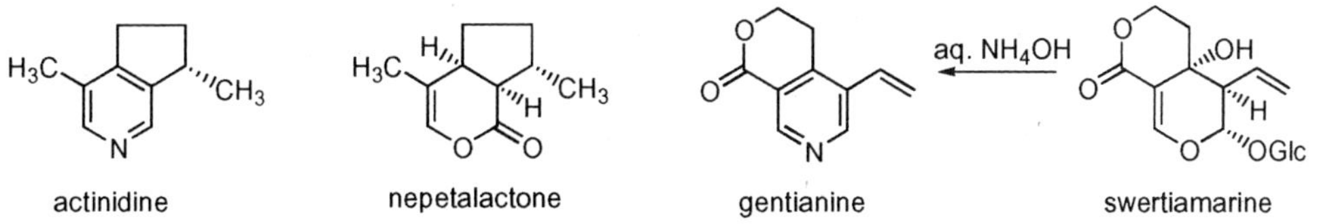

## 12.12 セスキテルペンアルカロイド

強壮，強精，解熱生薬として用いられるセッコク（石斛）はラン科（Orchidaceae）の *Dendrobium* 属植物の乾燥した茎である。キンサセッコク（*Dendrobium nobile*）にはデンドロビン（dendrobine）が含まれる。dendrobine は南洋のツヅラフジ科 *Anamirta cocculus* の果実に含まれるセスキテルペン，ピクロトキシニン（picrotoxinin）と同一の炭素骨格を有する。picrotoxinin は有毒で，その作用は strychnine と異なり初め間代性けいれん，次いで強直性－間代性けいれんに変わる。一方スイレン科（Nymphaeaceae）のコウホネ（川骨，*Nuphar japonicum*）には明らかにセスキテルペンとわかる炭素骨格を持つヌファリジン（nupharidine），デオキシヌファリジン（deoxynupharidine）が含有される。

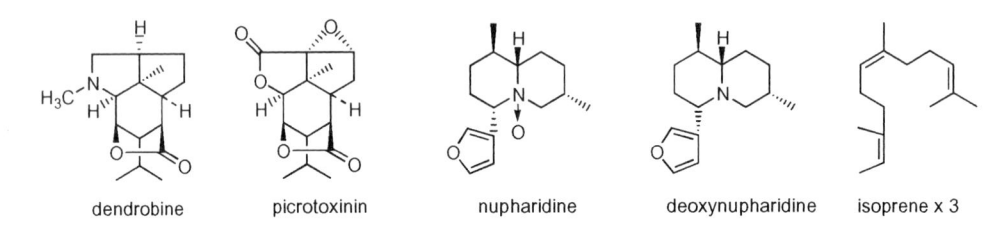

dendrobine　picrotoxinin　nupharidine　deoxynupharidine　isoprene x 3

## 12.13 ジテルペンアルカロイド

ジテルペンアルカロイドは *ent*-pimarane から生合成され，その骨格によりアコニチン型（アコニタン）とアチシン型（アチダン）がある。アコニチン型は *ent*-kaurene の C 8－C 9 結合が C 9－C 14 に転位し（矢印 b），6－7－5－5 員環を形成し，C 17 が失われて生成する炭素数が 19 個（$C_{19}$ 型）の norditerpene 誘導体である。一方，炭素数が 20 個（$C_{20}$ 型）のアチシン型は C 12－C 13 結合が C 12－C 15 に転位し（矢印 c），bicyclo [2.2.2] octane 環を形成して生成する（図 12.22）。

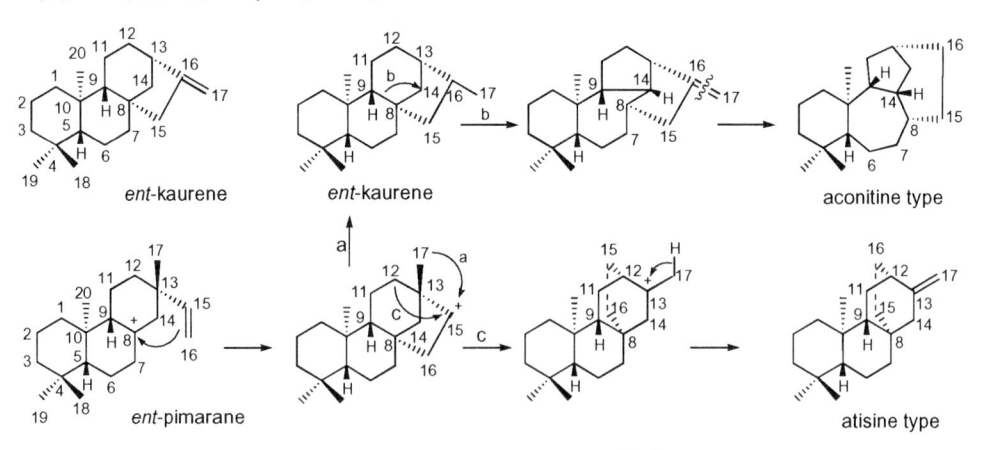

*ent*-kaurene　*ent*-kaurene　aconitine type

*ent*-pimarane　atisine type

図 12.22　ジテルペンアルカロドの生合成

## 12.13.1 アコニタン型アルカロイド

ブシ（附子）はキンポウゲ科（Ranunclaceae）のトリカブト *Aconitum* 属植物を基原とする生薬である。このトリカブトの塊根はニンジンのような茎を支える太い根（母根）を烏頭といい，茎の根もとにある短い地下茎の部分からできるもの（子根）を附子といって，それぞれの薬効に違いがあるとされていた。最近では，附子と烏頭は必ずしも使い分けられていることはなく，そのまま乾燥したものを烏頭，修治（減毒加工）したものを附子といっている。漢方では，これらを代謝機能失調の回復，身体四肢関節のまひ，疼痛などの回復，虚弱体質者の腹痛，下利，失精など，内臓諸器官の弛緩によって起こる症状の回復などに多く用いられる。基原植物の *Aconitum* spp. は中国では100種以上も知られているが，日本ではオクトリカブト（*Aconitum japonicum*）の塊根が使われる。現在，市場に流通しているトリカブト類の品目は，修治法の違いにより烏頭，附子，炮附子，白川附子，加工附子に大別される。かつては塩附子というものが存在していたが，今では市場での流通はない。烏頭と呼ばれるものと附子は母根と子根をそのまま乾燥したもので，炮附子は減毒処理のため塩水や苦汁に浸し，加圧加熱処理して作られる。白川附子は日本独特の修治法によるもので，採取したトリカブト（生附子）を洗浄，日干しを行った後に，数日間塩水に浸し，木灰（石灰）にまぶして乾燥させて仕上げられる。加工附子は塊根を洗浄後，オートクレーブを用いて加圧加熱処理を行うことにより，毒性はもとの1/150以下に低減される。

1) アコニチン（Aconitine）およびイエサコニチン（Jesaconitine）

カラトリカブト（*Aconitum carmichaeli*）やオクトリカブト（*A. japonicum*）の根に含まれる有毒アルカロイド。アコニチン系アルカロイドの薬理作用は，心臓に対する作用，鎮痛作用，抗炎症作用，血管拡張作用などがある。昔，アイヌの人々はこの根の煮汁を矢に塗り，狩猟に用いていた。これらの附子の毒性減弱化を目的とした修治において，弱毒化の主要因は aconitine に代表される猛毒性アルカロイドの8位のアセチル基だけ，あるいは8位アセチル基と14位ベンゾイル基のエステル部分が加水分解を受け水酸基になることにあるとされ，毒性が大幅に弱まったアコニン（aconine）やベンゾイルアコニン（benzoylaconine）などがその本体と考えられていた。最近になって，半熟修治附子のなかから aconitine 系アルカロイドの8位の水酸基に結合したアセチル基が，リノレイル基，パルミトイル基，オレイル基などの長鎖脂肪酸残基と置換したリポアルカロイド（lipoaconitine, lipomesaconitine など）が見いだされた（図12.23）。これらのリポアルカロ

|  | R₁ | R₂ | R₃ |
|---|---|---|---|
| aconitine | CH₂CH₃ | OH | H |
| jesaconitine | CH₂CH₃ | OH | OCH₃ |
| mesaconitine | CH₃ | OH | H |
| hypaconitine | CH₃ | H | H |

|  | R₁ | R₂ |
|---|---|---|
| aconine | CH₂CH₃ | H |
| benzoylaconine | CH₂CH₃ | benzyol |
| lipoaconitine | CH₃ | 脂肪酸残基 |
| lipomesaconitine | CH₃ | 脂肪酸残基 |

lycoctonine

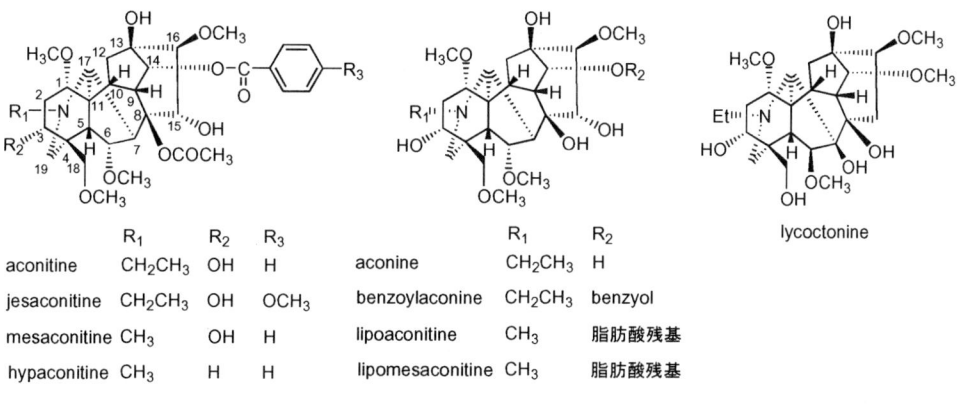

図12.23　アコニタン型アルカロイド

イドの生成が修治による減毒化,薬効増強と関係するのではないかと議論されているが,その薬理学的な解明が待たれている。

2) リコクトニン (Lycoctonine)

キンポウゲ科のヒエンソウ属,*Delphinium barberi* や *A. lycoctonium*,さらにキク科 *Inula royleana* からも単離される。

### 12.13.2 アチダン型アルカロイド

アチダン型アルカロイドはメトキシ基を持たず,低毒性アルカロイドである。種々の *Aconitum* 属やバラ科植物から得られるグループである (図 12.24)。

**アチシン (Atisine), スピラジン A (Spiradine A)**

atisine は *A. heterophyllum*, *A. gigas* 等から単離される。溶液中では C 20 位の epimer の混合物として存在する。メタノール中で加熱すると速やかにイソアチシン (isoatisine) に変化する。spiradine はヘチサン (hetisan) 骨格を有し,バラ科 (Rosaceae) のシモツケ (*Spiraea japonica*) に含有されるバラ科アルカロイドの珍しい例である。

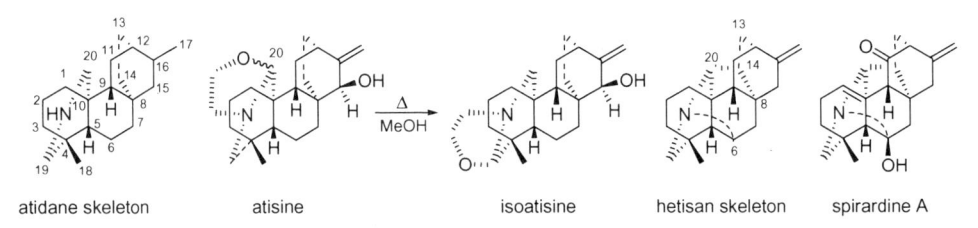

図 12.24 アチダン型アルカロイド

## 12.14 ステロイドアルカロイド

ステロイド骨格に含窒素置換基を持つものの総称。ナス科,ユリ科,ツゲ科植物等に特有なアルカロイドで,コレステロール (cholesterol) の誘導体である。生合成的には cholesterol の C 17,C 22,C 27 と窒素原子が環形成し生合成されるソラニジン (solanidine),C 22,C 27 と窒素原子が piperidine 環ならびに C 17 と C 22 との結合によるオキソ・アザスピロ (oxo-azaspirodecane) 部分構造を有したトマチジン (tomatidine) とソラソジン (solasodine) が生合成される。それらの多くは配糖体として存在する。

1) ソラニン (Solanine), ソラニジン (Solanidine), トマチジン (Tomatidine)

solanidine はナス科のジャガイモ (*Solanum tuberosum*) に配糖体ソラニン (solanine) として含まれる。ジャガイモの新芽や緑色の皮の部分に含まれ,苦味を有し食中毒の原因化合物である。solanine は 6 つの成分,すなわち,$\alpha$-,$\beta$- および $\gamma$-solanine と $\alpha$-,$\beta$- および $\gamma$-チャコニン (chaconine) に分けることができる。これら 6 つの化合物はいずれも共通のアグリコンとして solanidine を有している。一方,同属の植物 *S. xanthocarpum*, *S. aviculare*, *S. sodomeum* の果実には solasonine が含まれる。また,野生のトマトからは トマチジン (tomatidine) が得られる。これらのアルカロイドは属名をとってソラヌムアルカロイド (Solanum alkaloids) と呼ばれる。

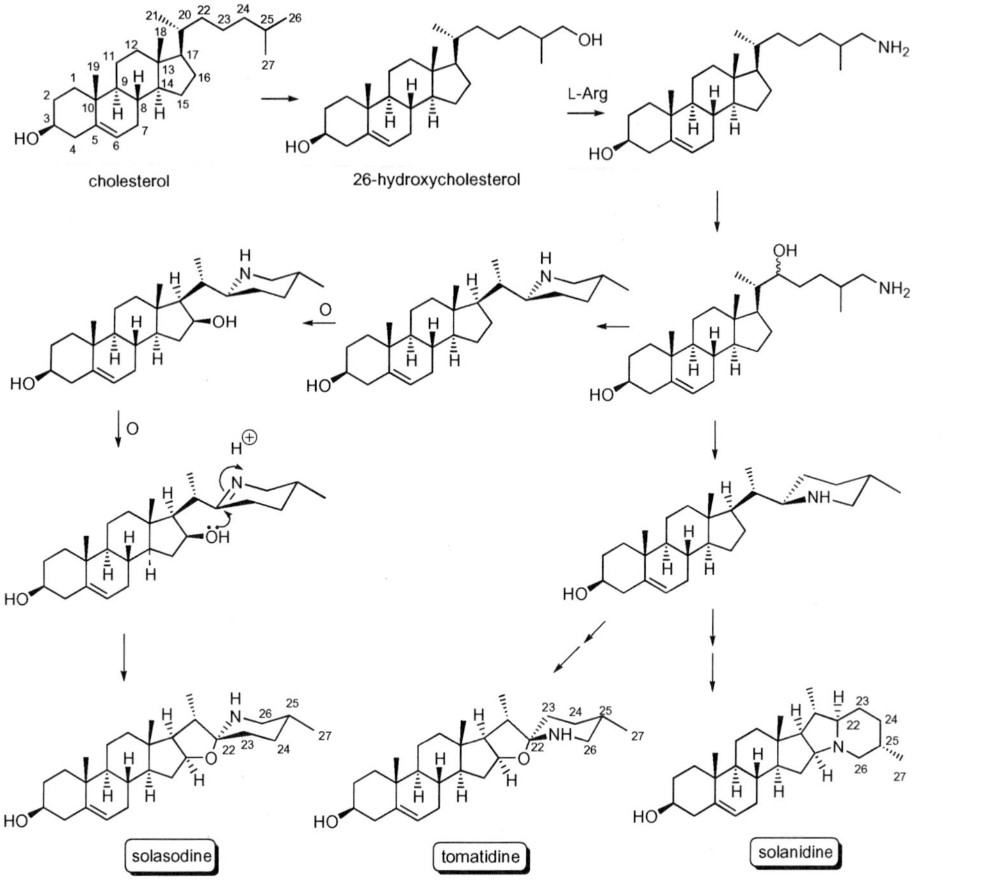

図 12.25　ソラムヌムアルカロイドの生合成

## 2) ジェルビン (Jervine), ベラトラミン (Veratramine)

ジェルビン (jervine) はユリ科バイケイソウ (*Veratrum*) 属に最も分布の広いアルカロイドである。ベラトラミン (veratramine) とともに *Veratrum album* var. *grandiflorum* に含まれる。

これらのアルカロイドは属名をとってベラトルムアルカロイド (Veratrum alkaloids) と呼ばれる。

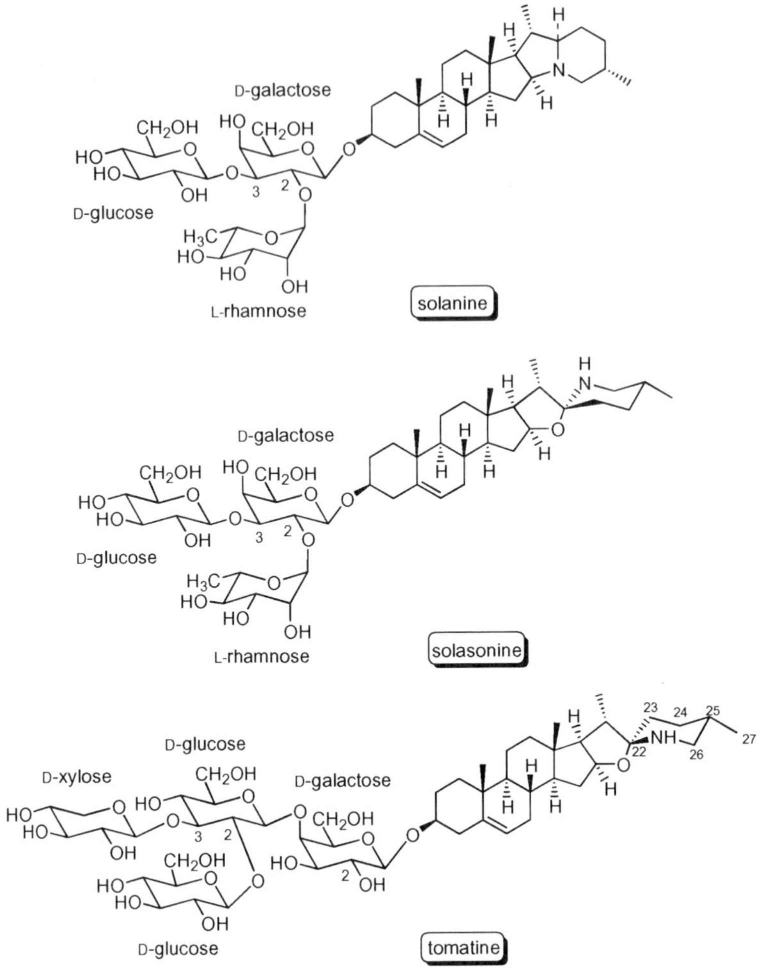


図 12.26 ソラヌムアルカロイド配糖体

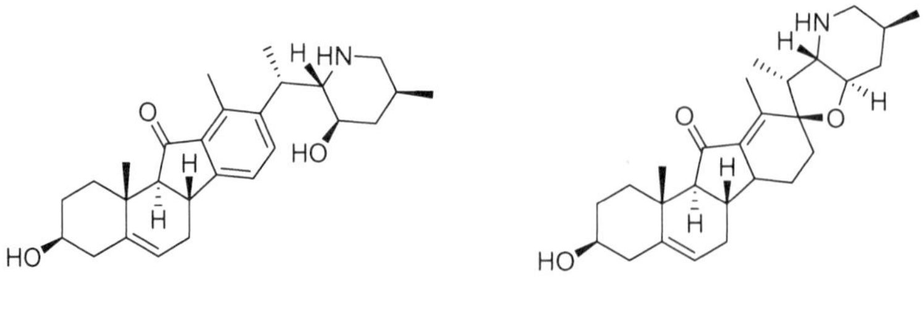

veratramine　　jervine

図 12.27 ユリ科のベラトルムアルカロイド

## コラム　なぜ蝶はアルカロイドを食べるか？

　蝶や蛾は卵，幼虫，蛹そして成虫へと完全変態する昆虫である。モンシロチョウはキャベツが大好き，カイコ（蛾）もクワの葉がないと生きていけない。このように蝶と食草は密接な関係にある。ecdysone（第9章）は幼虫の前胸腺から分泌される昆虫の変態ホルモンである。幼虫から蛹への変態は ecdysone と幼若ホルモン(juvenile hormone)のバランスにより制御されている。シダ植物には phytoecdysone と呼ばれるエクダイソン類縁の高度に酸化されたステロイドが含まれ，蝶や蛾の幼虫はシダ植物を食べない。これはおそらく摂取した phytoecdysone が幼虫から蛹への変態を促進することによると思われる。ジャコウアゲハとホソオチョウの食草はウマノスズクサであり，その成分 aristolochic acid (**1**) は，鳥類に対し有毒物質であり，それを体内に蓄積させ鳥から身を守っている。驚くことに成虫にも本化合物は蓄積され，産卵された卵の表面からも本化合物が検出される。マダラチョウ類は強心配糖体を含有するガガイモ科植物を食草とし，それにより鳥に食べられることを防いでいる。アゲハチョウ科の蝶の幼虫は，カメムシのように，食草の精油成分をアルデヒドに代謝し，頭部の臭角から臭気を出し，生体防御を行う。それらの臭気成分は，カンアオイ類の methyleugenol（ギフチョウ），ウィキョウの anethole（キアゲハ）等に基づく。アルカロイドは種々の生理作用を有することが知られているが，蝶とアルカロイドの関係の詳細はまだまだ不明な点が多い。以下にアルカロイド含有植物を食草とする蝶と植物およびその成分を挙げた。ウスバキチョウ：コマクサ-dicentrine (**2**)，ウスバシロチョウ：エンゴサク-corydaline (**3**)，ミヤマカラスアゲハ：キハダ-berberine (**4**)，オオルリシジミ：クララ-matrine (**5**)，オナガアゲハ：コクサギ-kokusagine (**6**)。なぜ蝶がアルカロイドを食べるか？こんな観点から植物成分を見たら，既知化合物であっても，新しい薬物資源としての有用性が見いだされるのではなかろうか。

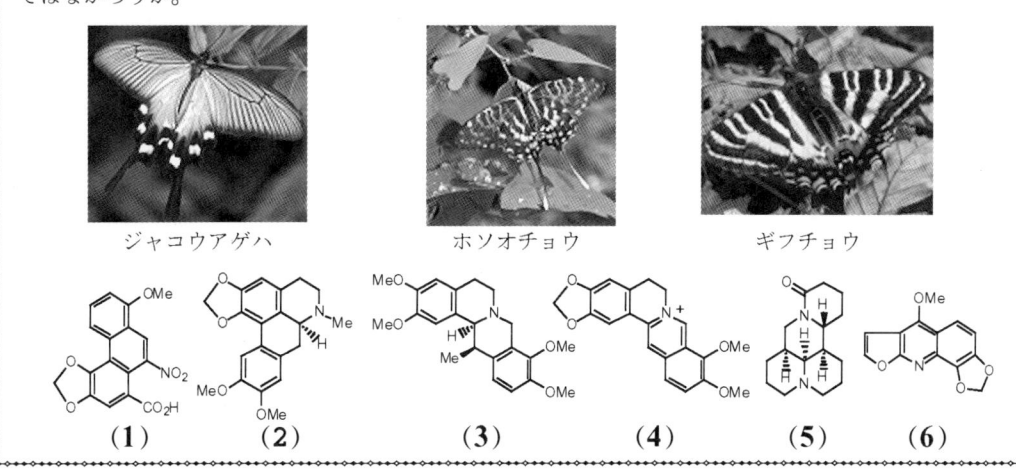

| ジャコウアゲハ | ホソオチョウ | ギフチョウ |

(**1**)　(**2**)　(**3**)　(**4**)　(**5**)　(**6**)

## 参考文献

1) I. W. Southon, J. Buckingham, "Dictionary of Alkaloids", Chapman and Hall LTD, New York, 1989.
2) Y. Shimizu, S. Gupta, K. Masuda, L. Maranda, C. K. Walker, R. H. Wang, *Pure & Appl. Chem.*, **61**(3), 513-516, 1989.
3) Y. Tsuda, T. Sano, "The Alkaloids", Vol. **48**, Chapter 4, Academic Press Inc., 1996.
4) P. Bernfeld, "Biogenesis of Natural Compounds", Pergamon Press, Oxford, UK, 1967.
5) 船山信次, "アルカロイド-毒と薬の宝庫", 共立出版, 1998.
6) 山崎幹夫, 相見則郎 "アルカロイドの生化学", 医歯薬出版, 1984.
7) 熱帯植物研究会編, "熱帯植物要覧", (株)養賢堂, 1984.
8) 久保孝夫, 塩見浩人編, "薬理学, (第2版)", 廣川書店, 2000.
9) 宮坂貞, 沢田誠吾, "現代化学", **343**, pp.58-66, 東京化学同人, 1999.

# 13 生物活性物質

　1991年アルプス・チロル地方の氷河の中から見つけられたアイスマンと名付けられたミイラは，5300年前の新石器時代の人物で，毛皮の帽子をかぶり，革製の上着，ズボン，靴を着用していた．彼は，カンバタケ（*Piptoporus betulinus*）やツリガネタケ（*Fomes fomentarius*）の乾燥キノコとホップ（*Humulus lupulus*）を携帯し，カンバタケおよびホップは薬用に，ツリガネタケは火を起こすときの補助に用いていたと考えられている．身体に付けられた刺青は，針治療のツボの位置と一致し，針治療が行われていたことが推測されている．このように人類が，天然物を薬用に用いた知恵は古く，これらは現在にも伝えられている．

　薬用植物の記述としては，中国の神農本草経やギリシャのマテリア・メディカが，約2000年前に書かれ現在に伝えられている．これら薬用植物から生物活性物質の分離精製は，19世紀に入り1806年にドイツの薬剤師Sertürnerが，アヘンからモルヒネ（morphine）を分離したのが最初である．その後，吐根からエメチン（emetine），ホミカからストリキニーネ（strychinine），キナ皮からキニーネ（qunine），コーヒー豆からカフェイン（caffeine），イヌサフランからコルヒチン（colchicine），タバコからニコチン（nicotine），ベラドンナ根からアトロピン（atropine）が，次々と単離された．1830年には，これらアルカロイド以外の物質として，古くから解熱・鎮痛薬として用いられていたセイヨウシロヤナギ（*Salix alba*）から有効成分としてサリシン（salicin）が単離された．salicinの構造が，サリチルアルコールグルコシド（salicylalcohol glucoside）であることが判明し，幾多の研究の結果，薬効が強く胃障害等の副作用が少ない物質として，アセチルサリチル酸（acetylsalicylic acid）をドイツバイエルが開発し，アスピリン（aspirin）として販売した．このように19世紀の初頭から始まった薬用植物からの有効成分の探索は，次々と新しい医薬品を生み出した．一方，社会の変貌により大都会が形成され食生活が大きく変化した．遠方で捕獲された魚介類が生のまま食卓に並び，天然の食品添加物や微生物の汚染などによる食材を原因とした事故が問題となってきている．本章では，天然の生物活性物質のなかでも主にヒトに対して活性を示す物質，すなわち，薬物と毒物について述べる．

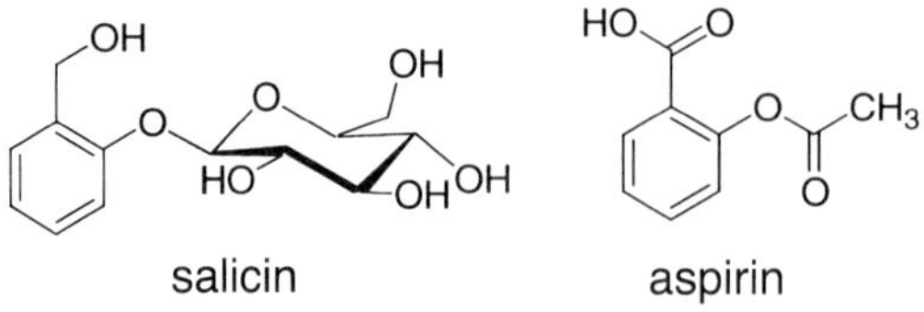

図13.1　サリシンとアスピリン

## 13.1 抗ウイルス剤

### スポンゴチミジン (Spongothymidine)

西インド諸島産の海綿 *Cryptotethya crypta* からスポンゴウリジン (spongouridine) とともに単離された。ウイルスや白血病細胞に対して強い増殖抑制効果を示すことから，部分合成したビダラビン [vidarabine；1-$\beta$-D-arabinofuranosyladenine (Ara-A)] を単純ヘルペス脳炎や帯状疱疹等に用いる。

spongothymidine : R=CH$_3$
spongouridine : R=H

vidarabine

## 13.2 抗原虫・フィラリア・マラリア剤

1) **キニーネ (Quinine)**

アカネ科植物のアカキナノキ (*Cinchona succirubra*) 等の樹皮に1〜4％含まれるキノリン系アルカロイドで，マラリア原虫への原形質毒作用により抗マラリア作用を示す。マラリアに対する特効薬としてきわめて重要である。副作用として，中枢神経，腎臓，造血器等への障害がある。

2) **サントニン (Santonin)**

キク科植物のミブヨモギ (*Artemisia maritima*) 等のつぼみ，花茎の精油成分である。特効的な回虫駆除効果を有する。蟯虫にも有効である。

3) **カイニン酸 (Kainic Acid)**

南シナ海や日本南部沿岸などに産する紅藻類フジマツモ科海藻であるマクリ (*Digenea simplex*) より単離されたアミノ酸の一種である。5〜10 mg の服用で顕著な回虫駆除効果を示す。

quinine

santonin

kainic acid

## 13.3 抗悪性腫瘍剤

### 13.3.1 海洋生物由来抗がん剤

**シタラビン（Cytarabine, Ara-C），アンシタビン（Ancitabine, Cyclo-C）**

抗ウイルス薬 vidarabine と同様に，西インド諸島産の海綿 *Cryptotethya crypta* からのスポンゴウリジン（spongouridine）より，白血病細胞に対して強い増殖抑制効果を示すことから部分合成されたピリミジン拮抗物質で，DNA ポリメラーゼを拮抗的に阻害する。強い骨髄抑制，下痢等の副作用がある。シタラビン［cytarabine；D-arabinofuranosyl cytosine (Ara-C)］は消化器がんに，アンシタビン［ancitabine；anhydro-arabinofuranosyl cytosine (Cyclo-C)］は急性白血病に，それぞれ有効な抗がん剤として臨床で用いられている。

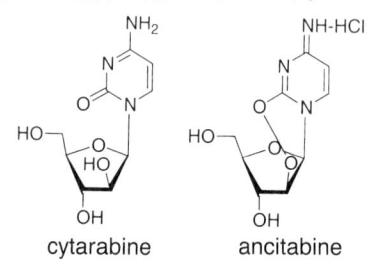

図 13.2　ピリミジン拮抗剤

### 13.3.2 抗がん抗生物質

**1）ブレオマイシン（Bleomycin）**

1965 年梅澤らが *Streptomyces verticillus* の培養液中から単離した含糖塩基性ポリペプチドで，広い抗がんスペクトルを有し，特異的に上皮組織に集積しやすく，不活性化されにくい。従来の抗がん剤の不可逆的な造血器障害や免疫抑制作用がほとんどないが，肺繊維症，脱毛等の副作用があ

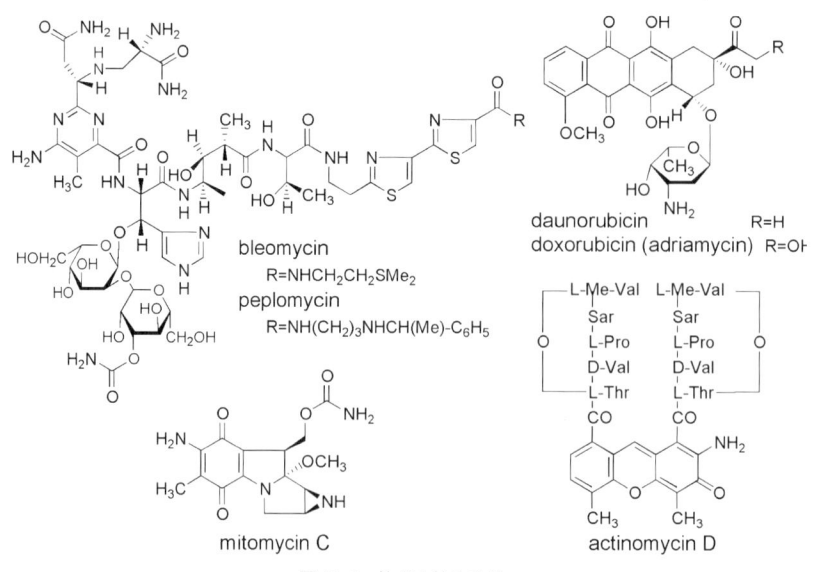

図 13.3　抗がん抗生物質

る。作用機序は，DNA鎖の切断，細胞のDNA合成阻害で，皮膚がん，頭けい部がん，肺がん，食道がん，子宮けいがん，悪性リンパ腫等，特に扁平上皮がんに著効を示す。

2) ペプロマイシン（Peplomycin）

　300種に及ぶbleomycin誘導体が合成され，抗腫瘍効果における発現の速さ，投与期間の短縮，またリンパ節転移がんへの有効性，肺毒性の低下等の有用性から選ばれた物質である。

3) ダウノルビシン（Daunorubicin）

　*Streptomyces peucetius* が生産するアントラサイクリン系抗がん抗生物質で，DNA合成過程においてDNA合成およびDNA依存RNA合成を阻害する。急性白血病に対し，寛解導入効果を示す。副作用として，重篤な心機能障害があり注意を要する。

4) ドキソルビシン（Doxorubicin）

　*S. peucetius* var. *caesius* から発見され，当初はアドリアマイシンと命名された。daunorubicinより抗がんスペクトルが広く，選択毒性も高く，細網肉腫，ホジキン病，肺がん，消化器がん，乳がん等に用いる。副作用として，重篤な心機能障害があり注意を要する。

5) マイトマイシンC（Mitomycin C）

　*S. caespitosus* が生産する分子中にベンゾキノン，ウレタン，アジリジンの3種の活性部分を持ち，毒性も強いが抗がんスペクトルが広い。現在最も繁用され，食道がん，胃がん，結腸直腸がん，肝がん，肺がん，乳がん，子宮がん，卵巣がん，各種白血病等に用いる。重篤な副作用として，骨髄機能障害，溶血性尿毒症，急性腎不全，間質性肺炎等がある。

6) アクチノマイシンD（Actinomycin D）

　*S. parvullus* が生産するキノイドペプチドで，ウイルムス腎腫瘍，じゅう毛上皮腫，破壊性胞状奇胎に著効を示す。副作用として，肝障害，アナフィラキシー，脱毛等がある。

### 13.3.3　植物由来抗がん剤

1) ビンクリスチン（Vincristine）

　キョウチクトウ科植物のニチニチソウ（*Catharanthus roseus* = *Vinca rosea*）から単離されたビンカアルカロイドで，急性白血病，悪性リンパ腫，小児腫瘍に用いる。ビンカアルカロイドは構造が類似しているが，それぞれ有効ながん種や毒性が異なる。作用機序は，チュブリン重合阻害による細胞分裂阻止作用で細胞周期をM期で停止させ，抗腫瘍効果を示す。副作用は，骨髄抑制作用

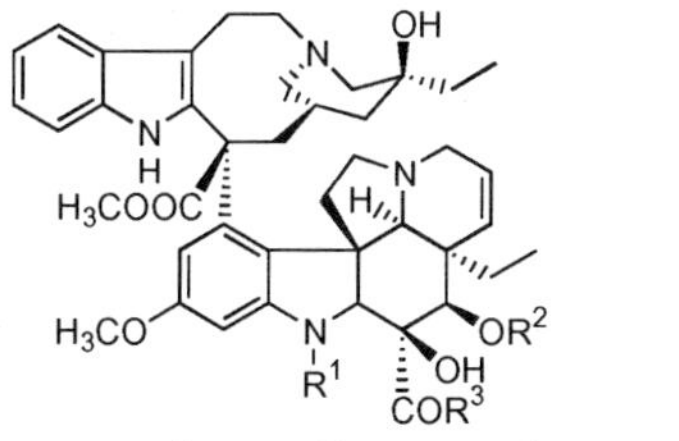

vinblastine　$R^1=CH_3$　$R^2=COCH_3$　$R^3=OCH_3$
vincristine　$R^1=CHO$　$R^2=COCH_3$　$R^3=OCH_3$
vindesine　$R^1=CH_3$　$R^2=H$　$R^3=NH_2$

図13.4　ビンカアルカロイド

は比較的弱いが，神経障害が問題となる。またリポソームのRNAの産生を阻害する作用もある。

2) **ビンブラスチン（Vinblastine）**

　ビンカアルカロイドの一種で，悪性リンパ腫，じゅう毛がん，破壊性胞状奇胎等に用いる。副作用は，神経毒性は弱いが重篤な骨髄抑制がある。

3) **ビンデシン（Vindesine）**

　vinblastineを化学修飾した半合成ビンカアルカロイドで，天然ビンカアルカロイドと同様の作用機序を有し，急性白血病，悪性リンパ腫，肺がん，食道がんに用いる。副作用は，重篤な骨髄機能障害，末しょう神経障害等がある。

4) **エトポシド（Etoposide）**

　メギ科のポドフィルム（*Podophyllum peltatum*）に含まれるポドフィロトキシングルコシド（podophyllotoxin glucoside）を化学修飾したもので，DNA構造変換を行う酵素トポイソメラーゼIIを阻害し，DNAの2本鎖を切断し抗腫瘍効果を示す。急性白血病，悪性リンパ腫，肺がん，子宮けいがん，睾丸腫瘍，膀胱がん，じゅう毛がん等に用いる。副作用は，骨髄抑制，肝障害，脱毛等がある。

5) **イリノテカン（Irinotecan）**

　中国のヌマミズキ科植物カンレンボク（*Camptotheca acuminata*）に含まれるキノリン骨格を有するアルカロイド，カンプトテシン（camptothecine）を化学修飾したもので，DNA構造変換を行う酵素トポイソメラーゼIを阻害し抗腫瘍効果を示す。副作用として，高度な骨髄機能障害や重篤な下痢がある。

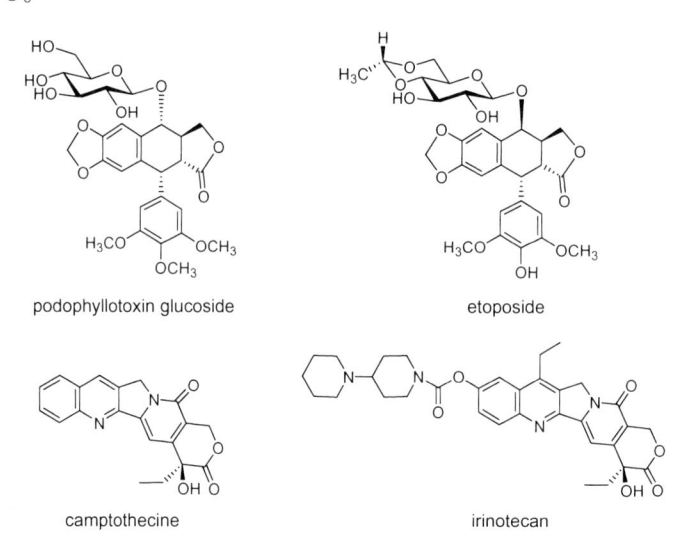

図13.5　トポイソメラーゼ作用薬

6) **パクリタキセル（Paclitaxel），タキソール（Taxol）**

　タイヘイヨウイチイ（*Taxus brevifolia*）に含まれるジテルペンで，微小管重合を促進・安定化し，細胞周期をM期およびG期で阻害することにより，抗腫瘍効果を示す。卵巣がん，非小細胞肺がん，乳がんに用いられ，副作用としては，重篤な骨髄抑制や呼吸困難，低血圧，頻脈等の過敏症がある。

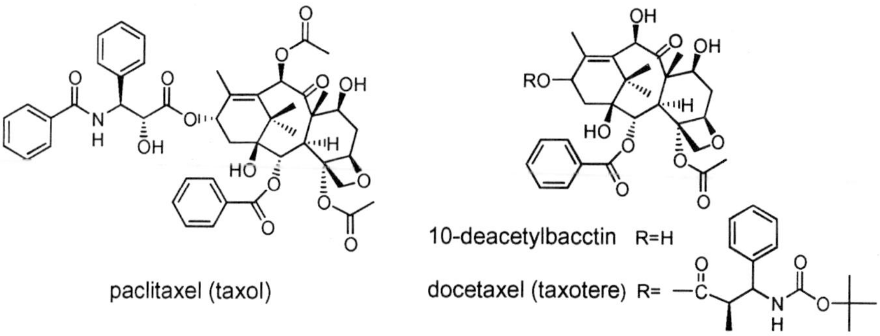

図13.6 タキソイド系抗腫瘍剤

7) **ドセタキセル（Docetaxel），タキソテール（Taxotere）**

ヨーロッパイチイ（*Taxus baccata*）に含まれる10-デアセチルバックチンIII（10-deacetyl bacctin III）を化学修飾したもので，taxolと同様の作用機序を示す．卵巣がん，非小細胞肺がん，胃がん，頭けい部がん等に用い，副作用として，重篤な骨髄抑制や肝機能低下がある．

## 13.4 免疫賦活剤

**ベスタチン（Bestatin）**

梅澤，竹内らが発見した*Streptomyces olivoreticuli*が生産するアミノペプチターゼB阻害物質で，がん細胞に対して細胞毒性を示さない．造血幹細胞に対して増殖促進作用，がんに立ち向かうエフェクター細胞のサイトカイン産生を調節し，免疫能を改善し抗腫瘍効果を発揮する．抗原性がなく，副作用も少なく軽微である．

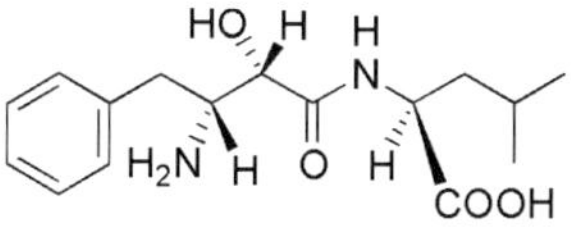

## 13.5 免疫抑制剤

### 13.5.1 免疫抑制ステロイド

標的細胞（未分化型のリンパ球等）のホルモン受容体を介して免疫抑制効果を発現すると考えられている．効果発現には，構造中のC3位にケトン基，11位にケトン基または水酸基，20位にケトン基，21位にアルコール基が必要である．

1) **コルチゾン（Cortisone）**

プレグナン系副腎皮質ホルモンで，強い抗炎症および免疫抑制作用を有する．

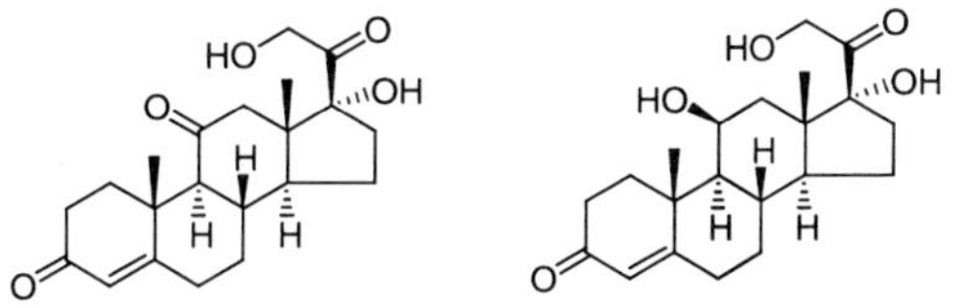

2) ハイドロコルチゾン（Hydrocortisone）

cortisone と同様プレグナン系副腎皮質ホルモンで，抗炎症効果は cortisone より強いが，免疫抑制効果は同程度である。

### 13.5.2 免疫抑制抗生物質

抗生物質で画期的な免疫抑制作用を持つことが最初に判明したのは，シクロスポリンA（cyclosporin A）で，皮膚移植，臓器移植等に用いられる。

1) シクロスポリンA（Cyclosporin A）

*Cylindrocarbon lucidum* が生産する11個のアミノ酸からなる環状ペプチドで，主として腎移植に用いられるが，骨髄移植，心臓移植にも用いる。T細胞に作用し，インターロイキン-2の転写が抑制され免疫が抑制される。副作用には，肝臓，腎臓障害，リンパ腫がある。

2) タクロリムス（Tacrolimus）

放線菌 *Streptomyces tukubaensis* が生産するマクロライドで，作用機序は cyclosporin A と同様であり，肝臓，腎，骨髄移植後の拒絶反応の抑制薬として使われている。副作用として腎毒性，血管炎がある。

cyclosporin A

tacrolimus

---

**コラム　　　　　　　　　　　　第三の免疫抑制剤**

スパガリン（spergualin）は，1980年に梅澤，竹内らにより *Bacillus laterosporus* からマウス白血病に強い抑制効果を示す物質として単離された。その後，spergualin が強い免疫抑制効果を示すことから，400を超える誘導体が合成されデオキシスパガリン（15-deoxyspergualin）が開発された。この薬物は，細胞のS期への進行を阻止し，細胞を $G_0/G_1$ 期に押し止め，細胞増殖抑制を生じる。リンパ球や造血細胞に対して増殖抑制が働き免疫抑制として作用するが，cyclosporin A や tacrolimus と違いインターロイキン-2等のサイトカインの産生を抑制しないことから，患者の免疫ネットワークに影響が少ない。免疫抑制剤の中で，切り札的存在である。副作用には，骨髄機能抑制，顔面の異常知覚等がある。

spergualin : $R^1$=OH, $R^2$=OH (*S*)
15-deoxyspergualin : $R^1$=H, $R^2$=OH (*RS*)

## 13.6 抗真菌物質

**ホロトキシンA（Holotoxin A）**

マナマコ（*Stichopus japonicus*）から単離されたサポニンで，抗真菌作用を有し水虫薬として用いる。魚毒性や溶血性も持つ。

holotoxin A

## 13.7 コレステロール合成阻害剤

高cholesterol血症，特に悪玉cholesterolと言われるLDL-cholesterol値が高い症状は動脈硬化，狭心症，心筋こうそくなどの心臓病の原因となりやすいが，この治療にはcholesterol生合成の律速酵素であるHMG-CoAレダクターゼの阻害剤がきわめて有効である。*Penicillium citrinum*や*P. brevicompactin*から単離されたコンパクチン（compactin；メバスタチン, mevastatin）はHMG-CoAレダクターゼを特異的にきっ抗阻害し，高cholesterol血症の治療に用いられている。また，*Monascus*属（ベニコウジカビ）からはcompactinのメチル誘導体であるロバスタチン（lovastatin；モナコリンK, monacolin K）が得られており，compactinを放線菌*Streptomyces carbophillis*に代謝変換させるとブラバスタチン（bravastatin；メバロチン, mevalotin）が生成する。これらcompactin誘導体もcholesterol合成阻害剤として用いられている。

lovastatin (monacolin K) ⇐ *Monascus* spp. — compactin (mevastatin) — *Streptomyces carbophillis* ⇒ bravastatin (mevalotin)

## 13.8 植物エストロゲン

**1）ダイゼイン（Daidzein）**

同じイソフラボン誘導体のゲニステイン（genistein），フォルモノネチン（formononetin）と同様に，ダイズ等マメ科植物に分布し，女性ホルモンのエストロゲン作用を示す。大豆消費量の多い都道府県ほど，大腸がん，乳がん，卵巣がん，子宮内膜がん等による死亡率が低いことからがん

予防が期待される。更年期の女性では，イソフラボンの摂取量と骨密度は正の相関が認められ，骨粗しょう症を予防する可能性がある。しかし，一日に 45 mg のイソフラボンを摂取すると，健康な女性のホルモンバランスに影響し月経周期を変えることも報告されている。

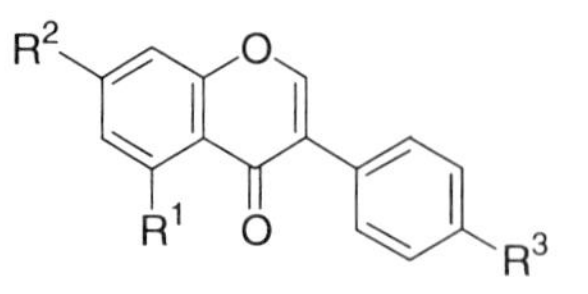

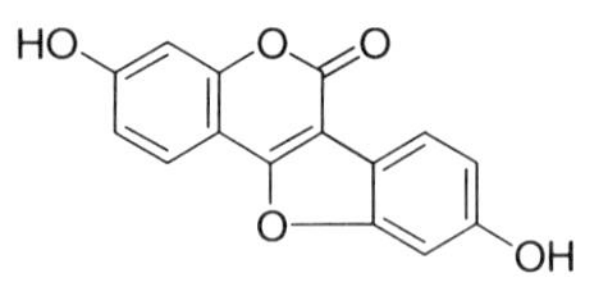

|  | $R^1$ | $R^2$ | $R^3$ |
|---|---|---|---|
| daidzein | H | OH | OH |
| genistein | OH | OH | OH |
| formononetin | H | OH | $OCH_3$ |

coumestrol

図 13.7　植物エストロゲン作用を有するイソフラボン類

### 2) クメストロール (Coumestrol)

クローバー (*Trifolium* sp.) 等マメ科植物に含まれるイソフラボン誘導体で，ニュージーランドで多発した羊の流産の原因物質であることが判明した。

### 3) (−)-セコイソラリシレジノール [(−)-Secoisolariciresinol]

ごま油や亜麻仁油中に (+)-ネオオリビル [(+)-neoolivil]，(−)-3,4-ジバニリルテトラヒドロフラン [(−)-3,4-divanillyltetrahydrofuran] とともに含まれているリグナン誘導体で，ヒトの性ホルモン結合性グロブリンと親和性が高いことが見いだされている。ほかに，がんや前立腺肥大の予防に貢献していると推定されるとともに，これらのものの摂取と乳がんの発生は，逆の相関が知られている。

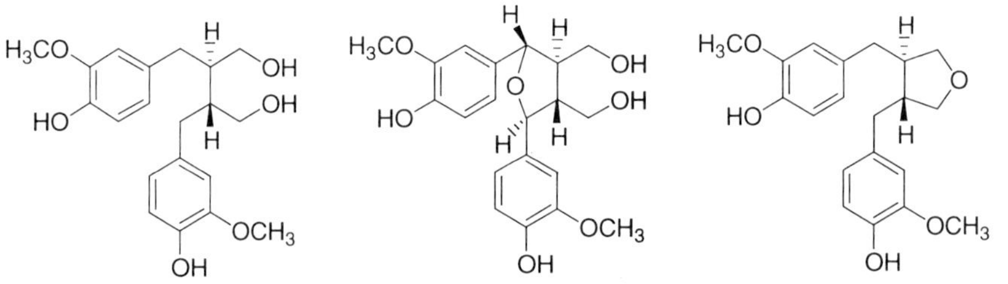

(-)-secoisolariciresinol　　(+)-neoolivil　　(-)-3,4-divanillyl-tetrahydrofuran

図 13.8　植物エストロゲン作用を有するリグナン類

## 13.9　生物毒

本節では，動植物や微生物が生産する有毒物質を取り上げる。

### 13.9.1　動物の毒

#### 1) テトロドトキシン (Tetrodotoxin)

フグ毒として知られる tetrodotoxin は，養殖したフグに毒がみられないこと，フグ以外にツム

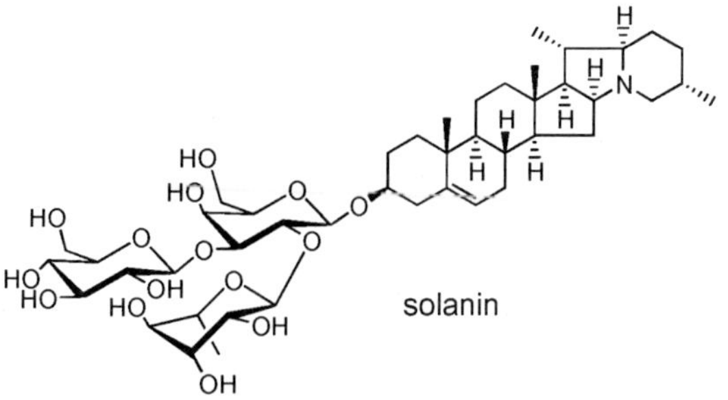

## 13.9 生物毒

solanin

図 13.9 身近な生物毒

ギハゼ（*Gobius criniger*），ヒョウモンダコ（*Hapalochlaena maculosa*），バイ貝（*Babylonia japonica*），ボウシュウボラ（*Charonia sauliae*），スベスベマンジュウガニ（*Atergatis floridus*），トゲモミジガイ（*Asteropecten polyacanthus*）等の魚貝類のほか，カリフォニアイモリ（*Taricha torosa*），コスタリカ産カエル（*Atelopus* sp.）等に分布していることから，外因性のえさや微生物に由来すると考えられているが，現在生産主は不明である．中毒症状としては，しびれ，おう吐，頭痛，腹痛を感じ，麻痺，呼吸困難，血圧降下をきたして死に至る．作用機序は，$Na^+$イオンの

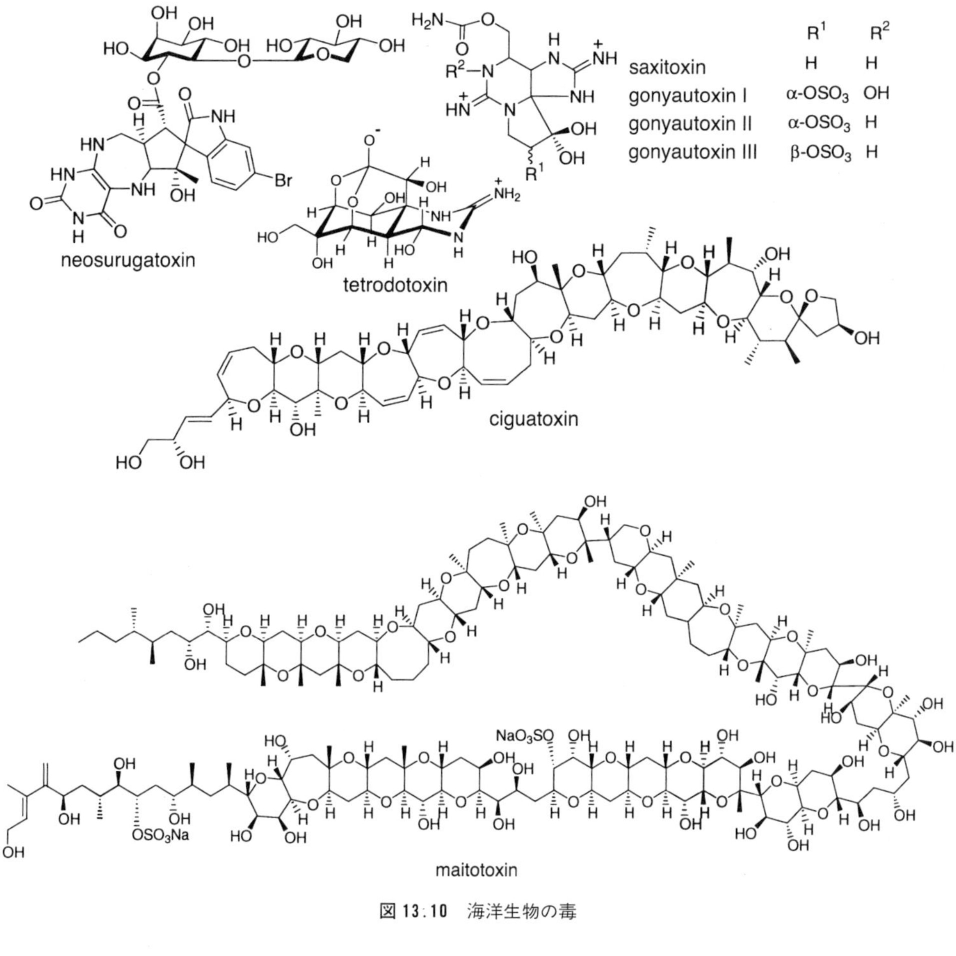

| | $R^1$ | $R^2$ |
|---|---|---|
| saxitoxin | H | H |
| gonyautoxin I | α-$OSO_3$ | OH |
| gonyautoxin II | α-$OSO_3$ | H |
| gonyautoxin III | β-$OSO_3$ | H |

neosurugatoxin

tetrodotoxin

ciguatoxin

maitotoxin

図 13.10 海洋生物の毒

膜透過阻害により，神経および筋の興奮伝達を妨害する。

**2)　サキシトキシン（Saxitoxin）**

ムラサキ貝（*Mytilus edulis*）の中腸腺およびウチムラサキ近縁の貝（*Saxidomus giganteus*）の水管から，ゴニオトキシン（gonyautoxin）とともに単離された。これらは，培養したべん毛藻 *Gonyaulax* sp.が生産することが確認されている。tetrodotoxin と同様の毒性を示し，Na チャンネルを選択的に阻害し，$Na^{+}$ イオンの膜透過を抑制する。

**3)　ネオスルガトキシン（Neosurugatoxin）**

1965 年に駿河湾に面した沼津付近で発生した巻貝の一種であるバイ貝による中毒事件の原因貝から分離された。特異的な自律神経遮断作用，すなわち，ニコチン受容体を特異的に遮断し，神経細胞から遊離したアセチルコリンによる神経伝達を抑制する。

**4)　マイトトキシン（Maitotoxin），シガトキシン（Ciguatoxin）**

熱帯・亜熱帯海域で捕獲された魚貝類による食中毒として，シガテラが知られている。これらの原因毒は，maitotoxin と ciguatoxin であり，maitotoxin はべん毛藻（*Gambierdiscus toxicus*）が生産することが知られており，これを食する魚貝類が毒化することが明らかとなった。maitotoxin の毒性は，palytoxin の約 10 倍の毒性を示し，マウス腹腔内投与における $LD_{50}$ は 50 ng/kg で，1 mg で 50 万匹のマウスを殺すことが可能な猛毒で，$Ca^{2+}$ イオンの細胞内流入を顕著に促進する。一方，ciguatoxin の毒性は，Na チャンネルの不活性化機構に干渉し，チャンネルの開口状態を維持することによる。

## 13.9.2　植物の毒

**1)　コリアミルチン（Coriamyrtin）**

ドクウツギ（*Coriaria japonica*）の果実にツチン（tutin）とともに含まれるモノテルペンラクトンで，中枢神経刺激作用を有し，特に呼吸中枢を興奮させる。おう吐，けいれん等の症状を発し，呼吸停止によって死に至る。

**2)　アコニチン（Aconitine）**

メサコニチン（mesaconitine）とともにトリカブト（*Aconitum* sp.；キンポウゲ科）の根に含

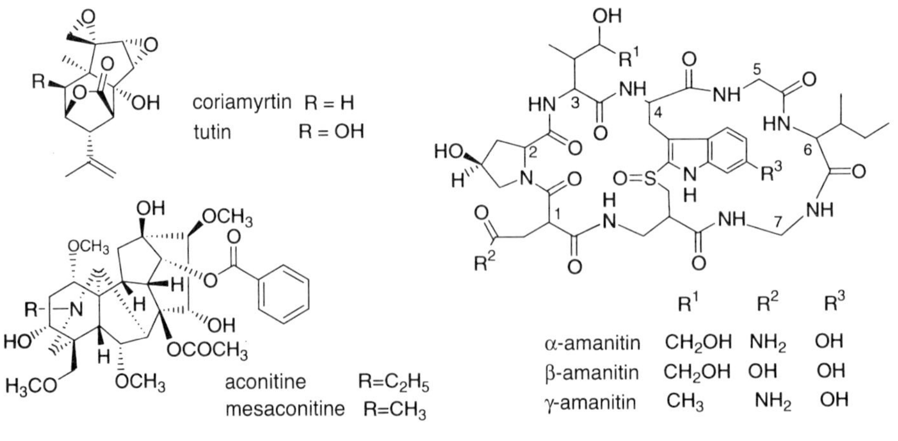
coriamyrtin R = H
tutin R = OH
aconitine R=C2H5
mesaconitine R=CH3
R1 R2 R3
α-amanitin CH2OH NH2 OH
β-amanitin CH2OH OH OH
γ-amanitin CH3 NH2 OH

図 13.11　植物の毒

まれるジテルペンアルカロイドで，加熱などによりエステルが加水分解されるとその毒性は1/100以下に低下する。中毒症状は，口唇，腹部，皮膚に灼熱感を覚え，流涎，おう吐，歩行不安，めまいを生じ，呼吸困難から心臓麻痺または呼吸中枢麻痺により死に至る。

3) **アマトキシン（Amatoxin）**

タマゴテングダケ（*Amanita phalloides*），シロタマゴテングダケ（*A. verna*），ドクツルタケ（*A. virosa*）に含まれる含硫環状ペプチドである。$\alpha$-，$\beta$-，$\gamma$-アマニチン（$\alpha$-，$\beta$-，$\gamma$-amanitin）があり，猛毒性で激しいおう吐，下痢，腹痛を生じ，粘液便，血便を下しコレラ様の症状を呈する。類似化合物ファロトキシン類（phallotoxin）を含有するが，こちらは経口投与では毒性を発揮しない。

---

**コラム　アオコ毒素**

淡水生ラン藻類（*Microcystis, Anabaena, Anabaenopsis, Nostoc, Oscillatorac* 属等）が産生する致死性の毒素に，ミクロシスチン（microcystin）類がある。日本では，幸いにして有毒アオコによる中毒の報告はないが，海外では，アオコが発生している湖や河川での中毒が報告されている。1996年にブラジルで起きた病院内での人工透析の事故では，60人の死亡者が出ている。この事故の原因は，microcystinであることか明らかとされている。

microcystin

---

## 13.10　マイコトキシン

マイコトキシンとはカビ（真菌類）が生産する毒素で，これに汚染された食物を食べたときに中毒症状を引き起こす物質に付けられた名称である。真菌類から単離された物質で，実験動物に対して毒性が確認されたものもこの範ちゅうに入る。

### 13.10.1　発がん物質（変異原物質）

1) **アフラトキシン（Aflatoxin）**

*Aspergillus flavus* が生産するクマリン誘導体で，同カビに汚染された食品をヒトや家畜が食することにより中毒が生じる。急性毒性は，肝細胞壊死，胆管増生，腎障害であるが，慢性毒性は肝がん発生でその発がん性はきわめて高く，強い変異原性を示す。

2) **その他の発がん物質**

*A. flavus* が生産するステリグマトシスチン（sterigmatocystin）は，ラットに肝障害を起こし肝がんを生じる。*Penicillium patulum* が生産するパツリン（patulin）は，乳牛の集団中毒死で発見されラットに肉腫を生じる。*P. puberulum* が生産するペニシリン酸（penicillic acid）は，カビ

図13.12 発がん物質

トウモロコシ中毒症の原因物質でラットに肉腫を生じる。*P. islandicum* が生産するルテオスカイリン（luteoskyrin）および *P. ruglosum* が生産するルグロシン（rugulosin）は，黄変米中毒の原因物質で肝硬変，肝がんの原因となる。*P. citrinum* が生産するシトリニン（citrinin）も黄変米より単離され，腎臓障害，腎がんを生じる。*P. islandicum* が生産するシクロクロロチン（cyclochlorotin）は，肝障害，肝がんを生じる。

## 13.10.2 発がん性のない毒性物質

*Penicillium citro-viride* が生産するシトレオビリジン（citreoviridin）は，台湾産黄変米から分離し

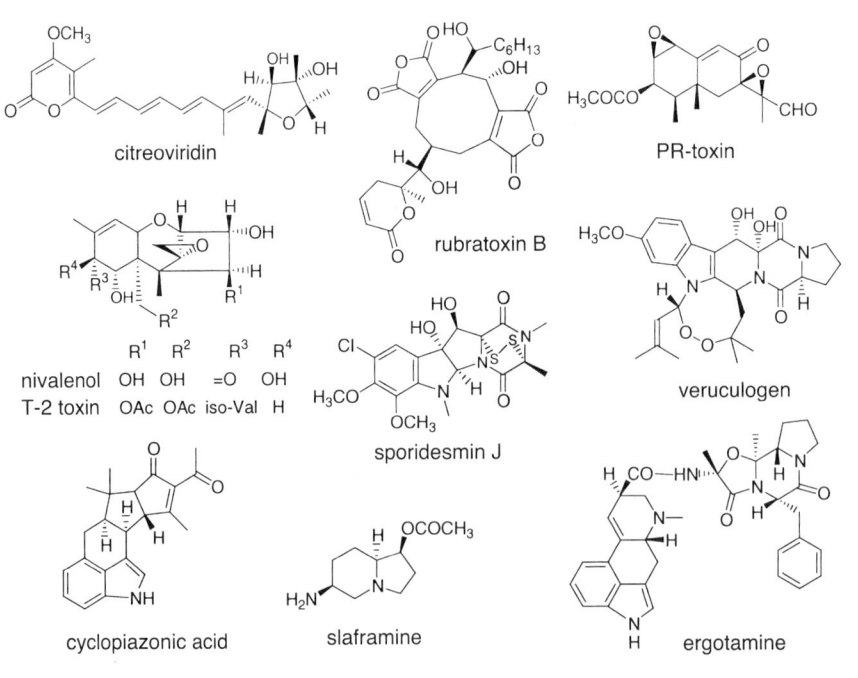

図13.13 マイコトキシン（発がん性・変異原性がないもの）

たもので神経毒を示す。*P. rubrum* が生産するルブラトキシン B (rubratoxin B) は，カビ汚染トウモロコシ中毒の原因物質で，肝臓や腎臓に障害を生じる。*P. roqueforti* が生産する PR-トキシン (PR-toxin) は，肝臓や腎臓に障害を生じる。麦赤カビ中毒やカビ汚染トウモロコシ中毒の原因物質である *Fusarium nivale* が生産するニバレノール (nivalenol) や *F. tricinctum* が生産する T-2 トキシン (T-2 toxin) は，造血臓器に障害を起こす。*Pitomyces chartarum* が生産するスポリデスミン J (sporidesmin J) はヒツジ，ウシの集団食中毒の原因物質で，肝臓や腎臓に障害を生じる。*P. verculosum* が生産するベルクロゲン (veruculogen) は，神経毒でけいれん等を起こす。*P. cyclopium* が生産するシクロピアゾン酸 (cyclopiazonic acid) は，神経毒であり肝臓や腎臓にも障害を生じる。*Rhizoctonia lguminicola* が生産するスラフラミン (slaframine) は，ウシ，ウマ，ヒツジ等に流涎過多，流涕，下痢等を起こす。*Claviceps purpurea* が生産するエルゴタミン (ergotamine) は，バッカクアルカロイド (12.6.2 項参照) の一種で神経毒性を示すが，交感神経遮断薬，鎮痛薬として用いる。

## 13.11 発がん促進物質

1951 年 Beremblum は，マウスの皮膚にそれだけでは発がんしない極微量の発がん物質 (イニシエーター) を塗布し，その一週後より刺激物質であるクロトン油 (発がんプロモーター) を週 2 回の塗布で 20 週行うことにより腫瘍を作ることに成功した。これら一連の実験で，イニシエーターが起こす不可逆的な遺伝子への変化をイニシエーションと呼び，発がんプロモーターがイニシエーションを受けた細胞に及ぼす可逆的であるが不可逆的でもある作用を，発がんプロモーションと呼んでいる。クロトン油からフォルボールエステルが活性本体として単離され，発がんプロモーターの研究が進展したが，その後，藤木らによりテレオシジン，アプリシアトキシン，オカダ酸，スタウロスポリン等，数多くの発がんプロモーターが見いだされている。

### 13.11.1 フォルボールエステル系
**テトラデカノイルフォルボールアセテート (12-*O*-Tetradecanoylphorbol-13-acetate；TPA)**

TPA は，ハズ (*Croton tiglium*) の種子から得られるクロトン油の成分でフォルボールミリステートアセテート (phorbol myristate acetate；PMA) とも呼ばれ，皮膚に強い炎症を引き起こす。マウスに対して発がんプロモーターとして働き，イニシエーションを受けた細胞に作用しがん化させる。その他，きわめて多彩な生物活性を有する。TPA は，特異的なレセプターに結合することが知られており，このレセプターに結合するものを，TPA タイプの発がんプロモーターと呼

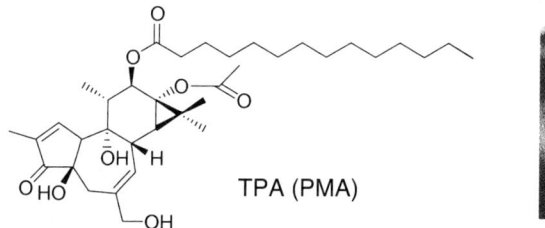

図 13.14 古典的発がんプロモーター TPA とハズ

んでいる。シナアブラギリに含まれる 12-O-hexadecanoyl-16-hydroxyphorbol-13-acetate (HHPA) はさらに強い活性を持つ。

### 13.11.2 テレオシジン系

1) **テレオシジン (Teleocidine)**

*Streptomyces mediocidicus* が生産するインドールアルカロイドで，TPA と同一のレセプターに結合し発がんプロモーション活性を示す。teleocidin には A と B があり，さらにそれぞれ A には 2 つ，B には 4 つの光学異性体が存在する。

2) **オリボレチン (Olivoretin)**

*S. olivoreticulu* が生産するインドールアルカロイドで，A, B, C, D とデスメチルオリボレチン A (des-O-methylolivoretin A) の 5 種があるが olivoletin D は，teleocidin B-4 と同一物質である。これらは，TPA タイプの発がんプロモーターである。

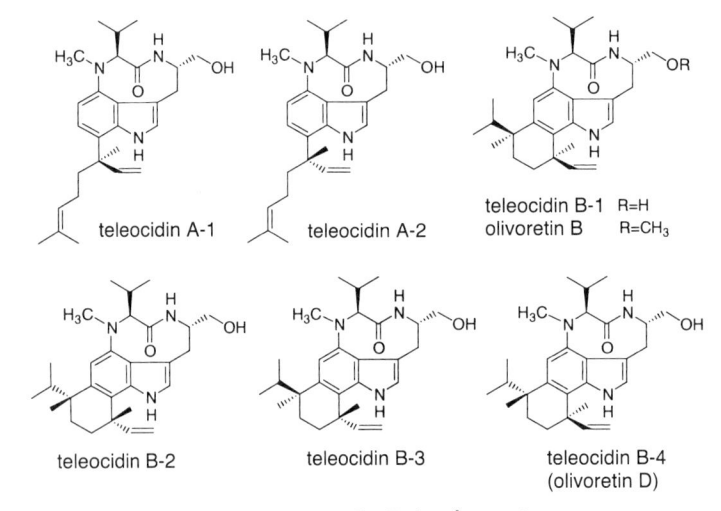

図 13.15 teleocidin 系の発がんプロモーター

### 13.11.3 アプリシアトキシン系

**アプリシアトキシン (Aplysiatoxin)**

ハワイのカイウラ海岸で海水浴の人達の中で，皮膚炎が発生した。その原因物質は海岸に打ち寄せられた *Lyngbya majuscula* からで，Moore らにより単離された。これら aplysiatoxin とデブロモアプリシアトキシン (debromo aplysiatoxin) は，クロスジアメフラシ (*Stylocheilus longicauda*) の消化管から単離されていた TPA タイプの発がんプロモーターである。さらにマーシャル諸島で採取した海藻 *Oscillatoria nigroviridis* と *Schizothrix calcicola* の混合物から，ブロモアプリシアトキシン (bromoaplysiatoxin)，オッシラトキシン A (oscillatoxin A) 等が単離されており，図 13.16 に示した関連化合物とともに発がんプロモーション活性を示す。

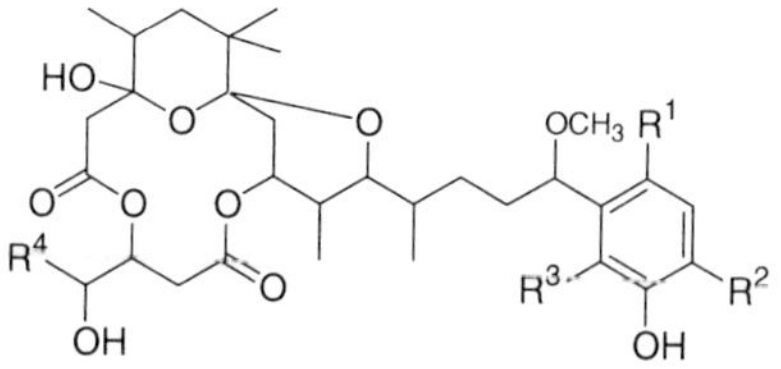

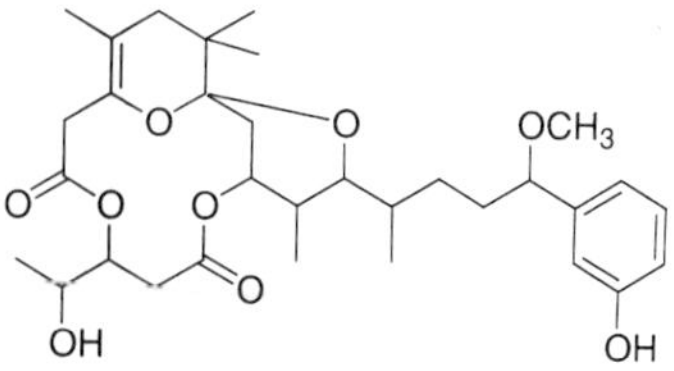

13.11 発がん促進物質

|  | R¹ | R² | R³ | R⁴ |
|---|---|---|---|---|
| debromoaplysiatoxin | H | H | H | CH₃ |
| aplysiatoxin | Br | H | H | CH₃ |
| bromoaplysiatoxin | Br | Br | H | CH₃ |
| dibromoaplysiatoxin | Br | Br | Br | CH₃ |
| oscillatoxin A | H | H | H | H |

図 13.16　aplysiatoxin 系の発がんプロモーター

## 13.11.4　オカダ酸系
**オカダ酸（Okadaic Acid）**

クロイソカイメン（*Halichondria okadai*）から単離されたポリエーテル化合物で，同族体であるジノフィシストキシン-1（dinophysistoxin-1）は，ムラサキガイ（*Mytilus edulis*）の下痢性貝毒の原因物質として分離された。また渦べん毛藻（*Prorocentrum lima*）に含有されることが確認されており，クロイソカイメンやムラサキガイに取り込まれたと考えられている。これらは TPA のレセプターに結合しないが，TPA と同様に発がんプロモーション活性を示した。この作用は，プロテインフォスファターゼの強力な阻害によることが明らかとなっている。okadaic acid は，特異的レセプターに結合することが明らかとなり，okadaic acid のレセプターと呼ぶ。dinophysistoxin-1 も okadaic acid のレセプターに結合して発がんプロモーション作用を発揮する。

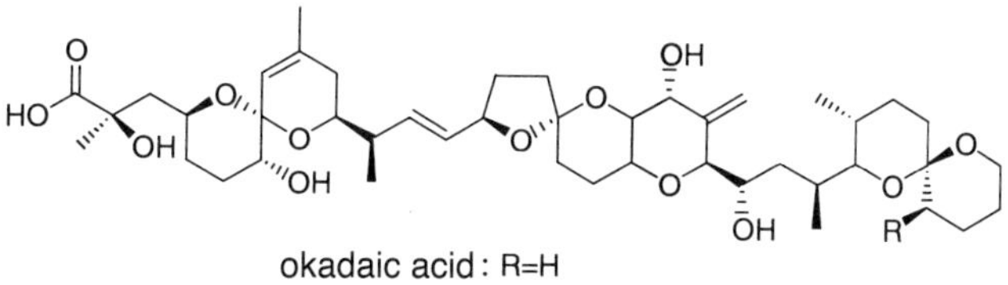

okadaic acid : R=H
dinophysistoxin-1 : R=CH₃

図 13.17　okadaic acid 系の発がんプロモーター

## 13.11.5　その他の系の発がんプロモーター
### 1) パリトキシン（Palytoxin）

スナギンチャク類（*Palythoa* sp.）に含まれるパリトキシン（palytoxin）は，水溶性高分子量化合物でマウス静注において tetrodotoxin の 50 倍の毒性を示す。palytoxin は，prostaglandin E₂ 遊離作用，細胞膜脱分極作用等，多くの生物活性を有し，動物実験において発がんプロモーション活性を示す。TPA や okadaic acid のレセプターには結合しない。

### 2) タプシガルギン（Thapsigargin）

セリ科植物 *Thapsia garganica* に含まれるセスキテルペンラクトンの一種で，マスト（肥満）細胞からヒスタミンの遊離作用，プロスタグランジンの合成促進作用を示し，プロテインキナーゼ C

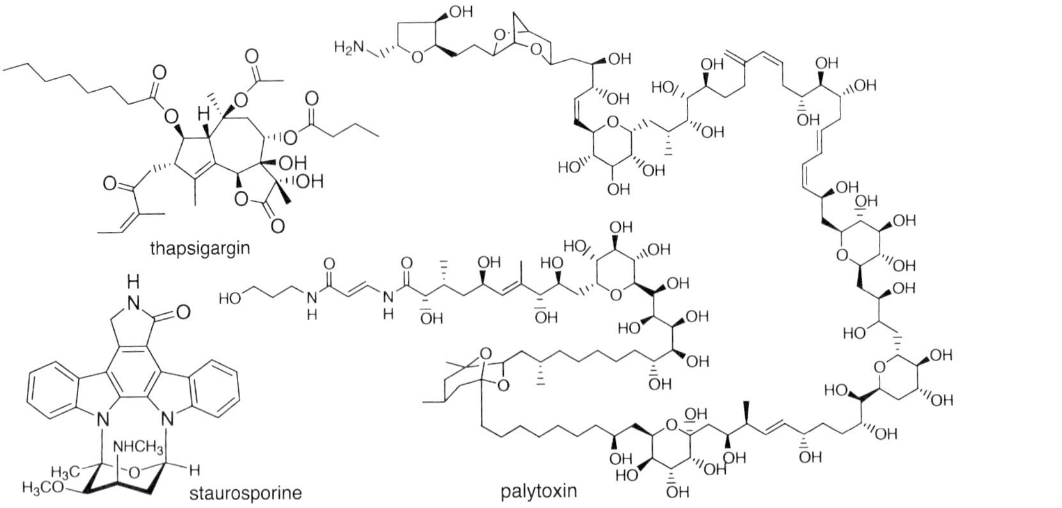

図13.18 その他の発がんプロモーター

以外の経路でタンパクをリン酸化する。これらの結果，発がんプロモーション活性を発現すると考えられている。

3) **スタウロスポリン（Staurosporine）**

*Streptomyces staurosporeus* が生産する抗生物質で，プロテインキナーゼCの強力な阻害物質である。ヒスチジンデカルボキシラーゼを誘導しタンパク合成を促すとともにプロスタグランジン合成をも促進する。これらの結果，発がんプロモーターとして作用すると考えられている。

### 参考文献

1) 西條長宏,"抗悪性腫瘍薬ハンドブック", 中外医学社, 2000.
2) 上野芳夫, 大村智編,"微生物薬品化学", 南江堂, 1995.
3) 雨宮浩,"デオキシスパガリン 新免疫抑制剤の基礎と臨床", 日本医学館, 1994.
4) 黒木登志男編,"発がんとがん細胞", 東京大学出版会, 1991.
5) 渡辺健治,"微生物薬品化学", 廣川書店, 1991.
6) H. Fujiki, M. Suganuma, T. Sugimura, "Significance of new environmental tumor promoters". Envir. Carcino. Revs. (J. Envir. Sci. Hlth.), C 7 (1), Marcel Dekker, Inc., 1989.
7) T. Takeuchi, K. Nitta, N. Tanaka, "Antitumor Natural Products. Basic and Clinical Research", Taylor & Francis Ltd, London, 1989.
8) ファルマシア レビュー編集委員会編,"毒と中毒のサイエンス", 日本薬学会, 1985.
9) 山崎幹夫, 中嶋暉躬, 伏谷伸宏,"天然の毒－毒草・毒虫・毒魚－", 講談社, 1985.
10) 青柳高明,"酵素阻害物質", 共立出版, 1978.

# 14

# 生物間相互作用物質

　自然界において，多種多様な動植物・微生物は同種属および他種属の生物間で相関関係を持ち，それぞれの環境に適応して生存し続けている。この生物個体間にみられる相互作用には，化学物質を媒体とする「ケミカルシグナル（chemical signal）」によるものが少なくない。それら化学物質の中には自己の一生を支配する物質としてのホルモンやフェロモン，異なる種属間，さらには動植物・微生物間で相互作用しあう他感作用物質，植物の生育阻害または促進作用を持つ物質，他生物に対する毒素，抗菌物質などの化合物がある。

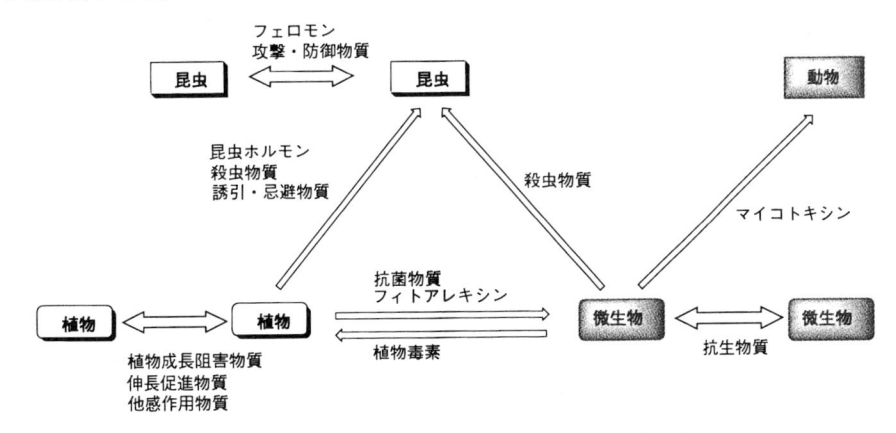

図14.1　動植物・微生物個体間で相互作用する化学物質

## 14.1　生物間で相互作用をする化学物質

　動植物や微生物個体間で相互作用する化学物質の関係を図14.1に示したが，その作用する対象が同種か異種か，また，利益を受けるのが発信者か，あるいは受信者か，による観点から次のように分類される。

1) **フェロモン（Pheromone）**
　同種相関化学物質。生物個体から体外に分泌され，同種の他の個体に受け取られ，その個体に一定の行動や発育過程を引き起こす特異な反応を示す物質。
　　a．解放フェロモン：触覚を通じて嗅覚で受け取られ，感覚細胞・中枢神経・運動神経系へと伝達され，直ちに特有行動を起こす物質（例：性行動・道標・集合・警報などのフェロモン）
　　b．引金フェロモン：経口により味覚を通じて伝達され，感覚細胞・中枢神経系に伝えられ，内分泌系に影響を与える物質（例：昆虫社会の階級分化・生態機能の制御などのフェロモン）
2) **アレロケミックス（Allelo Chemics）**

異種相関化学物質である。発芽・成長の促進または抑制作用，誘引・忌避作用，摂食・産卵・ふ化の促進・抑制作用などを指す。栄養となる食物はこの範ちゅうには入らない。

a．アロモン（allomone）：異種間において，放出者にとって利益となる行動や，生理的反応を受容者に起こさせる物質で，外敵から身を守る毒性物質や，捕食者が被捕食者を誘引する物質を指す。

b．カイロモン（kairomone）：受信者が利益を受ける物質で，昆虫の摂食刺激物質。

c．シノモン（synomone）：放出者と受信者の両方に利益がある物質を指す。例えば，花は花粉を媒介として昆虫を誘引，昆虫は花蜜や花粉を得るというような現象。

## 14.2 昆虫の防御物質

昆虫の中には，外敵から身を守るために化学物質を分泌するものがいる。これらには，敵を寄せつけないようにするものや，敵を死に至らしめるような強力な毒等がある。古くから，アリのギ酸（formic acid）やハンミョウ類のカンタリジン（cantharidin）等が知られている。

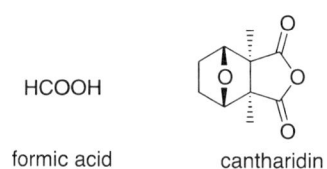

図 14.2 昆虫の防御物質

1) **カンタリジン（Cantharidin）**

ツチハンミョウ科のマメハンミョウ（*Epicauta gorhami*），ヒメツチハンミョウ（*Meloe coarctatus*），マルクビツチハンミョウ（*M. corvinus*），カミキリモドキ科のキクビカミキリモドキ（*Xanthochroa atriceps*）の体液中に含まれ，皮膚に付くと水泡を生じる原因物質で，成虫の他に幼虫，卵にも含まれている。

2) **イリドミルメシン（Iridomyrmecin）**

ルリアリの一種（*Iridomyrmex humilis*）が分泌するモノテルペン誘導体で，体重の1％も含まれ防御物質として作用している。

3) **デンドロラシン（Dendrolasin）**

formic acid とともにクロクサアリ（*Lasius fuliginosus*）が大腮腺から分泌する臭気成分で，動物体から最初に確認されたフラン核を持つ物質である。

4) **ペデリン（Pederin）**

アオバアリガタハネカクシ（*Paederus uscipes*）は，皮膚や眼に炎症を起こす物質を含んでおり，時折この虫による皮膚炎の被害が起きている。原因物質はペデリン（pederin）で，強い起炎作用と植物生育阻害作用を示す。

図 14.3 昆虫の毒素

## 14.3 植物ホルモン

植物ホルモンは，植物自身が生産し，植物の生長，開花，結実，落葉，休眠などさまざまな生理過程を自己制御する物質である．これまでに見いだされている植物ホルモンにはオーキシン，ジベレリン，サイトカイニン，アブシジン酸，エチレン，ブラシノステロイドがあり，これらは農作物や園芸植物の育種・栽培などに応用されている（表14.1）．

### 14.3.1 オーキシン（Auxin）

オーキシン類には細胞の伸長促進作用がある．細胞壁はオーキシンの作用によりゆるめられ，細胞の吸水が促進され，細胞の伸長が起こる．また，葉が植物体から離れて落ちるとき，葉と植物体との間に離層が形成されるが，オーキシンはこの離層形成，すなわち，落葉や落果に関与している．さらにオーキシンは単為結実や果実の成熟防止作用も持つ．化学構造的にはインドール酢酸（indole acetic acid；IAA）およびそれのメチルエステルや4-クロロ誘導体，インドールアセトアミド（indole acetamide；IAM）などの関連化合物である．IAAは広く植物界に分布して植物ホルモンとして重要な機能を果たしている．

indole acetic acid (IAA)    indole acetamide (IAM)

**表14.1 植物ホルモンとそれらの生理作用**

| ホルモンの種類 | 代表的な化合物 | 生理作用 |
|---|---|---|
| オーキシン | インドール酢酸 (IAA) | 生長促進，発根の促進，木部分化，単為結実 |
| ジベレリン | ジベレリン酸 ($GA_1$) | 生長促進，休眠の打破，果実の成長 |
| サイトカイニン | カイネチン | 生長促進，老化防止 |
| アブシジン酸 | アブシジン酸 | 脱離促進，休眠誘起，生長抑制 |
| エチレン | $H_2C=CH_2$ エチレン | 果実の熟成促進，落葉・落果の促進 |
| ブラシノステロイド | ブラシノライド | 成長促進，細胞分裂促進 |

## 14.3.2 ジベレリン（Gibberellin）

ジベレリン類は，最初，イネばか苗病菌（*Gibberella fujikuroi*；タマカビ目）の代謝物として単離され，この菌に感染したイネは背丈が異常に伸び，葉の色が淡くなり，穂を出し実を付けることなく多くは枯れ死する。植物ごとに特有なジベレリンが存在し，これまでに100種以上が知られている。発見順に番号が付記されている。*l-ent*-kaurene を前駆体として生合成されるジテルペンである。ジベレリンは植物の成長ホルモンで，幼若細胞の伸長や分裂の促進に関与する。ジベレリンの投与を行うと受精をしないでも果実が成長するので（単為結実），種なしブドウの生産に利用されている。ジベレリン類は，ステビア等の *ent*-カウラン型化合物を原料として，イネばか苗病菌を用い工業的に生産されている。

## 14.3.3 サイトカイニン（Cytokinin）

天然サイトカイニンの大部分は 6-アミノプリン誘導体で，アミノ基上に側鎖とC9位N原子上にリボシル基やリボシルリン酸基を持つ化合物群である。サイトカイニン類の主な生理作用は，細胞分裂促進，細胞拡大，再分化促進などであり，また，サイトカイニンの水溶液につけた植物の葉の色が長期間緑色を保つなど，老化防止作用もある。カイネチン（kinetin）は最初に発見されたサイトカイニンで，パン酵母などの *t*-RNA の加水分解によって製造されている。ゼアチン（zeatin）や *trans*-リボシルゼアチン（*t*-ribosylzeatin）およびそれの 6′-リン酸エステルなどはトウモロコシ，ホップなどから単離されている。

## 14.3.4 アブシジン酸（Abscisic Acid）

オーキシンやジベレリンなどが植物の成長を促進するホルモンであるのに対し，abscidic acid は生長を抑制する作用を持つホルモンである。最初，abscidic acid はワタ（アオイ科）の落果促進物質や，カエデ類（カエデ科）の休眠促進物質として単離されたが，その後，多種の高等植物から離層形成，休眠物質として単離されている。さらに，abscidic acid には蒸散防止作用などもあり，気孔を閉じ蒸散を低下させることによる植物の萎凋(いちょう)を防止する働きを持つ。abscidic acid はセスキテルペンであり，farnesyl diphosphate の環化によるものが主要な生合成経路と考えられている。関連化合物のザントキシン（xanthoxin）もアボカド（クスノキ科）の果実など植物界に広く分布している。

### 14.3.5 エチレン (Ethylene)

ethylene (ethene) はきわめて微量 (空気中 0.01～0.1 ppm) で多様な生理活性を示す。ethylene の作用は植物の種類によって異なる。双子葉植物では茎の成長を抑制し，単子葉植物では促進する。また，落葉促進，花弁の退色，萎凋を促進する。さらに，果実の成熟が ethylene で促進され (追熟促進作用)，種々の果実の組織内では成熟直前に十分量の ethylene が存在している。ethylene はレモン，バナナの追熟に広く応用されている。

### 14.3.6 ブラシノステロイド (Brassinosteroid)

ブラシノライド (brassinolide) は1979年にアブラナ (*Brassica napus*) の花粉からインゲン幼苗を徒長させる物質として単離された植物ホルモン様ステロイドである。この化合物は，オーキシン，ジベレリンやサイトカイニンなどとは明らかに異なった細胞伸長促進，分裂促進作用を示す。現在までに同族体として castasterone, dolicholide, dolichosterone 等10種以上の化合物が単離され，これらが多くの高等植物に分布していることが明らかにされている。これらはブラシノステロイドと総称され，B環部分にラクトン，またはC6位にカルボニル基を持ち，A環のC2，C3位および側鎖にジオール構造を持つ。

## 14.4 植物の昆虫変態ホルモン

昆虫の変態ホルモン作用 (幼虫脱皮，繭化，成虫化を促進する物質) を持つ活性物質をエクダイソン (ecdysone) と総称する。1954年 Butenandt および Karlson によりはじめて 500 kg のカイコ蛹から 25 mg の ecdysone が結晶として単離され，また，生長の過程で脱皮を必要とするザリガニやエビなどの甲殻類でも同類のエクジステロン (ecdysterone＝crustecdysone) などの関与していることが明らかにされている。1967年以来，ecdysone, ecdysterone や類縁化合物が高等植物から30種ほど発見されている。これら植物起源のものはフィトエクダイソン (phytoecdysone) と称される。

1) **エクダイソン (Ecdysone)**
   カイコ，ワラビ (ウラボシ科)，ゼンマイ (ゼンマイ科) などに含まれる。

2) **エクジステロン (Ecdysterone；β-Ecdysone)**
   カイコ，甲殻類，イヌマキ (マキ科) などに含まれる。

図 14.4 昆虫の脱皮誘起ホルモン

ecdysone は $C_{27}$ のステロイドであるが，phytoecdysone には植物ステロールと同様に $C_{28}$ や $C_{29}$ のものもあり，またグルコシドとしても存在する。いずれも A/B 環結合が *cis* 配位であり，B 環に $\Delta^7$-6-one，さらにステロイド骨格の C 2 β，3 β，14 α 位と側鎖の C 22 位の 4 個の水酸基の他，C 20，25 位にも水酸基を持つものが多い。このような構造上の特徴から紫外部領域における $\Delta^7$-6-one に基づく 243 nm の吸収を持つ。植物における分布の範囲はシソ科，キブシ科，キンポウゲ科，ヒユ科，ユリ科，マキ科，イチイ科，ウラボシ科，メギ科，ツゲ科，ナス科など 15 科にわたる。

3) **ポナステロン (Ponasterone)**

トガリバマキ (*Podocarpus nakaii*) の葉に含まれるステロール類で，昆虫の幼虫に対し脱皮誘起活性を示し，ponasterone A，B，C，D がある。その他，多数の関連化合物が報告されている。

4) **イノコステロン (Inokosterone)**

クワ（クワ科）などに含まれる。

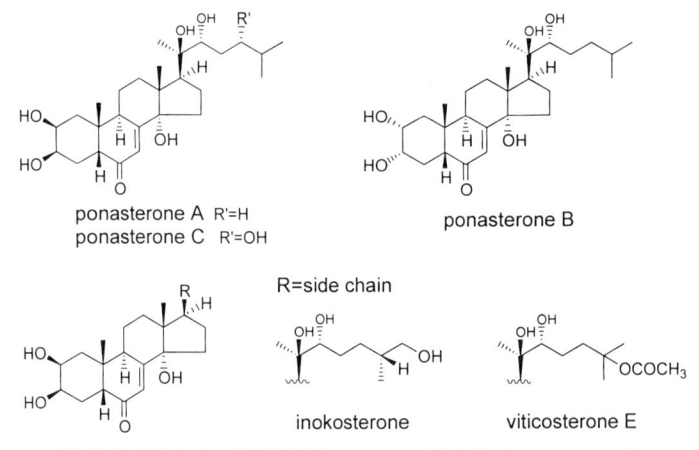

図 14.5 植物由来の昆虫脱皮誘起ホルモン活性物質（phytoecdysones）

## 14.5 植物の殺虫物質

植物由来の殺虫性物質は，数多く報告されているが，ここではピレスロイド類，ロテノイド類，ニコチン類などの代表的なものについて述べる。

1) **ピレスロイド (Pyrethroid)**

シロバナムシヨケギク（除虫菊；*Chrysanthemum cinerariaefolium*）などの殺虫成分の総称で，黄色の粘稠な油状物質。昆虫に対して速効性の接触毒で，ピレスリン (pyrethrin)，シネリン

## コラム　ファイヤーアント（*Solenopsis* spp.）の毒

ファイヤーアントは，熱帯・亜熱帯に生息する体長が約5 mmの赤いアリで，尻の針と鋭い歯で人間を襲い，刺されると火を押しつけたような痛みがある。尾端からソレノプシン（solenopsin）というピペリジンアルカロイドを含む噴出液を出し，攻撃・防御する。solenopsinは，神経まひ作用のある強い毒性を示し，刺されるとショック症状で死亡することがある。ピペリジンアルカロイドが体内に入ると，抗体反応が起きて異物を排除するためIgE抗体ができる。それが皮膚や血管の周囲にあるマスト細胞と結合して，ピペリジンアルカロイドを捕まえる。このときアレルギー体質の人はマスト細胞が過剰反応するアナフィラキシーショック症状を呈し，ヒスタミンが大量に放出され筋肉の動きが弱まり気管支は狭くなり，空気が肺に送り込めず急激な呼吸困難を起こす。米国内でファイヤーアントが原因で治療を受ける人は，年間8万5千人以上に達する。現在米国で問題になっているが，日本においても98年3月に硫黄島で，96年に沖縄の伊江島で発見されている。

| | | |
|---|---|---|
| solenopsin A | $n=10$, trans | |
| isosolenopsin A | $n=10$, cis | |
| solenopsin B | $n=12$, trans | |
| isosolenopsin B | $n=12$, cis | |
| solenopsin C | $n=14$, trans | |
| isosolenopsin C | $n=14$, cis | |

（cinerin），およびジャスモリン（jasmolin）などのエステル誘導体が知られている。これらは変形モノテルペンの *d*-chrysanthemic acid（キク酸）または *d*-pyrethric acidを酸部分として持ち，シクロペンテノン環を含むピレスロロン（pyrethrolone）などのアルコール類とエステル結合をしたものである。アレスリン（allethrin）は構造活性相関による研究で開発された合成殺虫剤である。

| ピレスロイド | $R^1$ | $R^2$ |
|---|---|---|
| *d*-chrysanthemic acid | $CH_3$ | H |
| *d*-pyrethric acid | $COOCH_3$ | H |
| pyrethrin I | $CH_3$ | pyrethrolone |
| allethrin I | $CH_3$ | allethrolone |
| allethrin II | $COOCH_3$ | allethrolone |

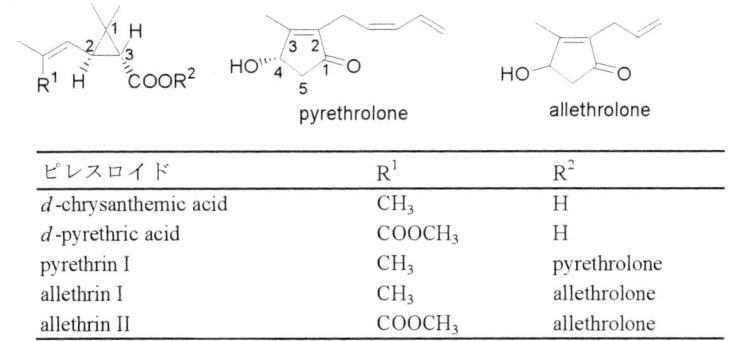

図14.6　ピレスロイド類の構造

2) **ロテノン（Rotenone）**

東南アジアのデリス属植物に含まれ，哺乳動物に対しては低毒性であるが，昆虫に対しては神経筋肉組織，呼吸をまひさせ死に至らしめる。現在では，他の植物からも見出され，30種以上の化合物が知られている。

3) **ニコチン（Nicotine）**

ナス科植物のタバコ（*Nicotiana tabacum*）の葉にノルニコチン（nornicotine），アナバシン（anabasine）とともに含まれるアルカロイド（12.3節参照）で，いずれも強い殺虫作用を示す。殺虫効果は，nornicotineがnicotineの2倍，anabasineが10倍の効果を示した。

## 14.6 植物の摂食阻害物質

摂食阻害試験は，試験幼虫の食草葉を被検物質のアセトン溶液に浸して風乾したものと対照葉を容器に入れ，幼虫を放ち，食べられた面積の比から摂食阻害活性をみる．昆虫とその食草の関係を，考慮に入れると疑問が残るものもある．

1) トマチン（Tomatine）

 ナス科植物に含まれるアルカロイド配糖体（12.14節参照）で，nicotine とともに摂食阻害作用を示す．nicotine では，その毒性で死亡するが，tomatine では摂食を阻害され餓死する．

2) メリアノトリオール（Melianotriol）

 センダン属植物である *Melia azadirachta* や *M. azedarch* の葉に含まれ，サバクイナゴに対し摂食阻害作用を示す．

3) クレロデンドリン A（Clerodendrin A）

 台湾産のクサギ（*Clerodendron tricotomum*）に含まれ，ハスモンヨトウ，アワノメイガ，毒蛾の幼虫に対して摂食阻害作用を示す．

4) ベルガプテン（Bergapten）

 ミカン科のコクサギ（*Orixa japonica*）にコクサギン（kokusagin）とともに含まれ，共に摂食阻害作用を示す．

5) イソボルジン（Isoboldine）

 ツヅラフジ科のカミユビ（*Cocculus trilobus*）に含まれるアルカロイドで，寄生昆虫のアカエグリバ（*Oraesia excavata*）には 1,000 ppm でも摂食阻害作用を示さないが，他の昆虫には 200 ppm

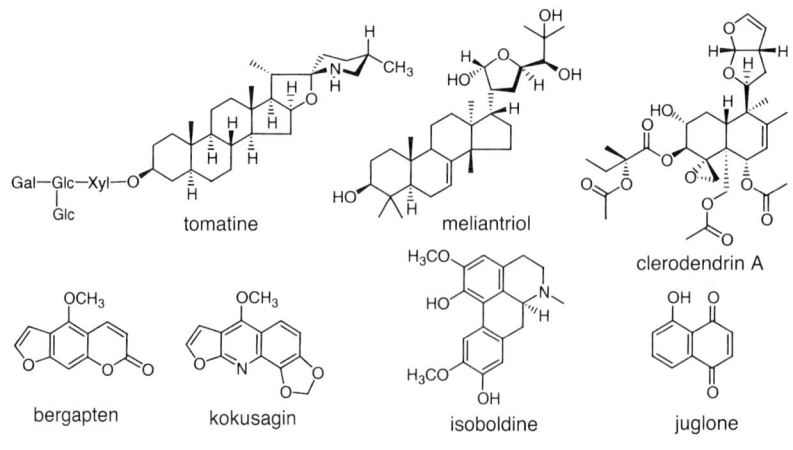

図 14.7 摂食阻害物質

> **コラム　植物の防衛情報伝達**
>
> タバコモザイクウイルスに感染したタバコは，サリチル酸メチル（methyl salicylate）を産生し葉から放出する．タバコのタバコモザイクウイルスへの罹患抵抗物質は，サリチル酸（salicylic acid）であり，抵抗性の分子マーカーの遺伝子量も methyl salicylate の濃度に依存して増加した．未感染のタバコは，感染したタバコが出す methyl salicylate を感じると，抵抗性の分子マーカーが増加し，ウイルスに対する有意な耐性を獲得していた．罹患した植物から，正常個体に防衛情報が伝達された最初の例である．植物の世界でも広範囲にわたる情報伝達が，化学物質により行われている可能性を示した．
>
> methyl salicylate

以下で完全な摂食阻害作用を示す．

**6) ジュグロン（Juglone；5-Hydroxy-1,4-naphthoquinone)**

クロクルミ（*Juglans sigra*）などの葉に含まれ，クルミに寄生するキクイムシ（*Scolytus gradrispinosus*）には摂食阻害を示さないが，アメリカニレに寄生する同属のニレノキクイムシ（*S. multistriatus*）に対して強い摂食阻害作用を示す．また，多くの植物に対して発芽阻害や成長阻害などの毒性を示すとともに抗菌作用も示す．

## 14.7　植物の微生物に対する活性物質（フィトアレキシン，Phytoalexin）

植物体に病原菌が侵入すると，それに抵抗する物質を生成し防御する．これら防御物質は健全な植物には検出されず，フィトアレキシン（phytoalexin）と呼ばれている（図14.1参照)．しかし，植物体の常成分の中にも抗菌作用を持つものもあるので，研究者の主観が入りその分類は難しい．

**1) ピサチン（Pisatin）**

エンドウ（*Pisum sativum*）は，*Ascochyta* 等の菌に侵されると，pisatin を生成する．pisatin は，非病原菌に対しては強い抗菌力を示すが，エンドウの病原菌 *A. pisi* には抗菌力が弱い．

**2) ファセオリン（Phaseollin）**

インゲン（*Phaseolus vulgaris*）から抗菌成分としてファセオリジン（phaseollidin）とともに含まれており，phaseollin は，病原菌 *Colletotrichum lindemutkianum*, *Rhizoctonia solani* に対して 50 μg/mL および 30 μg/mL の $ED_{50}$ を示す．またダイズ（*Glycine max*）は，*Phytophthora megasperma* のような病原菌に感染するとヒドロキシファセオリン（hydroxyphaseollin）を生産する．hydroxyphaseollin の $ED_{50}$ は，25 μg/mL ほどである．

**3) リシチン（Rishitin）**

rishitin は，ジャガイモ（*Solanum tuberosum*）の疫病菌（*Phytophlora infestans*）が感染した褐変組織から，リシチノール（rishitinol），フィツベリン（phytuberin）等とともに見いだされたノルセスキテルペンで，*P. infestans* に対して $2\times10^{-4}$ M の濃度で胞子発芽管の成長を50％阻害する．

## 4) ウェロン (Wyerone)

ソラマメ (*Vicia faba*) の葉は，健全なときにウェロン (wyerone) を 0.1 μg/g 程度含んでいるが，感染すると 3 日後には 40〜50 μg/g と 400〜500 倍に増加する。活性本体は，脱メチルしたウェロン酸 (wyeronic acid) で *Alternaria brassicola* に対し 10 μg/mL の $ED_{50}$ を，*B. cinerea* では 100 μg/mL 程度である。

## 5) イポメアロン (Ipomeamarone)

サツマイモ (*Ipomea batatas*) が甘藷黒斑病 (*Ceratocystis fimbriata*) に感染すると，その感染局所にバタツ酸 (batatic acid)，フランカルボン酸 (furan-β-carboxylic acid)，イポメアニン (ipomeanin) 等とともに生成される。

## 6) ジヒドロキシメトキシベンゾキサジノングルコシド (2,4-Dihydroxy-7-methoxy-benzoxazin-3-one glucoside；DHMBOG)

トウモロコシ (*Zea mays*) では，傷をつけられるとこの化合物がグリコシダーゼの働きにより加水分解され，2,4-dihydroxy-7-methoxybenzoxazin-3-one (DHMBO) と glucose に分解される。この DHMBO は，強い抗菌活性と生育阻害活性を示し，耐病性因子の 1 つとなっている。

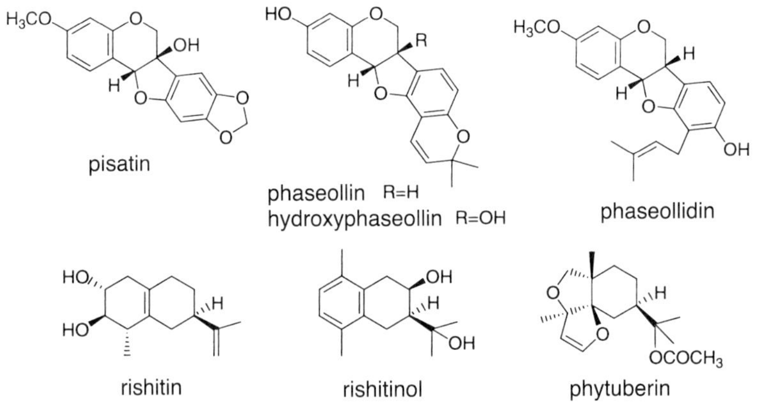

図 14.8(a)　微生物に対する活性物質（イソフラボノイドおよびセスキテルペノイド）

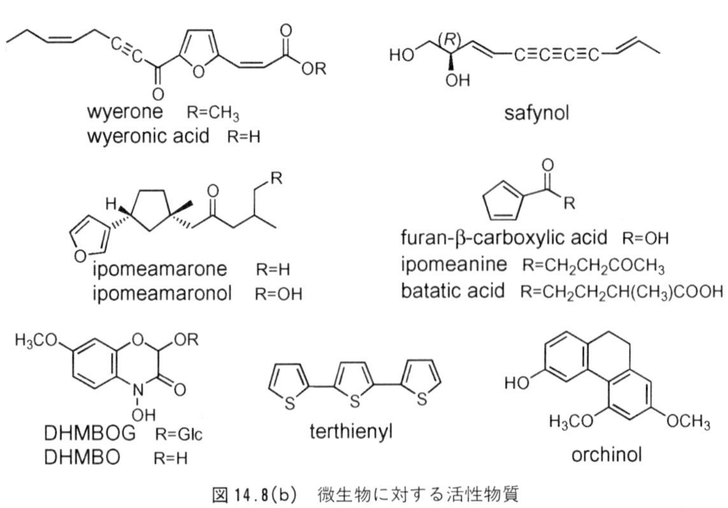

図 14.8(b)　微生物に対する活性物質

7) **テルチィエニル (Terthienyl)**

フレンチマリーゴールド (*Tagetes patula*) の根に含まれ，ゴールデンネマトーダ等の線虫に殺虫効果を示す。

8) **オルチノール (Orchinol)**

ラン (*Orchis* spp.) では，感染球根に生産され 900 µg/g にも達する。*R. repens* の菌糸の成長を強く抑制する。

## 14.8　植物病原菌の生産する毒素

微生物が植物に感染して出す毒素は，植物に対して病斑，萎凋(いちょう)，クロロシス（退色），壊死(えし)等を引き起こす。植物病において宿主植物と病原菌の組合せが決まっているものもあるが，植物病病原菌の生産する毒素が，宿主の発病に直接関与していることが明らかになっているものを宿主特異的毒素という。感染による病状と寄生微生物が出す毒素の宿主植物に対する作用が比較的関連づけられているものを非特異的毒素という。いくつかの例を以下に示した。

### 14.8.1　宿主特異的毒素 (Host-Specific Toxin)

1) **HMT-トキシン (HMT-Toxin)**

*Helminthosporium maydis* が生産するトウモロコシに対する毒素で，トウモロコシごま葉枯病を起こす。

2) **PM-トキシン B (PM-Toxin B)**

*Phyllostica maydis* が生産するトウモロコシに対する毒素で，トウモロコシ黄色葉枯病を起こす。

3) **AM-トキシン I (AM-Toxin I)**

*Alternaria mali* が生産するリンゴに対する毒素で，リンゴ斑点病を起こす。

4) **HC-トキシン (HC-Toxin)**

*Helminthosporium carbonum* が生産するトウモロコシに対する毒素で，northern leaf spot を引き起こす。

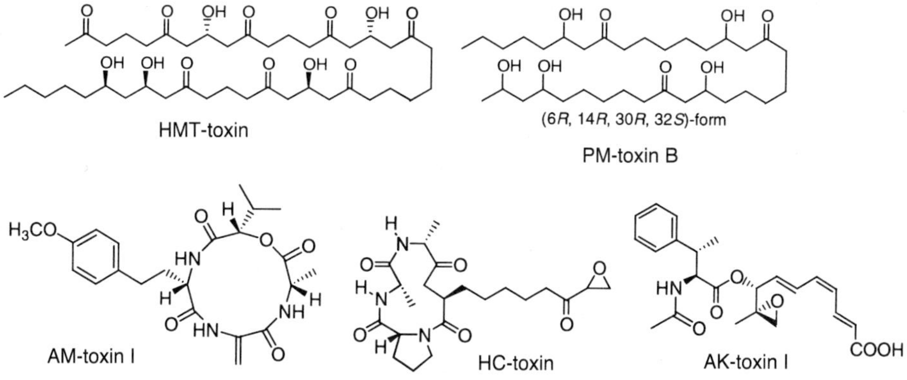

図 14.9　宿主特異的毒

5) AK-トキシン I (AK-Toxin I)

*Alternaria kikuchiana* が生産する日本ナシに対する毒素で，ナシ黒斑病を引き起こす。

### 14.8.2 非特異的毒素 (Non-Specific Toxin)

1) オフィオボリン A (Ophiobolin A)

イネゴマ葉枯病菌 (*Ophiobolus miyabeanus*) が生産する毒素で，葉に黒色斑点を起こす。

2) ピリクロール (Pyriculol)

イネイモチ病菌 (*Pyricularia oryzae*) が生産する毒素で，壊死斑を起こしたり生育阻害作用を示す。

3) α-ピコル酸 (α-Picolic acid)

イネイモチ病菌 (*Pyricularia oryzae*) が生産する毒素で，イネ幼植物の生育阻害作用を示す。

4) フサル酸 (Fusaric acid)

イネ馬鹿苗病菌 (*Gibberella fujikuroi*) が生産する毒素で，イネの生育阻害，根の伸長抑制作用を示す。

5) テナゾン酸 (Tenuazonic acid)

イネイモチ病菌 (*Pyricularia oryzae*) が生産する毒素で，イネの生育阻害作用を示す。一方，タバコ赤星病菌 (*Alternaria longipes*) も生産し，赤色斑を起こす。

6) タキソフラビン (Toxoflavin)

イネモミ枯細菌病菌 (*Pseudomonas glumae*) が生産する毒素で，クロロシスを起こす。

7) シッカニン (Siccanin)

ライグラス斑点病菌 (*Helminthosprium siccans*) が生産する毒素で，壊死斑を起こす。

8) コロナチン (Coronatine)

イタリアンライグラスのかさ枯病菌 (*Pseudomonas syringae* pv. *atropurpurea*) が生産する毒素で，黄色病斑を生じる。

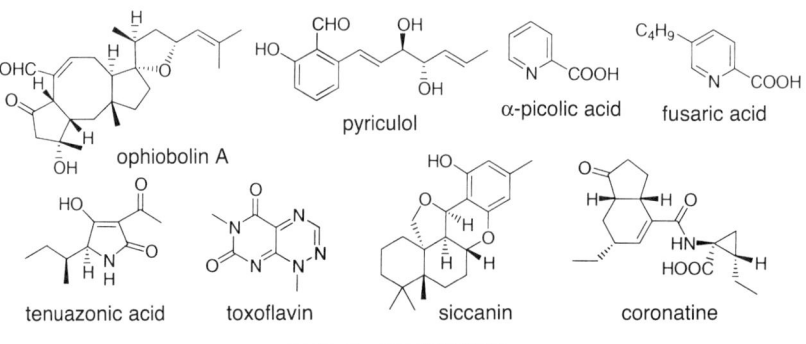

図 14.10 宿主非特異的毒

## 参考文献

1) 一戸良行, 久保田敏夫, 都留信也, 高原光子, 小野健知, "環境と生態", 培風館, 1998.
2) 山下恭平, "植物の生理活性物質", 南江堂, 1976.
3) 石井象二郎, "昆虫の生理活性物質", 南江堂, 1969.
4) 日本農芸化学会編, "生物の生活と生理活性物質", 朝倉書店, 1983.
5) 森謙治, "生物活性天然物の化学合成", 裳華房, 1995.
6) 井村裕夫, 後藤俊夫, 村地孝編, "天然物と生物活性", 東京大学出版会, 1983.

# 15 食品の機能成分

　食品としての基本的要素はいうまでもなく栄養性，し好性，安全性である。経口的に摂取されたのち，食品の構成成分は体に対していろいろな働きかけをする。これを「食の機能」と表現すると，食品を評価するひとつの指標になる。実は食品の成分は口腔内に取り入れられる前に，すでに「におい」や「色」などでヒトの食欲に影響を与えている。これも食品の持つひとつの機能である。また，老化や生活習慣病を防ぐ食素材の非栄養素成分も生体に対して大きな機能を果たしている。このようなことから食が生体に果たしている機能を，大きく次の3つに分けることができる。

① **一次機能：栄養性とエネルギー**
　　一次機能は食品中の栄養素が生体に対して短期的かつ長期的に果たす機能であり，生命の維持に不可欠なものである。

② **二次機能：官能，し好性**
　　二次機能は食品が感覚に訴える機能である。とりわけ，味覚嗅覚応答にかかわるその機能は，ある意味では食品というものの特徴を端的に表すものといえよう。

③ **三次機能：生体機能の調節，恒常性の維持**
　　三次機能ということばで表現されるこの機能は，生体防御（主として免疫），体調リズム（ホルモン系）の調節，精神の高揚（覚せい）と沈静（誘眠）等々に関係する生体調節機能を含んでいる。さらに，健康状態と病態の差違，疾病からの回復の原因，病理的老化の進行と抑制の機序といった，社会的にもきわめて関心の高い事がらさえも，食品の三次機能の中にこそ見いだされるのである。

　ここでは今日の時代的要求ともいえる食品素材が持つ「三次機能」について，本章を土台にしてさらに研究にも役立てられるよう，最近明らかにされた機能成分はもちろん，まだ確定されていない食品の伝承的な効能や臨床成績についてもできるだけ幅広く具体的に取り上げる。

## 15.1　機能性食品―特定保健用食品

　「機能性食品」は，主として天然物由来の食物に，現代科学技術の水準にかなう設計・加工および変換などを施すことにより，体調調節機能を持つ食品成分を合目的に摂取することができるようにした食品である。
　その特徴は，三次機能成分が設計された形で含まれ，その機能が標示されたものであること，通常摂取する食品として，一，二次機能も備え，食品としての自然な受諾性を持つとともに，非常識な摂取のケースを除き，長期間の摂取も十分可能なものであるということである。
　現在，この「機能性食品」はわが国の法律では「特定保健用食品」という枠組みの中で数多くの食品

素材が研究開発されている。

　近年，国民の死亡原因に占めるがん，心臓病，脳卒中のいわゆる三大成人病の割合が増加し，これらに加えて例えば糖尿病のように直接死因としての死亡数は少ないものの，患者数が多く，合併症を伴うと著しく患者のQOL（quality of life，生活の質）を低下させる疾病も問題になってきている。これらの疾病は，感染症などとは違って，食生活，とくに食習慣，喫煙，飲酒，運動習慣，休養などの日ごろの生活の積み重ね（ライフスタイル）の結果として起こるという要素が強く，生活習慣病ともいわれている。これらの疾病を予防するために，自分の健康は自分で守るという健康づくりが進められ，国民の健康の維持増進に対する関心はますます高まってきている。

　そこで，わが国は機能性食品懇談会（1988年）を設け，機能性食品を「食品成分の持つ生体防御，体調リズム調節，疾病の防止と回復等にかかわる体調調節機能を，生体に対して十分に発現できるように設計し，加工された食品であること」とし，その範囲を「①食品として通常用いられる素材からなり，かつ通常の形態および方法により摂取されること，②食品として日常的に摂取されているものであること，③体調調節機能に関する標示をしたものであること」としており，さらに，体調調節に関する表示の適正化を図るため，「栄養改善法第12条の規定に基づき標示を許可して規制することが適当である」とし，さらに，1990年に設置された機能性食品検討会で機能性食品を許可する要件等について検討され，機能性食品は「特定保健用食品」（specific health food）と名称が変更され，その定義は「食生活において特定の保健の目的で摂取する者に対し，その摂取により当該保健の目的が期待できる旨の表示をするもの」であり，栄養改善法第12条第1項に基づき，厚生大臣の許可を受けなければならないとして，1991年（平成3年）9月1日からスタートしている。

## 15.2　発がん予防物質・抗変異原性物質

　がんによる死亡者は，世界中で増加の傾向にあり，先進各国で死亡率の第一位を続けている。がんは患者の苦痛のみならず，その家族にも介護疲労や経済面で大きな影響を与えている。このような社会的要求からがん予防では，一次的，二次的予防が試みられている。米国において，乳がんの治療薬であるタモキシフェン（tamoxifen）が，乳がんの予防薬として承認されたことは記憶に新しい。食べ物とがんの関係は，がん発生とがん抑制の両方に影響を与える。

### 15.2.1　発がんのメカニズムとがん予防

　発がんのメカニズムは，1つの細胞の遺伝子に生じた損傷が20～40年の長い年月を経て，がんとして成長すると考えられている。発がんの多段階説によれば，発がんはイニシエーション（initiation；前がん細胞），プロモーション（promotion；初期のがん細胞），プログレッション（progression；悪性化したがん細胞）を経て臨床がんに至る多段階で発症するものと考えられており，がん細胞は段階を追って進化（分化）し，増殖する（図15.1）。

① **イニシエーション（初期）**

　　トランスフォーメーション（transformation；悪性転換）の始まりで，環境中の紫外線，放射線，体内に入った発がん物質（酸素ラジカルなど）によって遺伝子が傷つくことで起こるプロセスである。老化して防御能力が衰えてきたり，防御能力を超えた量が入ったとき，修復能力を越えた

傷害を受け，がん発生の引き金となる。

② **プロモーション（促進期）**

トランスフォーメーションの成立で，初期の傷害を受けた細胞ががん化していくプロセスである。

③ **プログレッション（進行期）**

がん細胞が悪性化し，増殖してゆくプロセスである。生体内で重要性を持つのはこの時期で，ラジカル中和物質は第一，第二のイニシエーション，プロモーションの予防，抑制に有効であるが，第三のプログレッションの完了したがん細胞には無効と考えられている。

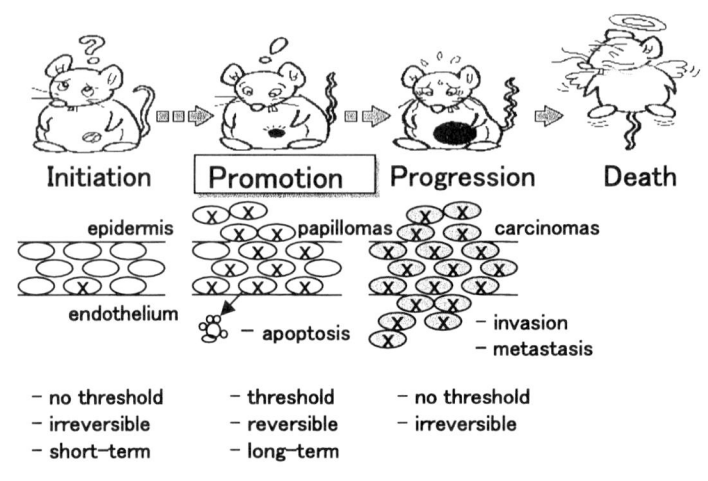

図15.1 多段階発がんにおける主要な過程と特徴

調理した食べ物にも変異原物質や発がん物質が含まれていて，ヒトの発がんと深くかかわっていることが明らかにされている。これらの物質はイニシエーターとして作用する。その結果，年月を経て，正常細胞へ復帰できない初期化細胞（潜在的腫瘍細胞）になると考えられている。したがって，この初期化細胞のプロモーション過程を抑制する方策が，発がん予防上，より実効的であると期待されている。

このような背景から，食品となる植物を中心に，各種の検出法を用いて，抗がん，抗変異原性物質の解明が行われている。

緑黄色野菜や新鮮な果物を日常多く摂取している人は，発がんのリスクが低いこと，喫煙者や前喫煙者においても，野菜や果物を摂取することにより，肺がんになる可能性が減少することが，疫学的研究から明らかにされている。また，発がんの過程で活性酸素が関与していると考えられ，活性酸素により生じるDNAの酸化的損傷（チミジングリコール；thymidine glycol）をバイオマーカーとして，ヒトの尿中に含まれる量を測定すると，野菜や果物を摂取した場合には尿中の thymidine glycol 量が少ないことがわかる。

この事実は，野菜や果物中に発がんを予防する成分が含まれていることを示している。その有効成分として従来，ビタミンC・E，$\beta$-carotene などの栄養素が指摘されてきたが，近年，非栄養素である含硫化合物，ポリフェノール化合物，フラボノイド，植物繊維などが注目されてきている。米国国立がん研究所（NCI）では1990年より，ニンニク，キャベツ，甘草，大豆，セリ科植物（セリ，ニンジン），ショウガをはじめ，玉ネギ，緑茶，柑橘類，ターメリック，アブラナ科植物（カリフラワー，ブ

ロッコリー) などを研究対象として，植物成分による化学予防に関する研究プロジェクトがスタートしており，植物成分に対する関心が世界的に高まってきている。発がんのイニシエーション，プロモーション過程で作用する活性を抑制する物質が，野菜や果物等の植物から数多く検出されている (図15.2)。それらの作用機序としては，①変異原物質の生成と阻害，②変異原物質の不活性化，③代謝活性化の阻害，④解毒酵素の誘導，⑤活性酸素の消去および抗酸化性，⑥突然変異の固定化の阻害などが明らかにされている。

（重要性　高）

にんにく
キャベツ，カンゾウ
大豆，生姜，セリ科植物
(にんじん，セロリ，パースニップ)

玉ねぎ，茶，ターメリック，玄米，全粒小麦
亜麻，柑橘類 (オレンジ，レモン，グレープフルーツ)
なす科 (トマト，なす，ピーマン)
アブラナ科植物 (ブロッコリー，カリフラワー，芽キャベツ)

メロン，バジル，タラゴン，えん麦，ハッカ，オレガノ，きゅうり，
タイム，あさつき，ローズマリー，セージ，じゃがいも，大麦，ベリー

米国国立がん研究所「デザイナーフーズ・プログラム」より

図15.2　がん予防の可能性のある食品および食品成分 (それぞれの枠の中で記載されている順序は，重要度とは関連しない)

## 15.2.2　主なイニシエーション・プロモーション抑制物質および抗変異原物質

主に動物発がんモデルや細胞を用いた研究で，発がん抑制物質として可能性があることが示唆された植物 (あるいは菌類) 二次代謝産物の代表的なものを以下に示した。

### (1)　アセチレン化合物

**ファルカリンジオール　(Falcarindiol)**

　　ニンジンなどのセリ科植物に含まれる。

### (2)　含硫化合物

ネギ属，特にニンニクや玉ネギ中の含硫化合物で，香気成分にも関与しているポリスルフィド類には，*in vivo* を中心とした化学発がん誘導の抑制作用が報告されている。また，アブラナ科植物，特に *Brassica* 属のキャベツ，カリフラワー，ブロッコリーに含まれるイソチオシアネート類は，現在最もが

falcarindiol
(ニンジンなどのセリ科)

diallyl sulfide
(ニンニクの香気成分)

diallyl disulfide
(玉ネギ，ニンニク)

allyl mercaptan
(ネギ属)

ajoene
(ニンニク)

benzylisothiocyanate
(アブラナ科)

sulforaphane
(ブロッコリー)

*S*-methyl methane thiosulfonate
(カリフラワー)

ん予防研究が進んでいる含硫化合物である。スルフォラフェイン（sulforaphane）はブロッコリーなどアブラナ科の野菜を調理，切断，そしゃくする際に生成するもので，第II相解毒酵素（glutathione-$S$-transferase）の誘導能を持つことがわかっている。また，ブロッコリーの幼少株（発芽後3日目）のほうが，成長株よりも第II相酵素の活性を高める働きが強いことが知られている。

### （3） フェニルプロパノイド類

cinnamic aldehyde
（ケイヒ）

cinnamic acid
（ゴマノハグサ）

ferulic acid
（植物界に広く分布）

1'-acetoxychavicol acetate
（ナンキョウ；タイ産ショウガ）

### （4） フラボンおよびフラボノール類

#### クェルセチン（Quercetin）

　天然色素として植物に広く分布するフラボノールで，多くの酵素活性を阻害する等，多彩な生理活性を有することが知られている。英国の煙突掃除夫のがん原因物質であるベンツピレンと同程度の強力な変異原性を示したことから，世界中で発がん実験が行われたが，ほとんどの実験で発がん性を示さなかった。逆に発がんのプロモーション過程を抑制することが，いくつかの実験で確認され，がん予防に貢献することが予想される。

apigenin
（シソ，パセリ，セロリ）

luteolin
（シソ，パセリ，セロリ）

quercetin
（タマネギ，リンゴ，植物界に広く分布）

nobiletin
（柑橘類）

### （5） イソフラボン類

genistein
（大豆）

daidzein
（大豆）

### （6） タンニン

#### 茶のカテキン類

　（－）-エピガロカテキンガレート ［（－）-Epigallocatechin Gallate；EGCG］はツバキ科植物であるチャ（*Thea sinensis*）のタンニン中の主成分で，多くの発がん実験系に対して抑制効果が報告されており，抗変異原性も認められている。現在，米国でがん予防の臨床研究が行われている。上級せん茶中には，100 g中にEGCG 8.16 g，EGC 2.77 g，ECG 2.47 g，EC 0.74 g程度含まれており，茶カテキンとしてはおよそ14 g含まれる。

### (7) その他の芳香族化合物

#### 1) クルクミン (Curcumin)

カレーの色素成分で，ショウガ科植物のウコン (*Curcuma longa*) の根茎に含まれ，強い抗酸化作用を有し，発がんプロモーターの作用を抑制することが，いくつかの実験で確認された。現在，がん予防の臨床研究が行われている。

#### 2) リスベラトロール (Resveratrol)

赤ブドウワインに特徴的な成分であり，そのがん予防効果について注目を集めている。この化合物は発がんメカニズムの主要な段階であるイニシエーション，プロモーション，プログレッションのいずれの段階でも強い抑制効果を示すことが報告されている。

### (8) モノテルペン，セスキテルペン，およびジテルペン

モノテルペンでは，特にリモネン (*d*-limonene) とカルボン (*d*-carvone) で詳しい研究が行われており，動物実験により優れた発がん予防効果が認められている。*d*-limonene については，ヒト膵がんおよび大腸がんに対して1993年にイギリスにおいてPhase I試験が行われている。セスキテルペンであるゼルンボン (zerumbone) は，タイ産のニガショウガ (*Zingiber zerumbet*) から単離されたもので，COX-2 の誘導抑制作用を持つことから大腸がん予防効果が期待されている。ローズマリー (*Rosmarinus officinalis*；シソ科) の抗酸化成分の活性の大部分はジテルペンのカルノソール (carnosol) によると言われているが，carnosol には ODC 活性抑制，マウス皮膚二段階発がん実験でプロモーション抑制効果が認められている。

d-limonene（柑橘類果皮油）　d-carvone（キャラウエイ種子油）　mokkolactone（ゴボウ）　zerumbone（ショウガ）　carnosol（ローズマリー）

### （9）トリテルペンおよびステロール

**1) ポリコイン酸B（Poricoic acid B）**

サルノコシカケ科のマツホド（*Poria cocos*）の菌核である茯苓（ブクリョウ；hoelen）から得られる酸性のlanostane型トリテルペンであり，TPA誘発マウス耳殻炎症に対して強い抑制効果を示し，マウス皮膚二段階実験で活性が認められている。

**2) グリチルレチン酸（Glycyrrhetic Acid）**

マウス皮膚二段階実験で抑制効果を示し，*Salmonella trphimurium* において抗変異原性が認められている。また，glycyrrhetic acid をアグリコンとするグリチルリチン（glycyrrhizin）は生薬甘草の主サポニンであり，皮膚科領域で以前から用いられており，マウス自然発症肝がんを抑制する。

poricoic acid B（ブクリョウ）　glycyrrhetic acid（甘草）　oleanolic acid（植物界に広く分布）　heliantriol C（キク科植物花弁）

**3) スクアレン（Squalene）**

これまでの疫学的調査などにより，食餌性オリーブ油は発がん予防効果を持つことが示唆されており，オリーブ油の多消費地域では死亡率が低いという事実と合わせ，このオリーブ油の効果の一部は，ステロール生合成の中間体である squalene とみなされている。

squalene（魚肝油、酵母、オリーブ油）　ergosterol（菌類、酵母、クロレラ）

### （10）脂肪酸

ドコサヘキサエン酸（DHA），共役リノール酸（CLA）および共役リノレン酸（CLN）などには，化学的に誘発されたラット大腸の異常陰窩（aberrant crypt foci；ACF）の発現の減少効果が認められている。これらの脂肪酸は培養細胞系においても各種のがん細胞に対して増殖抑制作用を示し，CLNは大腸がん細胞においてはがん遺伝子である *c-myc* 遺伝子の発現も抑制する。

### （11）その他の化合物

**1) レチノール（Retinol）**

15.2 発がん予防物質・抗変異原性物質

conjugated linoleic acid (CLA; cis-9, trans-11)
（チーズ、牛乳、ヨーグルトなどに1%程度）

docosahexaenoic acid (DHA)
（魚油：ウルメイワシ、サケ、クロマグロ）

conjugated linolenic acid (CLN; cis-9, trans-11, cis-13)
（シナアブラ桐油、ニガウリ種子、ザクロ種子など）

卵黄、バターに多く含まれ、生理作用として抗酸化作用、視覚作用、皮膚粘膜および表皮組織の形成、生長促進等がある。疫学調査や動物実験でがん予防効果が期待され、現在臨床研究が行われている。

2) アルカンジオール（Alkane-6,8-diol）

食用ギク（*Chrysanthemum morifolium*）やベニバナ（*Carthamus tinctorius*）等キク科植物の花に含まれ、発がんプロモーターが誘発する炎症反応を抑制する。動物実験においても、発がんプロモーション過程を抑制することが確認された。

3) モナスコルブリン（Monascorubrin）

ベニコウジ菌（*Monascus purpurea, M. anka*）が生産する色素で、発がんプロモーターが誘発

retinol　　alkane-6,8-diols　　monascorubrin

―――――――――――――――――――――――――――
コラム　　　　　マルチカロテンはがんを予防できるか？

天然色素として植物、微生物、動物に分布している β-カロテン等は、プロビタミンAとしての生理作用を有し、また発がんにおけるプロモーション過程を抑制することが知られている。β-カロテンは、中国で行われた臨床研究では、がん予防効果が見られた。その後欧米で行われた臨床研究において逆に増加傾向が見られ中断された。β-カロテンには、至適摂取量があると思われ、不足・過量では悪い結果となるようである。そこでカロテノイドは、β-カロテンの他に約600種が自然界に存在しており、β-カロテンとともにルテイン、リコピン、α-カロテン、ゼアキサンチン等があり、それぞれのカロテノイドは、動物実験でさまざまな臓器の発がん系で抑制効果が認められている。これらを一緒に利用しようという、すなわちマルチカロテンによりがんを予防しようという試みである。

α-carotene　　　zeaxanthin

β-carotene　　　lycopene

lutein

する炎症を抑制する。動物実験においても，発がんプロモーション過程を抑制することが判明した。色素としての利用は，菓子，カニカマボコ等の赤色系に着色する目的で添加される。

## 15.3 高血圧予防・降圧物質

現在，がんは日本人の死因のトップを占めているが，2位，3位はそれぞれ心臓病と脳卒中であり，これらを足すと1位のがんをはるかに超えてしまう。そして，これらの引き金になっているのが高血圧であり，高血圧を予防する食品素材の開発もまた重要な研究課題となっている。降圧作用を示す植物性食品の研究はネズミの交配繰り返しにより作り出した高血圧自然発症ネズミ（SHR）および脳卒中易発性ネズミ（SHR-SP）の開発に負うところが大きい。このネズミを用いた動物実験で，まず含硫アミノ酸であるメチオニン，そしてタウリン（2-aminoethane sulfonic acid）が高血圧発症を抑えることが確認されている。その作用機序はSHR-SPは寒冷刺激に対して交感神経が興奮しやすく，普通のネズミ（WKY）に比べて尿中のカテコールアミンの排せつ量が増加するが，タウリンの摂取によりその排せつ量を抑えるというものである。これは寒冷刺激は中枢性に副腎からのエピネフィリン（アドレナリン，adrenaline），末梢神経からのノルエピネフィリン（ノルアドレナリン）の分泌を促すが，タウリンがそのような交感神経機能になんらかの影響を与えているためと考えられている。

表15.1は，野菜，海藻類を中心に各種食品素材の抽出物が持つ血圧への影響をまとめたものである。クロレラ，ユーグレナ，ビール酵母などの微生物やタケの葉，カキの葉，キノコ類や柑橘類の皮等が血圧を下げることが示されている。

柑橘類（*Citrus*属，*Fortunella*属，*Poncirus*属）のフラボノイドグシコシドについては，表15.2に示したように降圧効果（10 mmHg以上の効果がある物質）が認められているが，その他多くの植物活性成分はまだ明らかにされていない。

表15.1 降圧効果を持つ食品素材と有効分画の概算分子量

| 血圧の最大下降度 | ゲルろ過による概算分子量 | | | | | |
|---|---|---|---|---|---|---|
| | 10,000以上 | 5,000～10,000 | 2,000～5,000 | 1,000～2,000 | 500～1,000 | 500以下 |
| 41～60 mmHg | ユーグレナ<br>アスパラガス<br>トマト（葉）<br>ビール酵母 | ミカン（葉）<br>ユリネ | トマト（葉）<br>アスパラガス<br>ゴボウ | ニラ<br>モヤシ<br>ナルトカン(皮)<br>トマト（葉）<br>スピルリナ | ササ<br>タケ（葉）<br>トウモロコシ（芯）<br>キンカン（皮）<br>グレープフルーツ(皮) | ハダカムギ（葉）<br>トウモロコシ（皮） |
| 61～80 mmHg | クロレラ（乾燥）<br>サルノコシカケ<br>セイタカアワ<br>ダチソウ | ササ<br>タケ（葉） | | | オオムギ（葉）<br>トウモロコシ（皮）<br>オレンジ（皮）<br>ミカン（皮）<br>ユズ（皮） | クロレラ（生）<br>トウモロコシ（ひげ） |
| 81 mmHg以上 | | カキ（葉） | | レモン（皮） | レモン（皮）<br>スダチ（皮） | |

投与方法：静脈内投与，投与量 5 mg/100 g体重

吉田・杉本（1987）

表 15.2 柑橘類の血圧降下性フラボノイドグリコシド

| 柑橘名 | フラボノイドグリコシド |
|---|---|
| レモン | vicenin 2 (6,8-di-$C$-glucosylapigenin) |
| | lucenin 2 (6,8-di-$C$-glucosyldiosmetin) |
| | limocitrol 3-glucoside |
| 温州ミカン | narirutin 4'-glucoside (narigenin 4-glucoside 7-rutinoside) |
| | 3,6-di-$C$-glcosylapigenin |
| | natsudaidain 3-glucoside |
| | lutine [2-(phenylamine)-1,4-haphthalenedione] |
| スダチ | sudachiin A |
| | 4'-glucosylsudachiin 7-$O$-(4-carboxy-3-hydroxy-3-methylbutanoyl) |
| ユズ | narigenin 7-$O$-[rhamnosyl-(1→2)-[rhamnosyl-(1→6)-glucoside] |
| キンカン | 3,6-di-$C$-glucosylacacetin |
| | 2"-$O$-rhamnosylvitexin |
| | 2"-$O$-rhamnosylorientin |
| オレンジ | 2"-$O$-rhamnosylvitexin |
| ザボン | apigenin 7-$O$-[rhamnosyl-(1→2)-glucoside] |
| グレープフルーツ | |

## 15.4 抗アレルギー性物質

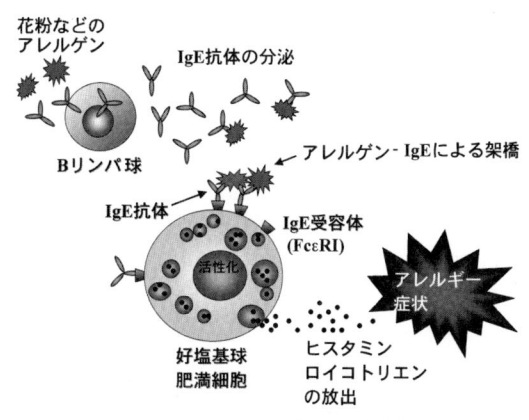

### 15.4.1 アレルギーの発症機構

人体は免疫反応により，体外から進入する他の生物に由来するタンパク質などの異物の攻撃から守られているが，その免疫反応は時として人体に障害的に作用する。このような免疫機能に基づく障害反応はアレルギー（allergy）と呼ばれており，近年におけるアレルギー疾患の急増は社会問題の１つとなっている。生体内における免疫反応には，抗体（antigen）が関与する液性免疫と，抗体が関与しない細胞性免疫がある。I型からIII型アレルギー反応は前者に，IV型アレルギー反応は後者に属する。花粉アレルギーなどの環境アレルギーはI型アレルギーにより発症するが，食物アレルギーではI型アレルギーとともに，II型およびIV型アレルギーの関与が示唆されている。経口的に摂取されたアレルゲン（allergen）タンパク質は消化管内で分解され，アミノ酸あるいはペプチドの形で腸管から吸収される。しかし，消化機能が未発達な乳幼児などにおいては，未分解のアレルゲン物質が腸管から吸収さ

図 15.3 I型アレルギーの発症機構

れ，アレルギー反応を引き起こす。アレルゲンが体内に侵入すると，アレルゲン特異的抗体の産生が誘導されるが，Ⅰ型アレルギーの発症には特にIgE［免疫グロブリン（immunoglobulin；Ig）E］型の抗体が重要な役割を果たす。皮膚・気管支・消化管などの粘膜内側のB細胞（Bリンパ球，抗体産生細胞）により産生されたIgEは，マスト細胞（肥満細胞）や好塩基球の細胞膜上に存在する高親和性IgE受容体（FcεRI）に結合し，感作が成立する。そこに，アレルゲン物質が再び進入してマスト細胞上のIgEを架橋すると，マスト細胞が活性化されヒスタミン（histamine）やロイコトリエン（leukotriene；LT）などの炎症を引き起こす化学伝達物質（chemical mediators；炎症物質）を放出する（図15.3）。放出されたこれらの物質は，血管透過性を促進させる作用や，平滑筋を収縮させる作用などがあるため，白血球やタンパク質が血管から漏出したり，炎症による気管支を収縮させ喘息を引き起こしたりする。

### 15.4.2 アレルゲン物質

アレルゲン食品として，古くから卵，牛乳，大豆，小麦，米などが知られている。卵や牛乳のアレルゲン性は加齢によって減少するが，米や小麦の場合には加齢の影響をそれほど受けないといわれている。例えば，アトピー性皮膚炎の原因植物などに含まれている食品アレルゲンは表15.3に示したようにglucoseおよびmannoseからなる多糖の場合を除いて主要なアレルゲン性成分はすべてタンパク質である。

表15.3 食品アレルゲン

| 原因物質 | アレルゲン |
|---|---|
| 卵白 | オボムコイド (28 KDa), オボアルブミン (43～45 KDa), オボトランスフェリン (77 KDa), 鶏卵リボソーム (14.3 KDa) |
| 牛乳 | β-ラクトグロブミン (18.3 KDa), α-ラクトアルブミン (14.2 KDa), 血清アルブミン (66.3 KDa), 免疫グロブリン (160～900 KDa), $\alpha_{S1}$-カゼイン (23.6 KDa) |
| 大豆* | 7S (Gly m Bd 30 KDa), 7S (α-サブユニット 68～70 KDa), 7S (Gly m Bd 28 KDa), 11S (グロブリン 35 KDa) |
| 小麦 | アルブミン，グロブリン |
| 米 | グロブリン (16 KDa), アルブミン |

(Taylor, 1992; *Ogawaら, 1991)

### 15.4.3 抗アレルギー性物質

Ⅰ型アレルギーの場合，その発症には多くの反応が関与しており，それぞれの段階でアレルギーを抑制することが可能である。これら主要な反応である，①IgEの産生，②IgE受容体の発現，③炎症物質の放出，などをターゲットとしたアッセイ系を用い，天然物を素材とした探索研究が行われ，いくつかの活性成分が見いだされている。

#### 1) ギンコライド（Ginkgolide）

近年，血小板活性化因子PAF［platelet activating factor；1-$O$-alkyl-2-acetyl-$sn$-phosphorylcholine（AGEPC）］に対する阻害物質の検索で，各種の食品類，特に銀杏葉の中に強力な作用

ginkgolide A ($R^1$=OH, $R^2$=$R^3$=H)
ginkgolide B ($R^1$=$R^2$=OH, $R^3$=H)
ginkgolide C ($R^1$=$R^2$=$R^3$=OH)
ginkgolide M ($R^1$=H, $R^2$=$R^3$=OH)

15.4 抗アレルギー性物質

物質が発見されており抗アレルギー剤として注目されているものもある。PAFは血小板のレセプターに結合して血小板を活性化し，その凝集能を高めるばかりでなく，好中球や単球をも活性化してその機能を高め，平滑筋に作用して収縮を起こさせ，また強い血管透過性亢進作用を持っている。このようにPAFは，ぜんそく，アレルギー，アナフィラキシーあるいはショックなどの炎症性疾患に深いかかわり合いを持っているので，PAFの阻害剤が新薬開発の1つの目標となっている。銀杏葉の抽出物はPAFの阻害活性を持ち，その有効成分はジテルペンであるギンコライド（ginkgolide A，B，C，M）である。また，この抽出物は経口投与も可能で，臨床的に老人性痴呆症にも有効とされ大きな市場が期待されている。

2) 茶カテキン

茶葉中におけるIgE産生抑制成分の探索が行われ，カテキン画分から得られたストリクチニン（strictinin；1-$O$-galloyl-4,6-hexahydroxydiphenoylglucose）に強い抑制活性が認められた。一方，紅茶系品種"べにほまれ"抽出物から，ヒト好塩基球細胞株KU 812を用いたヒスタミン遊離抑制活性を指標とした探索が行われ，epigallocatechin 3-$O$-(3-$O$-methyl) gallate（3 M-EGCG）に強い抑制効果が認められている。

3) 甜茶ポリフェノール

甜茶（*Rubus suavisimus*）はバラ科キイチゴ属植物で，中国ではお茶・健康茶の一種として古来から愛飲されている。甜茶抽出物には，その分子内にsanguisorboyl基を有する甜茶特有のGOD型ellagitannin polymerが含まれ，このポリフェノールはcompound 48/80によるラット腹腔内肥満細胞からのヒスタミン遊離に対して強い抑制効果を示す。甜茶にはフラボノイド成分としてastragalin，rutin，trifolinなどが含まれている。甜茶の効果は，通年性鼻アレルギー患者に対する臨床試験で検証されている。

甜茶ポリフェノールの推定構造（GOD型ellagitannin polymer）

4) シソポリフェノール

シソは昔から漢方薬として健胃，利尿，せき止めなどに用いられているが，赤シソ葉エキスは，

含有成分のロスマリン酸（rosmarinic acid），caffeic acid，luteolin などのポリフェノール成分がヒアルロニダーゼおよび5-リポキシゲナーゼ（5-LOX）を阻害することから，花粉症の諸症状の緩和に効果が期待されている。

5) γ-リノレン酸（γ-linolenic acid；GLA, $C_{20:3}$, n-6）

哺乳類の母乳や，月見草（種子油の9%），ボラージ（約22%；*Borago offcinalis*；ルリチシャ，ムラサキ科），カエデなどの植物種子に存在しており，アトピー性皮膚炎改善効果が報告されている。GLA は生体内でリノール酸から不飽和化酵素 $Δ^6$-desaturase により生成する。この酵素はさまざまな要因（加齢，ストレス等）により阻害されると dihomo-GLA（$C_{20:3}$, n-6；DHGL）の生成量が減少し，その結果 COX の作用で生成する prostaglandin $E_1$（$PGE_1$），および 15-LOX の作用で生成する 15(OH)-DHGL の量が減少する。この $PGE_1$ は抗炎症物質であり，また，15(OH)-DHGL は，強力な炎症作用を示す $LTB_4$ の生成を阻害するため抗炎症作用を示すと考えられている。実際，アトピー性皮膚炎患者では $Δ^6$-desaturase の活性低下が認められ，GLA の投与によりこの代謝系が改善されることが示されている。

## 15.5 血栓形成抑制・血栓溶解物質

### 15.5.1 血栓症

血液中に糖分や脂肪分などが多いと，それらが赤血球の表面に付着して血管内で血液が凝固し血栓（thrombus）を生じるが，この病気を血栓症（thrombosis）という。血栓症は血栓の場所により大きく2つに分けられる。いわれる心臓病（狭心症，心筋梗塞）といわれる虚血性心疾患と，古くから一般に脳卒中と呼ばれる脳こうそくや脳出血などである。

血栓症といわれるものは一般に太い血管のつまったものをさすが，脳の細い血管が徐々につまり障害を起こす老人性痴呆症（脳血管性痴呆，ボケ）は社会的問題となっている。特に日本人の場合，老人性痴呆症の60%はこのタイプであり（ほかはアルツハイマータイプ），これは血栓形成を抑えれば予防が可能ともいえる。その要因は，いずれも高血圧と高脂血症などによる動脈硬化により引き起こされる血液・血管系の異常が原因となる。この場合，フィブリン（fibrin，繊維素）を主要成分とする血栓の形成系がフィブリン除去に働く線溶系の活性をしのいでいる状況にある。こうした血栓症の予防には古くから伝承的な食品（民間薬）としてアズキ，柿のシブ，桜餅（クマリン）などがある。しかし，これらの有効成分あるいはその作用機序の明らかにされたものは少ない。

### 15.5.2 血栓溶解剤

**ナットウキナーゼ**

すでに血管内にできてしまった血栓の溶解に働く線溶系に作用するものとして，ナットウキナーゼがある。ナットウキナーゼは，納豆中に含まれる血栓溶解（線溶）酵素として最近わが国で発見された（須美，1987）。この酵素は蒸したダイズには含まれず発酵中に納豆菌が作り出す。市販の納豆 1 g（3〜4粒）は，現在血栓溶解剤として使われているウロキナーゼの約1,600国際単位（IU）にも相当する（普通，病院で心筋梗塞の発作直後などの危険な状態にある入院患者に20〜30万 IU のウロキナーゼが投与されているが，市販納豆1パックは単純計算でそれと同等の効果を持

15.5 血栓形成抑制・血栓溶解物質

```
     1                         10                            20
H₂N-Ala-Gln-Ser-Val-Pro-Tyr-Gly-Ile-Ser-Gln-Ile-Lys-Ala-Pro-Ala-Leu-His-Ser-Gln-Gly-Tyr-Thr-Gly-Ser
         30       *                            40
-Asn-Val-Lys-Val-Ala-Val-Ile-Asp-Ser-Gly-Ile-Asp-Ser-Ser-His-Pro-Asp-Leu-Asn-Val-Arg-Gly-Gly-Ala
     50                            60        *                    70
-Ser-Phe-Val-Pro-Ser-Glu-Thr-Asn-Pro-Tyr-Gln-Asp-Gly-Ser-Ser-His-Gly-Thr-His-Val-Ala-Gly-Thr-Ile
                            80                         90
-Ala-Ala-Leu-Asn-Asn-Ser-Ile-Gly-Val-Leu-Gly-Val-Ala-Pro-Ser-Ala-Ser-Leu-Tyr-Ala-Val-Lys-Val
                  100                              110
-Leu-Asp-Ser-Thr-Gly-Ser-Gly-Gln-Tyr-Ser-Trp-Ile-Ile-Asn-Gly-Ile-Glu-Trp-Ala-Ile-Ser-Asn-Asn-Met
     120                             130                         140
-Asp-Val-Ile-Asn-Met-Ser-Leu-Gly-Gly-Pro-Thr-Gly-Ser-Thr-Ala-Leu-Lys-Thr-Val-Val-Asp-Lys-Ala-Val
                      150                           160
-Ser-Ser-Gly-Ile-Val-Val-Ala-Ala-Ala-Ala-Gly-Asn-Glu-Gly-Ser-Ser-Gly-Ser-Thr-Ser-Thr-Val-Gly-Tyr
     170                             180                         190
-Pro-Ala-Lys-Tyr-Pro-Ser-Thr-Ile-Ala-Val-Gly-Ala- Val -Asn- Ser-Ser-Asn-Gln-Arg-Ala-Ser-Phe- Ser -Ser
                      200                            210
-Val-Gly-Ser-Glu-Leu-Asp-Val-Met-Ala -Pro-Gly-Val-Ser-Ile-GlnSer-Thr-Leu-Pro -Gly-Gly-Thr-Tyr-Gly
          220  *                           230
-Ala-Tyr-Asn-Gly-Thr-Ser-Met-Ala-Thr-Pro-His-Val-Ala-Gly- Ala-Ala-Ala-Leu-Ile-Leu-Ser-Lys-His-Pro
     240                             250                         260
-Thr-Trp-Thr-Asn-Ala-Gln-Val-Arg-Asp-Arg-Leu-Glu-Ser-Thr-Ala-Thr-Tyr-Leu-Gly-Asn- Ser -Phe-Tyr
                 270
-Tyr-Gly-Lys-Gly-Leu-Ile-Asn-Val -Gln-Ala-Ala-Ala-Gln-COOH
```

図 15.4 ナットウキナーゼの全一次構造［＊は活性部位 須見（1991）］

つ計算）。ナットウキナーゼは一本鎖ポリペプチド構造（図15.4）のセリン酵素であり，直接の強力なフィブリン分解能とプロ-ウロキナーゼ活性化能を持つ。

### 15.5.3 血栓形成抑制剤

1) **エイコサペンタエン酸（eicosapentaenoic acid, EPA；$C_{20:5}$, n-3）**

血栓形成の引き金である血小板凝集を抑制する物質としては，食品として一般によく知られているEPAがある。最初は魚をよく食べるエスキモー人がデンマーク人に比べて心臓病が少ないという疫学的調査の結果から発見されたものである。血栓症との関係について EPA は arachidonic acid（$C_{20:4}$, n-6）が血小板における thromboxane $TXA_2$ の生合成を抑制すると考えられている。$TXA_2$ は血液凝固促進作用を，一方血管壁で生合成される prostaglandin $PGI_2$ は抗凝固作用を持つが，EPAから血小板で生合成される $TXA_3$ は凝固促進作用を持たず，また血管壁で生合成される $PGI_3$ は抗凝固作用を持つ。

2) **ニンニクの含硫化合物**

ニンニクの摂取が生体機能に及ぼす影響の中で最も顕著な現象は，血小板凝集抑制である。血小板凝集抑制物質はメチルアリルトリスルフィド（methylallyl trisulfide, MATS），アホエン（ahoen），ジアリルトリスルフィド（diallyl trisulfide），ビニルジチイン（vinyl dithiin）など，ニンニク中のアリインから酵素アリイナーゼの作用によって作られる揮発性のにおいの成分である（図15.5）。作用機序としては，COXの活性阻害があげられる。アラキドン酸カスケードの最終産

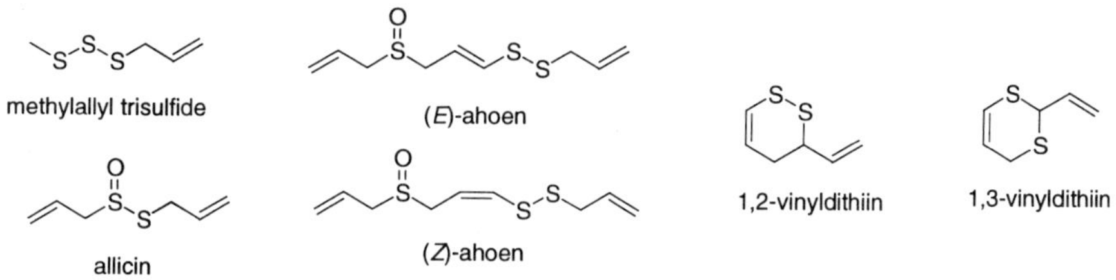

図 15.5 血小板凝集抑制作用を示す主なニンニク成分

物で，強力な血小板凝集作用を示す $TXA_2$ の産生抑制が主たるものである。ニンニクは血栓の形成に対してさらに，血液凝固の抑制，血栓除去にかかわる線溶系の活性化など，総合的な抑制作用を有している。

## 15.6 糖尿病・経口血糖降下剤

現在は飽食の時代ともいわれており，糖尿病の発症頻度も歴史上最も高い。糖尿病罹患者は全世界で1億人とされており，罹患者の死因としては糖尿病が直接の原因である糖尿病性こん睡はわずか1～4%にすぎず，多くは血管性合併症（腎症，心筋こうそく，脳血管障害）であり45～75%を占めている。また，死に至らないまでも神経障害や網膜症など，糖尿病患者に与える苦痛は計り知れない。糖尿病の是正を目標とした療法には，食事療法（45%），インスリン療法（15%），それに最近各種開発されている経口血糖降下剤療法（40%）がある。なお，経口血糖降下剤の作用機序をまとめると表15.4のようになるが，このうち食品の機能性成分に関するものはⅠとⅣである。

表15.4　経口血糖降下剤の作用メカニズム

| Ⅰ．摂取エネルギーを制限する薬剤 | (1) 食物繊維（guar gum など）<br>(2) $\alpha$-glicosidase 阻害薬 |
|---|---|
| Ⅱ．インスリン分泌を促進する薬剤 | (1) スルファニル尿素剤系（従来と同じ作用機序）<br>(2) 交感神経 $\alpha_2$ 遮断薬 |
| Ⅲ．インスリン感受性を促進する薬剤 | (1) 主に抹消組織に作用<br>(2) グルカゴン（ポリペプチドホルモン）分泌抑制？ |
| Ⅳ．その他の作用を介した薬剤 | (1) 脂肪酸化抑制<br>(2) TCA サイクルの改善 |

### 15.6.1 ギムネマシルベスタ

ギムネマシルベスタ（*Gymnema sylvestre*）はインド原産のガガイモ科に属するツル性の植物であり，インドから中国南部，東南アジアにかけての熱帯地域に広く分布している。インドではいわゆるアーユルヴェーダ（Ayulvedic medicine）の1つとして知られ，2000年以上にもわたり，ギムネマシルベスタの葉が糖尿病の民間薬として利用されてきた。古代インドのヒンディー語で"グルマール"（砂糖をこわすもの）という意味の名称が与えられていたが，ギムネマシルベスタには砂糖などの甘味の感受性を消失させる特異な作用がある。ギムネマシルベスタ抽出物は，これを特徴づけるギムネマ酸（gymnemic acid）を含む多種の成分からなる天然エキスである。gymnemic acid は hexahydroxyolean-12-ene のC3位OH基の glucuronic acid 配糖体であり，また，アグリコン部の5個の水酸基のいくつかは炭素数2～7のカルボン酸とエステル結合をしている。ギムネマの葉をかんで1，2分後，砂糖をなめると，不思議なことに全く甘味を感じなくなる。これは，舌にある甘味を感じる乳頭に分布する味細胞の表面にある甘味受容器に gymnemic acid が結合し，後からくる砂糖をよせつけなくするからである。一方，同じ機構で gymnemic acid は腸壁にある glucose を輸送するタンパク質からなる担体と結合し，後からきた glucose は取り残される。glucose の吸収の仕方は濃度こう配による受動輸送と，担体と結合して細胞に取り込まれた後血管に入っていく能動輸送との2通りがあるが，このうち能動輸送が gymnemic acid によって妨げられるわけである。したがって，理論的には半分の glucose

は吸収されないまま腸内細菌によって利用され，結局血糖値は半分ばかりが残ることになる。

### 15.6.2 バナバ茶

バナバは和名をオオバナサルスベリといい，フィリピン，マレーシア，インドネシアなどの熱帯地域に広く分布する落葉高木である。フィリピンでは伝承的な生薬として，その葉を煎じて糖尿病の予防，治療に用いている。バナバの葉には酸性トリテルペンであるコロソリン酸（corosolic acid；$2\alpha$-hydroxyursolic acid）が含まれており，最近の研究により，このcorosolic acidがブドウ糖輸送を増強し血糖値を下げる働きをしていることが示されている。

gymnemic acid

corosolic acid

### 15.6.3 フィチン酸（Phytic Acid）

フィチン酸（$myo$-inositol hexaphosphate；IP6）は植物の種子や塊茎，花粉などに含まれる一種のリンの貯蔵形態といえるものであるが，イネ科の胚やアリューロン細胞に，またマメ類では子葉に集積する。分子内の6個のリン酸基が強力なキレート作用を示すことから生体や食品中の金属イオンを封鎖して，OHラジカル（・OH）の生成やそれに起因する脂質過酸化反応を抑制する（図15.6）。この金属キレート性とそれに基づく抗酸化性は缶詰のスズの遊離防止，ワイン，糖蜜，シロップ，飲み水の鉄の除去から大豆油の酸化や加水分解の防止，落花生の渋皮はく離防止，魚肉ペースト，パン，サラダの品質や呈色の保存安定化，カスタードのような卵を多く含む食品の着色防止などに使われているほか，最近は医学的にも関心が持たれている。というのも，世界一の長寿を誇る日本人は，フィチン酸を多く含む豆類，穀類，イモ類を多く摂取しており，フィチン酸と長寿のなんらかの関係が推測されているからである。

フィチン酸には腎臓での酸分泌抑制効果，腎結石や虚血性心臓病の発症の抑制，血中cholesterolの低下，そして最近は虫歯形成の抑制なども報告されている。またフィチン酸は $in\ vitro$ で種々のタンパク質を結合する性質があり，アミラーゼ，プロテアーゼの酵素活性を阻害する。こうした消化酵素の活性阻害は今後肥満防止や糖尿病の予防にも応用できると期待されている。

phytic acid

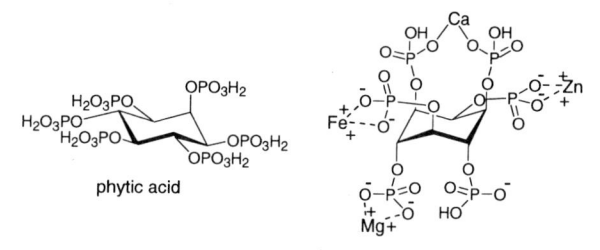

**図15.6** フィチン酸および中性環境下におけるフィチン酸キレートの想像図

## 15.7 肥満抑制・体脂肪蓄積抑制

国民栄養調査によると，わが国の肥満者は，男性で7人に1人，女性で5人に1人の割合で存在し，特に50代の女性では4人に1人とされている。最近では，若年齢層に肥満が急増しており，肥満が進行すると，糖尿をはじめ高血圧，高脂血症，冠状動脈硬化症など種々の合併症をひき起し，生活習慣病の増加につながることが知られている。したがって，肥満を予防，低減する意義は大きく，そのためには，もちろん日常生活の中で摂取エネルギーを減少させることが重要である。

**ジアシルグリセロール**

ジアシルグリセロール（DG）は植物性，動物性を問わず，ほとんどの天然油脂に少量（1～10%）含まれている。1,2-および1,3-DGの自然界における存在比は約7：3である。近年，DGが，トリアシルグリセロール（TG）に比べ，摂取後の血中中性脂肪が増加しにくく，長期に摂取すると，TG摂取に比べ，肝臓や腸間膜への体脂肪蓄積が有意に抑制されることが見いだされた。

食事として摂取された油は，小腸にて消化され，主に2-モノアシルグリセロール（MG）となって吸収される。この2-MGは主として小腸上皮細胞でTGに再合成され，カイロミクロン（chylomicron, CM）と呼ばれるリポタンパク粒子の一成分となってリンパ，さらには血中に放出される。このようにリポタンパク粒子に組み込まれて血中を巡っている状態のTGを一般に「中性脂肪」という。エネルギーとして消費されなかった中性脂肪は脂肪細胞に蓄積され，これが過剰に蓄積された状態が肥満である。1,3-DGを摂取すると，食後のCMとして血中に放出される中性脂肪量がTG摂取時に比べ著しく減少する。これは，1,3-DGが，グリセリンの中のC2位に脂肪酸が結合しておらず，分子構造上，消化生成物として2-MGとはなり得ないためである。その結果，小腸上皮細胞内のTG合成酵素系にとって，よい基質である2-MGが不足する状態が生じ，これが食後の血中中性脂肪値の増加が抑えられる原因と考えられている。

また，1,3-DGは一般食用油TAGに比べ，植物性ステロール（phytosterol, PS）の溶解性が顕著に高いことがわかり（PS，溶解性：TG 1.3%，DG 6.0%），PSを5%配合した2種の食用油での血中cholesterol値を調べた結果，DGにおいてのみ有意な低下作用を見いだし，cholesterolを改善する機能を持つ食用油であることが明らかにされている。

"現代医食同源"の実例ともいえる機能性食品，そして法的に認められた特定保健食品はわが国発信のデザイナーズフードである。わが国はこの分野においては，10年以上も世界に先駆けて研究開発を行い，多くの国々に，大きなインパクトを与えている。

### 参考文献

1) 川岸舜朗, 中村良, "新しい食品化学", 三共出版, 2001.
2) 藤巻正生, "機能性食品と健康", 裳華房, 2001
3) 須見洋行, "食品機能学への招待", 三共出版, 2000.
4) 黒田行昭編, "抗変異原・抗発がん物質とその検索法", 講談社サイエンティフィック, 1995.
5) 藤巻正生, "食品機能", 学会出版センター, 1991.

# 16

# エッセンシャルオイル（精油）と香料

　ヒトは五感によって得られる情報のうち，視覚によるものが全体の90％に及び，次いで聴覚に頼っている。一方，嗅覚の役割は非常に小さく，日常生活での嗅覚体験はほとんどの場合忘れてしまっている。しかし，"におい"は人間生活において昔から重要な役割を果たしてきた。すなわち，紀元前3000年の古代メソポタミアの時代から人類は香り（香料）を生活に取り入れてきた。これは神様に捧げた香煙が始まりである。また，部屋に花を飾り，香水をつけるなど，人間社会では古来よりよい"におい"が生活の中に取り入れられてきている。さらに，食品のにおいは食欲を増進させ，最近ではアロマテラピー（aromatherapy）のように，においを医療に結びつけることも行われている。このように，においは人間生活に密接にかかわっており，その応用範囲はますます広がっている。しかし，においの科学的解明はまだ完全には成されてはいない。

## 16.1　においの化学

　においは空中に揮発（口中でのどから鼻腔に逆流する現象も含む）した揮発性物質が，鼻腔上壁の嗅感覚器官に働いて刺激するものであり，これを化学構造の面からみれば，低分子化合物，疎水性であり比較的単純な化学構造式（特に極性の強い官能基が少ない）を有している。そしてガス状のため，きわめて微量で有効である。一般に感覚閾値（その化合物が嗅覚でにおいとして認識される最低濃度）はきわめて低く，通常ppm〜ppb単位のレベルである。そのため天然物としては構造が簡単な割には化合物の同定は困難である。また，有香成分は40万種に及ぶといわれているが，これらは，連続的に変化する感覚であって，熟練した調香師によって使い分けることができる香り成分は5,000種程度といわれている。したがって味のように，味覚神経は電気生理学的な研究により確立されている独立した基本的な感覚（基本味）の存在が，香りについては現在のところ測定不可能である。

　表16.1は，におい分子の物理・化学的特性の比較をまとめたものである。有香分子の最小分子量はアンモニア（$NH_3$, MW 17），最高分子量としての定説はないが，天然ムスクのシベトン

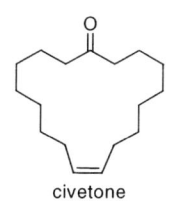

表 16.1　嗅覚物質の性質

| 性質等 | 香気物質 |
|---|---|
| 分子量 | 低分子（MW 17〜約300） |
| 官能基 | 少数 |
| 沸点 | 低い，揮発性が必要 |
| 水溶性 | 難溶〜不溶 |
| 極性 | 小 |
| 存在量 | 少ない（ppm〜ppb） |
| 感覚表現 | 複雑 |

civetone

(civetone, $C_{17}H_{30}$, MW 250) 程度とされている。有香分子は多種にわたることから，天然物のにおいは，特にそのキャラクターを決定する数種の重要な成分（においの鍵化合物）を含むものもあれば，においの個性を特定する成分を持たず多数の有香成分のハーモニーによって特定のにおいが形成されるものもある。

## 16.2 においの分類と表現

嗅覚は味覚とともに，化学物質による刺激の受容である化学感覚（chemical sense）と言われる。今日知られている有機化合物の種類はばく大なものであるが，それらの約5分の1がにおいを持っていると言われており，においを持つ物質の数は数十万から百万近くにもなる。これらが全く同じにおいを持つことはほとんどなく，したがって，においの種類もそれだけ存在することとなる。

においは，快感を与えるにおい"匂（におい）"，"香（かおり）"，"薫（かおり）"（odor, fragrance, scent, aroma）と，不快なにおい"臭（におい）"（smell, malordor）とに分けることができる。1916年，H. Henning は，花香様（flowery），果実様（fruity），樹脂様（resinous），薬味様（spicy），焦臭様（burnt），腐敗様（foul）の6種を基本香とし，どんなにおいもこれらの組み合わせによって表現できるとした。さらに，1970年には，J. E. Amoore は616種の物質について文献に記載されていたにおいの表現のヒストグラムを作り，エーテル臭，麝香臭，樟脳臭，花香，ハッカ臭，刺激臭，腐敗臭，の7種が原香である可能性が大きいと考えた。Amoore は臭盲の研究からその後，ワキガ（underarm sweat）臭，精液（spermous）臭，魚（fishy）臭，尿（urinous）臭，麦芽（malty）臭，麝香（musky）臭，ハッカ（minty）臭，樟脳（camphoraceous）臭の8種が原臭である可能性が大きく，最終的には原臭は20〜30種であろうと推定している。

香粧品香料では，以上のような生理学的な見地からのにおいの分類とは別に，主たる素材の天然香料と関連づけて，表16.2に示したように香りを24種の様式で表現している。このほかに，スイートとかホットなどの感覚用語や，フェミニン，セクシーなどの情感用語を組み合わせ，香りの種類を例えば"スイートでフェミニンなアルデヒディックフローラル調"というような表現も行われている。

表 16.2 香粧品香料の"香り"の分類

| 柑橘様 | citrus | 蜂蜜様 | honey | ハーブ様 | herbal |
|---|---|---|---|---|---|
| 果実様 | fruity | バニラ様 | vanillic | 煙草様 | tabac |
| アルデヒド様 | aldehydic | アニス様 | anise | アニマル様 | animal |
| 花香様 | floral | ラベンダー様 | lavender | ムスク様 | musky |
| スパイス様 | spicy | グリーンノート様 | green | アンバー様 | amber |
| 木香様 | woody | 苔臭様 | mossy | レザー様 | leathery |
| ハッカ様 | minty | バルサム様 | balsamic | 土臭様 | earthy |
| 樟脳様 | camphor | 松柏様 | coniferous | 金属様 | metallic |

## 16.3 においと化学構造

炭化水素分子がO，N，Sなどのヘテロ原子で置換されると，一般ににおいの強さが増大し，異なっ

た種類のにおいを示すようになる。例えば，メタンのヘテロ原子置換体ではメタノール（$CH_3OH$，アルコール臭），メチルアミン（$CH_3NH_2$，アミン臭）メタンチオール（$CH_3SH$，メルカプタン臭）のようになり，おのおのの官能基を持つ化合物（アルコール，エーテル，チオール，スルフィド，アミン，アルデヒド，ケトン，カルボン酸，エステルなど）はそれぞれに共通した特徴のあるにおいを持つ。また，低分子エステルはいずれも果実様の共通した香気を示すが，その構造の違いにより香りの質は異なってくる。表16.3に示すように炭素数6個のエステル類のにおい特性は，いずれも，構造の違いにより香りの質は異なる。

**表 16.3** $C_6$ 鎖状エステルの構造とにおい

| 構造式 RCOOR$^1$ | | におい | |
|---|---|---|---|
| R | R$^1$ | 香りの表現 | 連想するにおい |
| $CH_3-$ | $-CH_2CH_2CH_2CH_3$ | 軽やかな果実臭 | 熟したナシ |
| $CH_3-$ | $-CH_2CH(CH_3)_2$ | 果実臭 | ラム酒様 |
| $CH_3CH_2-$ | $-CH_2CH_2CH_3$ | 軽やかな果実臭 | パイナップルまたはバナナ |
| $CH_3CH_2-$ | $-CH(CH_3)_2$ | 甘い果実臭 | パイナップルまたはバナナ |
| $CH_3CH_2CH_2-$ | $-CH_2CH_3$ | 花香様果実臭 | パイナップルまたはリンゴ |
| $(CH_3)_2CH-$ | $-CH_2CH_3$ | 軽やかな果実臭 | ラム酒様 |
| $CH_3CH_2CH_2CH_2-$ | $-CH_3$ | グリーン調の果実臭 | リンゴ |
| $(CH_3)_2CHCH_2-$ | $-CH_3$ | グリーン調の果実臭 | リンゴ |

香料物質でモノテルペンであるリモネンは弱い柑橘様香気を示すが，同一炭素骨格を持つ1価アルコールであるmenthol（ハッカ臭），$\alpha$-terpineol（ライラック香），$\beta$-terpineol（ヒヤシンス香）などはいずれも異なった特徴的な香気を示す。

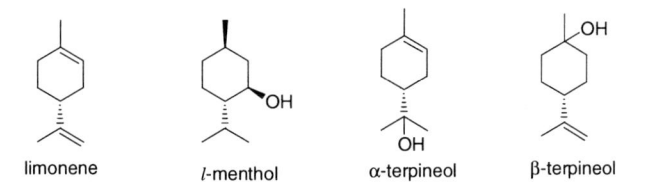

limonene    l-menthol    α-terpineol    β-terpineol

## 16.3.1 においと立体異性体

キラルな化合物に対する生理活性の違いは，生物の物質認識のうちでも最も特徴的なもののひとつであり，分子認識にキラル構造を持つ蛋白質レセプターが存在する証拠でもある。しかしにおいに関する光学活性体の選択性（エナンチオ選択性，enantioselectivity）はかなりルーズなものもある。すなわちエナンチオマーでにおいが区別できないもの，強度が著しく異なるものなどもあるが，同様のにおいを持ちながら，ニュアンスが微妙に異なるものも多い。特に天然物では起源物由来のにおいを示すことが多く，微量に混在する成分がにおいのキャラクターを決めているのではないかと考えられている。しかし最近の光学活性カラムによるガスクロマトグラフィー（特に多次元GC）による分離や，合成におけるenantioselectiveな方法の進歩によって，純粋の光学活性体を得ることができるようになり，多くのエナンチオマーには微妙な香りの変化があり，天然物の香りの複雑性を説明することともなった。植物精油の主要成分であるテルペノイドについては特に詳しく調べられている。

1) メントール (Menthol)

menthol は分子中に 3 個のキラル炭素を持つので，8 種のジアステレオマーが考えられる。それらの中で，ハッカ精油中に存在し，すっきりとした清涼感を示すのは *l*-menthol (1*R*, 3*R*, 4*S* 体) である。isomenthol はやや甘い木香様，neomenthol はカビ臭く，neoisomenthol もカビ臭いが，やや isomenthol がかった香気を持つ。

*l*-menthol (1*R*, 3*R*, 4*S*)　　isomenthol (1*S*, 3*R*, 4*S*)　　neomenthol (1*R*, 3*S*, 4*S*)　　neoisomenthol (1*S*, 3*S*, 4*S*)

2) ローズオキサイド (Rose Oxide)

ブルガリアローズ精油には香気の鍵を握る鍵化合物，微量の rose oxide が含まれている。ジアステレオマーが 4 種存在するが，天然には (4*R*)-*cis* 体と (4*R*)-*trans* 体が約 85：15 の割合で含まれている。前者は特徴的なシャープで強いバラ様香気を示し，後者も花様の青臭い香気であるが，それぞれのエナンチオマーである (4*S*)-*cis* 体および (4*S*)-*trans* 体は，ともにハーブ様の青臭い花様香気を示す。最も大きな違いは香気の強さで，(4*R*)-*cis* 体が最も低い閾値（においが感じられる最低濃度，0.5 ppb）を持ち，他は 100 倍以上の濃度である。

3) ヌートカトン (Nootkatone)

一方，グレープフルーツの特徴的な香気成分である nootkatone についても，*d*-nootkatone は本来のグレープフルーツ様香気で閾値が 0.8 ppm であるのに対し，*l*-体は香気が非常に弱くて閾値が 2000 分の 1 程度の 600 ppm であり，しかもソフトな木香様である。

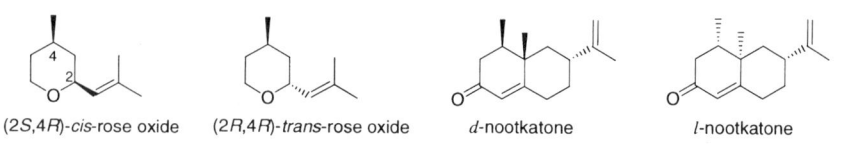

(2*S*,4*R*)-*cis*-rose oxide　　(2*R*,4*R*)-*trans*-rose oxide　　*d*-nootkatone　　*l*-nootkatone

4) リナロール (Linalool)

linalool では *l-R* 体がより強くかつラベンダー様・木香様のニュアンスが強いのに対し，*d-S* 体はより甘いラベンダー様または柑橘の特徴香のひとつであるペチグレインオイル様と表現される。主成分として存在する天然物も *l-R* 体は芳樟油，グァバおよびプラムのフレーバー成分であるのに対し *d-S* 体はオレンジオイル，パッションフルーツ，ラズベリーおよびイチゴなどのフレーバー成分であり，おのおの特徴香が生かされている。ローズウッドオイルやパイナップル中ではほぼラセミ体として存在する（以後一方の絶対構造のみを図示し，エナンチオマーの図は省略する）。

5) リモネン (Limonene)

においは弱いが柑橘の果皮油の大部分を占めているモノテルペン炭化水素の limonene は *l-S* 体でテレビン油様のにおいに対しそのエナンチオマー *d-R* 体はオレンジ様である。ラセミ体で存在する場合不快臭として脱テルペンの操作が行われるが，これは *l-S* 体のためである。

6) カルボン (Carvone)

キラル炭素に関して *d-S*-limonene と同じ絶対構造を持つ *d-S*-carvone は甘い柑橘香にキャラ

## 16.4 天然香料とエッセンシャルオイル

表16.4 光学異性体のにおい比較

| 光学異性体 | 記載されたにおい |
|---|---|
| $l$-$R$-linalool | 柑橘香，木香，ラベンダー様 |
| $d$-$S$-linalool | 柑橘香，甘いラベンダー様，ペチグレイン様 |
| $l$-$S$-citronelol | ゼラニウム油様 |
| $d$-$R$-citronelol | シトロネラ油様 |
| $l$-$R$-1-octen-3-ol | キノコ臭，マッシュルーム臭，やや果実様 |
| $d$-$S$-1-octen-3-ol | 弱いキノコ臭，野菜様 |
| $l$-$S$-5-decanolide | クリーム様，バター様のモモの香り |
| $d$-$R$-5-decanolide | ミルク様，ほぼ上と同じ |
| $l$-$S$-limonene | 樹脂様 |
| $d$-$R$-limonene | 柑橘様 |
| $l$-$S$-carvone | キャラウェー様 |
| $d$-$R$-carvone | スペアミント様 |
| $l$-1$R$, 3$S$, 4$S$-menthol | 強いハッカ臭，強い清涼感 |
| $d$-1$S$, 3$S$, 4$R$-menthol | 上記の感じにおい，ほこりっぽい，青臭さ |
| $l$-$S$-paramenthene-8-thiol | グレープフルーツジュース |
| $d$-$R$-paramenthene-8-thiol | 弱い果実香 |
| $l$-nootkatone | グレープフルーツ様 |
| $d$-nootkatone | 樹脂臭，スパイシー |
| 5$a$-androst-16-en-3$a$-ol | 白壇様，動物臭，じゃ香臭 |
| 上記の enantiomer | 上記の香り弱い |

ウェー様の香りがあり，$l$-$R$ 体ではスペアミントの香りとそれぞれ基原植物のにおいを示している。

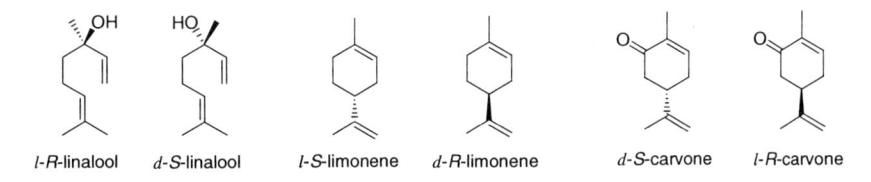

以上述べた enantioselective な香気物質に加えて代表的なものを表16.4にまとめて示した。

## 16.4 天然香料とエッセンシャルオイル

天然香料は植物性香料と動物性香料に分けられる。動物性香料の数は少ないが，植物の方は約1,500種の植物よりエッセンシャルオイルが得られている。

### 16.4.1 動物性香料

動物性香料は，希少な動物より採取されるため，入手困難かつ高価である。類似の香気を持つ合成香料が出現して需要が減ったが，いまなお高級調合香料には欠かせない天然香料である。代表的な原料，製法，主要成分等を表16.5に示す。

表 16.5 動物性香料の種類

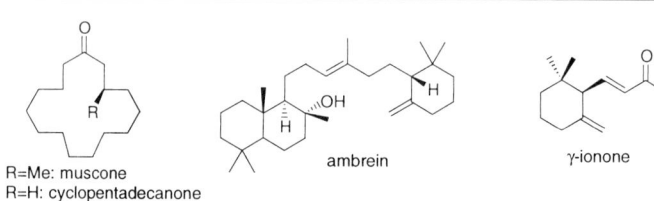

| 種類 | 原料製法 | 主産地 | 主要成分 |
|---|---|---|---|
| 麝香（musk） | ジャコウ鹿の生殖腺のうの分泌物。乾燥した腺のうをアルコールで抽出 | チベット | muscone |
| 霊猫香（civet） | ジャコウ猫の雄，雌の尾部にある分泌腺のうの分泌物。へらでかきとる | エチオピア | civetone |
| 海狸香（castrium） | ビーバーの雄，雌にある分泌腺のうを切り取って乾燥。アルコールで抽出 | シベリア，カナダ，北アメリカ | castrine（構造不明），芳香族化合物，脂肪族化合物の混合物 |
| 竜ぜん香（ambergris） | マッコウクジラの腸内結石，アルコールで抽出して使用 | マッコウクジラ生息海域 | ambrein, amber, oxide, $\gamma$-ionone |
| 麝香鼠（musk rat） | ジャコウネズミの芳香腺のうを切り取って乾燥 | 北アメリカ，カナダ | cyclopentadecanol, cyclopentadecanone, cycloheptadecanol |

R=Me: muscone
R=H: cyclopentadecanone
ambrein
$\gamma$-ionone

## 16.4.2　植物性香料：エッセンシャルオイル（Essential Oil, 精油）

　精油成分は植物の葉や茎の特殊な腺細胞や腺毛でつくられ，油滴となって細胞内に析出したり，あるいは特定の器官部位に局在することが多い。精油は芳香を持つ揮発性の液体で，その主成分は $C_5H_8$ のイソプレンを基本単位としたモノテルペンやセスキテルペン化合物である。

　採油を行うには，花，果実，種子，樹皮，根茎，草葉，樹幹など，精油含量の高い部位を集めるが，このほか，マツ科植物などが浸出する樹液のように，テルペン化合物や芳香族化合物の酸化重合した複雑な組成を持つ一連の不揮発性樹脂状物質（ガム，バルサム，レジンなど）にも精油が含まれている。表 16.6 に国内外での生産量の多い代表的な植物精油の一部を示した。

　精油の採油法には大別して次の 3 つがある。

① 「水蒸気蒸留法」は，採集した植物を釜に入れ，水蒸気を吹き込んで加熱することによって水と精油成分が共沸して留出するので，冷却して精油を分離する。

② 「圧搾法」は，果皮から精油を採取するのによく用いられる方法で，精油含量の多い果皮や果実を圧搾して油分を取り出す。現在は濃縮用果汁の製造の際に用いられ，精油と果汁の分離まで自動化されている。

③ 「抽出法」は，ヘキサン，石油エーテル，エタノール等の溶剤を用いて精油成分を採取するもので，精油含量が低い場合に用いられる。揮発性の香料成分だけでなく，呈味成分となる不揮発性の成分も採取できるという特徴がある。花の精油では，はじめ無極性溶剤で抽出して濃縮したものがワックス状のコンクリート（concrete）で，これから香気成分をさらにアルコールで抽出したものがアブソリュート（absolute）と呼ばれている。

　脂肪が花香成分をよく吸収する性質を利用して，花から不揮発性溶剤である牛脂，豚脂を用いて香気成分を抽出する方法を特に「吸収法」と呼ぶ。花香成分を吸収した脂肪をポマード（pomade）と呼び，これからエタノールを用いて香り成分を再度抽出してアブソリュートが得られる。揮発性溶剤抽出

16.4 天然香料とエッセンシャルオイル

表 16.6 植物性香料の種類

| 精油名, 植物名 | 主産地 | 用部位, 採油法 | 香気成分 | 主な用途 |
|---|---|---|---|---|
| サンダルウッド油 (sandalwood oil) *Santalum alubum* (ビャクダン科) | インド, インドネシア | 幹, 根の水蒸気蒸留 (4.5～6.3%) | α,β-santalol (90%), santene, santenone, santalal | 香粧品香料, 医薬品 |
| ジャスミン油 (jasmin oil) *Jasminium grandflorum* (モクセイ科) | 地中海沿岸諸国 (エジプト, モロッコ, イタリアなど), インド | 花の溶剤抽出（アブソリュートとして1%) | benzyl acetate (65%), linalool (15%), benzyl alcohol, geraniol (10%), *cis*-jasmone (3%), methyl jasmonate | 高級香粧品香料 |
| ゼラニウム油 (geranium oil) *Pelargonium graveolens* (フウロウソウ科) | レユニオン島, フランス, 中国, モロッコ | 枝葉の水蒸気蒸留 (0.15～0.2%) | geraniol (40～60%), citronellol (20～40%), それらのギ酸エステル | 高級化粧品香料 |
| ベチバー油 (vetiver oil) *Vetiveria zizanioides* (イネ科) | インドネシア, ハイチ, レユニオン島 | 根の水蒸気蒸留 (0.1～1.5%) | vetiverol (60%以上), vetivone (15～27%), vetivene, vetiselinenol (10～12%) | 香粧品香料（保留剤）, 石けん香料 |
| ペパーミント油 (peppermint oil) *Menthapiperita vulgaris* (シソ科) | 北アメリカ, フランス, ロシア, ブルガリア | 全草の水蒸気蒸留 (0.7%) | *l*-menthol (45～60%), menthyl ester類 (3～10%), menthone (15～25%), menthofuran, cineole (6～8%) | 食品香料, 香粧品香料（コロンなど）, 医薬用香料, 歯磨香料 |
| ペリラ油（シソ油） (perilla oil) *Perilla furutescens* var. *cripsa* (シソ科) | 日本 | 全草の水蒸気蒸留 (0.6～1.0%) | perilla aldehyde (40～50%) | ペリラアルデヒドの給源, 食品香料 |
| ラベンダー油 (lavender oil) *Lavandula officinalis* (シソ科) | フランス, ロシア, ブルガリア | 花の水蒸気蒸留 (0.7～0.85%)溶剤抽出 | linalyl acetate (33～35%), linalool (15～20%), 3-octanone, lavandulol | 香粧品香料, 化粧品香料（オーデコロン等） |
| レモン油 (Lemon oil) *Citrus limon* (ミカン科) | アメリカ, スペイン, アルゼンチン | 果皮, 果実の圧搾 (0.2%) | *d*-limonene (90%), citral, linalool, octanal | 食品香料, トイレタリー, 化粧品香料 |
| ローズ油（ばら油） (rose oil) *Rosa damasena, R. centifolia* (バラ科) | ブルガリア, モロッコ, フランス, トルコ | 花の溶剤抽出, 水蒸気蒸留 | *l*-citronelol, geraniol, nerol, fenchyl alcohol, rose oxide | 化粧品香料, タバコ香料 |

α-santalol  β-santalol  *l*-linalool  geraniol

*d*-citronellol  citral  α-vetivone  β-vetivone  cineole

では，最近，超臨界流体を用いる超臨界抽出も行われる．粘度が非常に低く，拡散係数が非常に大きいので，抽出原料に対する浸透・拡散が容易である点が利用され，二酸化炭素（臨界点 31.06℃, 72.9 気圧）がよく用いられている．

## 16.5 香料の用途

香料は天然品,合成品とも単独で使用されることは少ない。数種類,場合によっては数十種類を混合することによって"調合香料"を作る。使用目的に合わせて香りが選ばれ,また天然にない幻想的なにおいが創造される。口に入る商品に使う香料をフレーバー(flavor;食品香料),口に入らないものに使う香料をフレグランス(fragrance;香粧品香料)という。フレグランスは香水,オーデコロン,石けん,洗剤,シャンプー,リンスなどに使われ,少なくとも数種,高級なものは数十種の天然香料および合成香料を調合して創られる。フレグランスを創る人を調香師(パーヒューマー,perfumer)という。フレーバーは清涼飲料,冷果,菓子,インスタント食品などの加工食品のほか,歯磨きやタバコなどに用いる香料のことであり,日本語では「風味」「香味」などと呼ばれている。フレグランスがもっぱら鼻から感じるのに対し,フレーバーは口に入って,口腔から鼻に抜けるにおい,舌で感じる舌触りなどとの相関において感じられるものである。フレーバーを創る人をフレーバリスト(flavorist)という。

調合香料の処方せんを作成する調香師やフレーバリストは,芸術的創作力と化学的知識が要求される仕事である。原料となる香料1つ1つは,一部の花の香り,フルーツの香りを除けば,決して快香とは言えないものであるが香水やオーデコロン,クリーム,石けんなどになると実にいいにおいがしてくるのである。

調合香料の種類と用途を見てみると,表16.7に示すように実に多種類の香料があり,その用途も趣味・し好品から,食品用,家庭用,工業用,生物用,医療用と,きわめて広いことがわかる。

表 16.7 香料の種類と用途

| 名　称 | 用　途 |
|---|---|
| 医療用 | アロマテラピー,結石溶解剤など |
| フレグランス | 香水,オーデコロン,オードトワレなど |
| 化粧品用 | 基礎化粧品用(化粧水,クリーム,乳液など)<br>仕上げ化粧品(白粉,口紅,ほお紅など)<br>毛髪化粧品(ヘアクリーム,ヘアトニック,ヘアリキッドなど) |
| トイレタリー用 | 人体用(石けん,歯磨き,シャンプー・リンスなど)<br>衣類用(洗濯洗剤,仕上げ剤など)<br>住居用(各種クリーナー,食器野菜用洗剤,浴用剤,芳香剤) |
| 食品用(フレーバー) | 清涼飲料,冷菓,菓子,乳製品,食肉水産加工品,スープ,調味料,調理食品,洋酒,タバコ用など |
| 生物用 | 飼料用(養鶏用,養豚用,牛用,養魚用,ペット用など),誘引剤,忌避剤,殺虫剤 |
| 工業用 | 保安用付臭剤(都市ガス,LPガス),脱臭剤,塗料,インク,靴墨,皮革,建材,溶剤,医薬など |
| 環境用 | 室内芳香剤,工業用防臭剤(消臭,マスキング) |

## 16.6 アロマテラピーとアロマコロジー

アロマテラピー(aromatherapy)という用語は医学辞典には収載されていないが,一口で言えば芳香療法であり,天然の植物精油のような芳香物質を病気の治療に利用することをいう。

## 16.6 アロマテラピーとアロマコロジー

アロマテラピーということばは，フランスの病理学者 Gattefosse によって 1928 年に初めて用いられ，アロマ（芳香）とテラピー（治療）を合成したことばであった。ハーブなどの芳香植物のエッセンシャルオイルを直接体に塗ってマッサージをしたり，精油の配合物を服用したり，精油の蒸気を吸入したりすることによって患者の神経系，呼吸器系，循環器系，消化器系を刺激し，精神と肉体の両面からの治療，つまり薬理作用と心理的効果の両方を期待する伝承的治療法である。

香料植物を使った病気治療の歴史は古く，古代エジプト，ギリシア，ローマ，中国，インドで実用化され，素朴な民間療法として広く普及していた。19世紀における合成医薬品の出現によって病気の治療法が大きく変わり，医療は合成医薬品の時代へと移っていき，アロマテラピーもその輝きを失った。そして植物由来の生薬類はその有効性は認められながらも，治療医学の本流から外れていった。

アロマテラピーに対しアロマコロジー（aromachology）というコンセプトが最近注目されている。このことばは芳香を意味するアロマと心理学を意味するサイコロジーを組み合わせた新造語である。米国の Green が 1986 年に提唱したもので，香りの嗅覚刺激による生理心理学効果を意味するものである。

香りが安らかな眠りを誘ったり，イライラした気分を和らげる鎮静的な効果や，ぼんやりした気分を引き締め，疲労感をいやし，心身を活性化させる高揚的な効果があることは伝承的・経験的にわかっている。このような効果は，主に感覚として認知された香りが意識水準に働きかけるものである。この香り物質の生体内動態や代謝産物の生化学的機能性や生理心理的効果を近年大きな進歩を遂げた生体計測の技術を用いて，科学的に解明する研究が最近になって行われている。

アロマテラピーに用いられ効果が明らかにされている精油は約 270 種に及んでいる。代表的なエッセンシャルオイルとその効果を次の表 16.8 および表 16.9 に示す。

表 16.8 エッセンシャルオイルの効果一覧

| エッセンシャルオイル | 主な効果 |
| --- | --- |
| レモン油 | 頭部，神経，および感覚機能，表皮機能，インスリン効果 |
| オレンジ油 | 頭部，神経，および感覚器官，表皮機能，グルカゴン効果 |
| パインニードル油 | 組織への酸素供給の促進，肺および甲状腺と真皮の機能の活性化，気管支炎，鼻炎，不安感の軽減 |
| ユーカリ油 | 赤血球の活性化による血液および体組織の細胞への酸素供給，肺，甲状腺および真皮機能の活性化 |
| レモングラス油 | 脾臓，甲状腺および真皮の機能の防護，脾臓および腸の平滑筋の収縮，リンパ腺の免疫機能の活性化，血管収縮作用 |
| ペパーミント油 | 血液および連結組織，特にリンパ組織および真皮の防護機能 |
| ローズマリー油 | 肝臓における糖の代謝，血糖減少させるインスリン効果，心臓など血液器官における循環の刺激，血圧上昇，真皮の機能向上 |
| ラベンダー油 | すべての血管器官を活性化し，糖代謝促進および血糖値を上昇させるグルカゴン効果 |
| タイム油 | 腎臓，腸，肺，粘膜，および皮膚腺による血液浄化作用と腎臓，副腎による排せつ機能の向上 |
| セージ油 | 腎臓，副腎を含む代謝機能および真皮の機能の改善 |
| サンダルウッド油 | 腸における分泌を促進し，細胞分裂の強化を伴う再生作用と消化作用の強化（生殖腺，腸），消化促進と生殖機能に効果 |
| ベチバー油 | 下半身の器官，腸の消化機能および生殖器官の機能に効果 |

図 16.9　効果によるエッセンシャルオイルの分類

| 自律神経系 | | 内分泌系 | | 免疫系 |
| --- | --- | --- | --- | --- |
| リラックス効果 | リフレッシュ効果 | ホルモン分泌調整 | 消化酵素分泌調整 | 免疫力調整 |
| ラベンダー | ペパーミント | アンジェリカ | スイートオレンジ | ティートリー |
| ローマンカモミール | レモン | イランイラン | マンダリン | ラベンダー |
| ローズウッド | ローズマリー | クラリセージ | レモングラス | ユーカリ |
| スイートマジョラム | ベルガモット | ジャスミン | グレープフルーツ | ベルガモット |
| ネロリ | サイプレス | ローズ | スイートフェンネル | レモン |
| プチグレン | ジュニパー | ゼラニウム | コリアンダー | ニアウリ |
| リンデン | バーチ | ネロリ | バジル | カユプテ |
| バーベナ | ウインターグリーン | リンデン | | アンジェリカ |
| メリッサ | | | | |
| ミルラ | | | | |
| フランキンセンス | | | | |
| サンダルウッド | | | | |

### 16.6.1　各国におけるアロマテラピー

アロマテラピーは英国で始まりフランスで盛んになったが，各国での実情には薬事法の制約もあり多少差がある。

フランスでは精油の経口投与による薬物療法が行われており，英国では精油を用いたマッサージが主体で，相補的ないし代替的治療法と考えられている。ドイツでは精油の吸入による療法が行われており，これらヨーロッパでは精油の薬理的効果を期待したアロマテラピーといえよう。

日本および米国では精油の採取による薬理的効果よりむしろ香りの嗅覚を通した生理・心理的効果を主体としており，アロマテラピーというよりむしろアロマコロジーが主流となっている。現代医療や漢方療法などと考え合わせると，アロマテラピーの本質は精油を用いて体，気持，ムードなど精神生理に影響ないし変化を与えるアロマコロジー的なものと考えるのが妥当のようである。英国流マッサージにおいても薬理的および生理的作用だけでなく，患者とのコミュニケーションによる効果も十分に考えられるからである。

### 16.6.2　医薬品分野におけるエッセンシャルオイルの将来性

医薬品生産には数多くの薬剤が使用されるのにもかかわらず，約25万種と推定される高等植物種のうち生物活性物質の探索が系統的に行われたのは，全体の5～15%程度に過ぎないと見積もられている。伝統医薬，現代医薬の双方の分野において，植物由来の揮発性オイルの多くが有用であることが見いだされているが，科学的に十分な調査と評価が行われていない植物種も多数残っている。したがって，エッセンシャルオイルから新しい生物活性成分が発見され，それが新規の生理活性物質の発見に大いに貢献することは十分に起こり得ることと思われる。

> **アロマテラピーとアロマセラピーの違いは？**
>
> 同じ意味ですが，アロマテラピー（aromatherapie）は仏語読みを，アロマセラピー（aromatherapy）は英語読みを日本語表記したものです。

> **コラム　　アーユルヴェーダとジャムウ**
>
> アーユルヴェーダ（Ayurveda）は5000年以上の間のインドの治療体系，ジャムウ（Jamu）はインドネシアの伝統的治療薬であり，両者とも，その多くは日常生活で使うことのできる植物であり世界の伝統生薬は奥が深い。

> **コラム　　108歳まで生きよう！**
>
> 茶の字を2つに分けると"＋＋"（二十）と"余"（八十八）の合計108という意味がある。お茶の保健効果は尽きることなく，次々と解明され多彩。お茶の水女子大の山西名誉教授が述べている，抗酸化，抗ガン，抗発ガン，抗高血圧作用，抗糖尿病作用，抗肥満，抗高脂血症，抗ウィルス作用，抗菌性，虫歯予防などなど。

> **コラム　　コーヒー焙煎香気ピラジンの魅力**
>
> 食品の香気成分としてアミノ酸と糖のアミノカルボニル反応で生じるピラジン類があるが，最近そのピラジンがやはりトロンボキサン$A_2$合成抑制に働くことがわかってきた。2-プロピルピラジン，2,5-ジメチル，3-イソブチルピラジンなどによる抗血小板凝集効果は医薬品であるアスピリンよりも強く，またヒトの摂取量の100倍量以上をラットに12〜14週間投与しても，全く毒性のないことが確認されている。つまりコーヒーの香りで血栓病，心脳硬塞が予防できることになる。

> **コラム　　サケ，マスの回遊はにおいの記憶**
>
> サケやマスは産卵その他の目的で生まれ故郷の川に帰ってくるが，これは，川で生まれたり放流されたりしたサケやマスは，海に下るまでその川のにおいを記憶し，成長して親になって川をさかのぼるときに，子供のころに憶えていたにおいを認知して故郷の川にもどって来るといわれている。そのにおいのもとはモルホリンやある種のアミノ酸のような有機窒素化合物でその濃度は100億分の1ぐらいと推定されている。我々人間は，そういった意味でも魚のために川や湖沼に汚水その他のごみを流さないように気をつけなければならない。

## 参考文献

1) 荒井綜一, 小林彰夫, 矢島泉, 川崎通昭, "最新香料の辞典", 朝倉書店, 2000.
2) 林真一郎編, "アロマテラピーの事典", 東京堂出版, 1998.
3) D. G. Williams 著, 川口健夫訳, "精油の化学", フレグランスジャーナル社, 2000.
4) 亀岡弘, 井上誠一, "有機工業化学　そのエッセンス", 裳華房, 1999.
5) 日本化学会編, "味とにおいの分子認識", 1999.
6) 渡辺昭次, "香料化学入門", 培風館, 1998.
7) S. Price 著, 高山林太郎訳, "実践アロマテラピー", フレグランスジャーナル社, 1989.
8) R. Tisserand 著, 高山林太郎訳, "アロマテラピー", フレグランスジャーナル社, 1987.
9) 印藤元一, "香料の実際知識" 第2版, 東洋経済新報社, 1985.

## 演習問題

1. サントニンについて以下の問の（ ）内のa〜pに該当する適当な語句を入れよ。

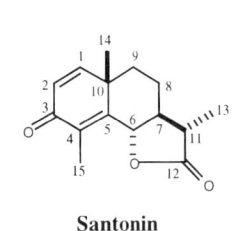

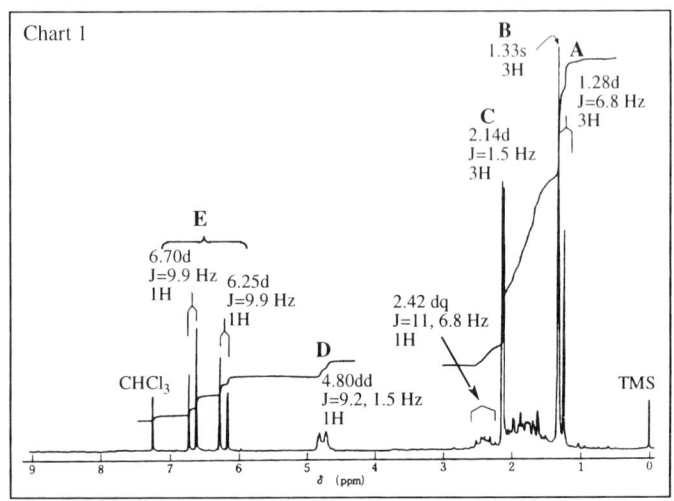

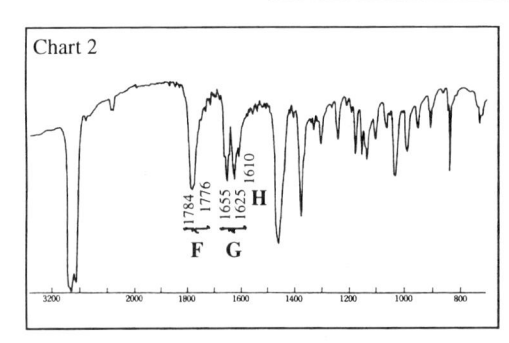

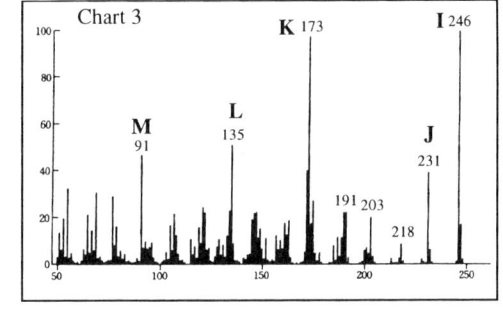

(1) Chart 1 はサントニンの（a）のチャートで，Aのシグナルは2重線であるのでC（b）の（c）に基づく。C6につく（d）のシグナルはDであり，シグナルEはカップリング定数が（e）であるのでC（f）番とC（g）番に基づいている。

(2) Chart 2 はサントニンの（h）のチャートで，（i）の吸収は1780 cm$^{-1}$付近（F）に認められる。共役ケトンに基づく吸収は（j）cm$^{-1}$付近に認められる。1300〜650付近の吸収は化合物により特定のパターンを示し，（k）と呼ばれ，化合物の同定に使うことができる。

(3) Chart 3 はサントニンの（l）のチャートで，フラグメント I（m）は（n）であり記号（o）で表す。またJはIより15マスユニット少ない値であるのでIから（p）が失われて生じたと考えられる。

2. 次の機器分析に関する組合せのうち，'非破壊的'な分析法の組合せを選べ。
   a. UVスペクトル，元素分析，NMRスペクトル
   b. UVスペクトル，IRスペクトル，MSスペクトル
   c. UVスペクトル，IRスペクトル，NMRスペクトル
   d. 元素分析，MSスペクトル，NMRスペクトル
   e. IRスペクトル，MSスペクトル，NMRスペクトル

3. クロロベンゼン（分子量112.5）のEI-MSスペクトルは分子質量に関するイオンピークが$m/z$ 112

およびm/z 114に3：1で観測される。その理由を述べよ。

4. 次のNMRチャートからどのような部分構造が存在するか答えよ。

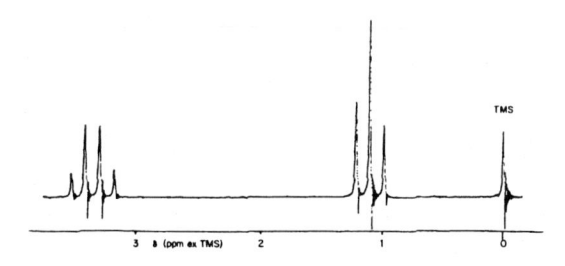

5. 次のキラル2級アルコールを持つ光学活性物質の(+)-MTPAと(-)-MTPAエステルのデータからキラル中心の絶対配置を答えよ。

$^1$H-NMR 化学シフト値（CDCl$_3$）

| H No. | R = (+)-MTPA | R = (-)-MTPA |
|---|---|---|
| 2-H | 6.76 | 6.76 |
| 4-Ha | 2.54 | 2.50 |
| 4-Hb | 2.30 | 2.27 |
| 5-H | 3.83 | 3.82 |
| 6-Ha | 2.22 | 2.25 |
| 6-Hb | 2.67 | 2.72 |
| OCH$_3$ | 3.51 | 3.50 |

6. 立体配置（configuration）と立体配座（conformation）について説明せよ。

7. 以下にはメントール（menthol）の立体異性体の構造式を示した。本化合物の最も安定ないす形配座を書き，各置換基がアキシアル（axial；a）かエクアトリアル（equatorial；e）か記せ。

8. 以下に示したコレステロール（cholesterol）はキラル中心をいくつ持つか。キラル中心を＊印で示せ。またcholesterolには原理的にいくつの立体異性体が可能か。

9. メバロン酸から生合成される主な植物成分にはどのようなものがあるか．また，それらの構造的特徴を述べよ。

10. スクアレン（squalene）の構造式を書き，これがイソプレン（isoprene）単位で構成されていることを示せ。また，"頭（head）-尾（tail）"の順序に合わないところが1箇所あるがそれはどこか。それはこの分子の生合成上何を示唆しているか。

11. 好気的条件におけるグルコース代謝では，グルコースを二酸化炭素と水にまで分解する過程が主要な

糖分解経路である．また，この分解経路は3段階の過程から成りたっている．その3つの過程を述べよ．

12. クエン酸回路に取り込まれたアセチル CoA が回路の最終生成物オキサロ酢酸に到達するまでに12分子の ATP が産生される．その内訳を述べよ．

13. 脂肪酸の β 酸化は脂肪酸合成とまったく逆の機構をたどってアセチル CoA を生じる．パルミチン酸（$C_{16}H_{32}O_2$）の β 酸化でアセチル CoA を生じる過程を示した下の図で，☐ に入る部分の構造式を書け．

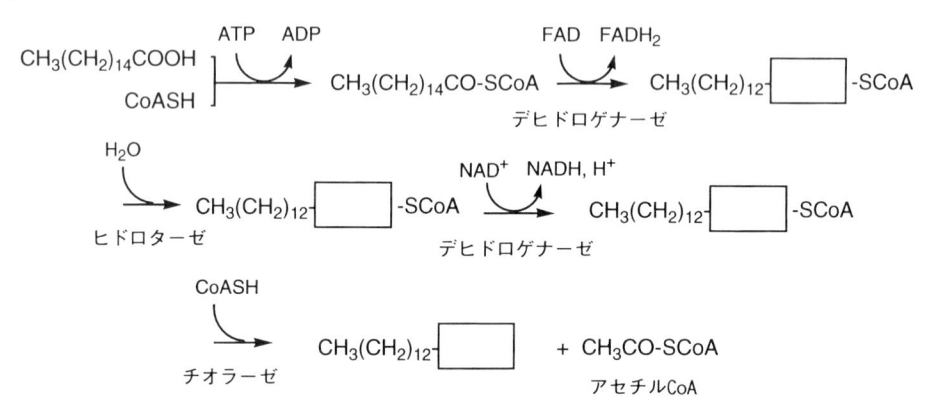

$$CH_3(CH_2)_{14}COOH + CoASH \xrightarrow{ATP \rightarrow ADP} CH_3(CH_2)_{14}CO\text{-}SCoA \xrightarrow[\text{デヒドロゲナーゼ}]{FAD \rightarrow FADH_2} CH_3(CH_2)_{12}\boxed{\phantom{XX}}\text{-}SCoA$$

$$\xrightarrow[\text{ヒドロラーゼ}]{H_2O} CH_3(CH_2)_{12}\boxed{\phantom{XX}}\text{-}SCoA \xrightarrow[\text{デヒドロゲナーゼ}]{NAD^+ \rightarrow NADH, H^+} CH_3(CH_2)_{12}\boxed{\phantom{XX}}\text{-}SCoA$$

$$\xrightarrow[\text{チオラーゼ}]{CoASH} CH_3(CH_2)_{12}\boxed{\phantom{XX}} + \underset{\text{アセチル CoA}}{CH_3CO\text{-}SCoA}$$

14. 芳香族アミノ酸の L-チロシンは副腎の分泌ホルモンであるエピネフリンの生合成前駆体にもかかわらず必須アミノ酸ではない．L-フェニルアラニンが必須アミノ酸となっている理由をエピネフリン生合成に関連して述べよ．

15. プロスタグランジン（PG；prostaglandin）につい概説せよ．

16. レシチン（lecithin；phosphatidylcholine）は生体内に広く存在する代表的なリン脂質である．これが生体内で持つ役割を説明せよ．

$$\begin{array}{l} \phantom{R'-C-O-C-H} CH_2\text{-}O\text{-}\underset{\phantom{|}}{\overset{O}{\overset{\|}{C}}}\text{-}R \\ R'\text{-}\overset{O}{\overset{\|}{C}}\text{-}O\text{-}\overset{}{C}\text{-}H \\ \phantom{R'-C-O-C-H} CH_2\text{-}O\text{-}\underset{O^-}{\overset{O}{\overset{\|}{P}}}\text{-}O\text{-}CH_2CH_2\overset{+}{N}(CH_3)_3 \end{array}$$

17. トマトの赤い色素について以下の問に答えよ．
    (a) 化合物名を記せ．
    (b) 分子を構成する炭素数は何個か．
    (c) この化合物が属する化合物群について説明せよ．

18. 以下は慣用名をアルブチン（arbutin）というフェノール配糖体の構造式である．アルブチンはコケモモ，ウワウルシの葉に約5%含まれ利尿作用を持つ．この化合物の系統的名称を示せ．

演習問題

19. 下記の事項に当てはまる化合物を，構造式群より記号で選び（1つとは限らない），その名称，その化合物を含む生薬名，植物名，科名，生合成経路など詳細に記せ。構造式は下欄A〜Pより記号で選べ。
    (1) 天然甘味料
    (2) 天然色素
    (3) 強心配糖体

20. 下記の局方収載医薬品の構造を下欄A〜Pより選び（ ）内に記号で示し，各化合物の原料となる植物名，科名を記せ。また，その薬効・用途，植物における生合成経路等についても列挙せよ。
    (1) atropine sulfate （ ）
    (2) berberine chloride （ ）
    (3) ephedrine hydrochloride （ ）
    (4) morphine hydrochloride （ ）
    (5) vincristine sulfate （ ）

21. 以下の構造式で示される化合物について，化合物名，含有植物名（生薬名でも可）をおのおのの下段に記し，作用・用途・薬効，基原植物の属する科名など知るところをその他の欄に述べよ。

22. 辛味成分に関する以下の記述の（ ）内のa〜lに該当する語句または化合物名（英語）を答えよ。ただしb，f，i，jについては構造式も記せ。

　　通称（a）と呼ばれるワサビの成分（b）は加水分解して生じる（c）が辛味性の本体である。（d）科植物の辛味成分はフェニルケトン誘導体で新鮮なショウガには（e）が含まれる。同科に属するウコンの黄色色素（f）はフェニルケトン誘導体であるが辛味はない。コショウ，サンショウ，トウガラシの辛味成分はいずれも（g）誘導体であり，コショウの（h）の2重結合は$E, E$で結晶性であるが，（i）は2重結合が$Z, Z$で油状で辛味がはるかに強い。トウガラシの（j）はアミン部が芳香族の（k）であるので加水分解を受けにくく辛味が持続する。ヤナギタデの辛味成分polygodialは化学的に分類すると（l）に属する。

23. フグ毒で有名なtetrodotoxinは，フグの他にどのような生物から見いだされているか。

24. オータコイド（autacoid）について概説せよ。

25. 以下の語句を説明せよ。
　　(a) フェロモン（pheromone）　　(b) フィトアレキシン（phytoalexin）

26. 自然界では，動物，植物，微生物が同種族，および他種族の生物と互いに影響しあって複雑な生態系を形作っている。その相互作用の中には化学物質を媒体とするものも少なくない。以下には化学物質

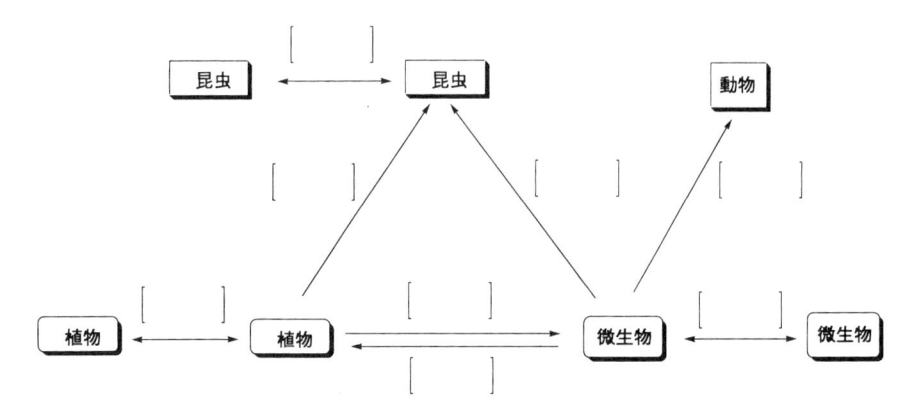

を媒体とした動物・植物・微生物固体間の作用関係を示した。[　]内に該当する適切な用語を下から選び記号を入れよ。

　　(a) 攻撃・防御物質　　(b) フィトアレキシン　　(c) フェロモン　　(d) マイコトキシン　　(e) 抗菌物質　　(f) 抗生物質　　(g) 昆虫ホルモン　　(h) 殺虫物質　　(i) 植物毒素　　(j) 植物成長阻害物質　　(k) 誘引・忌避物質　　(l) 他感作用物質

## 演習問題解答

1. (a) NMR（$^1$H-NMR）　(b) 13　(c) プロトン　(d) プロトン　(e) 同じ　(f) 1　(g) 2　(h) 赤外線吸収スペクトル（IR）　(i) 5員環ラクトン　(j) $1600 \pm \alpha$　(k) 指紋領域　(l) 質量分析（MS）　(m) $m/z$ 246　(n) 分子イオンピーク　(o) M$^+$　(p) メチル基

2. c

3. 塩素原子は天然に $^{35}$Cl と $^{37}$Cl の同位体が 3:1 の割合で存在する。MS スペクトルでは同位体存在比が反映される。

4. エチル基。より高磁場の三重線はメチル基，低磁場に観測される四重線はメチル基に隣接するメチレンプロトンと推測される。

5. 改良 Mosher 法より，キラル中心の絶対配置は $\beta$ 配位で S 配置となる。

6. 立体配置は，キラル中心に結合した原子の三次元的な配置をいい，結合の切断，原子または原子団の位置交換，再結合がなければ立体配置は変わらない。立体配座は，同じ構造・同じ配置の分子で結合を切断することなく，単結合の周りの回転によって生じるかたちをいう。無数の配座が可能であるが，一般にその中でエネルギーが極小となる構造を配座異性体（conformer）と呼ぶ。

7. この立体異性体は（1*S*, 3*R*, 4*S*）の絶対配置を持つ isomenthol である。

8. コレステロールは 8 個のキラル中心を持っているので，その多くはひずみが大きすぎて存在できないが，$2^8 = 256$ 個の立体異性体が可能である。しかし，天然では 1 つが作られるだけである。

9. acetyl-CoA と acetoacetyl-CoA から生成する 3-hydroxy-3-methylglutaryl-CoA（HMG-CoA）が還元を受けると，イソプレノイド化合物の重要な共通前駆体，メバロン酸が生成する．これはさらに数行程の反応を経て，イソプレノイドの重合単量体に相当する isopentenyl diphosphate（IPP）に変換される。IPP のみでは鎖延長反応は開始されないが，IPP の異性化によって dimethylallyl diphosphate（DAPP）が生成し，IPP と DAPP の縮合反応によりまず $C_{10}$ の geranyl diphosphate（GPP）ができ，さらに同反応の繰り返しにより $C_{15}$ の farnesyl diphosphate（FPP）をはじめとする $C_5$ 倍数個の炭素原子を含むイソプレン鎖が合成される。ここで得られる $C_{10}$ から $C_{25}$ の鎖状アルコール二リン酸エステルは，各種テルペノイドの前駆体となる。

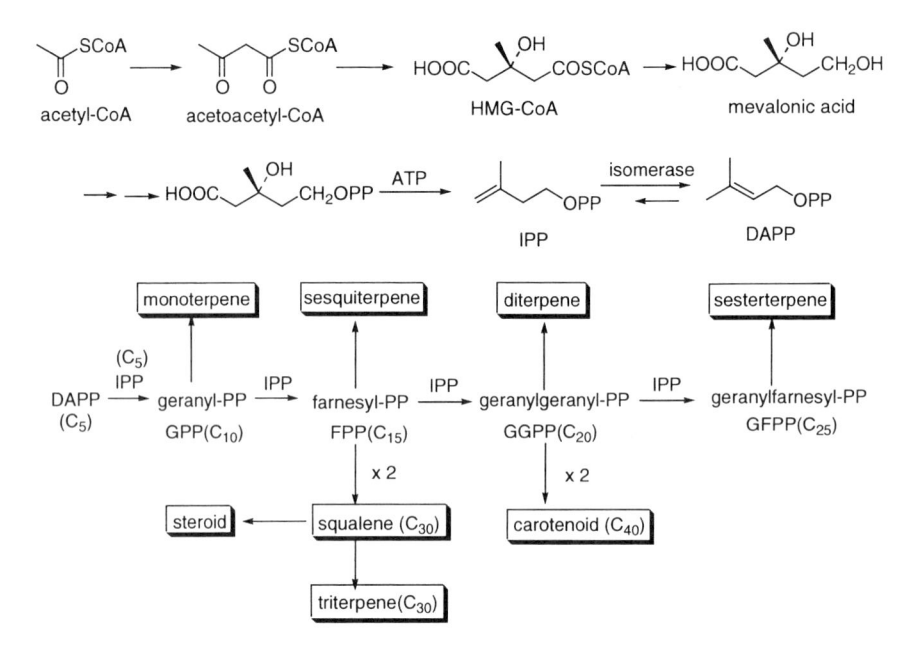

10.

スクアレンは炭素数15個の farnesyl diphosphate が tail-to-tail で還元的に二重化結合して生成される。

11. ① 解糖経路（グルコース−6Pからピルビン酸までの経路）
    ② ピルビン酸からアセチルCoAへの変換
    ③ アセチルCoAのクエン酸回路での代謝

12. クエン酸回路ではアセチルCoA1分子あたり3分子のNADHと1分子のFADH$_2$が産生される。NADHは呼吸鎖により1分子あたり3個のATP分子を産生する働きを持つ。また，FADH$_2$は呼吸鎖により1分子あたり2個のATP分子を，さらにクエン酸回路においてサクシニルCoAからコハク酸への変換において1分子のATPが産生する。計12分子のATPが産生される。

13. 次の反応過程である。

14. ヒト（哺乳動物）ではL-フェニルアラニンからL-チロシンへの水酸化酵素が存在するため，エピネフリン生合成に関してL-フェニルアラニンがあればよい。
15. PGは2本の長い側鎖を有するシクロペンタン環を含む$C_{20}$カルボン酸の総称であり，天然において$C_{20}$脂肪酸であるアラキドン酸から生合成される．プロスタグランジンの名称は，これらの化合物が羊の前立腺（prostate gland）から初めて単離されたという事実による。現在では，体中のあらゆる組織や体液中に存在していることが知られている。プロスタグランジンは，血圧の低下，血液凝固における血小板凝集，胃液の分泌の低下，炎症のコントロール，腎臓機能や生殖系への影響，出産における子宮収縮の刺激など，広範な生物活性を有している。数十種類のプロスタグランジンが現在知られているが，プロスタグランジン$E_1$（$PGE_1$）…(a) およびプロスタグランジン$F_{2\alpha}$（$PGF_{2\alpha}$）…(b) が代表的なものである。

16. レシチンは，広く植物や動物の組織に見いだされるリン脂質の主成分を成す。細胞膜はその大部分が約5.0 nm（50 Å）の厚さで脂質二重層（lipid bilayer）を形成している。この二重層は，水，イオン，およびその他の成分が細胞の中または外へ移動する際の効果的な障壁となっている。

17. (a) リコペン（lycopene）  (b) 40個  (c) カロテノイド
18. 4-hydroxyphenyl β-D-glucopyranoside（hydroquinone β-D-glucopyranoside）
19. (1) 天然甘味料
    G（ステビオシド）：キク科，ステビアの葉，ジテルペン配糖体，メバロン酸経路
    N（グリチルリチン）：マメ科，カンゾウの根ストン（甘草），トリテルペン配糖体，メバロン酸経路
    (2) 天然色素
    C（シコニン）：ムラサキ科，ムラサキの根（紫根），ナフトキノン，酢酸-マロン酸経路
    I（クロシン）：アカネ科，クチナシの果実（山梔子），アヤメ科，サフランの柱頭，メバロン酸経路
    O（クルクミン）：ショウガ科，ウコンの根茎（鬱金），ジアリールヘプタイド
    D（ベルベリン）：ミカン科，キハダの樹皮（黄柏），ベンジルイソキノリン
    (3) 強心配糖体
    K（G-ストロファンチン）：キョウチクトウ科，ストロファンツスの種子，強心配糖体，ステロイド骨格（メバロン酸経路）
20. (1) atropine sulfate（E）
    原料植物：ナス科ハシリドコロ（ロートコン），ベラドンナ
    化合物：副交感神経遮断薬，鎮痛・鎮けい作用があり，脂肪族アミノ酸オルニチンより生合成されるトロパンアルカロイドの1つ。
    (2) berberine chloride（D）
    原料植物：ミカン科キハダの樹皮（オウバク）
    化合物：抗菌，止しゃ薬ベンジルイソキノリン型アルカロイドの1つであるプロトベルベリン型である。
    (3) ephedrine hydrochloride（F）

原料植物：マオウ科マオウ
化合物：鎮咳作用

(4) morphine hydrochloride (B)
原料植物：ケシ科ケシ
化合物：鎮痛作用

(5) vincristine sulfate (J)
原料植物：キョウチクトウ科ニチニチソウ
化合物：抗悪性腫瘍薬とされる二重分子インドールアルカロイド。芳香族アミノ酸から得られるトリプタミンとメバロン酸経路で得られるセコロガニンが縮合してできるストリクトシジンより生合成される。

参考：構造式A～Pで示した化合物の名称
A：塩酸キニーネ　　　　B：塩酸モルヒネ　　　　C：アセチルシコニン
D：塩化ベルベリン　　　E：硫酸アトロピン　　　F：塩酸エフェドリン
G：ステビオシド　　　　H：塩酸パパベリン　　　I：クロシン
J：硫酸ビンクリスチン　K：G-ストロファンチン　L：センノシドA
M：ゲンチオピクロシド　N：グリチルリチン　　　O：クルクミン
P：アネトール

21. a. 化合物名：paclitaxel (taxol)　　含有植物名：太平洋イチイ (*Taxus brevifolia*)
その他：抗悪性腫瘍薬としてイチイ科植物 (pacific yew) の樹皮から発見開発されたテルペンアルカロイドである。天然から見出された抗腫瘍薬としては最も作用が強く，乳がんなどにも有効である。

b. 化合物名：camphor　　含有植物名：クスノキ (*Cinnamomum camphora*)
その他：クスノキ科植物クスノキの樹皮や葉などに含まれる主精油成分のボルナン型モノテルペンであり，局所刺激，局所消炎，鎮痒薬として配合される。合成品の *dl*-camphor とともに局方に収載されている。メバロン酸経路で生合成される。

c. 化合物名：morphine　　含有植物名：ケシ (*Papaver somniferum*)
その他：ケシ科ケシの未熟果実から得られる乳液を乾燥したものが阿片であるが，その阿片より単離されるモルヒナンアルカロイドであり，塩酸塩が局方に収載され麻酔薬として用いられる。麻薬に指定されている。

d. 化合物名：sennoside A　　含有植物名：ダイオウ (*Rheum palmatum*)，センナ (*Cassia angustifolia*)
その他：タデ科ダイオウの根茎，あるいはマメ科センナの小葉にemodinなどのアントラキノン類とともに含有されるジアンスロン誘導体であり，緩下作用を有している。酢酸－マロン酸経路によりポリケチドを経て生合成される。

e. 化合物名：stevioside　　含有植物名：ステビア (*Stevia rebaudiana*)
その他：キク科植物ステビアの葉に含有されるジテルペン配糖体であり，ショ糖の100倍以上の甘味を有しており，清涼飲料などの甘味として大量に使用されている。メバロン酸経路で生合成されるカウラン型ジテルペンの配糖体である。

f. 化合物名：ajimarine　　含有植物名：インドジャボク (*Rauwolfia serpentina*)
その他：キョウチクトウ科インドジャボクの根や根茎にレセルピンとともに含有されるインドールアルカロイド（ラウオルフィアアルカロイド）であり，抗不整脈薬として用いられる。

22. (a) カラシ配糖体　　(b) sinigrin　　(c) allylisothiocyanate　　(d) ショウガ科　　(e) [6]-gin-

gerol　　(f) curcumin　　(g) 酸アミド　　(h) piperine　　(i) chavicine　　(j) capsaicin
(k) vanillylamine　　(l) セスキテルペン

23. 海洋生物であるツムギハゼ，ボウシュウボラ，ヒョウモンダコ，スベスベマンシュウガニ，トゲモミジガイ，バイや，カリフォルニアイモリ，コスタリカ産カエル等から見いだされている。

24. 自己調節物質の意味で，局所ホルモン，chemical mediator などとも呼ばれる。生理的または病的状態において生体内の局所できわめて微量に生産・分泌され，その周辺で作用を発現し，短時間のうちに分解されて作用が遠くへ及ばないような生体調節物質を指す。ヒスタミン，セロトニン，ブラジキニン，アンジオテンシンII，プロスタグランジンなどがある。

25. (a) 動物の体外に排出され，同種の他の固体に強い作用を示す物質の総称．その作用から，行動に影響を与えるフェロモンと生理反応を引き起こすフェロモンの2種に大別される。前者には，性フェロモン，集合フェロモン，警報フェロモン，道しるべフェロモンなどがあり嗅覚を通じて働く。後者にはミツバチ，アリ，シロアリ等の社会性昆虫での階級分化や生殖能力の制御を引き起こすフェロモンがあり，味覚器を通じて働く。

(b) 植物が病原菌の感染を受け，抵抗性を示す場合に感染部に新しくあるいは大量に生成する抗菌性物質で，健全な植物には検出されない。動物における免疫と同様に，植物の病原菌に対する防御反応に重要な役割を果たしている。ワタのゴシポール（セスキテルペン），タバコのカプシジオール（セスキテルペン）などがある。

26. 図 14.1 参照。

## 一般的参考書

1) 第 14 改正日本薬局方解説書, 廣川書店, 2001.
2) 伊東椒, 児玉三明ほか訳, "マクマリー有機化学（下）", 第 5 版, 東京化学同人, 2001.
3) 飯田隆, "ライフサイエンス有機化学", 共立出版, 2000.
4) 田中治, 野副重男, 相身則郎, 永井正博編, "天然物化学" 改訂第 5 版, 南江堂, 1998.
5) 谷村顕雄監修, "植物資源の生理活性ハンドブック" サイエンスフォーラム, 1998.
6) 林七雄, 内尾康人, 岡野正義, 貫名学, 平田敏文, 深宮斉彦, 本田計一, 松尾昭彦, "天然物化学への招待", 三共出版, 1998.
7) 大本太一, 小松曼耆編著, "天然物薬品化学", 廣川書店, 1997.
8) "植物の世界" 朝日新聞社, 1997.
9) 竹田忠弘, 吉川孝文, 高橋邦夫, 斉藤和季編, "天然医薬資源学", 廣川書店, 1997.
10) 妹尾学, 田村利武, 平井長一郎, 飯田隆編著, "有機工業化学", 共立出版, 1996.
11) 川崎敏夫, 西岡五夫編著, "天然薬物化学", 廣川書店, 1995.
12) 奥田拓男編, "薬用天然物化学", 第 2 版, 廣川書店, 1995.
13) 須見洋行, "食品機能学への招待", 三共出版, 1995.
14) "Dictionary of Natural Products", Chapman & Hall Ltd, London, 1994.
15) 難波恒雄, "和漢薬百科図鑑" (I, II) 保育社, 1993.
16) J.B. Harborne, "Introduction to Ecological Biochemistry", 4 th ed., Academic Press, London, 1993.
17) 兼松顯, 國枝武久編, "生体分子の化学", 廣川書店, 1989.
18) 刈米達夫, "最新植物化学, 第 2 改稿版", 廣川書店, 1988.
19) 大石武編著, "天然物化学（現代化学講座 12）", 朝倉書店, 1987.
20) 北川勲, "海洋天然物化学", 化学同人, 1987.
21) 糸川秀治, 大本太一, 永井正博, 古谷力編, "天然物医薬品学" 朝倉書店, 1987.
22) 奥田拓男編, "天然薬物辞典", 廣川書店, 1986.
23) 熱帯植物研究会編, "熱帯植物要覧", 1984.
24) 後藤俊夫, "天然物化学（有機化学講座 10）", 丸善, 1984.
25) 高橋信孝, 丸茂晋吾, 大岳望, "生理活性天然物化学" 第 2 版, 東京大学出版会, 1981.
26) 日本化学会編, "海洋天然物化学", 学会出版センター, 1979.
27) "世界の植物" 朝日新聞社, 1978.
28) 柴田承二, "生理活性天然物質", 医歯薬出版, 1978.

# 索　引

## 【欧文索引】

acetyl-CoA　71
AK-トキシンI　218
Alditol　60
AM-トキシンI　217
asperoside　9
astragalin　231
ATP　40

CD　19
CD 励起子キラリティー法　19
Chan Ingold-Prelog の順位則　28
chirality　27
CLA　226
CLN　226
$^{13}$C-NMR　10
CoA　40
Cotton 効果　17

D-アミノ酸　152
DEPT 法　12
DHA　226

EGCG　224, 231
enantiomer　27
EPA　233
Eserine　174
ethyl-10-hydroxycamptothecine　181
$E$-$Z$ 表記　32

Fischer 投影式　29, 51

G-ストロファンチン　119
GABA　152
GC　8

Haworth 投影式　54
HC-トキシン　217
$^1$H-$^1$HCOSY　12
HMBC　14
HMG-CoA　197
HMQC　13
HMT-トキシン　217
$^1$H-NMR　10
HPLC　7

IAA　209
IgE　230

Ingenol-5-hexadecanoate　99
IP 6　235

LT　230

Mills 式　55
Mosher 法　21
MTPA エステル　21
Mycosterol　114
*myo*-inositol hexaphosphate　235

narcotine　168
NOESY　16

ORD　17

PAF　230
Phosphatidyl Inositol　74
Phosphatidyl Serine　74
PM-トキシン B　217
PMA　203
PR-トキシン　203

reticuline　169
$R$,$S$ 表示法　28
rutin　231

SN-38　181

T-2 トキシン　203
Tetradecanoylphorbol-13-acetate　99
TLC　7
TPA　99, 203
*trans*-リボシルゼアチン　210
trifolin　231

## 【和文索引】

### ア

アクチニジン　183
アクチノマイシン D　193
アークティイン　128
アグリコン　66
アコニン　185
アコニチン　185, 200
アザセリン　151
アサロン　125
アジマリン　181
アシルグリセロール　70
アスコルビン酸　59
アスピリン　190
アセチル CoA　41
アセチルサリチル酸　190
アチシン　186
アデノシン三リン酸　40
アトラクチロン　92
アドレナリン　165, 228
アトロピン　158, 190
アトロプ異性体　133
アナバシン　163, 213
アニスアルデヒド　146
アネトール　125
アノマー水酸基　54
アノマー水素　54
アノマー炭素　54
アビエチン酸　96
アピゲニン　137
アブシジン酸　94, 210
アブソリュート　242
アフラトキシン　201
アプリシアトキシン　204
アヘンアルカロイド　166
アホエン　233
アマトキシン　154, 201
アミノ酸　148
アミノ酪酸　152
アミリン　103, 104
アラキドン酸　80
アラビアゴム　64
アラビノース　57
アラントラクトン　92
アリイン　150
アリザリン　134
アルカロイド　156
アルカンジオール　227
アルギン酸　65
アルテミシニン　178
アルドース　51
アルドステロン　117
アルブチン　145
アレコリン　164
アレルギー　229
アレルゲン物質　230
アレロケミックス　207
アロエ-エモジン　132
アロマコロジー　245
アロマテラピー　244
アロモン　208

# 索　引

## ア

アンシタビン　192
アントシアニジン　140
アントシアニン　140
アントラキノン　132
アンドロステロン　2, 117
アンフェタミン　165
アンブロシン酸　93

## イ

イエサコニチン　185
異性体　25
イソアチシン　186
イソチオシアネート　223
イソフラボノイド　139
イソフラボン　224
イソプレノイド　85
イソプレン則　85
イソプレン（$C_5$）単位　46
イソペレチエリン　160
イソボルジン　214
一次代謝産物　39
イニシエーション　221
イヌリン　64
イノコステロン　122, 212
イノシトール　61
イペコシド　172, 173
イボガイン　181
イボテン酸　151
イポメマロン　216
イリドミルメシン　208
イリノテカン　180, 194
インスリン　155, 234
インドール酢酸　209

## ウ

ウアバイン　119
ウィタノライド　123
ウェロン　216
ウルソデオキシコール酸　116
ウルソール酸　104
ウロン酸　59
ウンベリフェロン　127

## エ

エイコサノイド　80
エイコサペンタエン酸　78, 233
エクゴニン　157
エクダイソン　122, 211
エクジステロン　122, 211
エスクリン　127
エストラゴール　126
エストラジオール　116
エストリオール　116
エストロン　116
エチレン　211
エッセンシャルオイル　237, 242
エトポシド　194
エピガロカテキンガレート　224
エピネフィリン　228
エフェドリン　1, 30, 31, 164, 165
エブリコ酸　106
エボジアミン　182
エメチン　172, 173, 190
エモジン　132
エラジタンニン　143
エルゴステロール　114
エルゴタミン　174, 203
エルゴメトリン　174
エリスリトール　60
エレメン　92
円二色性　19
エンメイン　97

## オ

オイゲノール　125
黄体ホルモン　117
オウバクノン　103
オカダ酸　205
オーキシン　209
オクタント則　17
オストール　127
オータコイド　80
オッシラトキシン A　204
オフィオポゴニン D　122
オフィオボリン A　218
オブツシフォリン　133
オリゴ糖　51
オリドニン　97
オリボレチン　204
オルチノール　217
オルニチン　157
オレアノール酸　103
オレイン酸　80
オーロン　138

## カ

海産動物油　76
カイニン酸　151, 191
カイネチン　210
カイロモン　208
重なり形配座　33
カジネン　93
カジノール　93
ガスクロマトグラフィー　8
果糖　58
ガノデリン酸　106
カフェイン　182, 190
カフェー酸　125
カメリアゲニン　104
ガラクトサミン　60
ガラクトース　58
カリオフィレン　91
カルコン　138
カルデノライド配糖体　119
カルノソール　225
カルボン　38, 87, 225, 240
カレン　88
ガロタンニン　142
カロテノイド　109
カロテン　110, 227
カンタキサンチン　111
カンタリジン　208
寒天　65
カンナビノイド　146
カンファー　32, 88
カンプトテシン　180
カンペステロール　114
含硫化合物　223

## キ

キク酸　213
キシリトール　60
キシロース　57
キチン　66
キニジン　176
キニーネ　1, 173, 176, 190, 191
機能性食品　220
キノボース　59
キノリチジンアルカロイド　162
ギムネマ酸　234
ギムネマシルベスタ　234
嗅覚物質　237
強心ステロイド　118
鏡像異性体　27
橋頭位　32
共役リノール酸　79, 226
共役リノレン酸　226
魚油　76
キラリティー　27, 37
ギンコライド　98, 230

## ク

クアシノイド　103
クエルセチン　137, 224
クエン酸回路　41
ククルビタジエノール　107

ククルビタシン類　107
クマリン　126
クマル酸　124
クメストロール　198
クラーレ　170
グリコーゲン　66
グリコシド　66
グリセリド　70
グリセルアルデヒド　51
グリセロ糖脂質　75
グリセロリン脂質　73
グリセロール　60
クリソファノール　132
グリチルリチン　108,226
グリチルレチン酸　103,226
クルクミン　145,225
グルクロン酸　59
グルコサミン　60
グルコース　58
グルシトール　60
グルタミン酸ナトリウム　38
クレロデンドリンA　214
クロシン　111
クロマトグラフィー　5

## ケ

経口血糖降下剤　234
ケイヒアルデヒド　125
ケイヒ酸　124
血小板活性化因子　74
血栓症　232
血栓溶解剤　232
ケトース　51
ゲニステイン　139,197
ゲニポシド　88
ケブラグ酸　143
ケブリン酸　143
ケミカルシグナル　207
ゲラニイン　143
ゲラニオール　86
ゲラニルネロリドール　100
ゲラニルファルネソール　100
ゲルマクロン　91
ゲンチアニン　183
ゲンチオビオース　62
ゲンチオピクロシド　89
ケンフェロール　137

## コ

降圧物質　228
抗アレルギー性物質　229,230
高エネルギーリン酸化化合物　44

光学活性　28
鉱質コルチコイド　117
抗腫瘍性ペプチド　154
抗腫瘍多糖　67
香粧品香料　238,244
酵素　45
構造異性体　25
高速液体クロマトグラフィー　7
酵素タンパク　43
高血圧予防　228
抗変異原性物質　221
香料　237
コカイン　1,157,159
ゴシポール　93
コデイン　166,167
コニイン　160
コニフェリルアルコール　125
コプチジン　169
ゴミシン　131
コリアミルチン　93,200
コリダリン　169
コール酸　116
コルチゾン　117,195
コルヒチン　171,190
コレステロール　2,114,197
コロナチン　218
コロソリン酸　235
コンクリート　242
昆虫変態ホルモン　122
コンパクチン　197

## サ

サイコゲニン　104
サイコサポニン　109
サイトカイニン　210
サキシトキシン　200
酢酸-マロン酸経路　47
サフロール　126
サポニン　107
サリシン　146,190
サリチル酸メチル　215
ザントキシン　210
サントニン　92,191

## シ

ジアシルグリセロール　236
ジアステレオマー　30
ジアニジン　140
ジアリルトリスルフィド　233
ジアリールヘプタノイド　145
シアル酸　60
ジェルビン　187

ジオスチン　121
シガトキシン　3,200
シキミ酸経路　48
ジギトキシン　119
ジギトニン　121
ジギニゲニン　117
ジクマロール　127
シクリトール　61
シクロアルタン　105
シクロアルテノール　106
シクロオキシゲナーゼ　81
シクロクロロチン　202
シクロスポリンA　196
シクロセリン　151
シクロデキストリン　65,66
シクロピアゾン酸　203
シコニン　135
シザンドリン　131
脂質　69
シス-トランス異性体　31
シタラビン　192
シッカニン　218
質量スペクトル　9
シトステロール　115
シトラールA　86
シトリニン　202
シトレオビリジン　202
シトロネロール　86
シナピルアルコール　125
シネリン　212
ジノフィシストキシン-1　205
シノメニン　168
シノモン　208
ジバニリルテトラヒドロフラン　198
ジヒドロキシメトキシベンゾキサジノングルコシド　216
ジベレラン型　98
ジベレリン　98,210
脂肪酸　70
脂肪酸組成　76
脂肪酸代謝　43
ジホモ-γ-リノレン酸　79
ジャスモリン　213
縮合型タンニン　144
ジュグロン　134,215
酒石酸　30,31
シュードアルカロイド　156,183
シュードペレチエリン　160
ショウノウ　32
食品アレルゲン　230
食品香料　244

## 索引

植物ステロール　114
植物性香料　242
植物油脂　75, 76
ショ糖　62
シロシビン　173
シロシン　173
ジンゲロール　146
シンコニジン　176
シンコニン　176
真性アルカロイド　156
ジンセノシド　108
シンナモイルコカイン　159

### ス
スウェルチアマリン　89
スクアレン　101, 226
スクロース　62
スコパロン　127
スコポラミン　159
スタウロスポリン　206
スチラレンA　119
ステガナシン　131
ステビオシド　97
ステリグマトシスチン　201
ステロイド　112
ステロイドサポニン　120
ステロール　112
ストリキニーネ　178, 190
ストリクチニン　231
スパガリン　196
スパルテイン　163
スピラジンA　186
スピロスタン　121
スフィンゴ糖脂質　75
スフィンゴリン脂質　74
スポリデスミンJ　203
スポンゴチミジン　191
スラフラミン　203
スルフォラフェイン　224

### セ
ゼアチン　210
精油　237, 242
セコイソラリシレジノール　198
セコロガニン　172
セサミン　131
絶対立体配置　17
セファランチン　171
セファリン　74
ゼルンボン　225
セルロース　63
旋光性　28

センソ　120
センノシド　133

### ソ
ソヤサポゲノール　104
ソヤサポニン　109
ソラニジン　186
ソラニン　186
ソルビトール　60
ソレノプシン　213

### タ
ダイゼイン　139, 197
ダウノルビシン　193
タキソジオン　96
タキソテール　195
タキソフラビン　218
タキソール　3, 99, 194
タクロリムス　196
多糖類　51
タプシガルギン　205
ダフネトキシン　99
タラクサステロール　104
タンシノン　97
単純脂質　69
炭水化物　51
男性ホルモン　117
単糖類　51
タンニン　142, 224
タンニン酸　142
ダンマラン　101

### チ
チモサポニンA-III　122
茶カテキン　231
中性脂肪　69
チロキシン　151

### ツ
ツチン　93
ツボクラリン　171
ツヨン　88

### テ
テアニン　153
デオキシコール酸　116
デオキシ糖　59
デオキシヌファリジン　184
デオキシ-D-リボース　58
テオフィリン　182
テオブロミン　182
デザイナーフーズ・プログラム　223

テストステロン　2, 117
テトラデカノイルフォルボールアセテート　203
テトラテルペン　109
テトラヒドロパルマチン　169
テトロドトキシン　3, 198
テナゾン酸　218
テバイン　166, 168
テルチィエニル　217
テルピネオール　87
デルフィニジン　141
テルペノイド　85
テレオシジン　204
デンドロラシン　208
天然香料　241
デンプン　64

### ト
糖アルコール　60
糖質　51
糖質コルチコイド　117
糖質代謝　40
糖尿病　234
動物ステロール　113
動物性香料　241
ドウモイ酸　151
ドキソルビシン　193
特定保健用食品　220
ドコサヘキサエン酸　78, 226
ドコサペンタエン酸　79
トコトリエノール　147
トコフェロール　147
トコンアルカロイド　173
ドセタキセル　195
ドーパ　38, 151
トマチジン　186
トマチン　214
トリテルペン　100
トレハロース　62
トロパ酸　157
トロピン　157
トロンボキサン　80, 84

### ナ
ナットウキナーゼ　232
ナフトキノン　134
ナリンゲニン　137
ナルコチン　166

### ニ
におい　237, 239
ニコチン　163, 190, 213

索　引

二次代謝産物　4, 39
ニバレノール　203
二面角　34
ニューマン投影式　27

**ヌ**
ヌートカトン　240
ヌファリジン　184

**ネ**
ネオアビエチン酸　96
ネオオリビル　198
ネオスルガトキシン　200
ネオリグナン　131
ねじれ角　34
ねじれ形配座　33
ネペタラクトン　183
ネロリドール　90
ネロール　86

**ノ**
ノスカピン　168
ノネナール　80
ノルアドレナリン　228
ノルエピネフィリン　228
ノルエフェドリン　165
ノルニコチン　213

**ハ**
バイカレイン　137
配糖体　66
ハイドロコルチゾン　196
薄層クロマトグラフィー　7
パクリタキセル　99, 194
バッカクアルカロイド　174
発がん予防物質　221
パツリン　201
バナバ茶　235
バニリン　146
パパベリン　166, 168
パリトキシン　205
バルバロイン　133
パルマチン　169
パルミトレイン酸　80

**ヒ**
ヒオスチアミン　157
ピクロトキシニン　184
ピコル酸　218
ピサチン　215
ビスコクラウリン　170
ヒスタミン　230

ビタミンA　109, 111
ビタミンD　115
ビタミンK　135
ビダラビン　191
必須アミノ酸　149, 150
必須脂肪酸　77
ヒドロキシカンプトテシン　180
ヒドロキシファセオリン　215
ビニルジチイン　233
ピネン　88
ピノレジノール　130
ヒペリシン　133
ピペリジンアルカロイド　160
ピペリン　161
ピマラジエン　97
ピマール酸　97
肥満細胞　230
非メバロン酸経路　47
ヒヨスチアミン　158
ピリクロール　218
ピリジンアルカロイド　163
ピレスリン　212
ピレスロイド　212
ビンカアルカロイド　179
ビンクリスチン　179, 193
ビンデシン　179, 194
ビンブラスチン　179, 194

**フ**
ファセオリン　215
ファラジオール　104
ファラナール　91
ファルカリンジオール　223
ファルネセン　90
ファルネソール　90
フィッシャー投影式　27
フィゾスチグミン　174
フィチン酸　235
フィツベリン　215
フィトアレキシン　215
フェニルプロパノイド　124, 224
フェネチルアミンアルカロイド　164
フェルラ酸　125
フェロモン　2, 207
フォルボールミリステートアセテート　203
フォルモノネチン　139, 197
複合脂質　73
フクジュソノロン　118
副腎皮質ホルモン　117
フコース　59

フコフラノサイド法　22
フサル酸　218
プテロシンA　91
ブドウ糖　58
ブファジェノライド配糖体　119
ブファリン　120
ブフォトキシン　120
フマル酸　32
フムレン　91
ブラジキニン　155
ブラシノステロイド　118, 211
ブラシノライド　118, 211
プラバスタチン　197
フラバノール　137
フラバノン　137
フラボノイド　135
フラボノイドグリコシド　229
フラボノール　137
フラボン　137
プリン　182
ブルガロブフォトキシン　120
フルクトース　58
ブルシン　178
ブルプリン　134
ブレオマイシン　192
プレグナン　117
フレグランス　244
フレーバー　244
プログレッション　221
プロスタグランジン　80, 82
プロスタノール　113
フロスタン　121
プロトエメチン　173
プロトパナキサジオール　102
プロトパナキサトリオール　102
ブロモアプリシアトキシン　204
プロモーション　221

**ヘ**
ペオノール　146
ペクチン　64
ベスタチン　195
ヘスペレチン　138
ベツリン　103
ベツリン酸　103
ヘデラゲニン　103
ペデリン　208
ペニシリン酸　201
ペプチド　153
ペプロマイシン　193
ヘミアセタール　53
ベラトラミン　187

## ヘ（続き）

ペラルゴニジン　140
ヘリアントリオールC　104
ペリプラノンB　91
ペリラアルデヒド　87
ベルガプテン　214
ベルクロゲン　203
ベルノレピン　92
ベルベリン　169
ペレチエリン　160
ベンジルイソキノリン　169
変旋光　56
ベンゾイルアコニン　185
ペントースリン酸回路　42

## ホ

補酵素　45
補酵素A　40
ポドフィロトキシン　129
ポナステロン　212
ポナステロンA　122
ホーノキオール　131
ホラジソン　118
ポリコイン酸B　226
ポリゴジアール　94
ポリフェノール　222
ボルネオール　88
ホロトキシンA　197
ポンピコール　2

## マ

マイコトキシン　201
マイトトキシン　200
マイトマイシンC　193
マグノラニン　171
マグノロール　131
マスト細胞　230
マタイレジノール　128
マタタビラクトン　88
マトリン　163
マルトース　62
マレイン酸　32
マロニルCoA　43
マンニトール　61
マンノース　58

## ミ

ミクロシスチン　201
ミリスチシン　126

## ム

ムスカリン　152

## メ

メサコニチン　200
メスカリン　166
メタンフェタミン　165
メチルアリルトリスルフィド　233
メチルエフェドリン　165
メチルオイゲノール　126
メバスタチン　197
メバロチン　197
メバロン酸　46
メバロン酸経路　46
メリアノトリオール　214
免疫グロブリンE　230
メントール　36, 87, 240

## モ

モアプリシアトキシン　204
モグロシドV　109
モナコリンK　197
モナスコルブリン　227
モノテルペン　85
モミラクトン　97
モルヒネ　166, 190

## ヤ

ヤクチノン　145
ヤトロリジン　169

## ユ

油脂　69
ユーデスモール　92

## ヨ

幼若ホルモン　90
ヨノン　88
ヨヒンビン　176

## ラ

ラクトース　62
ラノスタン　105
ラノステロール　106
ラパコール　134
ラフィノース　62
ラムノース　59
卵胞ホルモン　116

## リ

陸産動物油脂　75, 76
リグナン　128
リグニン　132
リコクトニン　186
リコペン　110
リシチノール　215
リシチン　215
リスベラトロール　225
リゼルグ酸　174
立体異性体　26
立体配座　32, 53, 56
立体配置　28
リナロール　86, 240
リノール酸　79
リノレン酸　77, 79, 232
リポキシゲナーゼ　82
リボース　57
リモニン　102
リモネン　87, 225, 240

## ル

ルグロシン　202
ルテオカルピン　182
ルテオスカイリン　202
ルテオリン　137
ルピニン　163
ルピンアルカロイド　162
ルブラトキシンB　203
ルペオール　103

## レ

レイン　132
レシチン　74
レジブフォゲニン　120
レセルピン　176
レチノール　226
レボピマール酸　96

## ロ

ロイコトリエン　80, 230
ロガニン　172
ローズオキサイド　240
ロテノイド　139
ロテノン　139, 213
ロバスタチン　197
ロベラニジン　161
ロベリン　161

## ワ

ワールブルガナール　94

〈著者紹介〉（50音順）

**秋久俊博**（あきひさ　としひろ）
1973年　日本大学大学院理工学研究科修士課程修了
専　攻　天然物有機化学，生物資源化学
現　在　日本大学理工学部教授・工博

**小池一男**（こいけ　かずお）
1979年　東邦大学薬学部卒業
専　攻　天然物化学，漢方科学
現　在　東邦大学薬学部教授・薬博

**木島孝夫**（このしま　たかお）
1971年　京都薬科大学卒業
専　攻　天然薬物資源学
現　在　千葉科学大学薬学部教授

**羽野芳生**（はの　よしお）
1982年　東邦大学大学院薬学研究科修士課程修了
専　攻　天然物化学，構造化学
現　在　東邦大学薬学部助教授・薬博

**堀田　清**（ほりた　きよし）
1985年　北海道大学大学院薬学研究科博士課程修了
専　攻　天然物有機化学，生薬学
現　在　北海道医療大学薬学部助教授・薬博

**増田和夫**（ますだ　かずお）
1972年　昭和薬科大学薬学部卒業
専　攻　天然物化学，生薬学
現　在　昭和薬科大学薬学部教授・薬博

**宮澤三雄**（みやざわ　みつお）
1977年　近畿大学大学院工学研究科博士課程修了
専　攻　生物・生体工学，天然物有機化学
現　在　近畿大学理工学部教授・工博

**安川　憲**（やすかわ　けん）
1973年　日本大学理工学部薬学科卒業
専　攻　生薬学，生物活性天然物化学
現　在　日本大学薬学部教授・医博

---

| | | |
|---|---|---|
| 資源天然物化学 | 著　者 | 秋久俊博・小池一男・木島孝夫・羽野芳生<br>堀田　清・増田和夫・宮澤三雄・安川　憲　©2002 |
| | 発行者 | 南條光章 |
| 2002年11月15日　初版1刷発行<br>2007年 4 月 1 日　初版7刷発行 | 発　行 | **共立出版株式会社**<br>東京都文京区小日向4丁目6番19号<br>電話　東京（03）3947-2511番（代表）<br>〒112-8700/振替口座 00110-2-57035番<br>URL　http://www.kyoritsu-pub.co.jp/ |
| | 印　刷 | 共立印刷 |
| | 製　本 | 協栄製本 |

検印廃止
NDC 439
ISBN4-320-04359-6　Printed in Japan

社団法人　自然科学書協会　会員

JCLS　<㈱日本著作出版権管理システム委託出版物>
本書の無断複写は著作権法上での例外を除き禁じられています．複写される場合は，そのつど事前に
㈱日本著作出版権管理システム（電話03-3817-5670, FAX 03-3815-8199）の許諾を得てください．

**実力養成の決定版………学力向上への近道！**

# 詳解演習シリーズ

**詳解 線形代数演習**
鈴木七緒・安岡善則他編 ………… 定価2520円

**詳解 微積分演習 I**
福田安蔵・安岡善則他編 ………… 定価2205円

**詳解 微積分演習 II**
鈴木七緒・黒崎千代子他編 ……… 定価1995円

**詳解 微分方程式演習**
福田安蔵・安岡善則他編 ………… 定価2520円

**詳解 物理学演習 上**
後藤憲一・山本邦夫他編 ………… 定価2520円

**詳解 物理学演習 下**
後藤憲一・西山敏之他編 ………… 定価2415円

**詳解 物理／応用数学演習**
後藤憲一・山本邦夫他編 ………… 定価3360円

**詳解 力学演習**
後藤憲一・神吉 健他編 ………… 定価2520円

**詳解 電磁気学演習**
後藤憲一・山崎修一郎編 ………… 定価2730円

**詳解 理論／応用量子力学演習**
後藤憲一・西山敏之他編 ………… 定価4200円

**詳解 物理化学演習**
小野宗三郎・長谷川繁夫他編 …… 定価2993円

**詳解 構造力学演習**
彦坂 熙・崎山 毅他著 ………… 定価3675円

**詳解 測量演習**
佐藤俊朗編 ……………………… 定価2625円

**詳解 建築構造力学演習**
蜂巣 進・林 貞夫著 …………… 定価3570円

**詳解 機械工学演習**
酒井俊道編 ……………………… 定価3045円

**詳解 材料力学演習 上**
斉藤 渥・平井憲雄著 …………… 定価3570円

**詳解 材料力学演習 下**
斉藤 渥・平井憲雄著 …………… 定価3360円

**詳解 制御工学演習**
明石 一・今井弘之著 …………… 定価3990円

**詳解 流体工学演習**
吉野章男・菊山功嗣他著 ………… 定価2940円

**詳解 電気回路演習 上**
大下眞二郎著 …………………… 定価3570円

**詳解 電気回路演習 下**
大下眞二郎著 …………………… 定価3570円

■各冊：A5判・176～454頁（価格は税込）

# 明解演習シリーズ

小寺平治著

**＜本シリーズの特色＞**

★**豊富な数値的問題** 抽象的な理論が数値的実例によって具体的に理解できる。解答は数値の特殊性・偶然性にたよらない一般化の可能な解法。

★**典型的な基本問題** 内容的にも，技法的にも，多くの問題の「お手本になるような問題」を精選・新作。

★**読みやすく・親しみやすい** 頁単位にまとめ，随所に基本事項や解法の定石・指針を掲げた。2色刷。

**明解演習 線形代数**
A5判・264頁・定価2100円（税込）
【主要目次】 数ベクトル／行列とその計算／行列の基本変形／ベクトル空間／線形写像／計量ベクトル空間／行列式／固有値問題／ジョルダン標準形とその応用／2次形式とエルミート形式／他

**明解演習 微分積分**
A5判・264頁・定価2100円（税込）
【主要目次】 $R$上の微分法／$R$上の積分法／数列と級数／$R^n$上の微分法／$R^n \to R$の積分法／微分方程式／ゼミナールの解答／付録（記号一覧表・便利な基礎公式と数値）／他

**明解演習 数理統計**
A5判・224頁・定価2415円（税込）
【主要目次】 確率／確率変数／基本確率分布／記述統計と標本分布／適合度・独立性の検定／点推定／母数の検定と区間推定／ゼミナールの解答／付録（記号一覧表・便利な公式と数値）／他

〒112-8700 東京都文京区小日向4-6-19　共立出版　TEL 03-3947-9960／FAX 03-3947-2539
http://www.kyoritsu-pub.co.jp/　　　　　　　　　　　　　郵便振替口座 00110-2-57035